「やりたいこと」からパッと引ける

Google アナリティクス4 設定・分析のすべてがわかる本

小川卓 Taku Ogawa

はじめに

Google Analytics 4（GA4）が2020年10月にリリースされてから2年が経ちました。しかし多くの方がまだGA4を利用せずに、以前のGoogle Analyticsを利用されているのではないでしょうか？　今までのGAと比較して、GA4は画面や機能も大きく変わりました。

「GAが使えるし、こちらでレポート作成しているからGA4はまだ導入しなくてもいいや」「導入してみたけど使い方がわからないのでGAを使い続けている」といった声もよく聞きます。しかし、本書を手に取った方であればご存知かもしれませんが、GAに関しては2023年6月末に計測が停止してしまいます。そのため、今後もウェブサイトのデータを見たい場合はGA4を導入して利用するか、別の解析ツールの導入を検討する必要があります。

本書はGA4の実装や設定、レポートの使い方や分析法方法、他のツールとの連携方法について詳しく解説しています。GA4の書籍として長く利用いただくために、GAからの移行方法などは本書ではあえて言及していません（言及すると1年後には全て無駄な情報になってしまうため）。

筆者自身は、GAがリリースされた年（2006年）からずっとGAを利用しています。その私がGA4に関して感じることは、「正しい方向に進もうとしているが、理解し直す部分が多い」ということです。アクセス解析ツールとしてサイトに訪れた人の情報を計測するという意味では同じです。しかし、その計測方法や思想が大きく違います。

セミナーなどでお話しているのですが、GAとGA4の違いはWindowsとMacの違い、iPhoneとAndroidの違いに似ています。つまり目的は一緒なのですが、そのアプローチ方法が違うということです。今回GAが計測終了するために、イメージとしては全員がWindowsからMacに強制移行するといったものになります。同じ事をしようとしても、その操作方法に最初は戸惑うでしょう。しかし、移行先の考え方を理解できれば、慣れてきますし、たくさんのメリットも得られます。

ぜひ本書を通じて、GA4に操作方法を学ぶだけではなく、GA4の考え方や仕様を理解し、サイトの現状把握や分析、改善に役立ててください。本書が出てからGA4に追加されるレポートや機能もあるでしょう（本書発売前にも出ているかもしれませんが…）。ただ基本的な考え方は変わりませんし、今後機会があれば本書もアップデートしてまいります。

また私が個人で運営している「GA4ガイド」（https://www.ga4.guide/）でも最新の情報を発信していますので、ぜひ併せてご利用ください。

HAPPY ANALYTICS!

2022年10月

小川 卓

Contents - 目次 -

書籍サポートサイトについて

本書に掲載されたGoogleアナリティクス 4の関連リンク集、正誤表などを公開します。下記URLよりアクセスしてください。

http://www.sotechsha.co.jp/sp/1308/

「やりたいこと」「知りたいこと」からパッと引ける

目的別インデックス

本書で解説しているGoogleアナリティクス 4やその他の関連ツールによって、「データの取得方法」「気付きを得るための分析手法」「考え方」など、読者の皆さんが「やりたいこと」「知りたいこと」を目的別に集めたインデックスです。Googleアナリティクス 4のメニュー名や機能名から探したい場合は、巻末の索引を参照ください。

Google Analytics 4

Chapter 1

GA4の概要と思想

Google Analytics 4は「Google Analytics」と名前がついていますが、今までのGoogle Analyticsとは計測の考え方もデータの取得方法も大きく変わりました。GA4を理解するためには、どのような思想や考え方でデータを計測し、活用しようとしているのかを理解しておく必要があります。
機能やレポートの前に、GA4の思想を理解しておくことで、学習がしやすくなります。

Section GA4の計測は何が変わったのかを知りたい！

1-1 Google Analytics 4とは？

Google Analytics 4（以下「GA4」）はGoogleが無償（有償版もあり）で提供している「アクセス解析ツール」です。アクセス解析ツールとはウェブサイト内のユーザー行動（足跡）を見ることができるツールの総称です。サイトを訪れた動きを把握することにより、どこで行き詰まりが起きているかを発見したり、サイト内外で行った取り組みの効果を把握することができます。

GA4は今までのGoogle Analyticsと何が違うのか？

アクセス解析ツールはサイトを改善する上で欠かせないツールです。数多くのアクセス解析ツールがありますが、Google Analyticsが法人・個人ともに最も利用されています。

そんなGoogle Analyticsですが、**2020年10月に最新版のGA4がリリース**されました。2006年からの歴史で見て最も大きな進化をこのタイミングで遂げました。まさに次世代のアクセス解析ツールとして生まれ変わったのが、GA4です。

GA4は今までのGoogle Analyticsとは何が違うのか？　機能の違いから、GA4の「思想」を読み解いてみましょう。

今までは　訪問やページ単位の分析ツール

今まで提供されてきたGoogle Analyticsはセッション（訪問）を軸にした分析ツールでした。サイトを訪れてから離脱するまでを１つの動きとしてデータを見ることができました。セッションは単一あるいは複数ページの閲覧からなり、「ページ」を見たタイミングでデータが計測され、ページを軸に様々な指標が生まれました。

例えば直帰率であれば「1ページだけ見て離脱したセッションの割合」、平均閲覧ページ数も「セッションで平均何ページ見たのか」、セッションの滞在時間も「ページの表示時間（最終ページを除く）の合計」でした。つまりページという単位があり、それを束ねてセッション単位で見るというツールです。

しかし、ユーザーの動き方はページやセッションだけでは語れません。ページ閲覧には様々な要素があり、「開いて3秒で閉じた」「開いてページの一番下までスクロールした後に離脱した」「動画を30分見てから離脱した」すべて1ページとしてカウントされますが、ユーザーがサイトに対して受けた印象はそれぞれ大きく違うでしょう。

また、セッションという考え方もユーザー行動とは乖離があります。検索で「A」というキーワードでサイトに入ってきて、その後にサイトを離脱。「B」というキーワードで改めてサイトに入ってきたときにはセッション数が2になります。しかし、ユーザーが実現したい行動（例：何かしらの情報収集をしている）という観点から考えると、これは一連の行動です。

例えば、サイトに4回訪れて購入を検討し、様々な情報収集を行いました。その後、家族に相談してOKが出たので、サイトを訪れて一目散に購入。セッションで見てしまうと購入時はほぼページを見ないで購入したということになり、情報収集の貢献を図ることができません。

このように、セッション・ページ単位で見ていても適切な分析が行いにくくなりました。

図1-1-1 ウェブサイトはページで構成されており、サイトを訪問してページを見ていく

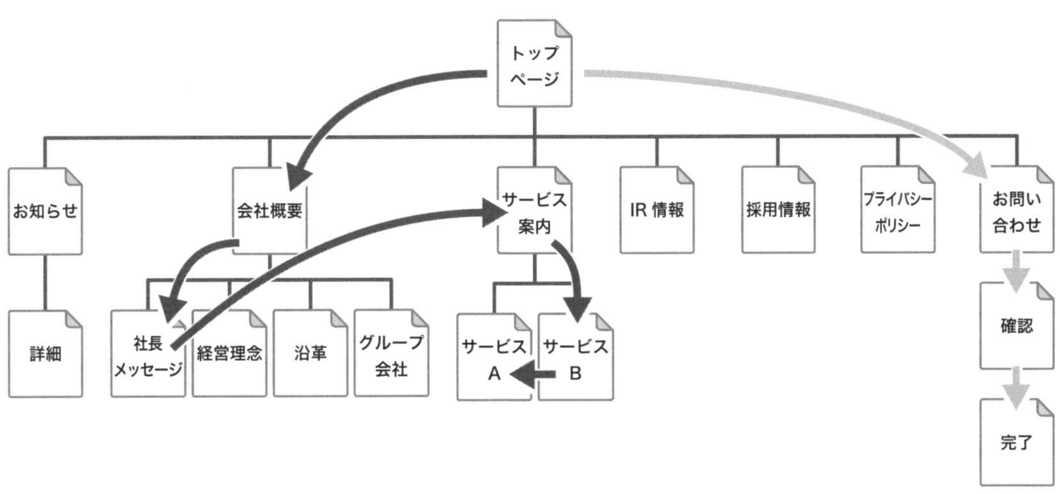

GA4では ユーザーを分析するためのツールに進化

ユーザーを軸にしたアクセス解析ツールを作ろうとなると、機能追加による増築では対応が難しく、一から作成した方が良い解析ツールが作れると判断したのでしょう（私も、そうすると思います）。新しく生まれたGA4は、**ユーザー単位での行動をより把握しやすいツール**に生まれ変わりました。

その結果として初回訪問の流入元を見る専用のレポートが生まれたり、ページビューに依存しない計測手法や指標が生まれたりしました。例えば「アクティブユーザー」という新しい指標であれば「1秒以上、ユーザーのデバイスの前面にページが表示されていた」となります。これにより、ちゃんと見ているユーザーを計測します。各レポートに出てくるユーザー数は、基本このエンゲージしたユーザーを表示します。

また、ユーザー単位で行動を見る「ライフタイムバリュー」のレポートや「コホートレポート（ユーザーの継続率を見るレポート）」の機能も大きく進化しました。

このように行動データをよりユーザー単位で、そして正確に計測するという試みがGA4です。

今までは 増築により様々な実装や計測方式が混在

Google Analyticsは最初はページの表示を軸にしたツールでしたが、ニーズに合わせて機能を進化させてきました。クリックやスクロールなどを計測するイベント、ページを開いた時に属性情報などを送り計測するカスタムディメンション、ECサイトの購買情報などを取得するeコマース。進化をしてきたのは良いのですが、実装方法はそれぞれ違い、またその中で不整合なども見えてきて、使いづらい点もありました。画面で設定する内容もあれば、実装を伴うもの、両方必要なものもあり、基本的なページビュー計測以外の実装の難易度がという高い側面がありました。

利用する側は、実装方法をそれぞれ学んだり、できる範囲で実装を工夫したり、諦めたりという形になりました。分析の観点からも、違ったデータ計測方式の掛け合わせが難しかったり、データを整形しにくいという側面もありました。それを一度しっかり整理して、計測方式を統一させたのがGA4です。

GA4では データ計測を統一し、シンプルな構成に

GA4ではデータを「イベント」という統一された単位で計測することにしました。ページビューも、イベントも、カスタムディメンションも、eコマースもすべてイベントです。イベント方式に統一したことにより、分析や計測の観点から様々な価値が生まれました。

- データの取得形式が統一されたため、設定や実装の仕方が統一される(複数の概念ではなく、1つの概念だけを理解すればよい)
- 取得しているデータを共通のフォーマットで扱える(ページビューに依存しない集計や指標が生まれる)
- 「ログデータをダウンロードする時にわかりやすい」かつ「フォーマットが統一されているので扱いやすい」
- 自動取得できるイベントが増え、分析の幅が広がった
- ページビュー以外のデータも使った、データの自動分析や機械学習が行いやすくなった

これらメリットにより、GA4を使う人にとって得られるデータの量と質が上がり、より良い分析や改善につながるというわけです。特にデータの自動分析や機械学習は今後さらなる進化が期待できます。異常値の特定や、購入率・離脱率の予測など一部のレポートや機能がすでに出てきていますが、今後もGoogle Analyticsでは見られなかったユーザー軸の自動分析が期待されます。

図1-1-2 ページ閲覧以外のサイト内行動を計測することで、より分析が行いやすくなるツールに進化

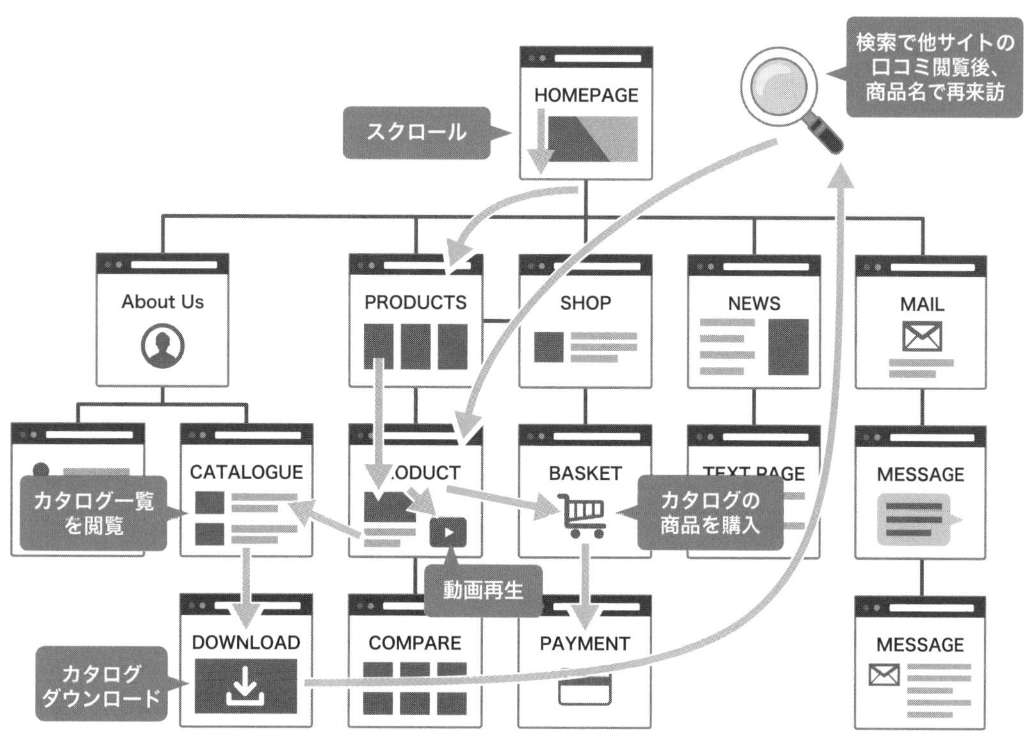

すでにGA4で実装されている機械学習や自動分析のいくつかの例を見てみましょう。

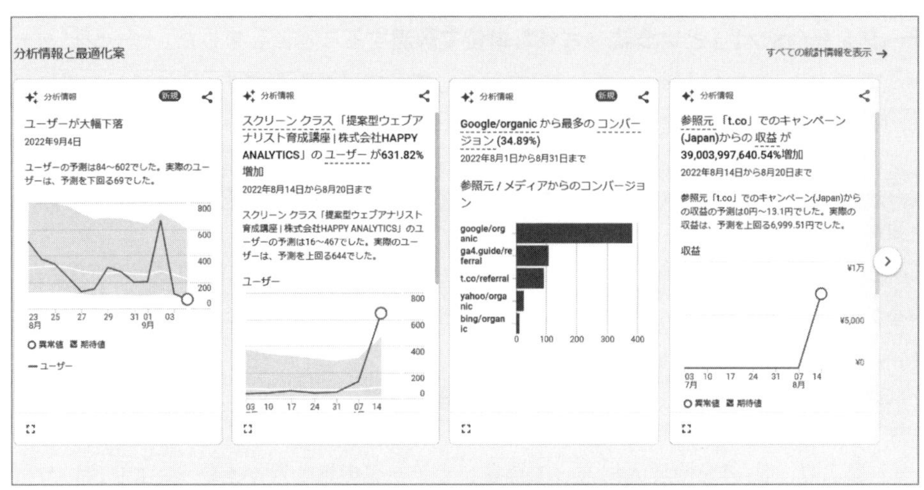

上記のレポートではデータを自動で分析して、異常値を発見してまとめてくれます。

急激な変化の特定やその原因を探るのに便利な機能です。

取得されているデータを元に、購入や離脱の可能性が高いユーザーを予測してグルーピングしてくれます。

GA4はユーザー単位での計測を軸にした解析ツールに生まれ変わりました。これまでは訪問を軸にした分析ツールだったため、行動が分断された状態で分析することが大半でしたが、GA4のおかげで、よりユーザーの行動を一連で分析しやすくなりました。これによって、ユーザーの行動や態度変容を意識した分析が可能になりました。

Section 計測の基本単位である「イベント」について知りたい！

1-2 イベントを理解する

GA4を利用する上で欠かせないのが、「イベント」の考え方を理解することです。すべてのデータがイベント形式で取得されており、本書でもイベントに関しては何度も出てきます。「サイトのコンバージョンを設定」「項目を選んでレポートを作成」「ユーザーをグルーピングするセグメント作成」「独自の項目を取得するための計測設定」など、すべてにおいてイベントという考え方が基本にあるので、このセクションで理解しておきましょう。

イベントとは

GA4の計測記述をウェブやアプリに追加して、ユーザーがアクセスすると、その情報がGoogleのサーバーに送信されます。ユーザーのページ表示やスクロール、クリックなどの情報が送られますが、これら**ユーザー行動のデータを「イベント」**と言います。

イベントの構成

イベントは、「イベント名」と「イベントパラメータ」の組み合わせからできています。ページ表示の例を見てみましょう。

GA4では一例として、以下の情報が計測されます。

イベント名：page_view（固定の名称）
イベントパラメータ：page_location（ページのURL）
page_referrer（前のページのURL）
その他の様々なパラメータ

例えば、「https://ga4.guide/setting-implementation/event/」というページを開いた場合、

```
event：page_view //イベント名
page_location：https://ga4.guide/setting-implementation/event/ //イベントパラメータとパラメータ値（閲覧しているページ：URL）
page_referrer：https://ga4.guide/ //イベントパラメータとパラメータ値（1つ前のページ：URL）
```

といった情報が送られて、GA4の画面上でpage_viewが1回発生し、そのページは「https://ga4.guide/setting-implementation/event/」であったという形で見ることができます。

イベント名、イベントパラメータ名、イベントパラメータ値は、実装や設定を行うことで自由に計測できます。

GA4で取得されるイベントの分類

GA4で取得されるイベントは、4種類に分類できます。

表1-2-1 GA4で取得されるイベント

イベントの種類	説明
自動収集イベント	GA4の計測記述を入れるだけで、特に設定をせず取得できるイベント。
測定機能の強化イベント	GA4の管理画面でオンにすることで計測できるイベント。追加の実装等は必要ありません。
推奨イベント	GA4で追加でイベントを取得する際に、推奨されているイベント名とイベントパラメータ名を利用して実装を行い取得。eコマースなどがあり、専用のレポートが用意されます。
カスタムイベント	GA4で追加でイベントを取得する際に、自由にイベント名とイベントパラメータ名を利用して実装することで取得します。標準レポート等では表示されないので、探索機能（Chapter 4）などを使って表示します。

すべてのイベントでlanguage（言語）、page_location（ページのURL）、page_referrer（前のページのURL）、page_title（ページタイトル）、screen_resolution（画面解像度）のイベントパラメータは自動で計測されます。

自動収集イベント

GA4の計測を開始することで、自動的に取得できるデータです。

リストは以下の公式ヘルプに記載されています。

https://support.google.com/analytics/answer/9267735?hl=ja

ここでは、代表的なものをピックアップします。

表1-2-2 代表的な自動収集イベント

イベント名	意味	イベントパラメータ
app_remove（アプリ）	アプリがAndroidデバイスから削除されたときに計測	専用パラメータはなし
app_update（アプリ）	アプリが新しいバージョンに更新されたとき	previous_app_version（更新前のアプリのバージョンID）
first_visit（アプリ、ウェブ）	アプリの初回起動あるいはウェブサイトに初めて訪問したとき	専用パラメータはなし
page_view（ウェブ）	ページが読み込まれる、あるいは閲覧履歴のステータスが更新された時	page_location（ページのURL）／page_referrer（前のページのURL）など
session_start（アプリ、ウェブ）	ユーザーがアプリやウェブサイトを訪れたとき、セッションが開始されたとき	専用パラメータはなし

自動収集するイベントとは別に、ユーザーごとに自動取得されるパラメータが存在します。主な内容は以下のとおりです。

表1-2-3 ユーザーごとに取得されるパラメータ

ディメンション名	タイプ	意味
年齢・性別・インタレストカテゴリ（アプリ、ウェブ）	テキスト	サイトを訪れた年齢層・性別・興味感心。**Googleシグナル（Section 6-4参照）**をオンにすると計測可能
ブラウザ（ウェブ）	テキスト	利用しているブラウザの種別
大陸・亜大陸・国・地域・市区町村（アプリ、ウェブ）	テキスト	アクセスしたユーザーの在住エリア（IPアドレスを元に判断）
デバイスカテゴリ（アプリ、ウェブ）	テキスト	デバイスのカテゴリ（PC・モバイル・タブレット）
OS（アプリ、ウェブ）	テキスト	ユーザーが利用しているオペレーティング・システム
新規/既存（アプリ）	テキスト	新規：最初にアプリを起動したのが過去７日以内 既存：最初にアプリを起動したのが７日以上 ※新規（初訪問）、リピート（２回目以降の訪問）とは定義が違うので要注意

最新のリストは、前ページの公式ヘルプを参照してください。

測定機能の強化イベント

管理画面で設定をオンにすることで、計測できるイベント群になります。

対象イベントは以下の通りです。

表1-2-4 対象イベント

イベント名	意味	イベントパラメータ
scoll	垂直方向で**90%の深さ**までスクロールしたときに計測	専用パラメータは無し
click	現在閲覧してるドメインから、別のドメインへのリンクをクリックしたときに計測 **クロスドメイン(Section 5-2参照)**で含まれているドメインは計測対象外	link_classes(リンクのclass名) link_domain(リンク先のドメイン名) link_id(リンクのid名) link_url(リンク先のURL) outbound(固定値)
view_search_results	サイト内検索をした際にデータを取得	search_term(検索キーワード)
video_start video_progress video_complete	JavaScript APIサポートを有効にしたYouTubeの埋め込み動画でイベントを計測 video_start=動画再生開始時 video_progress=動画が再生時間の0%・25%・50%・75%以降まで進んだとき video_complete=動画が終了したとき	video_current_time(動画の現在時間) video_duration(動画の長さ) video_percent(何パーセントまで進んだか) video_provider(動画の提供元) video_title(動画のタイトル) video_url(動画のURL) visibile(固定値)
file_download	特定拡張子のファイルに移動するリンクをクリックしたときに計測	file_extension(拡張子) file_name(ファイルの名称) link_classes(リンクのclass名) link_domain(リンクのドメイン名) link_id(リンクのid名) link_text(クリックしたリンクのテキスト) link_url(リンクのURL)
form_start form_submit	入力フォームの入力開始時(form_start)および送信時(form_submit)に計測	form_id(フォームのid属性値) form_name(フォームのname属性値) form_destination(フォームの送信先URL) form_submit_text(ボタンテキスト:form_submitイベントのみ)

これらのイベントでlanguage(言語)、page_location(ページのURL)、page_referrer(前のページのURL)、page_title(ページタイトル)、screen_resolution(画面解像度)のイベントパラメータは自動で計測されます。

そのためページごとの90%スクロールや、どのページでファイルをダウンロードしているかなどは問題なく確認できます。

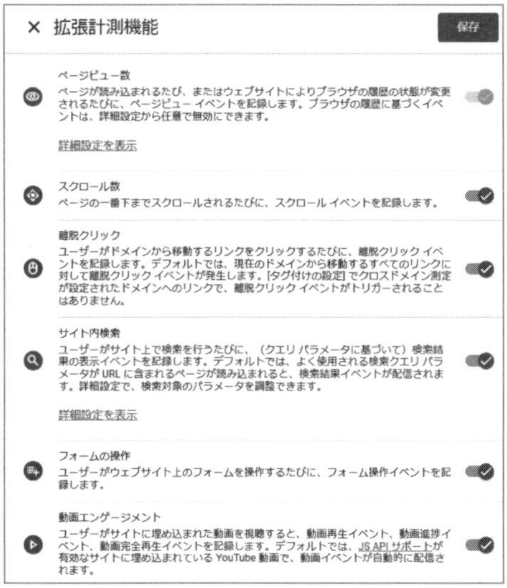

管理画面で設定できる拡張計測機能です。Section 5-1で改めて紹介します。

推奨イベント

最初から用意されていないイベントを自前で追加する場合、その用途に合わせて利用が推奨されているイベント名とパラメータです。

利用は必須ではありませんが、利用することによって専用のレポート（例：収益化のレポート）が用意されるものもあるため、新規にイベントを実装する際には、まず推奨イベントに該当しないかを確認しましょう。

https://support.google.com/analytics/answer/9267735?hl=ja

以下、代表的なものをピックアップします。

表1-2-5 代表的な推奨イベント

イベント名	意味	イベントパラメータ
login	ユーザーがログインしたとき	method（ログイン方法）
purchase	ユーザーが商品を購入したとき	currency（通貨） transaction_id（取引ID） value（金額） affiliation（仕入先） coupon（購買に紐づくクーポン） shpping（送料） tax（税金） items（購入した商品）
share	ユーザーがコンテンツを共有したとき	method（共有先） content_type（共有したコンテンツの種類） item_id（共有コンテンツのID）
sign_up	ユーザーが会員登録をしたとき	method（会員登録方法）

カスタムイベント

任意でイベント名とパラメータ名を設定して実装する方式です。アコーディオンやハンバーガーメニューのクリック、読了の計測、検索結果件数の取得、会員IDの測定など用途は幅広いです。

これらに関しては、別途計測記述の追加や実装などが必要になります。本書では、Chapter 5で事例とともに詳しく触れています。

イベント利用の制限事項

イベント利用には、以下の制限事項があります。

- イベント名の長さは40文字まで
- イベントに紐付けられるパラメータはイベントあたり25個まで
- イベントのパラメータ名の長さは40文字まで
- イベントのパラメータ値の長さは100文字まで
- イベント名は大文字と小文字を区別し、表記が異なる場合は別のイベントとして計測されます
- 日本語も英語も同じ１文字として扱います

Chapter 1ではGA4の計測思想や、計測の元となる「イベント」について紹介しました。**「データはイベント単位で取得されている」「イベントはイベント名とイベントパラメータの組み合わせで計測されている」**ことを覚えておきましょう。

Column 本書で説明する内容

Chapter 2ではGA4でデータ計測を開始するための設定方法を紹介します。GA4をこれから導入される方はChapter 1を参考に設定を進めましょう。Chapter 3ではGA4の健康診断ツールとして活用できる様々なレポートと機能を紹介していきます。普段はこれらレポート群を使って、サイトの現状を確認しましょう。

Chapter 4ではGA4で計測されているデータを分析するための「探索」を紹介します。自由に項目を組み合わせてレポートを作成したり、サイト内の動きをみるための導線レポートなどの機能もあります。Chapter 5ではGA4の本領を発揮するために、実装や設定方法について触れます。サイト固有のデータ取得方法や、ECサイトでの売上情報の計測方法などを詳しく紹介します。

Chapter 6ではGA4の管理画面で設定できる様々な内容や設定例を紹介します。社内アクセスを除外したり、データ取得に関する細かい条件設定、他のGoogle関連ツールとの接続方法についても案内しています。Chapter 7ではGA4を活用したウェブサイトの分析プロセスや事例を紹介します。どのような手順で分析を進めていけばよいのか、そして分析のために作成しておくべきオススメのレポート例を解説します。

Chapter 8ではGA4のデータを他のツールと連携して活用するための方法を紹介します。ABテストツールであるGoogle Optimize、ダッシュボードレポートを作成するためのLooker Studio、アクセス情報をクラウド上に全件保存して利用するためのBigQuery、そしてGoogleスプレッドシートからGA4のデータを取得して加工する手順を解説します。

Appendixには、FAQや用語集などを付録としてまとめています。盛りだくさんの内容となっていますので、ぜひGA4を見ながら利用したり、困ったときに調べたりしていただければ幸いです。

Google Analytics 4

Chapter 2

実装と初期設定

GA4を利用するためには、計測記述をウェブサイトに追加する必要があります。導入方法は複数あり、自社サイトの状況によって変わってきます。
このChapterを参考にして、まずはGA4でデータが計測できる状態を実現してみましょう。

Section サイトの計測状況を確認したい！

2-1 自社サイトのデータをGA4で計測できるようにする

自社サイトのデータをGA4で取得できるようにするためのプロセスは、大きく分けて「1.Googleアナリティクスの管理画面でGA4のプロパティ（計測用の箱）を作成する」「2.計測記述をGoogle Tag Manager（以降、「GTM」）経由あるいは直接タグをページに記載して導入する」「3.計測のための初期設定を行う」の3つになります。

現在のサイトの計測状況によって実装プロセスは異なる

現在、すでにGoogle Analyticsを設定しているか、またその設定方式によって実装プロセスが若干変わります。以下の表から自社サイトの状態を確認しておきましょう。

すでにGA4が導入されてデータ計測が行われている場合は、Chapter 2の導入部分はスキップし、初期設定の項目まで進んでください。

表2-1-1 自社サイトの状態を確認する

状態	GA4実装に必要な作業
GTMを利用して、Google Analyticsですでに計測を行っている	❶GA4画面での設定 および ❷GTMでのGA4タグの追加 ※ページのソースを修正する必要はなし
gtag.jsの記述をページ内に直接追加して、Google Analyticsですでに計測を行っている	❶GA4画面での設定のみ ※ただし、このタイミングでGTMの実装や設定を検討してもよい
analytics.js、ga.js、urchin.jsの記述をページ内に直接追加し、Google Analyticsですでに計測を行っている	❶GA4画面での設定 および ❷GTMの実装 および ❸GTMでのGA4タグの追加 ※GTMの実装を行うため、各ページのGTMの記述を追加する必要あり
Google Analyticsの計測を行っていない、あるいは新規にこれからサイトをリリースする	❶GA4画面での設定 および ❷GTMの実装 および ❸GTMでのGA4タグの追加 ※GTMの実装を行うため、各ページにGTMの記述を追加する必要あり

図2-1-1 どの方法でGA4を導入するべきかのフローチャート

どのパターンなのかを確認するために、以下を参考にしてください。

Googleアナリティクスの導入有無を確認する

1 該当サイトのGoogleアナリティクスの閲覧権限がある場合は、Googleアナリティクスの管理画面で該当するプロパティとビューを特定し、そこでデータが取得できていれば導入されています。

Google Analyticsのプロパティは「UA-XXXXX-X」という形式になっており、その中にビューが存在します。ビューを選択したときにデータが取得できていれば計測がされています。

なお、**プロパティに「数値だけの番号」形式があり、該当プロパティを選択したときにデータが取得できていればすでにGA4が導入されています。** GA4にはビューという概念はありません。

2該当サイトのGAの権限を持っていない場合は、ブラウザの拡張機能を利用して確認します。

● **拡張機能の例：Ghostery**

https://www.ghostery.com/ghostery-browser-extension

このChrome用のプラグインを導入した状態でサイトにアクセスすると、どのようなツールが導入されているかを確認できます。

サイト分析の中に「Google Analytics」が表示される場合は、該当ページにGoogle Analyticsが導入されていることがわかります。

GTMの導入有無を確認する

1該当サイトのGTMの閲覧権限がある場合は、GTMの管理画面でGoogle Analyticsを計測するためのタグが導入されているかを確認しましょう。**タグ一覧の中に「Googleアナリティクス：ユニバーサルアナリティクス」のタグがあり、トラッキングタイプがページビュー**のものがあればGTMでGoogle Analyticsが導入されています。

2 前述のGhosteryを利用して確認することもできます。「必需」に「Google Tag Manager」が表示されれば、GTMが導入されていることがわかります。

どの形式（.jsファイル）で計測しているかを確認する

GTMを使わずにGoogle Analyticsを導入している場合は、ページのソースを開き、検索ボックスにファイル名を入力して検索してください（gtag.js、analytics.js、ga.js、urchin.js）。以下の画面は、gtag.jsを利用している例です。

サイトでのGTMやGoogle Analyticsの状況がわかったら、改めてこのSectionの最初にある表（24ページ参照）を見て実装方式を決めましょう。

Section 2-2 GA4の導入を実施したい！

Googleアナリティクスの画面で導入を進めよう

導入形式が判明したところで、早速導入を進めていきましょう。どの形式でも、まずはGoogleアナリティクスの画面での設定が必要になります。

Googleアナリティクス画面での設定

新規にGoogleアナリティクスのアカウントを作成するには、Googleアカウントが必要となりますので、まずはこちらを登録しましょう。

Googleアカウントが作成できたら、Googleアナリティクスのサイトにアクセスして、Googleアナリティクスの設定を開始します。

https://analytics.google.com/analytics/web/

Googleアナリティクスは「アカウント」があり、その中に「プロパティ」という計測用の箱を作成する構造になっています。そこでまずはアカウントを作成します。

新規にGoogleアナリティクスを使う場合、あるいは今回のGA4導入のタイミングで新たなアカウントを作成したい場合に設定を行いましょう。

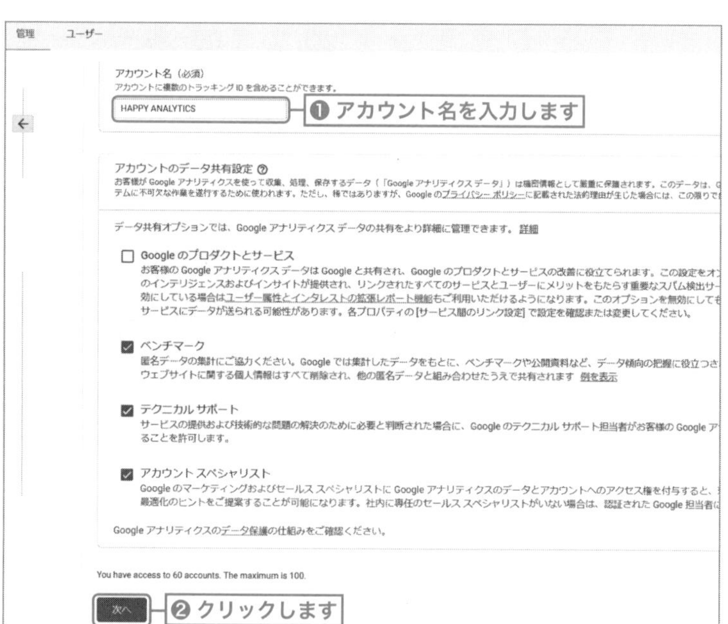

アカウント名を入力して「次へ」をクリックすると、プロパティ作成画面に移動します。すでにアカウントを作成済みの場合は、このプロパティ作成からのスタートとなります。

新規プロパティを作成する（対象サイトにGAが未導入時の場合）

Step 1. プロパティ作成を開始する

Googleアナリティクスにログイン後、左下の「管理」アイコン⚙を選択します。プロパティを作成したいアカウントを左側のプルダウンメニューから選んだ後に、「プロパティ」の横にある「プロパティを作成」を選択します。

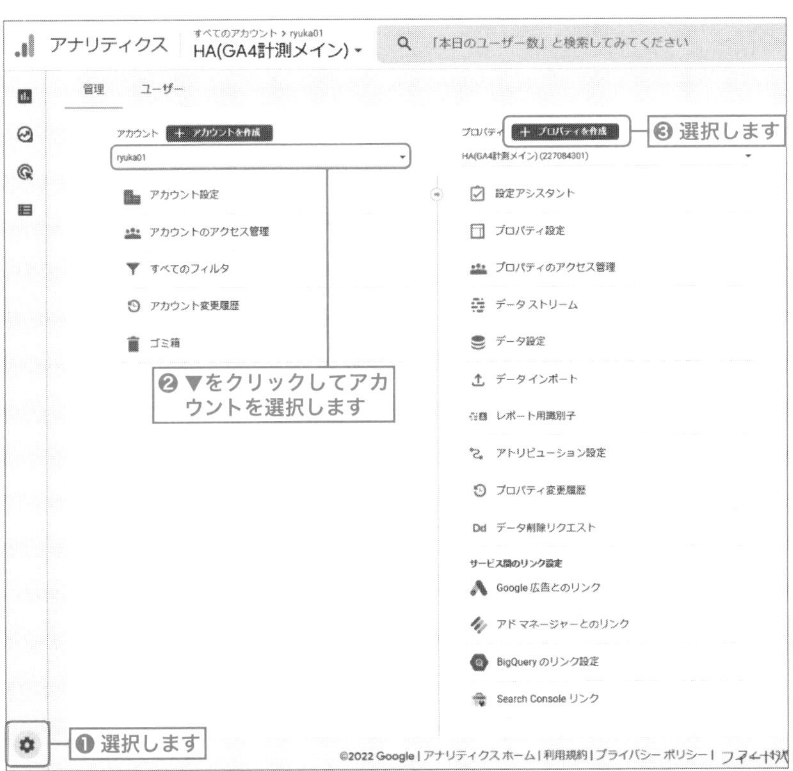

Step 2. プロパティの設定を行う

「プロパティ名」(画面上で表示される名称)は、サイトまたはサービス名、レポートのタイムゾーンや通貨を選択します。

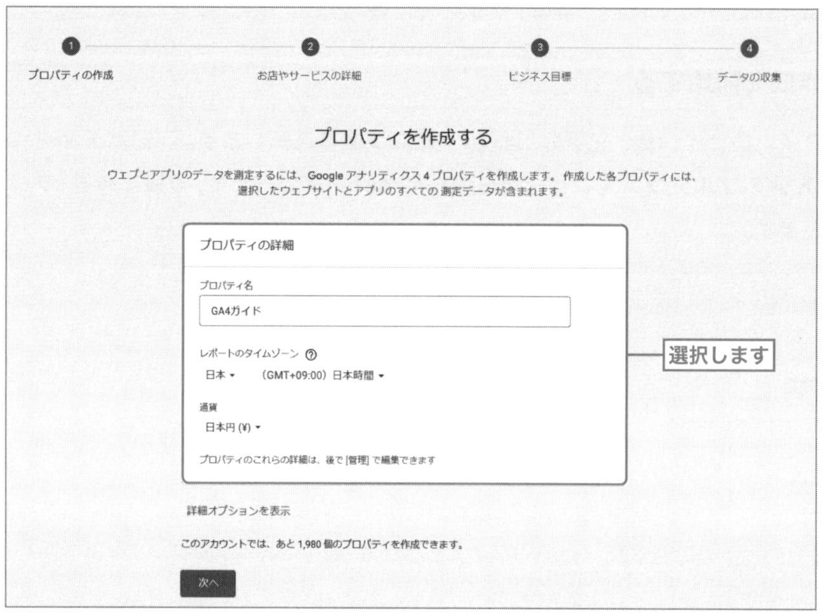

Step 3. ビジネス情報を選択する

GA4を導入するサイトの「業種」「ビジネスの規模」を選択します。

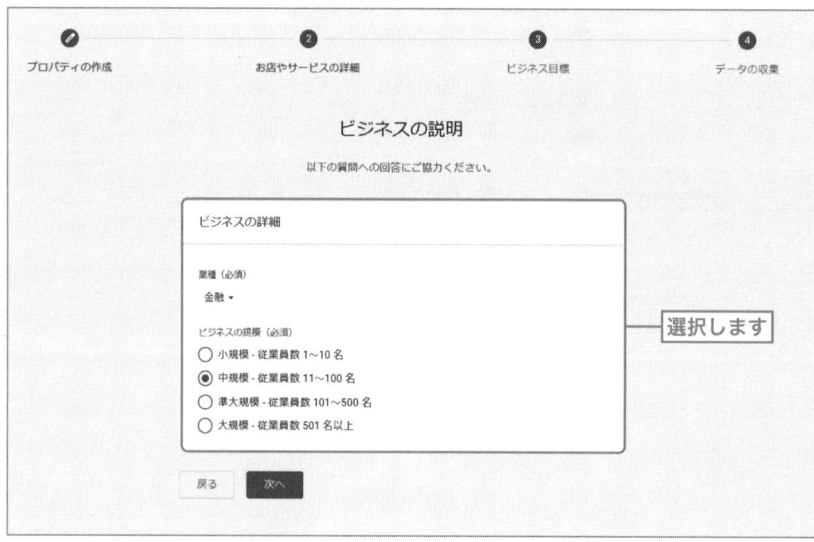

Step 4. ビジネス目標を選択する

特定のビジネス目標を選択すると表示されるレポートが減ってしまうので、「ベースラインレポートの取得」を選択することを強く推奨します。

Step 5. プラットフォームを選択する

どのプラットフォームでGA4を利用するかを選択します。ウェブサイトの場合は、「ウェブ」を選びましょう。

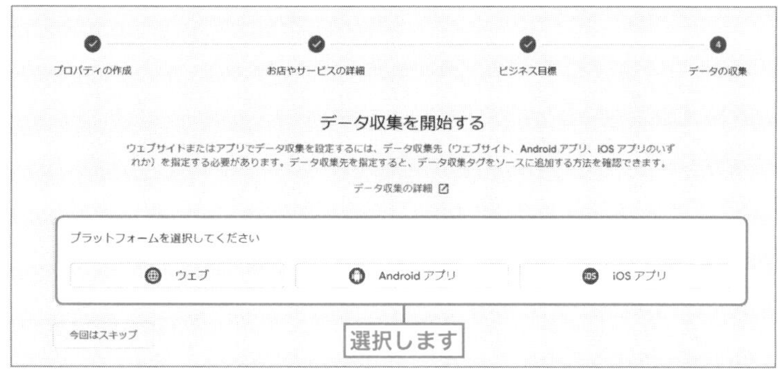

Step 6. ウェブストリームの設定を行う

「ウェブサイトのURL」（ドメイン）と「ストリーム名」（画面で表示される名称）を追加します。

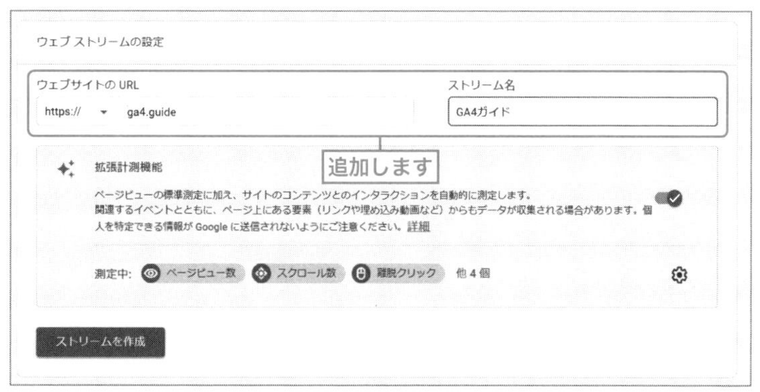

これでプロパティの作成は完了です。次の項目をスキップして、34ページの「GA4の計測記述を追加する」に進みましょう。

新規プロパティを作成する（対象サイトにGAが導入済みの場合）

すでにGoogle Analyticsを導入している場合は、いくつかのプロセスを簡略化できます。「GA4 設定アシスタント」を利用して、新規プロパティを作成しましょう。

Step 1. GA4設定アシスタントを選択する

Googleアナリティクスにログイン後、左下の「管理」アイコン を選択します。現在Google Analyticsを導入しているプロパティを選択して、プロパティ内にある「GA4 設定アシスタント」を選択します。

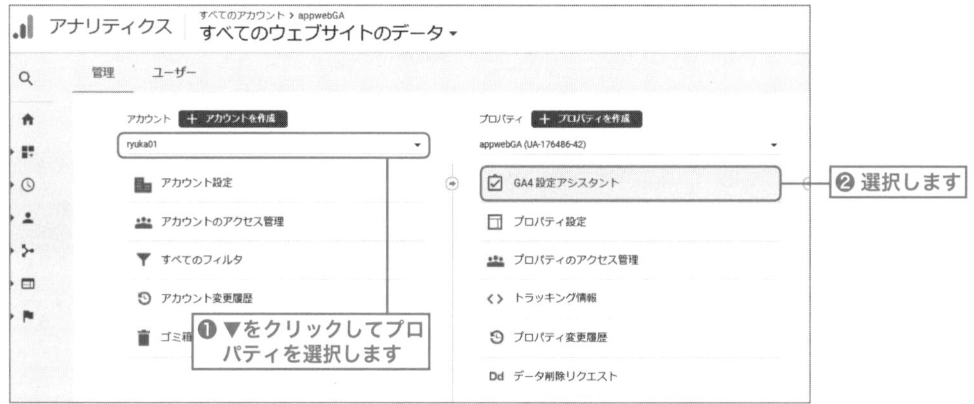

次の画面で「新しいGoogleアナリティクス 4 プロパティを作成する」内にある「ようこそ」をクリックします。

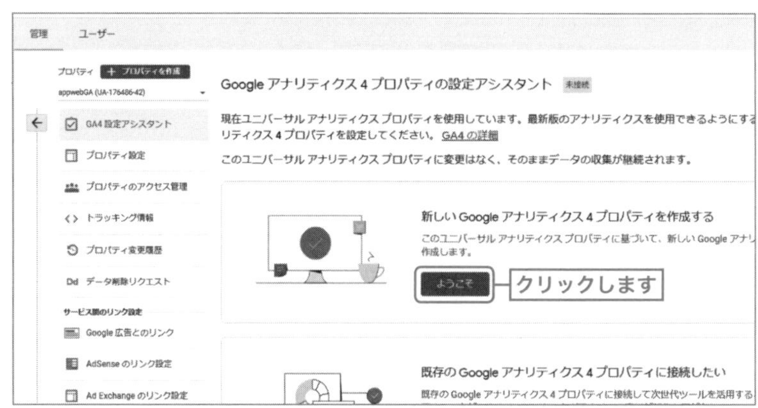

Step 2. 新しいプロパティの作成を行う

「新しいGoogleアナリティクス 4 プロパティの作成」という画面が表示されるので、「プロパティを作成」をクリックします。

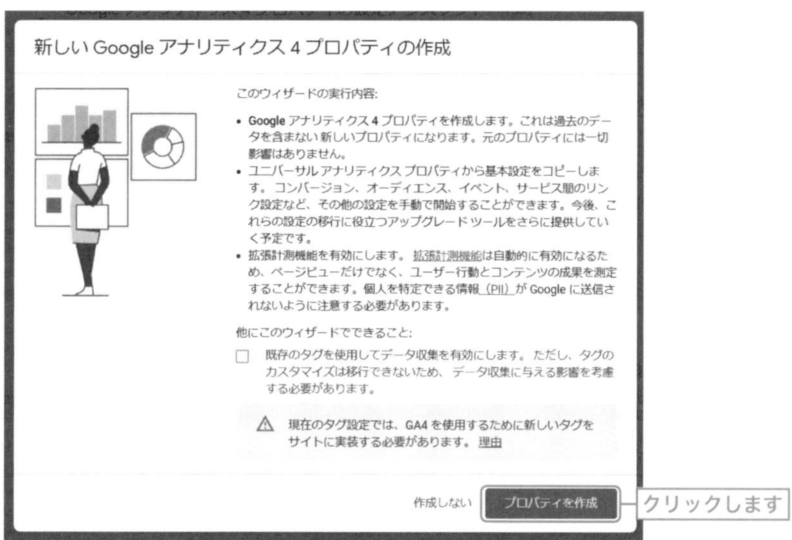

説明内に「ユニバーサル アナリティクス プロパティから基本設定をコピーします」とありますが、コピーされる主な内容は以下のとおりです。

- プロパティ名（プロパティ名の後に-GA4が追加されます）
- 業種、タイムゾーン、通貨
- 閲覧権限対象メールアドレス（Google Analyticsのプロパティと同じ権限を付与）

主な以下の項目は、コピーされません。

- 参照元除外
- フィルタ設定
- 目標（コンバージョン）
- セッションのタイムアウト時間
- サーチコンソールや広告との連携

Google Analyticsをgtag.js形式で導入している場合、「既存のタグを使用してデータ収集を有効にします」にチェックを入れることが可能となります。

こちらにチェックを入れることで、Googleアナリティクスの画面での設定のみでGA4を導入することができます(この後で説明する「GA4の計測記述を追加する」をスキップできます)。

「プロパティを作成」をクリックすると、GA4のプロパティが作成されます。「GA4プロパティを確認」をクリックして、新規に作成されたプロパティを確認してみましょう。

下記の画面が表示されれば、GA4プロパティの作成は完了となります。

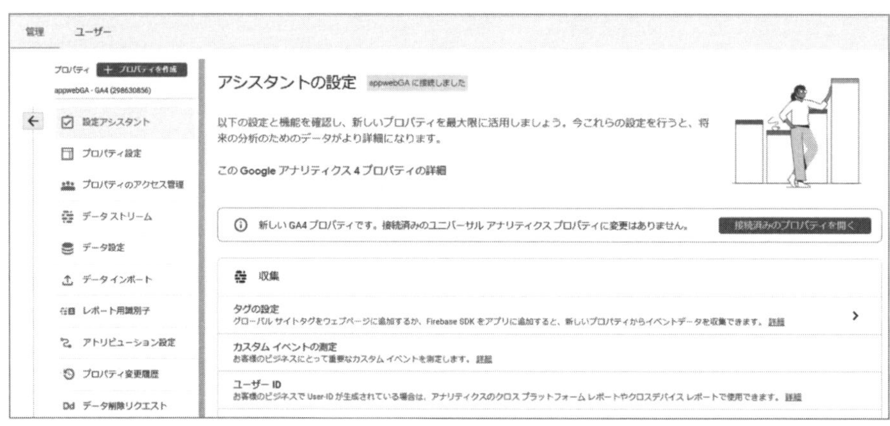

GA4の計測記述を追加する

データを格納するための箱を作成しました。しかし、これだけではデータは集まってきません。ユーザーがサイトにアクセスしたときに箱にデータを送るために、GA4の計測記述の追加が必要となります。

計測記述の追加方法には、Googleタグ方式とGTM方式があります。本書では、計測の検証や追加実装の行いやすさからGTMを利用した計測記述の追加を推奨します。Googleタグ方式で今まで計測していた場合も、このタイミングでGTMの利用を検討してみましょう。

GTMを追加する

まだサイトにGTMを導入していない場合は、最初にGTMの記述をウェブサイトの各ページに追加する必要があります。GTMの導入方法については、本書の付録（482ページ）をご確認ください。

ここでは、GTMがすでに導入された後のステップを紹介します。

まずは、どの箱にデータを送るかを設定する必要があります。

GTMの「変数」メニュー内で「ユーザー定義変数」の「新規」をクリックします。

GTM画面

「変数の設定」部分をクリックして、右側のリストから「定数」を選択します。

GTM画面

定数に値を設定します。ここに「測定 ID」を追加し、名称を付けて保存しましょう。

GTM画面

「測定 ID」はデータの送り先を指定するIDで、GA4内で確認ができます。管理画面の「データストリーム」を選択して、作成した「ウェブストリーム」を選択すると表示されます。

Googleアナリティクス画面

送り先の設定ができたので、計測のための記述をGTM内で設定しましょう。
GTMの「タグ」を選択して、「新規」をクリックします。

GTM画面

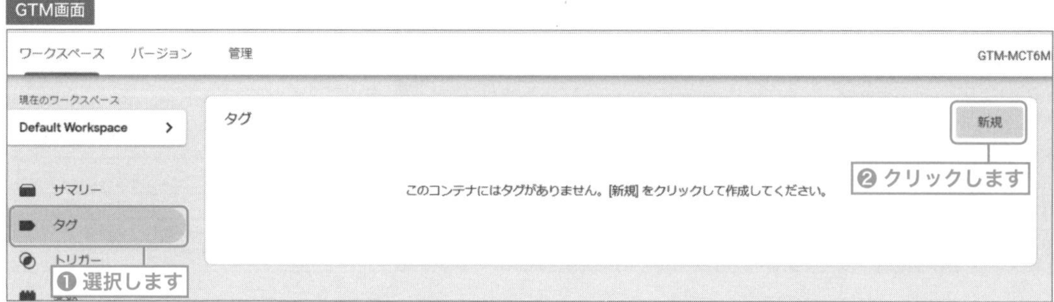

名称を付けて、「タグの設定」をクリックします。「Googleアナリティクス：GA4 設定」を選択してください。

GTM画面

「測定 ID」の横にある アイコンをクリックして、さきほど作成した変数（「測定ID」）を選択してください。

GTM画面

タグの設定
タグの種類
Google アナリティクス: GA4 設定
Google マーケティング プラットフォーム
測定 ID
❶ クリックします

GTM画面

GA4タグ
変数を選択

名前 ↑	タイプ
Event	カスタム イベント
Page Hostname	URL
Page Path	URL
Page URL	URL
Referrer	HTTP 参照
測定ID	定数

❷ 選択します

続いて「トリガー」の部分をクリックして、「Initialization - All Pages」を選択します。

GTM画面

GTM画面

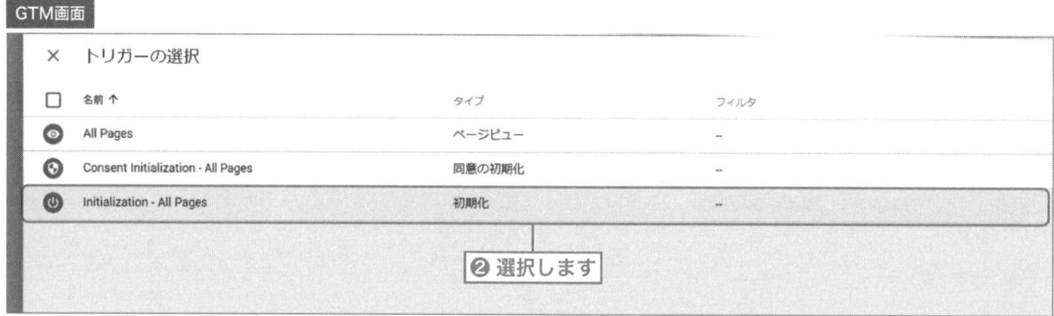

Column Initialization - All Pagesを利用する理由

Initialization - All Pagesを利用すると、他のトリガーより先に発動ができます。変数等の実装方式にもよりますが、より確実な計測のためInitialization - All Pagesの利用をオススメします。ただし本書で紹介するカスタムイベント計測などで、変数の読み込みが発生する前にGA4計測タグの読み込みが発生すると、変数が取得できないケースがあります。

その際には、Initialization - All Pagesではなく、All Pagesにトリガーを変更して計測できるかを確認してみましょう。Googleアナリティクスの計測同意などを取得するため、同意管理プラットフォームを利用している場合は、同意管理プラットフォーム用の記述を「Consent Initialization - All Pages」に入れることで、最初のトリガー発火に利用してください。

保存する前に以下の設定になっているかを確認してから、「保存」ボタンをクリックしましょう。

GTM画面

× GA4 タグ　クリックします　保存

タグの設定

タグの種類

Google アナリティクス: GA4 設定
Google マーケティング プラットフォーム

測定 ID

{{測定ID}}

☑ この設定が読み込まれるときにページビュー イベントを送信する

☐ サーバー コンテナに送信する

› 設定フィールド

› ユーザー プロパティ

› 詳細設定

次に、GA4の記述を本番公開する前に、正しく計測できているかを確認していきましょう。
GTMでプレビューモードを活用して、計測できているかを確認します。

GTM画面

右上にある「プレビュー」ボタンをクリックして、計測テストをしたいページのURLを入力します。

GTM画面

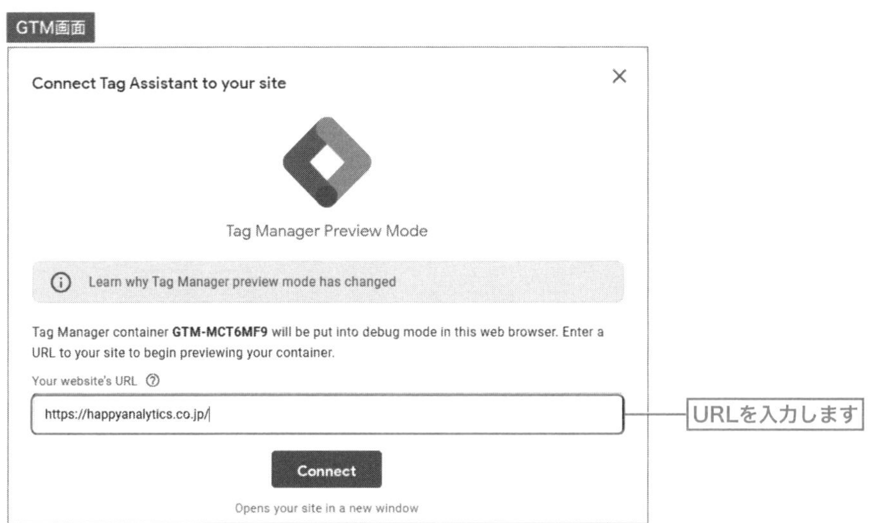

別タブでページが読み込まれます。「Tag Assistant(Connected)」のタブを選択し、「Continue」ボタンをクリックします。

GTM画面

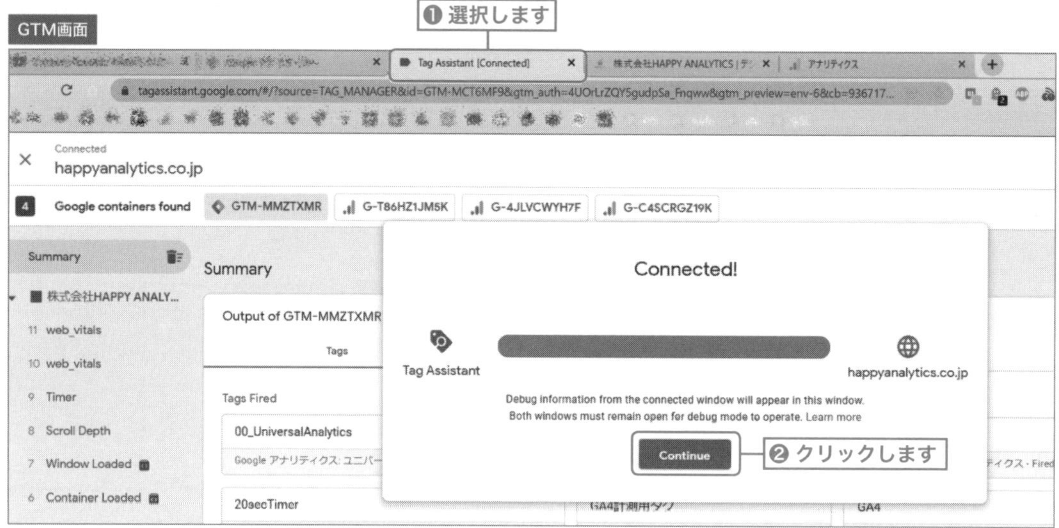

「Continue」ボタンが表示されない場合は、GTMが該当ページに入っていない、あるいは設定が正しくされていないことになります。初めてGTMを導入する場合、まずは一度GTMを公開してから、再度プレビューモードにアクセスしましょう。

また、**ブラウザの広告ブロック等の拡張機能が原因で動作しないケースもあるので、その場合は一旦オフ**にしましょう。

左側の一覧から計測対象のページタイトルを選択し、次の画像の通り「Tags Fired」の中に作成したタグ（今回の場合は「GA4タグ」）が含まれていたら、タグが正しく動作していることがわかります。

GTM画面

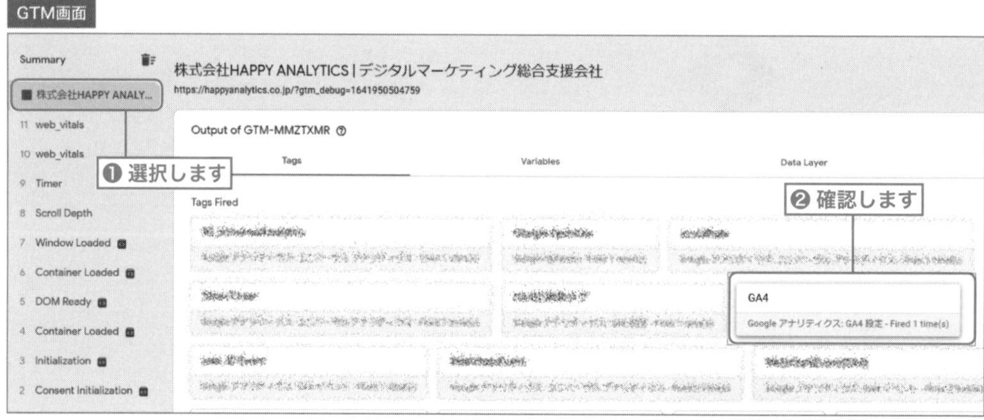

GA4のタグが入っていれば、計測タグ自体は動作していることがわかります。

次に、GA4側にデータが送られているかを確認しましょう。

GA4の左側のメニューから「レポート➡リアルタイム」を選択し、数値が計測されているかを確認しましょう。

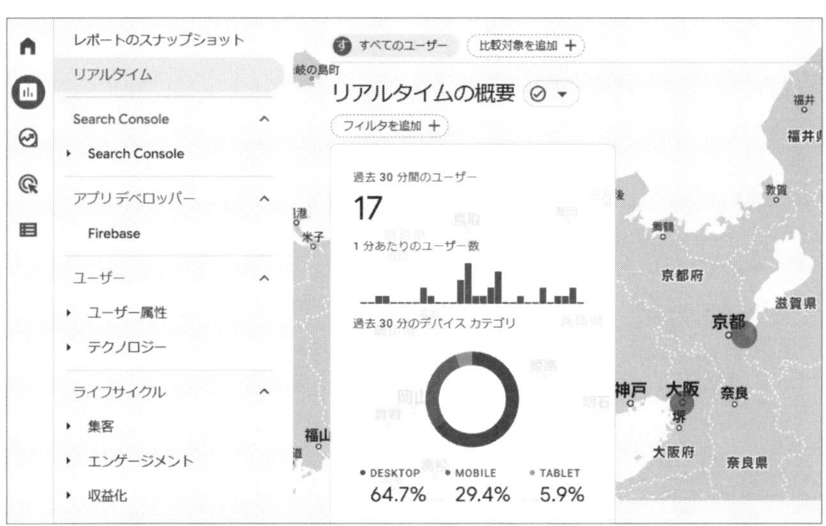

プレビューでGA4タグの動作が確認できたら、GTMを本番公開する必要があります。

「公開」しないと計測開始がされないので、このステップは忘れないようにしましょう。

また、所持している権限によっては「公開」できないケースもあります。その場合は、管理者に公開を依頼しましょう。

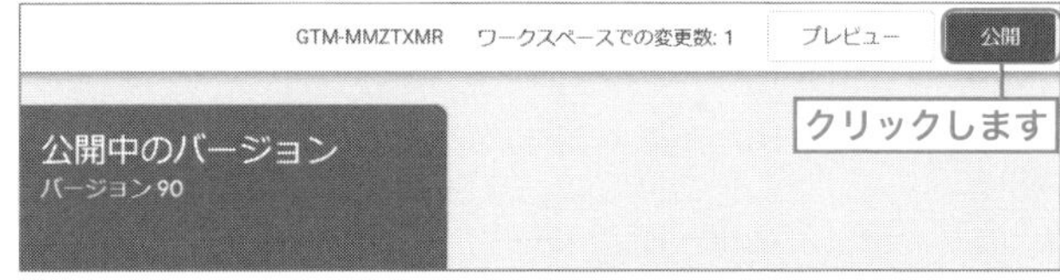

これで計測が開始しました。GA4でデータが計測できているかを確認したい場合は、GA4の左側のメニューから「レポート➡リアルタイム」を選択し、数値が計測されているかを確認しましょう。

次に初期設定を行って、適切なデータ取得を行えるようにします。

Googleタグを利用した計測記述の追加

何かしらの理由でGTMを利用できない場合は、Googleタグを利用してGA4の計測を開始することになります。その場合は、以下の手順を辿ってください。

「Googleアナリティクスの管理画面➡データストリーム➡ウェブストリーム」内のメニューからページ下部にある「タグの実装手順を表示する」を選択してください。

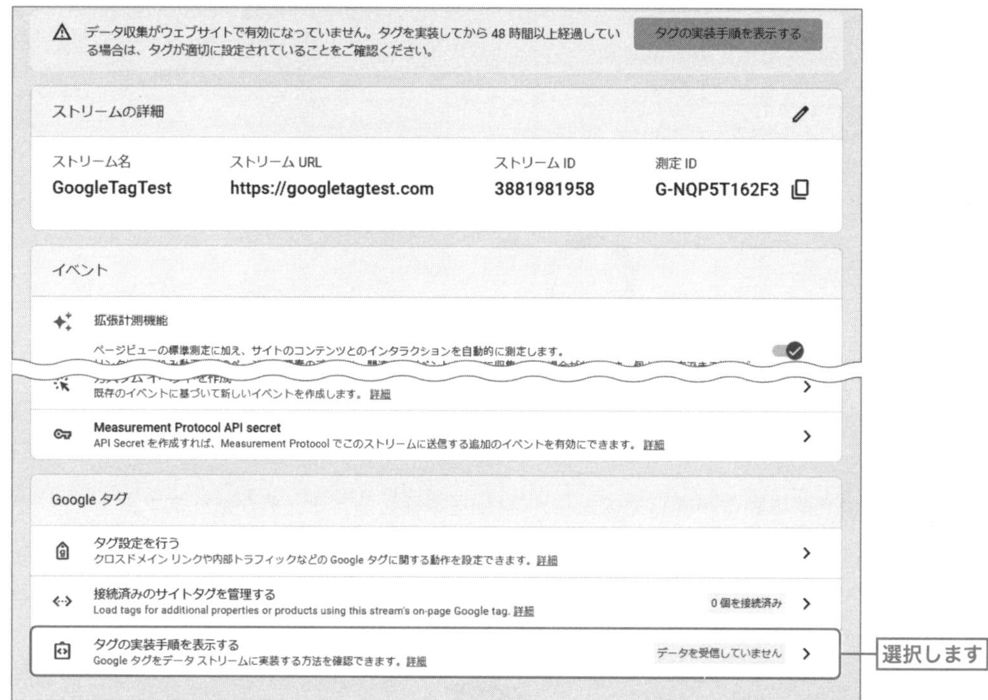

計測に必要な記述が表示されるため、これらを計測対象となる各ページに追加してください。

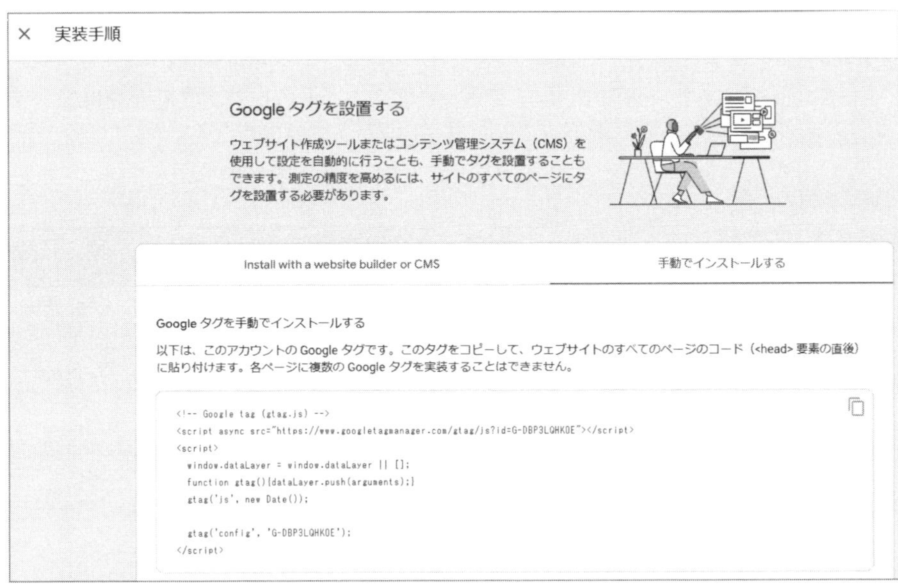

計測記述を追加する際には、HTMLのヘッダー内（<HEAD>～</HEAD>の間）への追加を行います。WordPress等のCMSを使っている場合、一括でヘッダー内に入れたり、プラグインなどを利用できるケースもあります。

以下の図は、WordPressでheader.phpに計測記述を追加した例になります。

追加したら、リアルタイムレポートで計測ができていることを確認しましょう。

GA4の初期設定

GA4で計測を行う上で、設定しておくべき内容がいくつかあります。設定推奨の内容とサイトや計測要件によって必要なものがありますので、以下の表を確認して、どれを設定するかを確認しましょう。こちらは、すべてGA4の画面内で設定できる内容です。

表2-2-1　初期設定項目の一覧

名称	設定内容	設定の必要性
プロパティのアクセス管理	GA4の閲覧・編集権限を付与できます。 現在ログインできる人以外に権限を付与したい場合に設定します。	必要に応じて
Google シグナル	サイト来訪者のユーザー属性情報を取得、年代・性別・興味関心などの情報やGA4で作成したセグメントを広告配信に利用する場合に設定します。	推奨
データ保持期間	「探索」機能で利用できるデータ期間を変更可能。 デフォルトの2ヶ月を14ヶ月に変更することを推奨します。	推奨
拡張計測機能	ファイルダウンロード・外部リンククリック等の機能拡張です。 サイトで必要な機能をオンにすることを推奨します。	推奨
アトリビューション設定	流入元とコンバージョンの紐付けのルールを定義します。 デフォルトが「機械学習形式」になっているので、内容を確認の上、必要に応じて変更します。	推奨
クロスドメイン設定	1つのプロパティで複数ドメインを利用している場合に設定検討します。 単一ドメイン（サブドメイン含む）のプロパティの場合は不要です。	必要に応じて
内部トラフィック	IPアドレスを利用して社内からのアクセスの除外やフラグ付けのための設定。社内からのアクセスを除外したい場合は必須です。	必要に応じて
除外する参照のリスト	特定の流入元を無視する設定です。ECサイト等で外部決済を挟む際、流入元としてみなさない場合に設定します。	必要に応じて
各種広告サービスとのリンク	Google広告やアドマネージャー、Merchant Centerなどの各種広告サービスを利用している場合に設定します。	必要に応じて
BigQueryのリンク設定	BigQueryにデータを保存します。GA4のログデータを活用して、別ツール等で分析したい場合に設定します。	必要に応じて
Search Consoleのリンク	Googleでの検索順位や回数などがわかるレポートを表示します。 計測対象ドメインでSearch Consoleを設定済みの場合に設定できます。	必要に応じて
コンバージョンの設定	サイトでユーザーに実現してほしい行動をコンバージョンとして登録できます。商品購入・問い合わせ完了・資料請求完了など、任意のものを設定できます。	推奨

それぞれの設定方法は、Chapter 5とChapter 6で詳しく触れています。すぐに設定する場合はChapter 2の該当箇所まで移動しても大丈夫ですが、まずはGA4を正しく理解してから設定する場合は、このままChapter 3に進んでください。

Google Analytics 4

Chapter 3

レポート機能

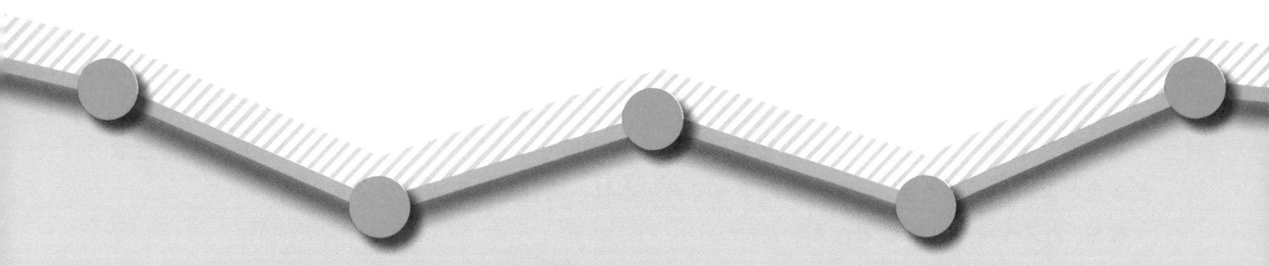

GA4には、基本的な指標を見るための「レポート」機能が用意されています。人間の健康診断に例えると、体重・身長・血圧といった体の調子を測るためのレポート群です。どのようなレポートがあるのか、どう活用すればよいのかを紹介します。

Section **3-1**

GA4のホーム画面の意味を知りたい！

ホーム画面

使用レポート ▶▶▶ホーム

Chapter 3では、GA4の各種レポートを見ていきます。どのようなデータを見ることができるのか、どう活用できるかを案内します。各レポートの有用度と利用頻度を5段階で評価していますので、併せて参考にしてみてください。

「ホーム」の概要

最初に表示されるホーム画面から見ていきましょう。

基本的なデータや、最近表示したあるいはよく利用しているレポート、自動分析からの気付きなどがまとまった画面です。計測内容によって表示される内容が若干異なります。

なお、カスタマイズ等はできません。

有用度	2.0
利用頻度	1.0

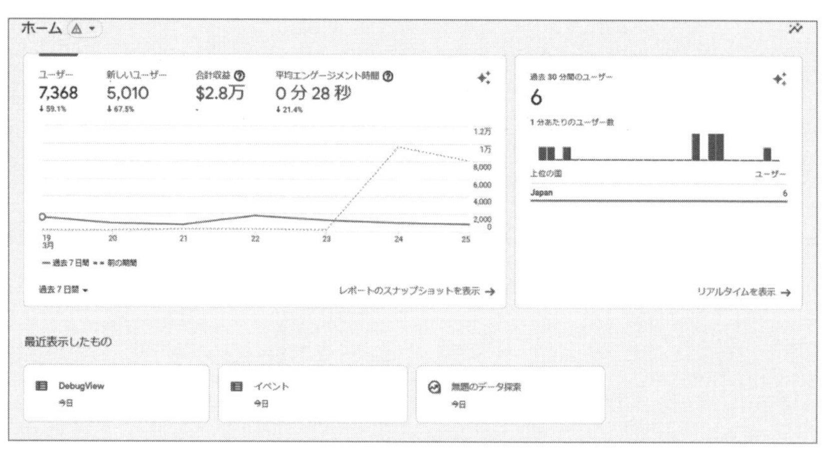

関連公式ヘルプ

https://support.google.com/analytics/answer/11197963?hl=ja

ホームで閲覧できるデータ

以下の項目は、最初から用意されているデータ一覧になります。

- 主要指標の時系列推移（表示される項目はGA4の利用状況や取得データに依存）
- 過去30分間のユーザー
- 最近表示したレポートへのリンク
- 閲覧頻度が高いレポートのデータ
- データの急激な変化を発見

それぞれのメニューからリンクをクリックすると、該当レポートに移動することができます。カスタマイズができないので、個人的には利用する頻度は少ないと考えております。

Section 3-2 サイトの基本的な情報をチェックしたい！

「レポート」メニュー

使用レポート ▶▶▶レポート ➡ 各種レポート

レポート内には多種多様なレポートが用意されています。それぞれを紹介しますが、すべてのレポートが役立つとは限りません。自社サイトで重要視している数値を中心に見ていきましょう。なお、レポートのメニュー構造は変更することができます。本書では、初期状態でのレイアウトを前提に紹介します。

「レポートのスナップショット」の概要

サイト（アプリ）の全体像を把握するためのレポートで、基本的な数値を定期的にチェックするのに利用します。

表示するデータに関してはカスタマイズすることができるので、必要な項目のみを追加すると有用度が上がります。

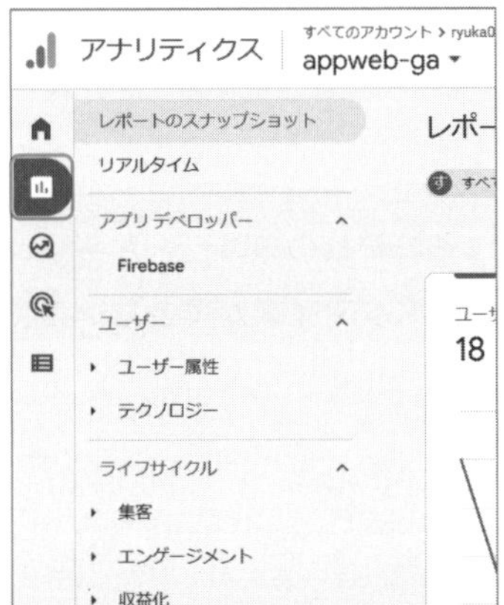

有用度	（カスタマイズすれば）4.0
利用頻度	3.0

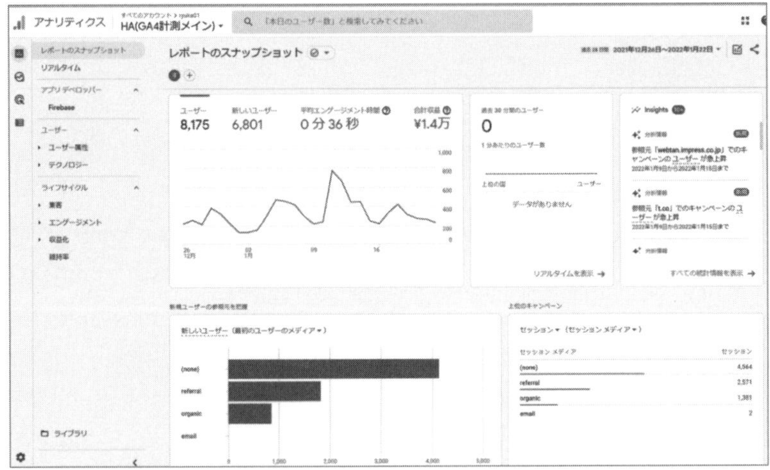

関連公式ヘルプ

https://support.google.com/analytics/answer/10668965?hl=ja

https://support.google.com/analytics/answer/10659091?hl=ja

レポートのスナップショットで閲覧できるデータ

以下の項目は、カスタマイズ前の最初から用意されているデータの一覧です。

- サイト全体のユーザー、新しいユーザー、平均エンゲージメント時間、合計収益の日別推移
- 過去30分の国別ユーザー数
- Insights（GA4が見つけてきたデータに関する気付き）
- 新規ユーザーの流入元
- すべてのセッションおよびエンゲージメントのあったセッションの流入元
- 国別のユーザー数（全体・新規・リピート）
- アクティブユーザー数の推移
- ユーザー維持率
- 閲覧数が多い上位ページ
- 発生回数が多いイベント
- 各コンバージョンの数
- 購入回数が多い商品
- どのプラットフォームでコンバージョンしたか（Web・iOSアプリ・Androidアプリ）

頻繁に利用する項目もあれば、ほとんど利用しない項目もあります。本レポートは表示する内容をカスタマイズできるので、編集することを強く推奨します。

レポートのカスタマイズ

画面の右上にある「編集」アイコンをクリックすると、編集画面に移動します。

「編集」アイコンが表示されない場合は「閲覧権限」のみとなっていますので、管理者に「編集権限」をもらえるか相談してみましょう。

編集画面では、右側のリスト一覧を編集できます。順番の移動や削除を行いましょう。

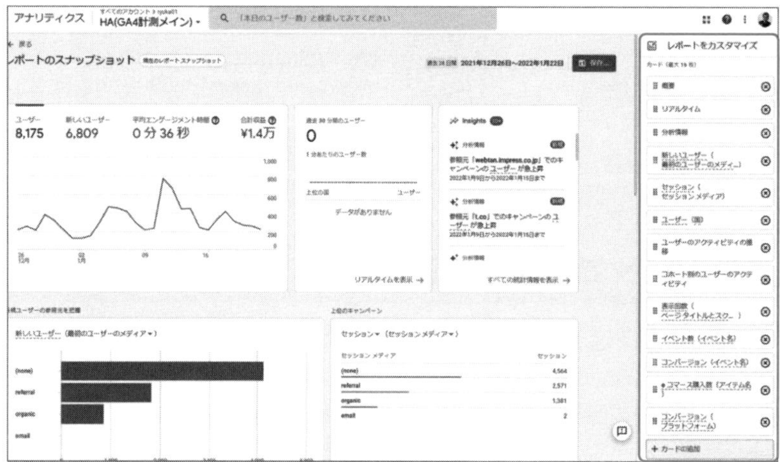

右側のメニューを操作すると、左側にリアルタイムに反映されます。

右下にある「カードの追加」をクリックすると、新たなレポートを追加することができます。

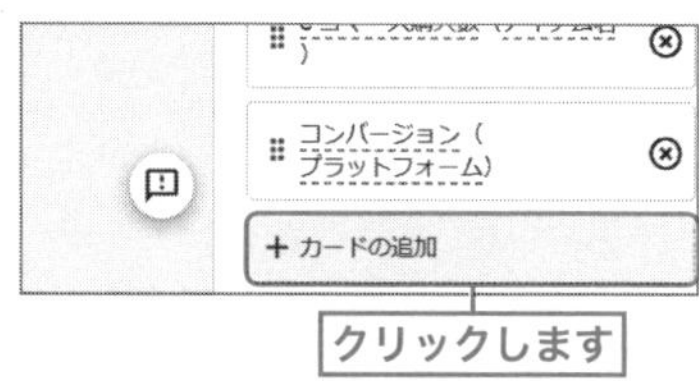

「概要カード」や「その他のカード」に様々なレポートがあるので、選択して追加しましょう。

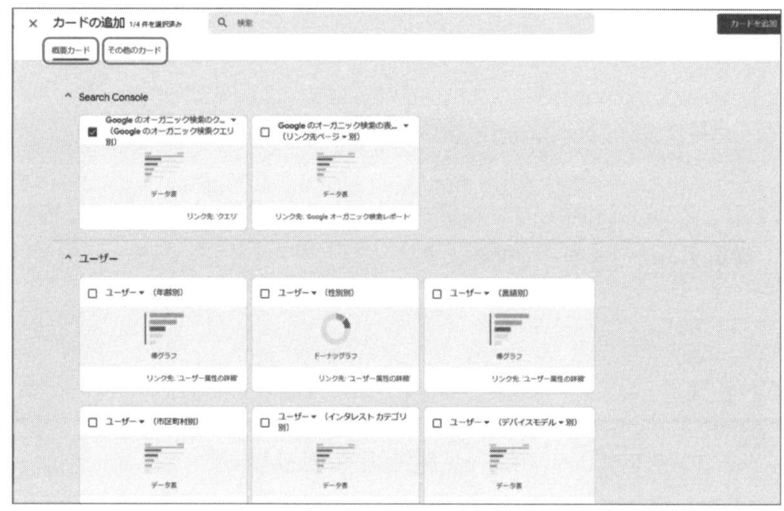

レポートのスナップショットに追加できるレポートの最大数は16枚となります。表示順番は指定できますが、各レポートの大きさやデザインなどは変えることができません。本格的な運用レポートを作成したい場合は、Looker Studio（Chapter 8参照）などを活用しましょう。

レポートのカスタマイズ例

「実際にどのような数値を見ればよいのか？」ということで、ECサイトとBtoBサイトの例を作成してみました。

ECサイトの場合

以下の10個からレポートを作成します。

- eコマースの収益
- 購入者数
- 購入者の構成（前回の購入日別）
- eコマース購入数
- 合計収益（参照元/メディア）
- イベント数、他3個（イベント数・ユーザーの合計数・ユーザーあたりのイベント数・イベントの収益）
- Googleのオーガニック検索クエリ
- セッション（デフォルトチャネルグループ）
- コンバージョン（デフォルトチャネルグループ）
- ユーザーエンゲージメント

最初の5つはECサイトということで収益関連を中心に掲載、その次にサイト全体の数値と流入に関する数値、最後にユーザーのサイトとの接触頻度で「ユーザーエンゲージメント」を入れました。

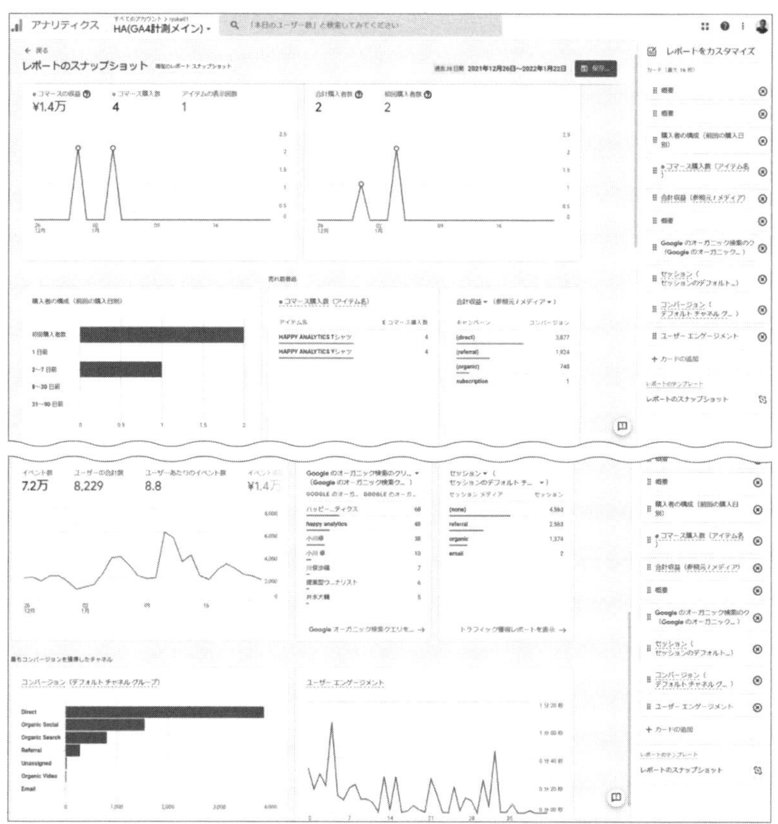

BtoBサイトの場合

以下の8個からレポートを作成します。

- Insights
- コンバージョン（イベント名）
- 表示回数（ページタイトルとスクリーンクラス）
- ユーザー数、他3個（ユーザー・イベント数・コンバージョン・合計収益）
- ユーザーのアクティビティの推移
- 新しいユーザー（最初のユーザーの参照元/メディア）
- セッション（デフォルトチャネルグループ）
- Googleのオーガニック検索クエリ　※設定でGoogleサーチコンソールの連携をしておく必要があります

まずは変化が起きた時にすぐ気づくために、Insightsを表示します。その後、コンバージョンの数やサイトの閲覧状況を把握します。次にサイト全体の推移に関するレポートを2つ追加しました。ユーザーのアクティビティの推移は継続利用を把握するのにも便利なレポートです。最後に流入元関連の3つ（初回獲得につながった流入元、セッションデータの流入元、流入キーワード）です。

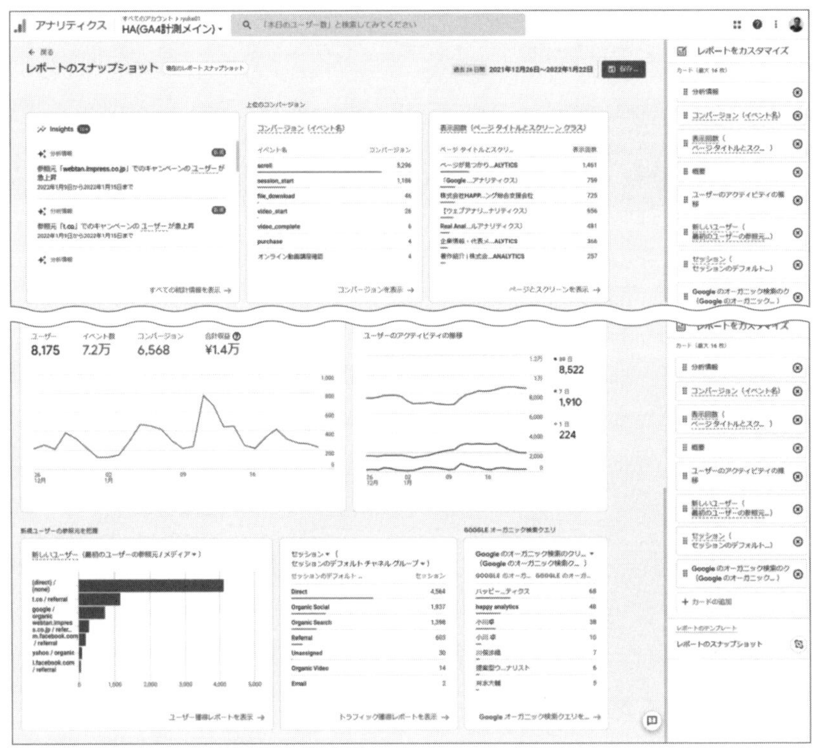

カスタマイズしないと有用度は低いレポートです。見るべき項目を整理して作成することをオススメします。

編集したレポートを保存

編集したレポートを保存するときには、2つのオプションがあります。

「現在のグラフへの変更を保存」を選択すると、既存のレポートのスナップショットを上書きします。この**上書きされた内容は、すべてのGA4閲覧者に反映されます。**

「新しいレポートとして保存」を選択すると、名称を決めて元のレポートのスナップショットとは別に保存することが可能です。新しく作成されたレポートは、画面にはすぐに反映されません。

このSectionで後述する「ライブラリ」(86ページ参照)の中に追加されるので、そこからメニューに追加します。

「リアルタイム」の概要

過去30分に訪れたユーザーの情報をリアルタイムで更新します。大規模なメディアサイトでリアルタイムに人気ページを見たいときなど、用途は限られています。

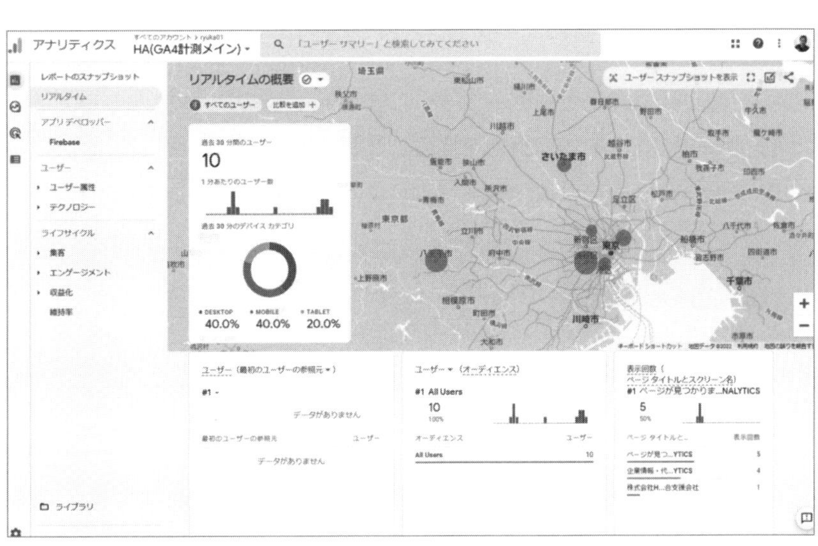

関連公式ヘルプ

https://support.google.com/analytics/answer/9271392?hl=ja

リアルタイムで閲覧できるデータ

以下の項目をリアルタイムで見ることができます（データはすべて直近30分のデータ）

- 1分単位のユーザー数
- アクセス元の地域（地図表示）
- デバイスカテゴリ
- 最初のユーザーの流入元
- オーディエンス
- ページタイトルとスクリーン名
- イベントごとのイベント数
- コンバージョンごとのイベント数
- ユーザープロパティ

カスタマイズなどは用意されておらず、表示されるデータのみとなります。

ユーザーのスナップショットを表示

ページ上部にある「ユーザー スナップショットを表示」をクリックすると、ランダムで抽出されたユーザーのリアルタイム行動を見ることができます。

クリックします

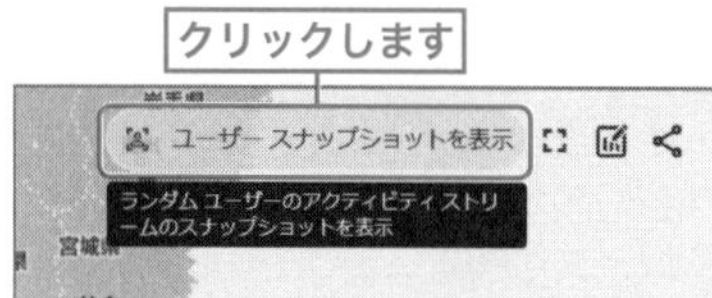

以下のような形で行動が表示され、動きをチェックすることができます。

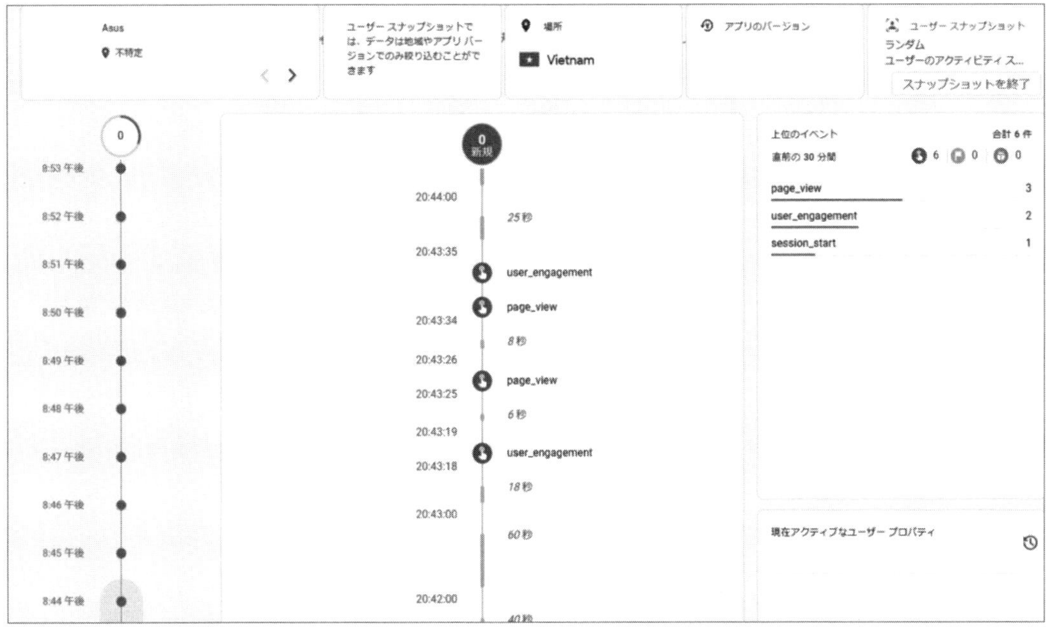

リアルタイムで動きが表示されますが、用途が思いつきません。

一見面白そうなのですが、サイトの分析や改善という観点からは用途が限られたレポートです。大半の方は特に見る必要がないでしょう。

「Firebase」の概要

アプリのデータストリームを設定している場合は、専用レポートとして「Firebase」のレポートが追加されます。アプリの基本的な情報を見ることができます。

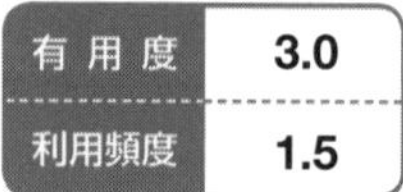

有用度	3.0
利用頻度	1.5

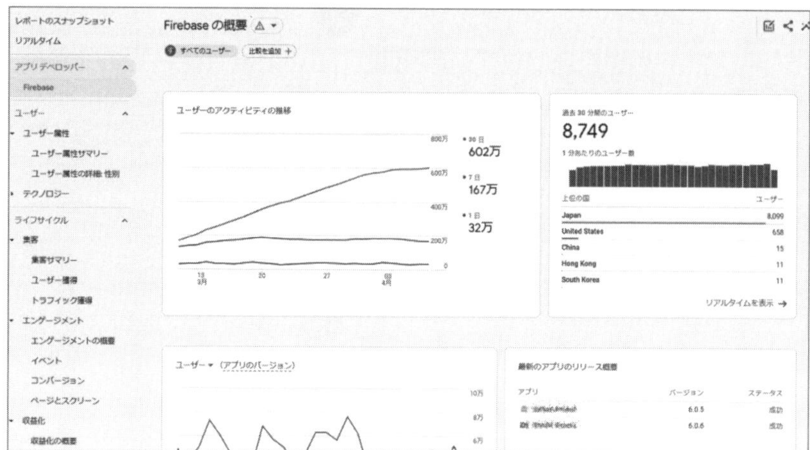

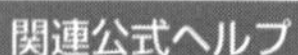
関連公式ヘルプ

https://support.google.com/analytics/answer/11014767?hl=ja

アプリならではのレポート

Firebaseならではのレポートとして、以下のものが用意されています。

- アプリのバージョン
- 最新のアプリのリリース概要
- アプリの安定性の概要

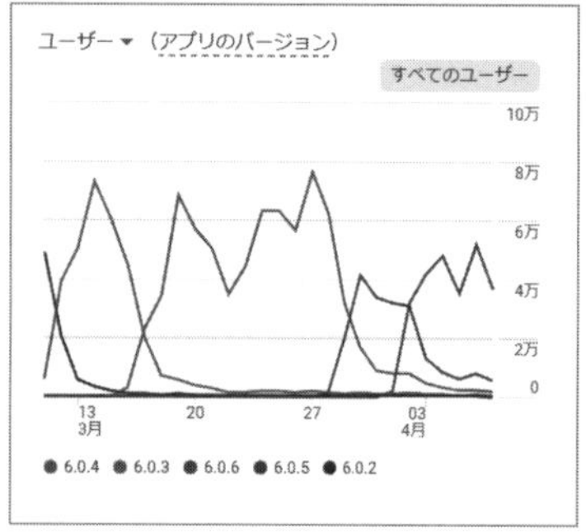

アプリの安定性の概要

アプリ	クラッシュに遭遇していないユーザー数	
	100.0%	0.0%
iOS	100.0%	0.0%
	99.3%	↓0.7%

他にも多種多様なレポートはあるのですが、ウェブ版のデータストリームを併せて計測している場合は、ウェブのデータも混ざっているので利用には注意が必要です。

アプリ単体で見るために、比較機能を利用してアプリだけに絞り込みましょう。

比較機能に関しては、Section 3-4で詳しく紹介しています。

● アプリだけに絞ったエンゲージメントのデータ

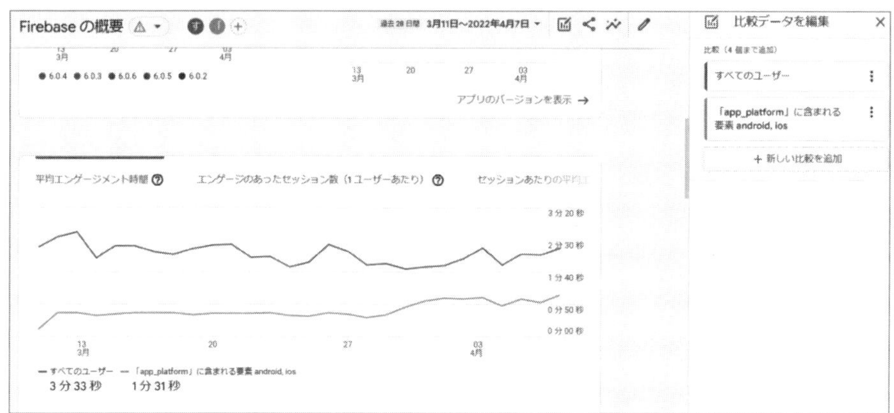

レポートで見るべきポイント

アプリのバージョンアップがどれくらいのスピードで反映されているのかであったり、比較機能を使ってアプリだけの数値をさくっと見る上では便利な機能です。細かい分析は探索機能のほうで行う必要がありますが、レポートのスナップショットと同じ感覚で利用ができます。

本レポートもカスタマイズが可能なので、必要なデータの表示や不必要なデータの非表示をして使いやすくしましょう。

アプリを利用している場合は、定期的にチェックしておきたいレポートです。その際にはカスタマイズを行い、必要なデータだけを表示するようにしておきましょう。

本書ではアプリの実装に関しては詳しく触れませんが、すでにGoogleのFirebaseを利用してデータを計測している場合は、「Firebaseの管理画面」➡「プロジェクトの設定」➡「統合」にある「Googleアナリティクス」を選択すると、リンクするプロパティを選択できます。

このリンクを行うと、Firebaseのアプリに関する利用データもGA4用のプロパティ内で数値を見ることができます。

すでにウェブサイトのデータを計測しているプロパティを対象にリンクを行うと、**ウェブサイトとアプリのデータが混ざった状態で各種レポートが表示**されます。どちらも会員IDなどでつながっており、確認する必要がある場合は同じプロパティで見ることにメリットがあります。

しかし会員IDなどで連携をしておらず、それぞれ役割が違う場合はデータが混ざることで分析しにくくなります。特にサイト・アプリ、それぞれで分析をする場合は、閲覧画面や流入元のデータを出すときに、都度サイトやアプリのデータをフィルタを反映させないといけません。

このように**単体で分析するケースが多い場合は、アプリ用に新しいプロパティを作成した後に、Firebaseは新規プロパティとリンクすることを推奨**します。

「ユーザー属性」の概要

ウェブサイトを訪れた人の年代・性別・位置情報などを中心に確認できます。利用頻度は高くありませんが、サイトを訪れている人の特徴を把握するのに便利です。

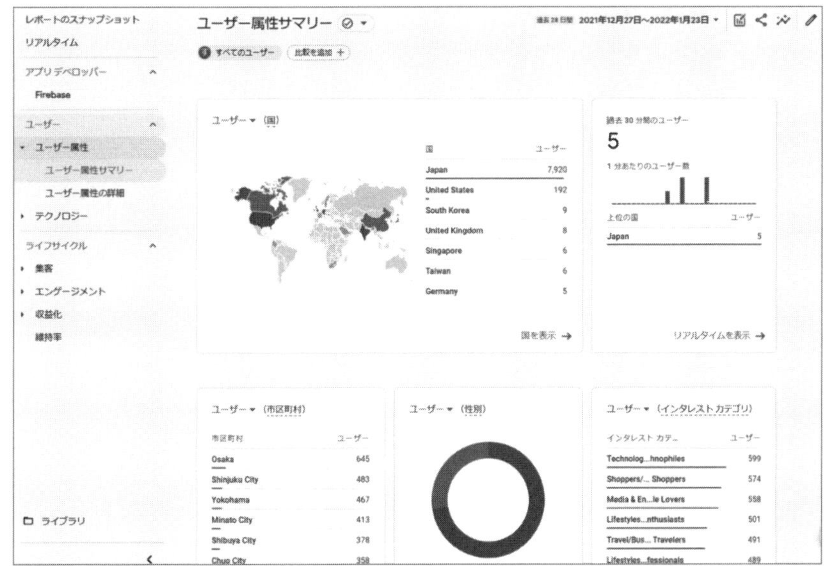

関連公式ヘルプ

https://support.google.com/analytics/answer/9353692?hl=ja&ref_topic=9328240

https://support.google.com/analytics/answer/9353711?hl=ja&ref_topic=9328240

ユーザー属性サマリー

ユーザー属性に関する基本情報を確認することができます。確認できる内容は、以下のとおりです。★が付いている項目は、Googleシグナル（Section 6-4参照）の利用をオンにする必要があります。

- 国別のユーザー・新規ユーザー・リピーター
- 過去30分間の国別ユーザー数
- 市区町村別のユーザー・新規ユーザー・リピーター
- 性別のユーザー・新規ユーザー・リピーター★
- インタレストカテゴリ（興味関心）別のユーザー・新規ユーザー・リピーター★
- 年齢別のユーザー・新規ユーザー・リピーター★
- 言語別のユーザー・新規ユーザー・リピーター

それぞれリンクをクリックすると、「ユーザー属性の詳細」レポートに移動します。

性別・年齢・インタレストカテゴリのデータは、集計対象期間のユーザー数が少ない場合は表示されません。「何人分のデータがあれば表示されるか」といったしきい値は公開されていません。

ユーザー属性の詳細

上記サマリーから「表示」のリンクをクリックする、あるいはメニューから「ユーザー属性の詳細」をクリックすることでアクセスできるレポートです。

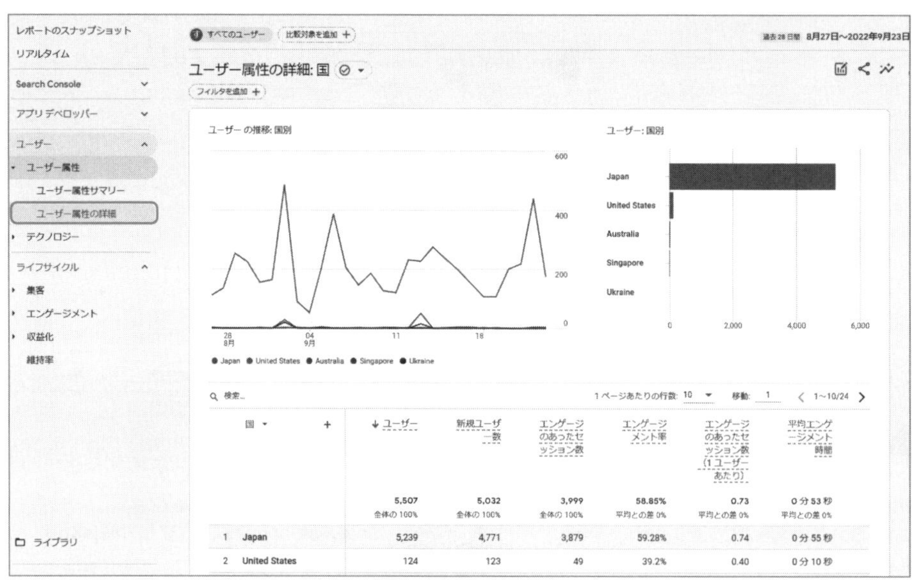

以下のデータが表示されます。指標に関しての定義は、Appendix 3「GA4用語集」にある「指標の一覧」(508ページ)を参照してください。

- 属性の値別のユーザー数(棒グラフ)
- 属性の値ごとの推移(折れ線グラフ)
- 属性の値別の各指標
  - ユーザー
  - 新しいユーザー
  - エンゲージのあったセッション
  - エンゲージメント率
  - ユーザーあたりのエンゲージ数
  - 平均エンゲージメント時間
  - イベント数
  - コンバージョン数
  - 合計収益

なお、表で掲出したい指標は、「レポートをカスタマイズ」から追加・削除・並び替えなどが可能です。不要な項目を外したり、新たな項目を追加して使いやすくしてみましょう。

表の項目を変えたい場合は、レポートの右上にある「編集」アイコンをクリックした後に「サイズ」や「指標」をクリックして、内容を選択してください。コンバージョン率など最初から表示されていない項目を追加できます。なお、表の編集はレポート以後で紹介する表でも可能です。

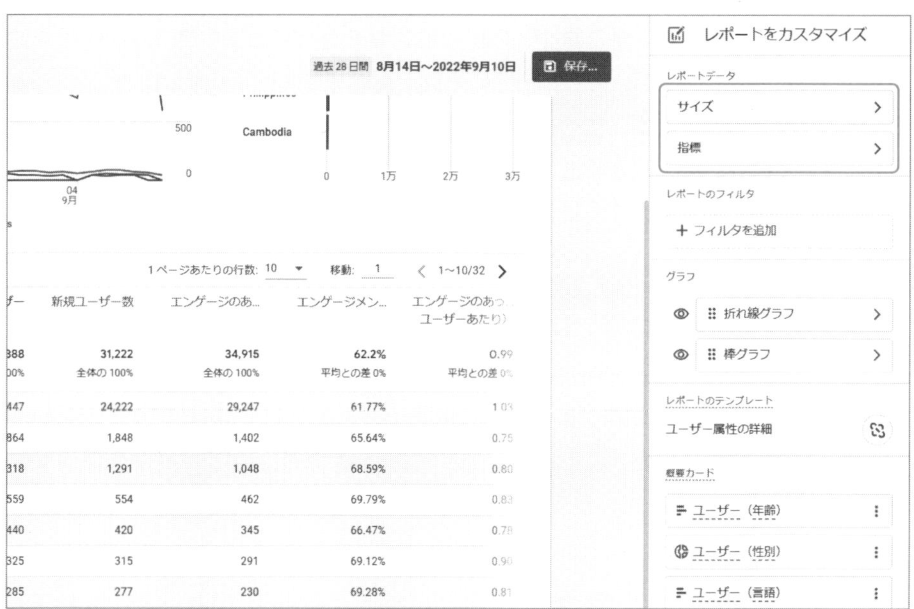

地域（都道府県別）は「ユーザー属性サマリー」では表示されませんが、「ユーザー属性の詳細」では選択項目として選ぶことが可能です。こちらを利用すると、都道府県別の数値を確認することができます。

表内で「国」と書かれている箇所を選択すると様々な項目が表示されるので、都道府県を表示したい場合は「地域」を選択してください。

レポートで見るべきポイント

ユーザー属性サマリーはサイトを初めて分析するとき、サイトを訪れているユーザーの傾向を把握するために利用するとよいでしょう。

詳細に関しては各指標の表を見て、属性の値ごとで傾向をチェックするとよいでしょう。わかりやすい例では、年代や性別ごとのコンバージョンが違うか、どの都道府県が収益につながっているかなどを把握します。また、表の中では他の属性との掛け合わせを行うことができます。年代や性別で掛け合わせを行うことで、より細かいユーザー像の把握が可能です。

利用頻度はそれほど高くありませんが、サイトの利用者の情報を得るために最初はチェックしておきたいレポートです。ただし、属性別の閲覧コンテンツなどを深堀りしたい場合は、本レポートでは出せませんので、Chapter 4で紹介する探索レポートを利用します。

「テクノロジー」の概要

ウェブサイトを訪れた人のデバイスに関する情報を収集することができます。ユーザーの利用環境の全体把握に利用します。改善に活かすことは難しいですが、傾向を把握してサイトやアプリ改善の優先順位に役立てましょう。

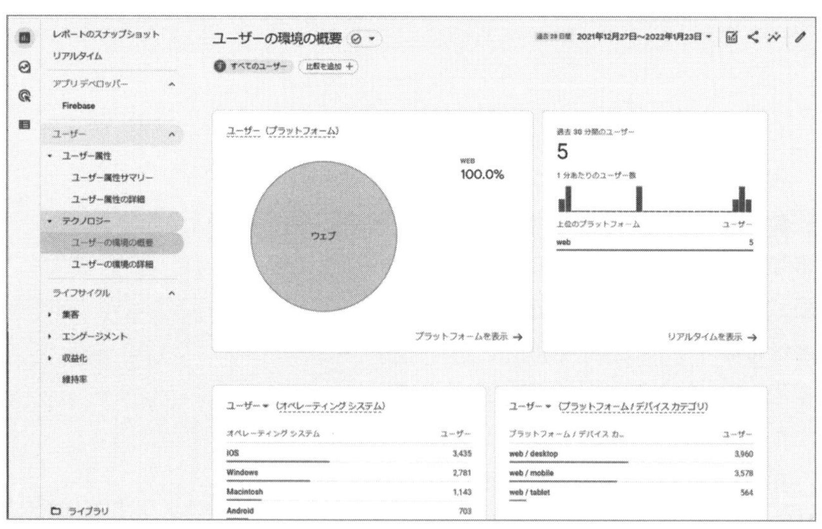

関連公式ヘルプ

https://support.google.com/analytics/answer/9353571?hl=ja

ユーザーの環境の概要

ユーザーの環境に関する基本情報を表示してくれます。見ることができるレポートは、以下の通りです。

★が付いている項目は、アプリの計測時にのみ値が表示されます。

- プラットフォーム別のユーザー割合
- 過去30分間のプラットフォーム別ユーザー数
- オペレーティングシステム別のユーザー・新規ユーザー・リピーター・合計収益
- プラットフォーム/デバイスカテゴリ別のユーザー・新規ユーザー・リピーター・合計収益
- ブラウザ別のユーザー・新規ユーザー・リピーター
- デバイスカテゴリ別のユーザー・新規ユーザー・リピーター
- 画面解像度別のユーザー・新規ユーザー・リピーター・合計収益
- アプリバージョン別のユーザー・新規ユーザー・リピーター・合計収益★
- 最新のアプリのリリース概要★
- アプリの安定性の概要★
- デバイスモデル別のユーザー・新規ユーザー・リピーター・合計収益

それぞれのリンクをクリックすると、「ユーザー属性の詳細」レポートに移動します。

ユーザーの環境の詳細

上記サマリーから「表示」のリンクをクリックするか、メニューから「ユーザーの環境の詳細」をクリックするとアクセスできるレポートです。

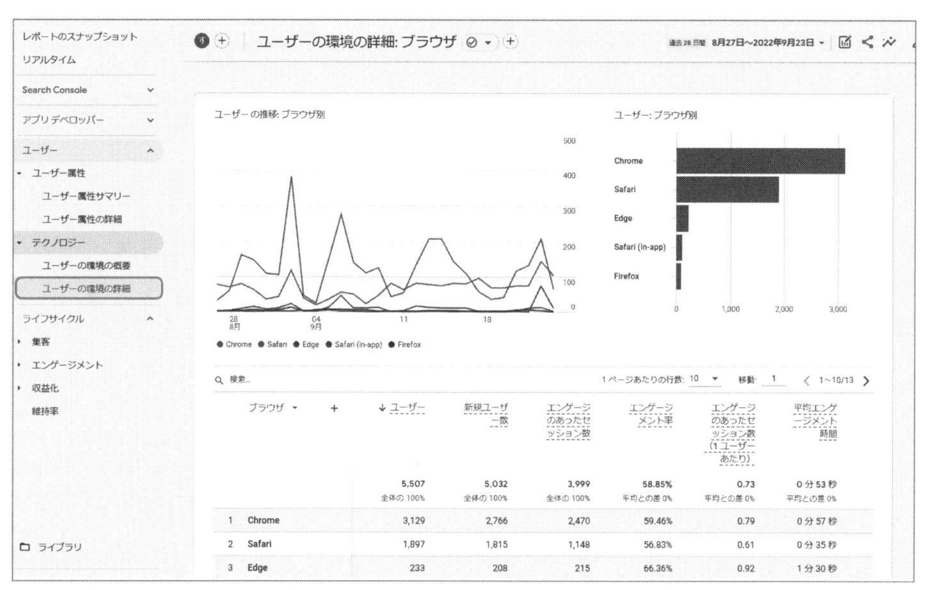

以下のデータが表示されます。指標に関しての定義は、Appendix 3「GA4用語集」にある「指標の一覧」(508ページ)を参照してください。

- 環境の値別のユーザー数(折れ線グラフ)
- 環境の値ごとの推移(折れ線グラフ)
- 属性の値別の各指標
  - ユーザー(=アクティブユーザー数)
  - 新しいユーザー
  - エンゲージのあったセッション
  - エンゲージメント率
  - ユーザーあたりのエンゲージ数
  - 平均エンゲージメント時間
  - イベント数
  - コンバージョン数
  - 合計収益

表示されるディメンションで注釈が必要なものを以下に記載しました。

- ブラウザの「Safari」と「Safari(In-app)」の違いですが、in-appはiOSアプリ内で展開されるSafariブラウザの事を指します(SafariのブラウザでのSafariに分類されます)
- Androidのアプリ内ブラウザは「Android Webview」という名称になります
- デバイスモデルはPCの場合はブラウザ名(ChromeやEdgeなど)が表示され、スマホやタブレットの場合は端末名が表示されます。なお、iPhoneやiPadのバージョンについては確認できません(すべてiPhoneやiPadで統一されます)
- OSのバージョンに関して、iOSではバージョン10以降、名称が「Intel 10.10」というようにIntelが頭に付いています
- デバイスカテゴリは基本Desktop/Mobile/Tabletですが、smart.tvという分類も存在しています

検索...　1ページあたりの行数: 25　1～4/4

	プラットフォーム / デバイス カテゴリ	ユーザー	新しいユーザー	エンゲージのあ...	エンゲージメン...
	合計	3,207,973 全体の 100%	2,027,501 全体の 100%	3,690,339 全体の 100%	72.78% 平均との差 0%
1	web / tablet	130,917	86,754	146,979	72.82%
2	web / smart tv	224	203	239	82.41%
3	web / mobile	2,433,641	1,491,036	2,767,988	72.01%
4	web / desktop	647,553	449,508	775,133	75.7%

レポートで見るべきポイント

テクノロジーを直接分析や改善に活かすことは少ないと思います。ただ、**その中でもデバイスカテゴリに関しては定期的に確認しておくとよい**でしょう。特に詳細で見られる表に関しては、デバイスカテゴリごとのユーザー行動の違いを把握するのに便利です。カテゴリごとの指標の違いを見ることで、どのカテゴリを優先するべきか、また改善すべき指標を明確にできます。

またアプリのデータストリームがある場合は見ることができるデータ量も増えますし、最新のアプリバージョンのユーザー浸透率などもわかります。そして詳細で見ることができる表を活用し、特定端末やバージョンでのユーザーの行動指標を確認しましょう。特定の条件下において正常に動作していない、あるいは使いにくいといったケースが発見できるかもしれません。

利用頻度はそれほど高くありませんが、デバイスカテゴリの基本的な特徴は把握しておきましょう。サイト全体において占める比率や、コンバージョン・収益の貢献などを理解しておくことで、集客やサイト内改善の優先順位を判断しやすくなります。

「集客」の概要

流入の内訳を確認することができるレポート群です。全体像を把握する「集客サマリー」、初回流入のみに注目した「ユーザー獲得」、セッションごとの流入を見ることができる「トラフィック獲得」に分かれています。

集客施策の効果測定から、流入量変化の原因特定まで使い勝手が良いレポートです。特に後者2つの獲得のレポートは、本Sectionの中でも利用頻度が高いレポートの代表格です。

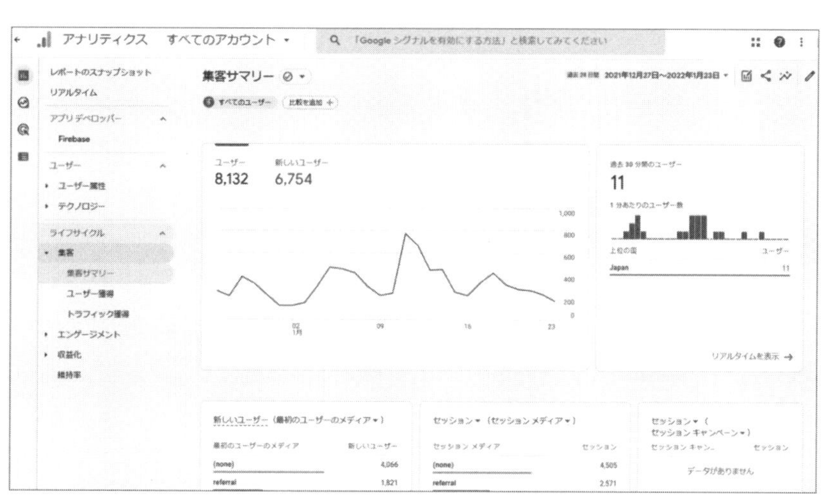

関連公式ヘルプ

https://support.google.com/analytics/answer/10999979?hl=ja

集客サマリー

集客に関する主要指標を確認することができます。以下の項目が対象となります。

- ユーザー・新しいユーザーの時系列推移
- 過去30分間の国別ユーザー
- 新しいユーザーの初回流入元（メディア・参照元・参照元/メディア・参照元プラットフォーム・キャンペーン・Google広告ネットワーク・広告グループ名・広告ID）のユーザー数
- セッションおよびエンゲージのあったセッションの流入元（メディア・ソース・参照元/メディア・参照元プラットフォーム・キャンペーン・デフォルトチャネルグループ）のセッション数
- セッションおよびエンゲージのあったセッションの広告流入元（キャンペーン・広告グループ名・広告キーワードのテキスト・広告クエリ・広告の広告ネットワーク・広告アカウント名）のセッション数
- ライフタイムバリュー
- Googleのオーガニック検索トラフィック（サーチコンソールとGA4を連携している場合）
- Googleのオーガニック検索クエリ（サーチコンソールとGA4を連携している場合）

レポートのカスタマイズ機能が用意されており、カードの追加・変更・削除ができます。ちなみに追加できるカードの種類に関しては、どのレポートでも一緒です。

ユーザー獲得

該当期間に**初回流入したユーザーの初回流入時のデータを確認**することができます。２回目以降の流入元のデータは含まれていないことに注意してください。

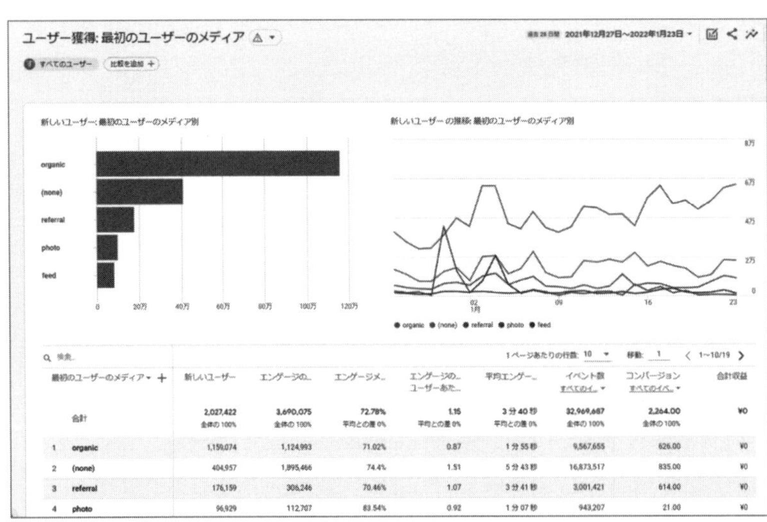

最初のユーザーのメディア	新しいユーザー	エンゲージの...	エンゲージメ...	エンゲージの... ユーザーあた...	平均エンゲー...	イベント数 すべてのイ...	コンバージョン すべてのイベ...	合計収益
合計	2,027,422 全体の100%	3,690,075 全体の100%	72.78% 平均との差0%	1.15 平均との差0%	3分40秒 平均との差0%	32,969,687 全体の100%	2,264.00 全体の100%	¥0
1 organic	1,159,074	1,124,993	71.02%	0.87	1分55秒	9,567,655	626.00	¥0
2 (none)	404,957	1,895,466	74.4%	1.51	5分43秒	16,873,517	835.00	¥0
3 referral	176,159	306,246	70.46%	1.07	3分41秒	3,001,421	614.00	¥0
4 photo	96,929	112,707	83.54%	0.92	1分07秒	943,207	21.00	¥0

具体的には、以下のデータが確認できます。指標に関しての定義は、Appendix 3「GA4用語集」にある「指標の一覧」(508ページ)を参照してください。

- 初回流入元別のユーザー数(合計)
- 初回流入元別のユーザー数(時系列推移)
- 初回流入元別の各種指標
  - 新規ユーザー
  - エンゲージのあったセッション
  - エンゲージメント率(エンゲージメントのあったセッション数÷セッション数)
  - ユーザーあたりのエンゲージのあったセッション数(エンゲージメントのあったセッション÷ユーザー数)
  - 平均エンゲージメント時間
  - イベント数
  - コンバージョン
  - 合計収益

データを見る上でのいくつか注意点を記載しておきます。

- エンゲージメントのあったセッションは、初回流入元ユーザーの、データ期間内のセッションも対象になります。
- つまり新規でOrganic Searchで入ってきた人が、その後再度訪問したセッションのデータも含まれます。従って**新しいユーザー数よりエンゲージメントのあったセッション数のほうが大きくなることもあります**。逆に、エンゲージが低い場合は新しいユーザー数よりセッション数のほうが少なくなることもあります。
- 平均エンゲージメント時間は初回流入元ごとの、**データ期間内の平均閲覧時間**となります。つまり2回目・3回目の訪問があった場合、それらの滞在時間も集計されます。
- 同様にイベント数、コンバージョン、合計収益に関しても初回流入時の数値だけではなく、再訪していた場合は計測されます。例えば1回目にOrganic Searchで流入し、2回目にReferralで流入してコンバージョンした場合、コンバージョンはOrganic Searchに紐付きます。

表で最初に使われているディメンションは「ユーザーの最初のデフォルトチャネルグループ」ですが、以下の単位でも確認することができます。

- デフォルトチャネルグループ
- メディア
- 参照元
- 参照元/メディア

次ページへ続く

- 参照元プラットフォーム
- キャンペーン
- Google広告の広告ネットワークタイプ
- Google広告の広告グループ名

初回流入の内訳や、新規流入が増えたときの原因の特定に活用しましょう。また、どの初回流入が、その訪問時あるいはそれ以後の訪問でコンバージョンにつながったかなどもわかり、初回流入の貢献を把握できます。

トラフィック獲得

該当期間のすべての流入を確認できます（初回流入・リピート両方含む）。

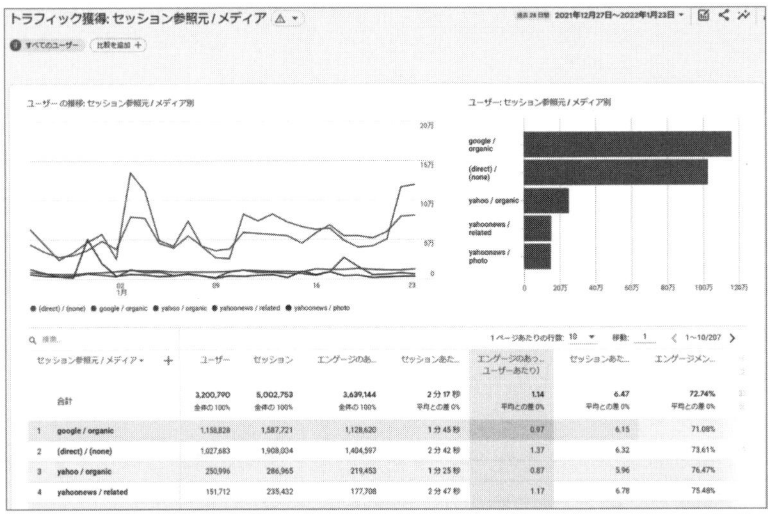

具体的には、以下のデータが確認できます。指標に関しての定義は、Appendix 3「GA4用語集」にある「指標の一覧」（508ページ）を参照してください。

- 流入元別のユーザー数（合計）
- 流入元別のユーザー数（時系列推移）
- 流入元別の各種指標
  - ユーザー
  - セッション
  - エンゲージのあったセッション
  - セッションあたりのエンゲージメント時間
  - ユーザーあたりのエンゲージのあったセッション数（エンゲージメントのあったセッション÷ユーザー数）

次ページへ続く

- セッションあたりのイベント回数
- エンゲージメント率（エンゲージメントのあったセッション数÷セッション数）
- イベント数
- コンバージョン
- 合計収益

上記データを以下の流入元分類で確認可能です。

- デフォルトチャネルグループ
- 参照元またはメディア
- メディア
- ソース
- 参照元プラットフォーム
- キャンペーン

流入の内訳や、流入が増えたときの原因特定に活用しましょう。

また、流入元ごとのコンバージョン数などを確認することにより、流入元がサイトの成果にどれくらい貢献しているかがわかります。

流入元の分類

GA4では流入元がいくつかの方法にグルーピングされています。一番大きい単位は、「デフォルトチャネルグループ」となっています。

詳しい分類や定義は公式ヘルプをご覧いただければと思いますが、代表的なチャネルは、以下の通りです。

https://support.google.com/analytics/answer/9756891?hl=ja

表3-2-1 主要なデフォルトチャネルグループの分類名と意味

分類名	意味
Paid Search	検索広告からの流入
Display	ディスプレイ広告からの流入
Paid Social	ソーシャル広告からの流入
Direct	直接流入（ブックマーク・URL直接入力・アプリからの流入等）
Organic Social	ソーシャルメディアからの非広告流入
Organic Search	検索からの非広告流入
Email	メールからの流入
Referral	他サイトからの流入

チャネル以外の流入元をさらに細かくした流入元の分類もあります。それぞれの意味は、以下の通りです。

表3-2-2 デフォルトチャネルグループより細かい流入元の分類名と意味

分類	意味
参照元	流入元のドメインあるいはURLに設定されたutm_sourceのパラメータ値 （例：youtube.com, googleなど）
メディア	流入元の種類あるいはURLに設定されたutm_mediumのパラメータ値 （例：referral, organic, cpcなど）
参照元/メディア	参照元とメデイアを組み合わせた内容 （例：youtube.com/ referral, google / organic）
キャンペーン	URLに設定されたutm_campaignのパラメータ値 （例：summersale, banner01）
Google 広告の 広告ネットワークタイプ	Google広告から入ってきた場合に、Google広告の管理画面で設定したネットワーク種 （例：Google Search）
Google 広告の 広告グループ名	Google広告から入ってきた場合に、Google広告の管理画面で設定したグループ名 （例：brand_keyword, area）

URLに設定されたパラメータ値には、サイト外からリンクを自社サイトに行う場合に広告パラメータをつけることができます。この広告パラメータで設定した値が入ってきます。

```
https://www.example.com/?utm_source=summer-mailer&utm_medium=email&utm_campaign=summer-sale
```

例えば、上記のようにサイトにリンクをする際にパラメータを付与します。

utm_source=summer-mailerとありますが、このsummer-mailerという値が参照元として記録されます。同様にemailがメディアとして記録され、summer-saleがキャンペーンとして記録されます。

このようにURLを指定できる場合は、広告パラメータを利用して流入元を分類することが可能です。URLを生成するためのCampaign URL Builderというサービスが用意されています。URLとそれぞれのパラメータを設定すると、広告パラメータつきのURLが生成されます。

```
https://ga-dev-tools.web.app/ga4/campaign-url-builder/
```

集客とランディングページの紐づけ

集客元とランディングページを紐づけて数値を見たい場合は、「セカンダリディメンション」として「ランディングページ」を追加することで可能となります。セカンダリディメンションの追加方法に関しては、Section 3-4をご覧ください。

セッションのデフォルト チャネル グループ	ランディング ページ	↓ユーザー	セッション	エンゲージのあ...	セッションあた...	エンゲージのあっ... ユーザーあたり)
合計		11,142 全体の 100%	19,683 全体の 100%	9,319 全体の 100%	1 分 05 秒 平均との差 0%	0.84 平均との差 0%
11 **Direct**	/what-is-ga4/what-is-ga4/	85	131	66	1 分 31 秒	0.78
12 **Direct**	/what-is-ga4/ua-vs-ga4/	71	90	50	5 分 51 秒	0.70
13 **Referral**	/admin/property/data-settings/	59	64	59	3 分 01 秒	1.00
14 **Direct**	/what-is-ga4/	56	76	52	2 分 11 秒	0.93
15 **Direct**	/what-is-ga4/ua-ga4-definition/	55	80	45	2 分 49 秒	0.82
16 **Direct**	/measure-flow/	44	51	40	3 分 07 秒	0.91
17 **Direct**	/what-is-ga4/ua-to-ga4-process/	41	61	25	1 分 20 秒	0.61
18 **Organic Social**	/what-is-ga4/history-of-ga4/	36	58	32	3 分 09 秒	0.89
19 **Direct**	/what-is-ga4/ua-metrics-in-ga4/	35	44	30	1 分 56 秒	0.86
20 **Unassigned**	/	33	40	12	0 分 05 秒	0.36

これにより**流入元とランディングページの掛け合わせを行い、ユーザーやセッション数、コンバージョン数も見ることができる**ようになります。集客単位だけだと改善案を出すのが難しいですが、広告とランディングページを掛け合わせることで、ページの課題なのか、集客の課題なのかを発見しやすくなります。

流入の数値変化特定には欠かせないのが、集客レポートです。「レポート」メニュー内にあるレポート群のなかでも、一二を争う利用頻度です。

エンゲージメントの概要

発生したイベントやコンバージョン、ページビューなどのサイト内の行動に関する情報を見ることができるレポート群です。作成したコンテンツの評価や、機能追加後の前後比較など用途が多彩なレポートです。ただし、「これを見たい」という掛け合わせが見えないことも多く、Chapter 4で紹介する探索レポートを使ったほうがよいケースも存在します。

有用度	4.0
利用頻度	4.0

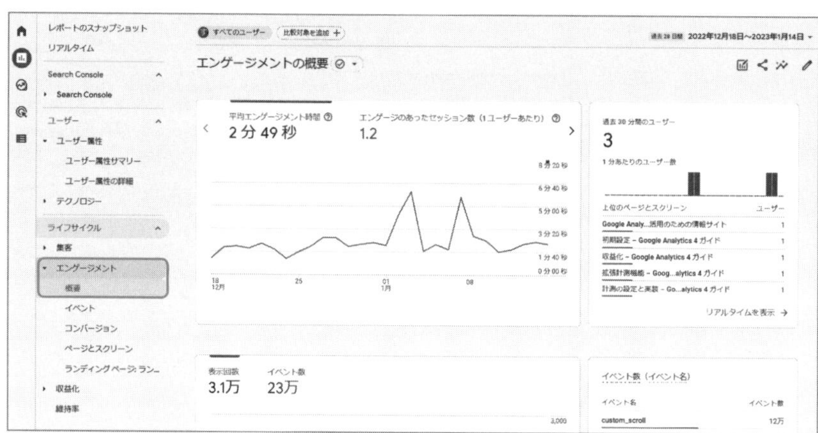

関連公式ヘルプ

https://support.google.com/analytics/answer/10999789?hl=ja

対象項目

サイト内行動に関する主要指標を確認できます。以下の項目が対象となります。指標に関しての定義は、Appendix 3「GA4用語集」にある「指標の一覧」（508ページ）を参照してください。

- 時系列での平均エンゲージメント時間・エンゲージメントのあったセッション数（1ユーザーあたり）・セッションあたりの平均エンゲージメント時間
- 過去30分間の上位のページとスクリーンユーザー
- 時系列での表示回数（ページビュー数）とイベント数
- 上位イベント名のイベント発生数
- 上位ページタイトルとスクリーンの表示回数
- ユーザーのアクティビティの推移（DAU、WAU、MAUの推移）
- ユーザーのロイヤリティの推移（DAU/MAU、DAU/WAU、WAU/MAU）

レポートのカスタマイズ機能が用意されており、カードの追加・変更・削除ができます。追加できるカードに関しては、どのレポートでも選択肢は一緒です。

イベント

該当期間のイベントの発生に関する情報を見ることができます。

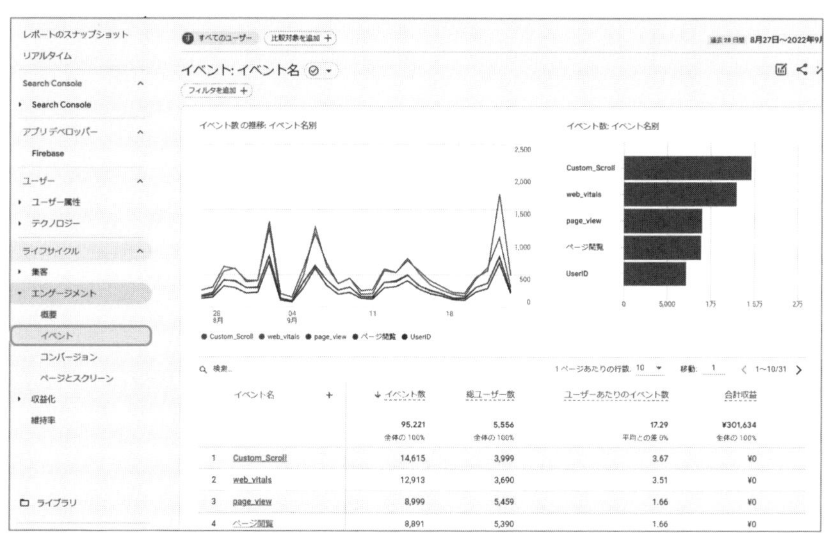

具体的には、以下のデータが確認できます。

- 上位5つのイベントの時系列推移
- 上位5つのイベントの発生数（棒グラフ）
- イベント名別の各種指標
  - イベント数
  - ユーザーの合計数（イベントを発生させたユーザー数）
  - ユーザーあたりのイベント数（イベント数÷総ユーザー数）
  - 合計収益（通常はpurchaseイベントのみに設定されている）

表ではGA4で自動取得しているイベントおよびカスタムで作成したイベント名が表示されます。特定のイベント名をクリックすると、該当イベントの詳細を確認できます。

● イベント名をクリックして詳細を確認する

検索...

	イベント名	↓イベント数	ユーザーの合計数
		117,659 全体の 100%	10,862 全体の 100%
1	Custom_Scroll	17,022	5,871
2	web_vitals	15,364	5,399
3	page_view	11,110	7,665
4	ページ閲覧	11,006	7,705
5	UserID	8,823	5,701

イベントの詳細

該当イベントに関する詳細を確認できます。イベントに紐付いた「イベントパラメータ」も本レポートで確認が可能です。

本レポートで表示されるイベントパラメータですが、

❶ **GA4側で自動取得しているイベントの場合**は、直近30分間の該当イベントに紐付いているパラメータです。

❷ **新規に作成したイベントの場合**は、デフォルトでは何も表示されません。

❶❷ともにイベントのパラメータを登録すると、本レポートに追加で表示されるようになります。イベントの作成やパラメータの登録については、Section 5-11のカスタムディメンションをご覧ください。

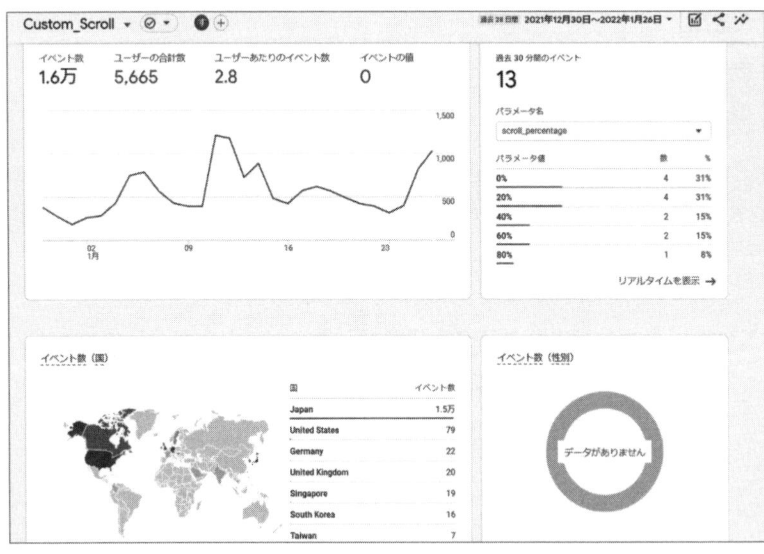

PAGE_LOCATION、PAGE_REFERRER、GA_SESSIONなどはイベントパラメータとして登録を行ったため表示されます。

本レポートで表示される項目は、イベントによって変わります。以下は初期設定で取得されるイベントで、特に追加パラメータ設定を行っていない場合に表示される項目一覧です。

表3-2-3 初期イベントごとの表示パラメータ名

イベント名	表示項目
page_view （ページ表示）	●時系列でのイベント数・ユーザーの合計数・ユーザーあたりのイベント数・イベントの値 ●イベントに紐付いたパラメータ別の過去30分間のイベント発生数 ※ここで確認できるのはあくまでも直近30分間になり、イベントパラメータを登録しない限り、別途集計された表は用意されていません ●ページタイトルあるいはページ階層（ドメイン以降のURL）ごとの総エンゲージメント率と平均滞在時間 ●国別のイベント数 ●性別のイベント数 ●時系列でのイベント数/セッション
session_start （セッション開始イベント）	●時系列でのイベント数・ユーザーの合計数・ユーザーあたりのイベント数・イベントの値 ●イベントに紐付いたパラメータ別の過去30分間のイベント発生数 ※ここで確認できるのはあくまでも直近30分間になり、イベントパラメータを登録しない限り、別途集計された表は用意されていません ●国別のイベント数 ●性別のイベント数 ●時系列でのイベント数/セッション
first_visit（初回訪問）	session_startと同じ
user_engagment （ユーザーのエンゲージメント）	session_startと同じ
scroll（90%スクロール）	session_startと同じ

次ページへ続く

イベント名	表示項目
click（外部リンククリック）	session_startと同じ
file_download（ファイルダウンロード）	session_startと同じ
video_start（動画開始） video_progress（動画再生中） video_complete（動画再生完了）	session_startと同じ

繰り返しになりますが、**イベントパラメータを登録しない限り、該当イベントのパラメータごとの数値（例：どのファイルがダウンロードされたか、外部リンクのクリック先）は見ることができません。**これらを見たい場合は、イベントパラメータの登録あるいは探索レポートを利用しましょう。

コンバージョン

コンバージョンとして登録したイベントの数値を確認できます。

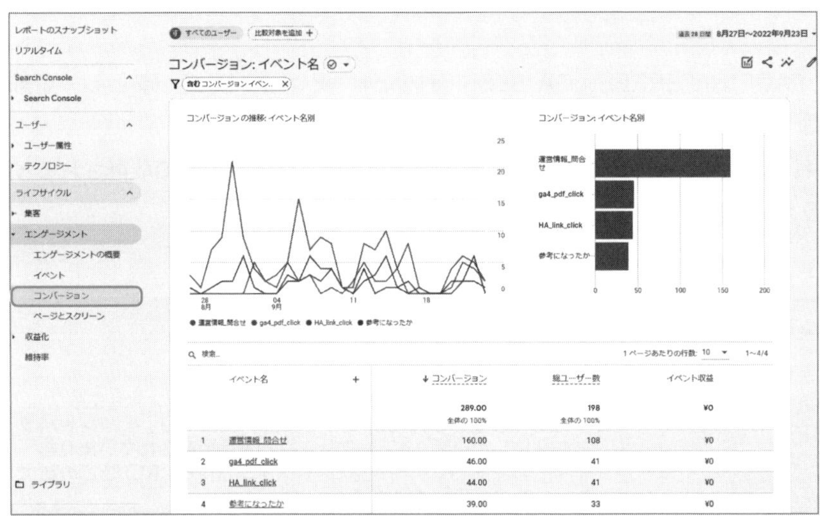

具体的には、以下のデータが確認できます。

- 上位5つのコンバージョンの時系列推移
- 上位5つのコンバージョンイベントの発生回数（棒グラフ）
- コンバージョンごとの指標
  - コンバージョン数
  - （コンバージョンした）総ユーザー数
  - イベント収益

コンバージョンしたセッション数やコンバージョン率は本レポートで見ることはできません。どちらもChapter 4で紹介する探索レポートを利用して表示できます。

コンバージョン名をクリックすると、該当コンバージョンの詳細を確認できます。

検索...

	イベント名	↓コンバージョン	ユーザーの合計数	イベント収益
	合計	7,933.00 全体の 100%	5,570 全体の 100%	¥14,024 全体の 100%
1	scroll	5,432.00	4,544	¥0
2	session_start	2,404.00	2,143	¥0
3	file_download	56.00	31	¥0
4	video_start	25.00	15	¥0
5	オンライン動画講座確認	7.00	6	¥0
6	video_complete	5.00	5	¥0
7	purchase	4.00	2	¥14,024

コンバージョンの詳細

コンバージョンごとの内訳を確認できるレポートになります。

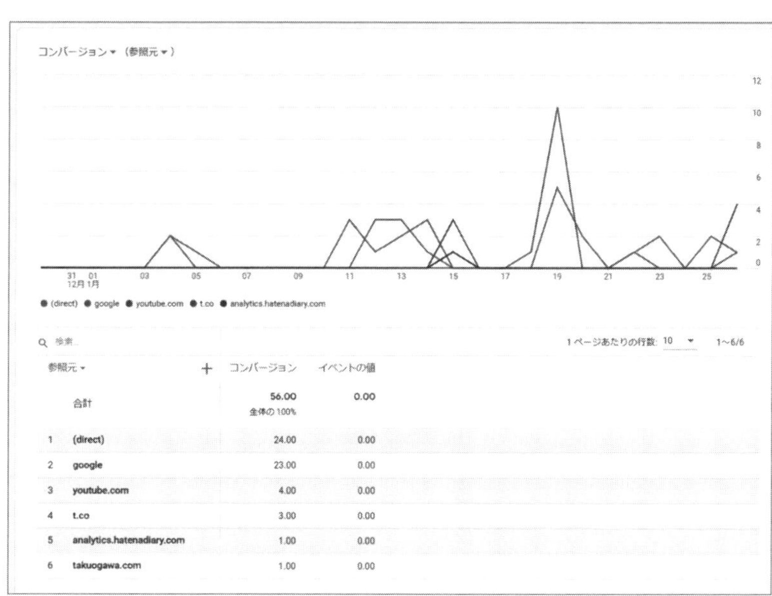

	参照元	コンバージョン	イベントの値
	合計	56.00 全体の 100%	0.00
1	(direct)	24.00	0.00
2	google	23.00	0.00
3	youtube.com	4.00	0.00
4	t.co	3.00	0.00
5	analytics.hatenadiary.com	1.00	0.00
6	takuogawa.com	1.00	0.00

以下のディメンションの内訳ごとにコンバージョン数とイベントの値を確認できます。

- 参照元
- メディア
- デフォルトチャネルグループ
- キャンペーン

コンバージョンにつながった流入元を見ることができ、成果に貢献している集客施策を把握することができます。

またセカンダリディメンションを追加することで、ランディングページとの掛け合わせを見ることもできます。

	イベント名	ランディングページ	↓イベント数	ユーザーの合計数
			102 全体の 0.08%	88 全体の 0.79%
1	運営情報_問合せ	/	71	64
2	運営情報_問合せ	/admin-info/	8	7
3	運営情報_問合せ	/what-is-ga4/ua-to-ga4-process/	4	2
4	運営情報_問合せ	/landingpage-addition/	3	2
5	運営情報_問合せ	/big-query/bigquery-ga4/	2	2
6	運営情報_問合せ	/what-is-ga4/	2	1
7	運営情報_問合せ	/what-is-ga4/history-of-ga4/	2	2
8	運営情報_問合せ	/?fbclid=IwAR02m1G0Chrjr4ykCrIzyb7FJ-9P4HrDbiD9bOZJ8gBcLs3iYgYdH_DcAUw	1	1
9	運営情報_問合せ	/?fbclid=IwAR3--YAmJRR9WlmEsPzhMlqgC5lCV2NbfHLRrmHWtfmX7BNA-YIQ3VFzEFk	1	1
10	運営情報_問合せ	/?fbclid=IwAR3cmlU_uu-_OZqpXopARGvLHBAu7f-mgp8sHu66vc_DdThC8Kd4pEeaHXw	1	1

ページとスクリーン

ページ（ウェブサイトの場合）またはスクリーン（アプリの場合）ごとの情報を確認できます。

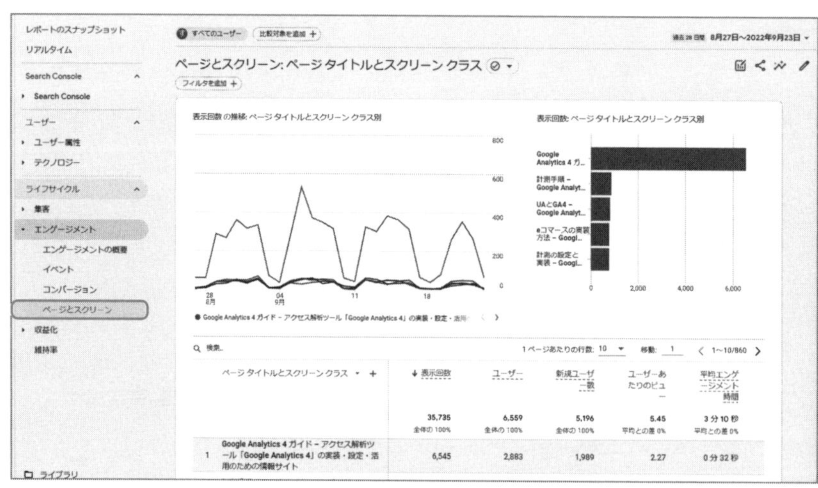

具体的には、以下のデータが確認できます。指標に関しての定義は、Appendix 3「GA4用語集」にある「指標の一覧」（508ページ）を参照してください。

- 上位5つのページ
- 上位5つのページの時系列推移
- イベント名別の各種指標
  - 表示回数
  - ユーザー数
  - 新規ユーザー数
  - ユーザーあたりのビュー数（表示回数÷ユーザー数）
  - 平均エンゲージメント時間
  - ユニークユーザーのスクロール数　※スクロール計測をONにしている場合
  - ページごとのイベント数（合計イベントあるいはイベントごと。使い方例としてページごとのファイルダウンロード数を確認）
  - コンバージョン数（すべてのコンバージョンあるいはイベントごと）
  - 合計収益

イベント数・コンバージョン数・収益などは、あくまでもそのページで発生した場合にカウントします。例えばページA➡ページBを見て、ページBがコンバージョンだった場合、ページBのみにコンバージョンがカウントされます。

ディメンション（ページ）の単位は以下の4つが用意されており、切り替えることができます。ウェブの場合は、主に上の2つを利用します。

表3-2-4　ページとスクリーンレポートで選択することができるディメンション

名称	意味
ページタイトルとスクリーンクラス	ウェブの場合はタイトルタグの名称。アプリの場合は画面に設定したスクリーンクラス
ページパスとスクリーンクラス	ウェブの場合はページパス（URLのドメイン以降、パラメータを除く）。アプリの場合は画面に設定したスクリーンクラス
ページタイトルとスクリーン名	ウェブの場合はタイトルタグの名称。アプリの場合は画面に設定したスクリーン名
コンテンツグループ	作成したコンテンツグループ単位。コンテンツグループの作成には、GTMでの設定あるいはGoogleタグでの実装が必要となります。

ランディングページ

サイト訪問時に最初に見たページの情報を確認できます。

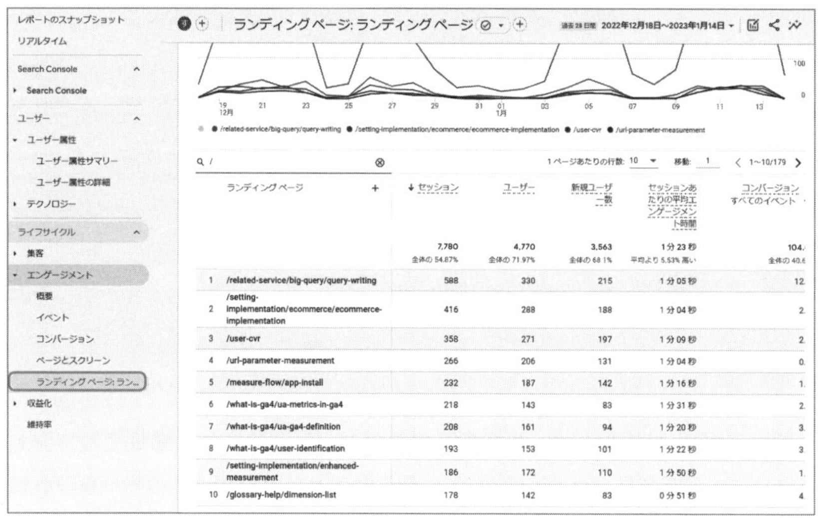

具体的には、以下のデータが確認できます。指標に関する定義は、Appendix 3「GA4用語集」にある「指標の一覧」(508ページ)を参照してください。

- セッション
- ユーザー
- 新規ユーザー数
- セッションあたりの平均エンゲージメント時間
- コンバージョン
- 合計収益

サイトの第一印象を決める重要なページのリストが確認できます。レポートのカスタマイズで「エンゲージメント率」などを追加して、流入してきたページが読まれているのかをチェックすることもおすすめします。

レポートで見るべきポイント

様々な用途に利用できますが、代表的なものは以下の3つになるでしょう。

1.コンバージョンごとの数値を見る

設定したコンバージョンが何件達成しているのか、時系列での推移などをチェックして、サイトの評価を行います。流入元との掛け合わせもできるので、どの流入元が成果に貢献しているかがわかります。ただし、他の項目と掛け合わせたい場合は、探索レポートを利用することになります。

2.ページごとの数値を見る

「どのページが人気なのか？」「滞在やスクロールされている記事は？」などページ単位での傾向を把握するのに便利です。ちょっとしたチェックの場合は本レポートでも十分でしょう。ただし、こちらも深堀りをしたい場合は、探索レポートの利用が必要になります。

3.イベントごとの数値を見る

設定したイベント（初期から用意されているイベントも、カスタムで作成したイベントも）の利用傾向を確認します。ただ詳しく分析するためにはカスタムイベントの登録が必要なので、設定を忘れないようにしましょう。 イベントの作成やパラメータの登録については、Chapter 5を参照してください。

主にユーザー行動の発生回数をチェックするためのレポートです。現状把握には便利ですが、かゆいところに手が届かない部分もあります。

「収益化」の概要

売上に関する情報を確認することができます。eコマースやアプリ内購入、広告収益に関連する情報が確認できます。いずれも「実装」が前提となりますので、実装や設定を行わないとレポートは出てきません。eコマースの実装に関しては、Chapter 5のeコマースのページをご確認ください。

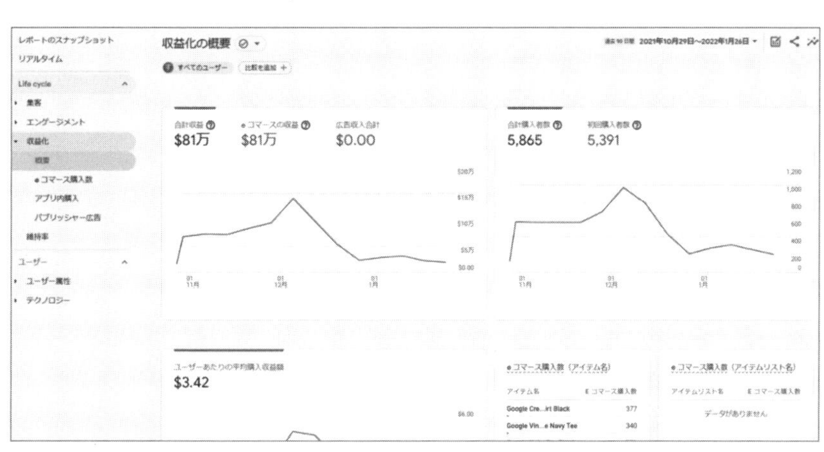

関連公式ヘルプ

https://support.google.com/analytics/answer/9786881?hl=ja

概要

収益に関する主要指標を確認することができます。ウェブとアプリのレポート両方が表示されるため、片方のみを実装している場合は出てこない項目もあります。

- 合計収益・eコマースの集計・広告収入合計の時系列推移
- 合計購入者数と初回購入者数の時系列推移
- ユーザーあたりの平均購入収益額の時系列推移
- 商品ごとの購入数
- 商品リストごとの購入数
- プロモーションでのアイテムごとの表示回数
- オーダークーポンごとの収益
- 商品IDごとの収益
- 広告ユニットごとの収益

eコマース購入数

該当期間の商品購入に関するレポートです。eコマース実装が必須となります。

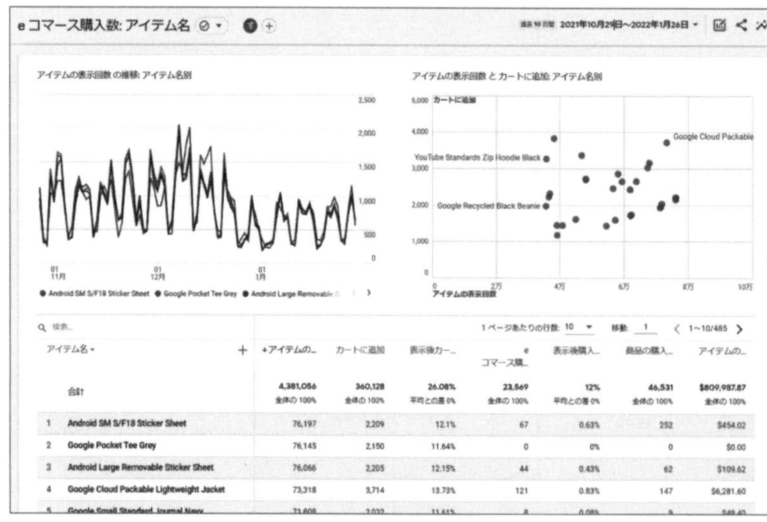

	アイテム名	アイテムの...	カートに追加	表示後カー...	eコマース購...	表示後購入...	商品の購入...	アイテムの...
	合計	4,381,056 全体の 100%	360,128 全体の 100%	26.08% 平均との差 0%	23,569 全体の 100%	12% 平均との差 0%	46,531 全体の 100%	$809,987.87 全体の 100%
1	Android SM S/F18 Sticker Sheet	76,197	2,209	12.1%	67	0.63%	252	$454.02
2	Google Pocket Tee Grey	76,145	2,150	11.64%	0	0%	0	$0.00
3	Android Large Removable Sticker Sheet	76,066	2,205	12.15%	44	0.43%	62	$109.62
4	Google Cloud Packable Lightweight Jacket	73,318	3,714	13.73%	121	0.83%	147	$6,281.60

具体的には、以下のデータが確認できます。指標に関しての定義は、Appendix 3「GA4用語集」にある「指標の一覧」(508ページ)を参照してください。

- 上位5アイテムの表示回数の時系列推移(表示される指標は下の表で選んだディメンションと連動)
- アイテムごとのカート追加数(Y軸)とアイテムの表示回数(X軸)の散布図(表示される指標は下の表で選んだ表に依存)
- アイテム名別の各種指標
    - 表示回数
    - カート追加数
    - 表示後カート追加率(カート追加数÷表示回数)
    - eコマースの購入数
    - 表示後購入率(購入ユーザー数÷表示ユーザー数)
    - 商品の購入数(1回の購入で3個購入した場合、購入数＝1　購入個数＝3)
    - アイテムの合計収益(商品の合計購入金額。送料や消費税などは含まない)

「表示後の購入率」の単位は、ユーザー数であることを理解して使用してください。

表の「アイテム名」のディメンションは、以下のものに変更可能です。eコマース実装の際、アイテム名やアイテムIDでの取得は必須ですが、カテゴリやブランドは任意なので、実装していない場合は表示されません。

- アイテム名
- アイテムID
- アイテムのカテゴリ1〜5
- アイテムのブランド

検索...

	アイテムのカテゴリ 2 ▾	↓アイテムの表示回数	カートに追加	表示後カートに追加され...
	合計	3,328,285 全体の 100%	66,659 全体の 100%	4.54% 平均との差 0%
1	[illegible]	348,402	8,121	4.42%
2	[illegible]	345,144	6,625	3.75%
3	[illegible]	317,338	10,642	5.3%
4	[illegible]	255,217	3,335	2.74%
5	[illegible]	199,897	2,984	2.57%
6	[illegible]	154,967	3,476	4.12%

アプリ内購入

アプリ内での販売（商品購入やゲームの課金など）のデータを見ることができます。

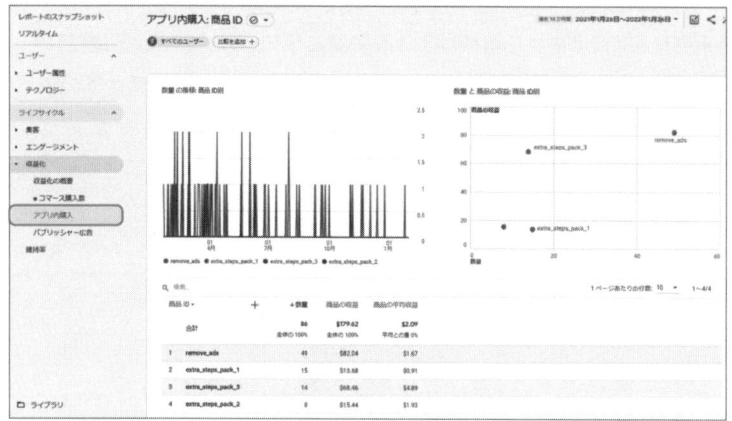

具体的には、以下のデータが確認できます。

- 上位5商品IDごとの購入数量の時系列推移
- 商品IDごとの収益（Y軸）と購入数量（X軸）の散布図
- 商品ID・別の各種指標
    - 数量
    - 商品の収益
    - 商品の平均収益（商品の収益÷数量）

パブリッシャー広告

モバイルアプリ内で広告を表示したことで得られた収益を確認することができます。Firebase SDKを利用して広告測定機能を設定することでAdMobは広告収入が自動で測定されますが、それ以外の広告収益化プラットフォームの場合は実装が必要となります。

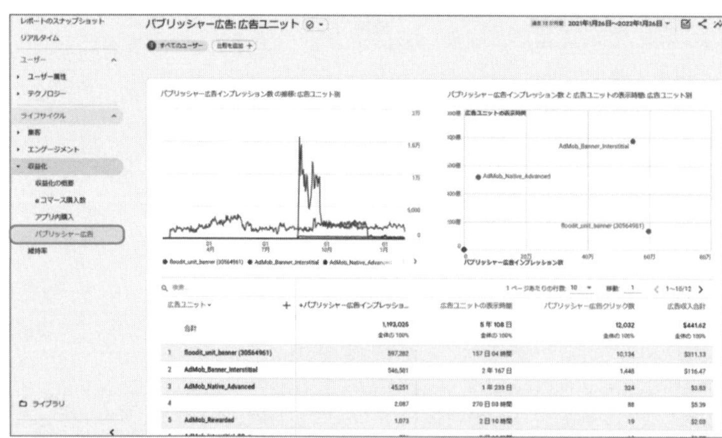

具体的には、以下のデータが確認できます。

- 上位5つの広告ユニットごとのインプレッション推移
- 広告ユニットごとの表示時間（Y軸）とインプレッション数（X軸）の散布図
- 広告ユニット別の各種指標
  - パブリッシャー広告インプレッション数
  - 広告ユニットの表示時間
  - パブリッシャー広告クリック数
  - 広告収入合計

レポートで見るべきポイント

ウェブサイトの場合は「eコマース購入数」のレポートがメインになるでしょう。**「どの商品が売れているのか、コンバージョン率が高い魅力的な商品はどれか？」などを確認する**ことができます。時系列での表示は上位5商品になるため、時系列での分析は探索レポートを使って行いましょう。

売上を確認する上で欠かせないレポートのため、売上発生するサイトかつ実装を行っている場合は、定期的にチェックするレポートになるでしょう。ここで気になる商品や行動を把握した上で、さらに探索レポートで深堀りすることをオススメします。

「維持率」の概要

サイトの継続利用や新規とリピーターに関するレポート群を確認できます。コホートや維持率に関しては、数値の見方を理解した上で利用する必要があります。使えるシーンは限られていますが、継続利用の価値が高いサイト（ニュースメディアやオンラインサービス等）はチェックしておきましょう。

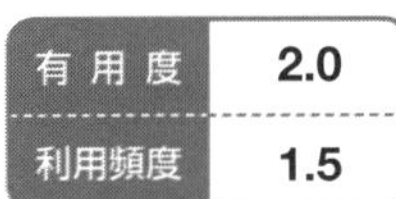

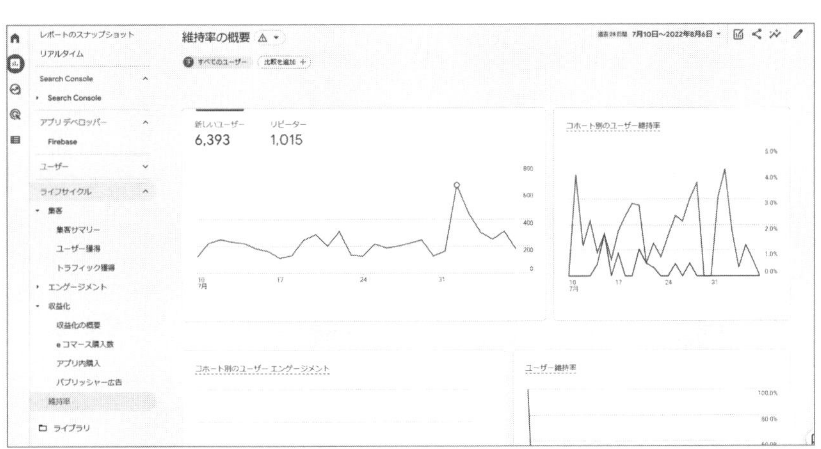

関連公式ヘルプ

https://support.google.com/analytics/answer/11004084?hl=ja

概要

継続利用に関するグラフが6つ表示されます。

- 新しいユーザーとリピーターの時系列推移
- コホート別のユーザー維持率の時系列推移
  ※該当日から1日後（2日目）・7日後（8日目）・30日後（31日目）に再訪したユーザーの割合
- コホート別のユーザーエンゲージメントの時系列推移
  ※該当日から1日後（2日目）・7日後（8日目）・30日後（31日目）に再訪したユーザーの平均滞在時間
- ユーザー維持率
  ※ユーザーが初めてアクセスした日の人数を100%としたときに、何パーセントが翌日以降戻ってきているかを42日先まで表示
- ユーザーエンゲージメント
  ※最初の42日間に再度サイトを訪れたユーザーの平均エンゲージメント時間
- ライフタイムバリュー
  新規ユーザーの初回訪問から120日間の平均収益を表示。複数回購入などによってこの収益書きが増加する

こちらのレポートではカスタマイズ機能が用意されており、カードを追加・変更・削除することができます。

レポートで見るべきポイント

理解が困難なレポートですが、以下の見方をするとよいでしょう。

Step 1. まずは新規やリピートの推移を見て、大きな変化や傾向がないかを把握する。

Step 2. ユーザー維持率に変化が起きていないか？　維持率が低くなる＝ユーザーが離反し始めていることがわかる。

Step 3. ユーザーエンゲージメントの数値が上昇傾向にあるか？　長くサービスを利用するほど訪問時の滞在時間が長くなり、サイトの利用・活用が進んでいるかを把握する。

サイト種別によってはそれほど役に立たないレポートですが、アプリや継続利用モデルのビジネスを提供しているサイトにとっては重要な指標になります。特にアプリの場合はアンインストールすると再度利用することは少ないため、ユーザー維持率は重要なKPIになり得ます。

「ライブラリ」の概要

既存あるいは自分で**新規にレポートを作成して、それを1枚の新たなレポート群（コレクション）として表示できる機能**です。普段自分が見たいレポート群などをまとめることによって、利用しやすくなります。作成したレポートは、「公開」することで同プロパティの閲覧権限を持っている人にも見てもらうことが可能です。

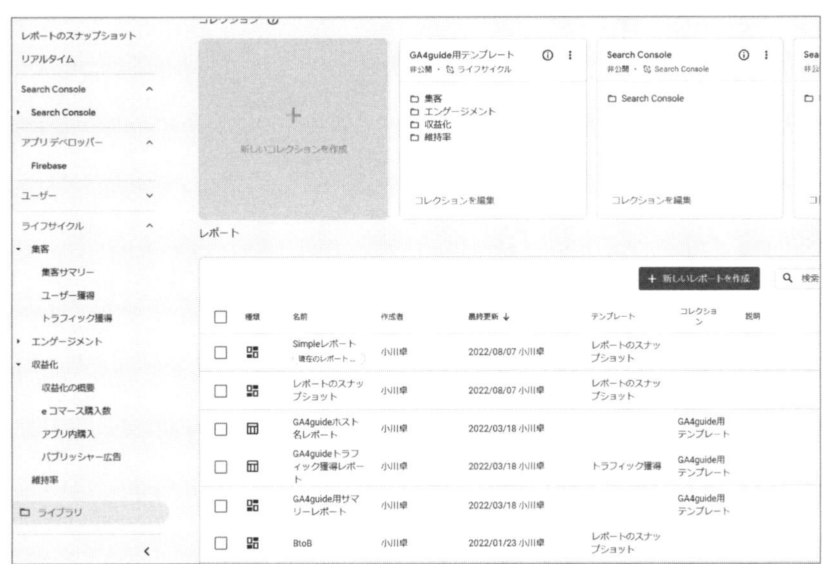

関連公式ヘルプ

https://support.google.com/analytics/answer/10460557?hl=ja&ref_topic=11152760

作成の流れ

本機能は、主に4つのステップで作成されます。

Step 1. **サマリーレポートを作成する**
Step 2. **詳細レポートを作成する**
Step 3. **作成したレポートを「コレクション」としてまとめる**
Step 4. **コレクションを公開する**

それぞれの作成方法を見ていきましょう。

Step 1. サマリーレポートを作成する

ライブラリのメニューからアクセスすると、上記ページが表示されます。ページ上部に「コレクション」を作成する画面（と作成したコレクションの画面）があり、下部にレポートを作成する画面（と作成したレポートの画面）があり、上下に分かれています。

コレクションを作成するにはレポートが必要となります。

「＋新しいレポートを作成」をクリックして、「サマリーレポートを作成」「詳細レポートを作成」が選べます。まずは「サマリーレポートを作成」を選択してください。

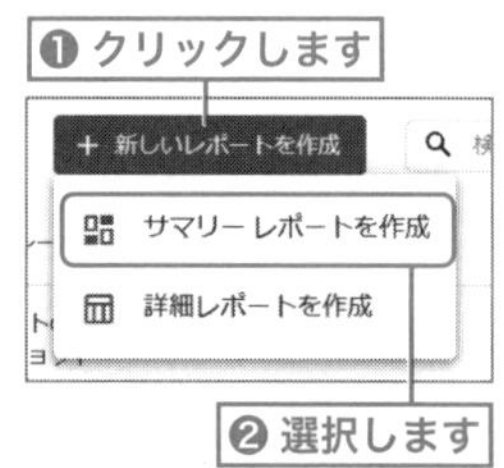

作成画面が表示されます。右側の「＋カードの追加」をクリックして、利用できるレポートの種類を選ぶことができます。

追加したいカードを選択して、「カードを追加」で反映ができます。

追加したら、必要に応じてカードをドラッグ＆ドロップして順番を変えたり、⊗ボタンで削除して形が整ったら、名称を付けて保存しましょう。

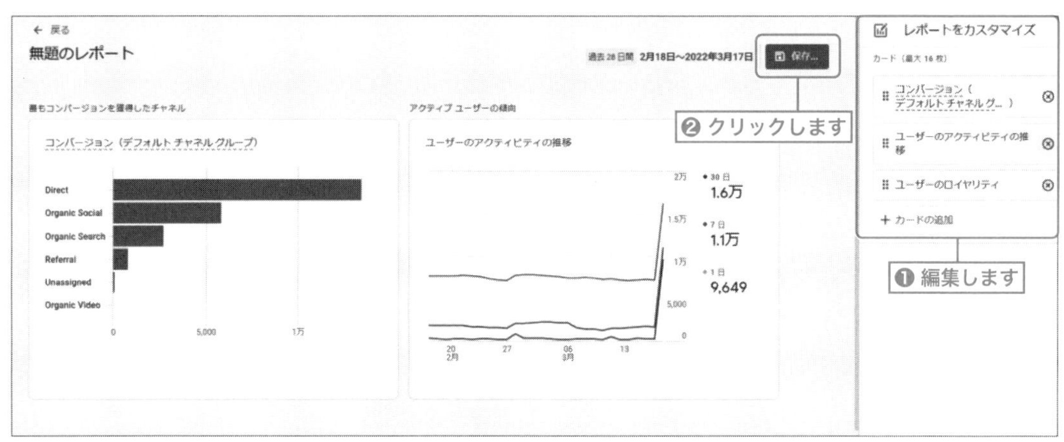

作成したレポートは、ライブラリの「レポート一覧」に表示されます。

種類	名前	作成者	最終更新 ↓	テンプレート	コレクション	説明
	GA4guide用サマリーレポート	小川卓	2022/03/18 小川卓			

Step 2. 詳細レポートを作成する

先ほど紹介したサマリーレポートは、すでに用意されているレポートの候補から選択する形式でした。しかし、その中には自分が望んでいる組み合わせや見せ方がないかもしれません。その場合は「詳細レポートを作成」選択して、ある程度自由なカードを作成することができます。

早速、作り方を見てみましょう。

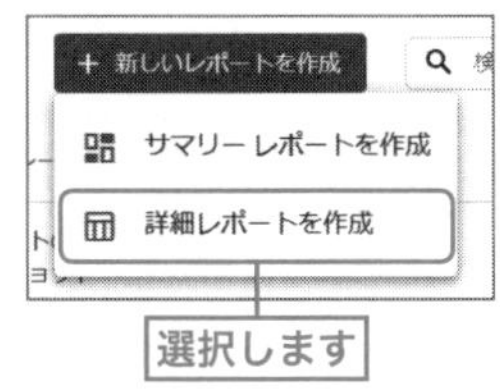

「＋新しいレポートを作成」から「詳細レポートを作成」を選択します。新規作成画面が表示され、最初から作成するか（空白）、既存のテンプレートを利用するかを選べます。

■テンプレートから開始する場合

任意のテンプレートを選択します。ここでは「トラフィック獲得」を選んでみました。

レポートが表示され、右側で各種カスタマイズが可能となります。

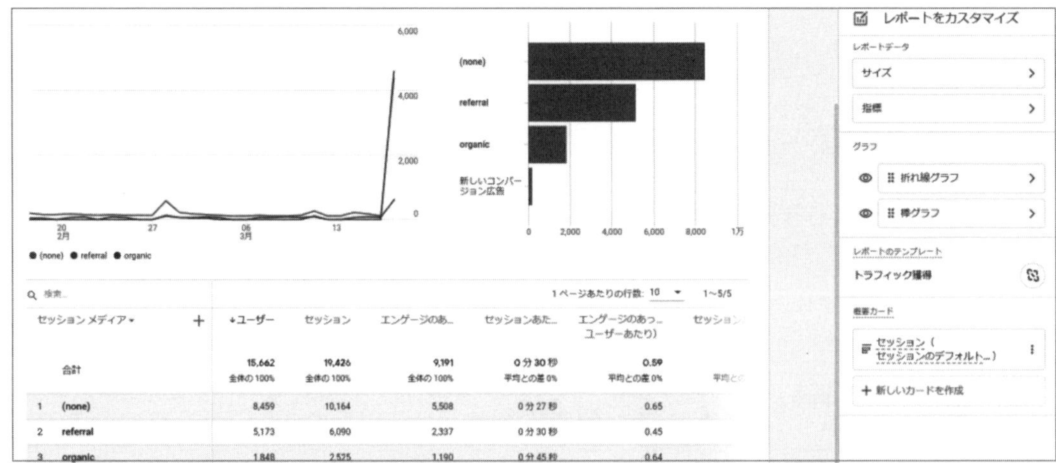

例：
「指標」をクリックして、表示したい指標を変更する

例：
ディメンションをクリックして、選択できるディメンションを追加・削除する

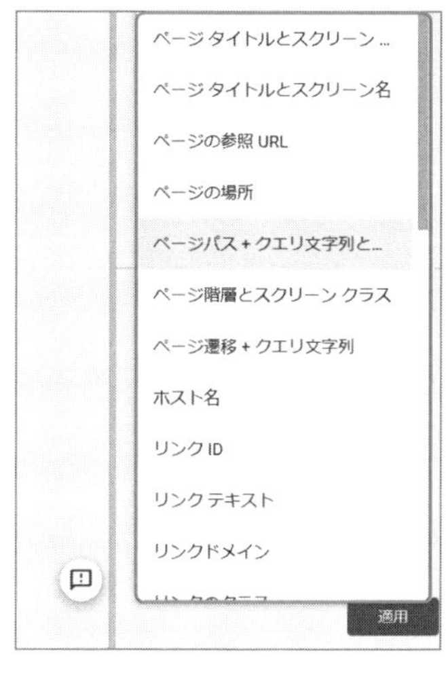

例：
グラフの横にある◎アイコンをクリックして、グラフを非表示にする

「トラフィック獲得」の横にあるアイコン「テンプレートのリンクを解除」をクリックすると、現在の期間の数値が今後も固定表示されます（数値がアップデートされません）。デフォルトの設定では更新となっています。解除することはまずないかと思いますが、誤操作に注意してください。

今回は、以下のレポートを作成してみました。

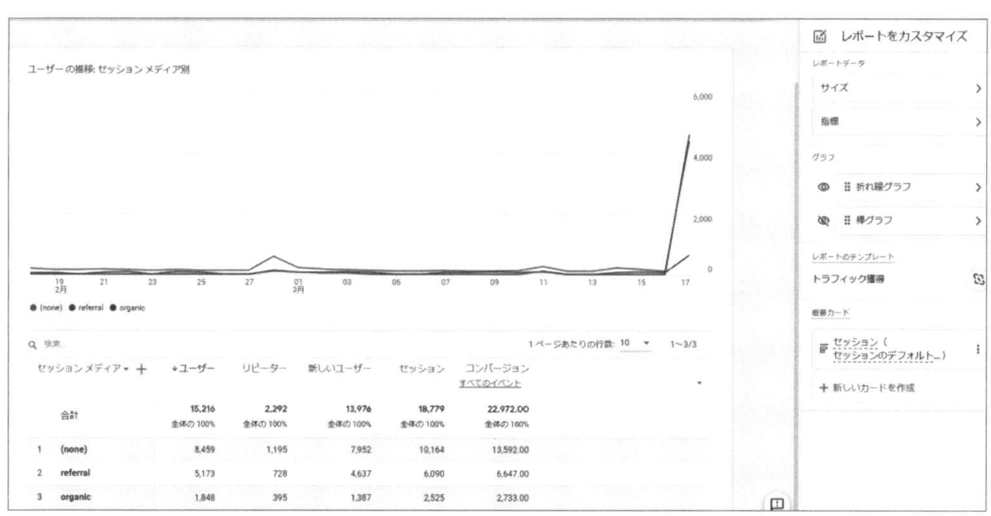

棒グラフはなしにして、デフォルトのディメンション表示を「チャネル」ではなく「メディア」に変更します。また、指標も絞ってシンプルにしました。変更が終わったら保存すると、新しいレポートの作成完了です。

■空白から開始する場合

「＋空白」を選択すると、まっさらに近い状態の画面が表示されます。

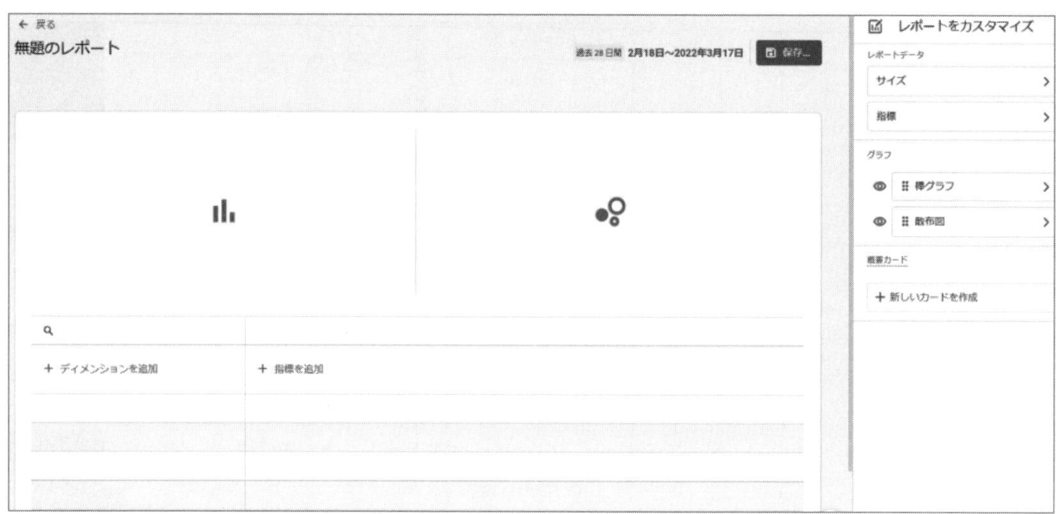

ここに自由に項目を追加していく形になります。これを利用するために、そもそも何を見たいのかを事前にしっかり決めておきましょう。

ここでは、シンプルにホスト名ごとの基本数値をまとめて表を作成してみました。

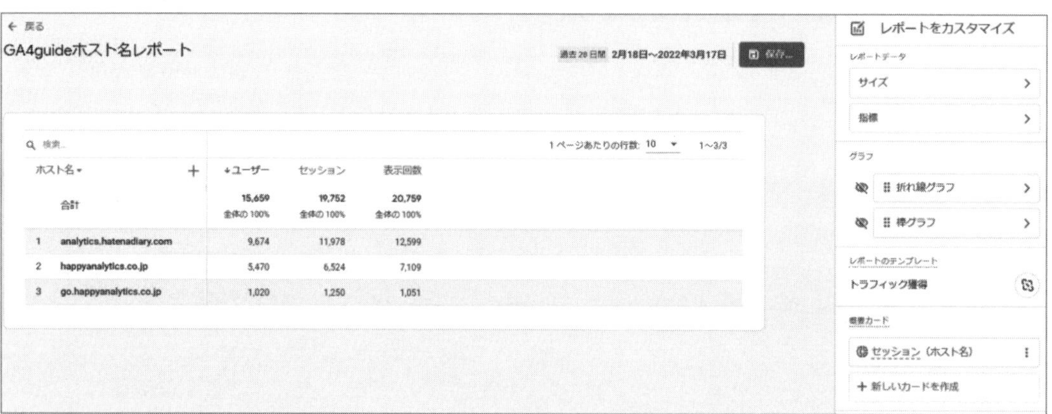

Step 3. 作成したレポートをコレクションとしてまとめる

作成したレポートはレポート一覧に表示され、クリックすることでデータを見ることができます。これをGA4の左側にあるようなメニュー構造としてカスタマイズして並べることが可能です。そのために用意されているのが「コレクション」という機能です。ライブラリ上部にある「＋新しいコレクションを作成」をクリックして、複数レポートをまとめてみましょう。

コレクションでもテンプレートから作成する形式と、新規に作成する形式があります。

まずはテンプレートから開始することを試してみましょう。

■テンプレートから開始する場合

ここではライフサイクルのレポートを選んでみました。

左側にメニュー構造が表示されます。右側に「詳細レポート」と「サマリーレポート」の一覧があります。この中には最初から用意されているものと、先ほど作成したレポートが用意されています。

ドラッグ＆ドロップや削除ボタン⊗をクリックしながら、自由にメニュー構造を変更してみましょう。まとまったら左上をクリックし、名称を付けて「保存」をクリックして完成です。

■空白から開始する場合

空白を選ぶと作成画面が表示されます。操作方法はテンプレートの時と同じですが、左側のメニューに何も入っていない状態からスタートとなります。

Step 4. コレクションの公開

作成したコレクションはコレクションの一覧に追加されます。

該当コレクションを選択して「公開」を選ぶと、左側のメニューに新たに追加されます。

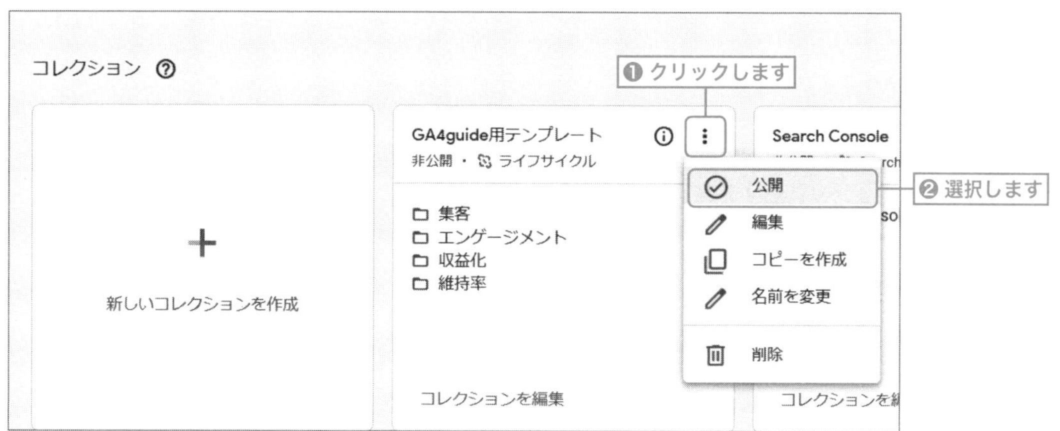

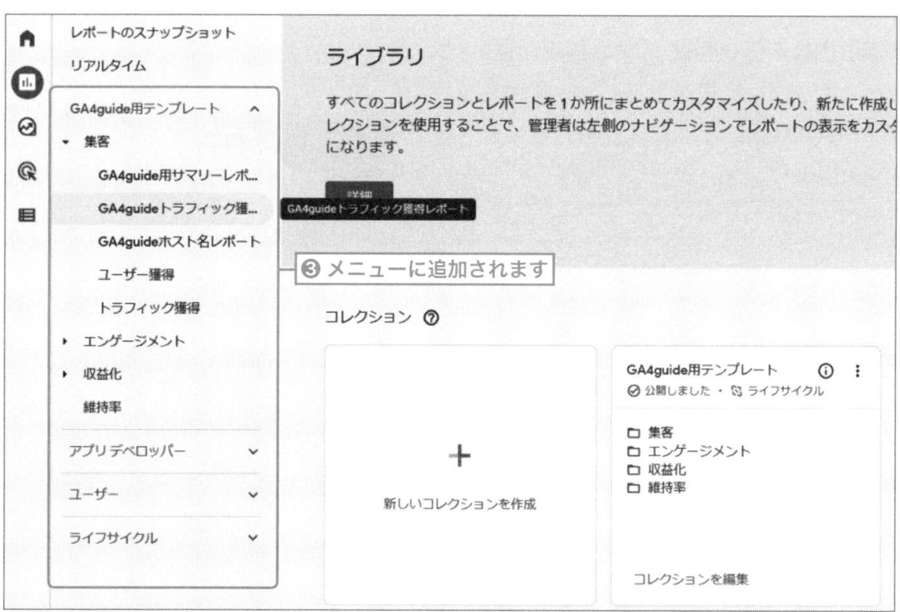

公開した時点で、該当プロパティの閲覧権限がある方のメニューにも表示されます。事前に確認・アナウンスの上、公開することをオススメします。

Section 間接効果も含めた集客のコンバージョンへの貢献を見たい！

3-3 「広告」メニュー

使用レポート ▶▶▶広告

広告レポートでは「広告」という名称が付いていますが、すべての流入のコンバージョンの貢献度を見ることができます。複数種類の流入元を経てコンバージョンした場合に、その効果の配分ルールごとに結果を確認できる「アトリビューション」レポートも用意されています。

「広告スナップショット」の概要

「広告」のメニュー内にあり、コンバージョンに関する集客経路や間接効果を見るためのレポートです。

本レポートで表示されるデータは、「コンバージョン」したユーザーのみになります。概要を把握して、深堀りをしたい場合は、後述するアトリビューションのレポートも合わせて確認するとよいでしょう。

有用度	2.5
利用頻度	2.0

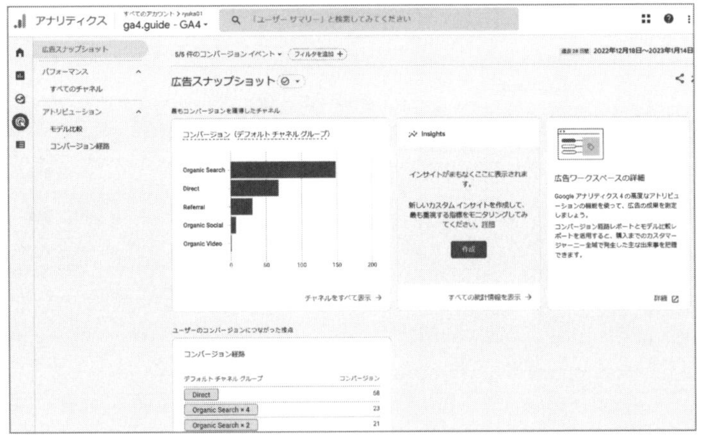

関連公式ヘルプ

https://support.google.com/analytics/answer/10607994?hl=ja

広告スナップショットで閲覧できるデータ

3つのレポートを確認することができます。

- コンバージョンに貢献したデフォルトチャネルグループ
  ※どの流入元に割り当てられるかはアトリビューション（Section 6-7で説明）の内容に準じます
- Insights（コンバージョンに関する気づきを自動検出）
- ユーザーのコンバージョンにつながった経路のコンバージョン数ランキング

レポートのスナップショットとは違い、表示する内容のカスタマイズはできません。

コンバージョンの流入貢献をさっと確認したい場合に使うレポートになりますが、利用頻度はそれほど高くないでしょう。あくまでもスナップショットなので、次項目で説明するアトリビューションのレポートを使うケースのほうが多いでしょう。

パフォーマンス➡すべてのチャネル

コンバージョンと流入元に関する基本的な情報を確認できるレポートです。

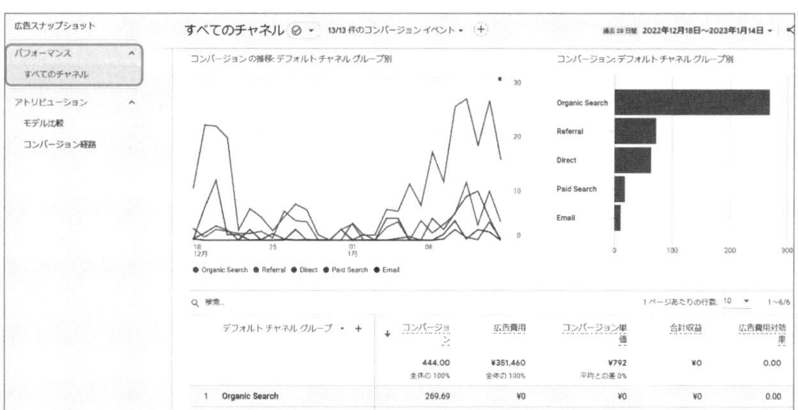

参照できる項目は、以下のとおりです。

- デフォルトチャネルグループ：流入元の分類。プルダウンから変更可能
- コンバージョン
- 広告費用
- コンバージョン単価
- 合計収益
- 広告費用対効果

上記レポートを利用することにより、どの流入元がコンバージョンに貢献しているかがわかります。利用する上での注意点として、以下2点を確認しておきましょう。

- コンバージョンの件数は、Section 6-7で設定したアトリビューション設定に基づいたルーレで流入元に貢献が付与されます。
- 広告費用対効果は、合計収益÷広告費用で計算されます。1を超えていれば、利益が出ている状態です。

アトリビューション

コンバージョンに関する集客経路や間接効果の詳細を見るためのレポートです。複数モデルの比較を行ったり、意外と効果があった集客の発掘のために使います。傾向はわかるものの、改善施策に活かすのが難しいのが難点（特に広告を行っていない場合）です。

関連公式ヘルプ

https://support.google.com/analytics/answer/10596865?hl=ja

https://support.google.com/analytics/answer/10595568?hl=ja

アトリビューション内では「モデル比較」と「コンバージョン経路」の2つのレポートが用意されています。それぞれを確認してみましょう。**アトリビューションレポートは2021年6月14日以降のデータのみを含みます。**

モデル比較

コンバージョンに貢献した流入元を把握し、コンバージョンと流入元の紐付けルール同士を比較することが可能です。

デフォルト チャネル グループ	アトリビューション モデル（間接） クロスチャネル ラスト クリック… コンバージョン	収益	アトリビューション モデル（間接） クロスチャネル接点ベースモデル コンバージョン	収益	コンバージョン
	1,716 全体の 100%	¥0	1,716.00 全体の 100%	¥0	0%
1 Referral	1,554	¥0	886.02	¥0	-42.98%
2 Organic Search	115	¥0	567.74	¥0	393.68%
3 Direct	24	¥0	24.00	¥0	0%
4 Paid Search	14	¥0	202.18	¥0	1,344.15%
5 Organic Social	3	¥0	8.99	¥0	199.74%
6 Unassigned	3	¥0	5.32	¥0	77.46%
7 Email	2	¥0	14.08	¥0	603.84%
8 Display	1	¥0	7.67	¥0	666.81%

以下の項目が表示されます。

- 流入元（デフォルトトチャネルグループ・参照元/メディア・参照元・メディア・キャンペーンから選択可能）
- 選んだ1つ目のモデルのコンバージョンと収益
- 選んだ2つ目のモデルのコンバージョンと収益
- 2つ目のモデルのコンバージョン数/1つ目のモデルのコンバージョン数–100%（2つのモデルのコンバージョン数の割合差。同じ場合は0%と表示）

流入元以外にもう1つディメンションを追加することで、さらに内訳を見ることも可能です。

また右上の「比較データを編集」をクリックして、レポート期間の条件を選ぶことができます。

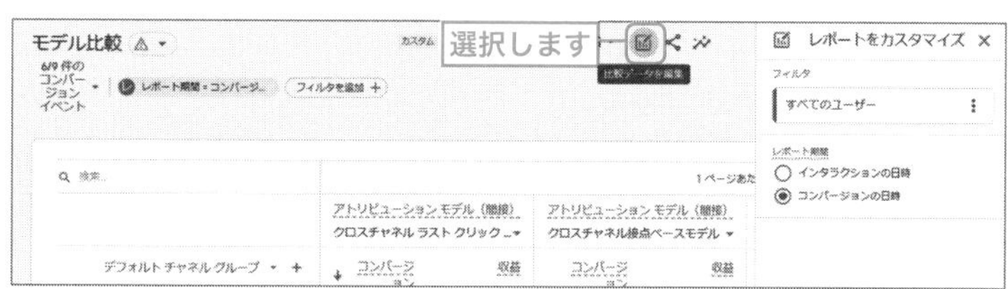

- **コンバージョンの日時（デフォルト）**
  指定された期間内でコンバージョンしたユーザーのコンバージョンまでのすべての流入が含まれます。レポートの期間外のデータも含みます。期間が2022年1月を選んでいた場合、2021年11月や12月の訪問も含まれます。
- **インタラクションの日時**
  指定された期間内で発生したすべての流入が含まれます。指定した期間後に発生したコンバージョンも含みます。

利用方法ですが、まずは「ラストクリック」でコンバージョン時の流入元の内訳や収益をチェックしてみましょう。「ラストクリック」を元に他のモデルと比較していきます。「ラストクリック」と数値の差が大きいところを確認することで、初回や中盤に貢献した流入元を発見できます。

各モデルの詳細定義は、Section 6-7で紹介していますので、そちらも併せてご覧ください。

コンバージョン経路

コンバージョンするまでどういう流入経路を辿ったかを確認することができます。

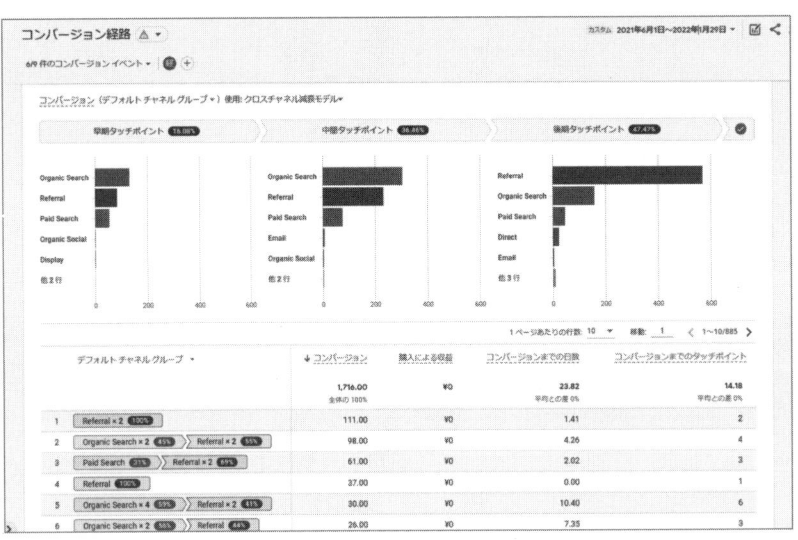

レポートは上部と下部に分かれており、上部では集客の粒度（デフォルトチャネルグループ、参照元、メディア、キャンペーンが選択可能）とモデルを選ぶと、「早期タッチポイント」「中期タッチポイント」「後期タッチポイント」の3つに分類してくれます。コンバージョンするユーザーのそれぞれのタイミングで、貢献度が高い流入元を確認できます。上記の画像の例でも、早期や中期はOrganic Searchが多く、後期はReferralが多いことがわかります。

- **早期：** コンバージョン経路上の流入のうち、最初の25%の流入元です。4回の訪問でコンバージョンした場合は、1回目の訪問が該当します。初回コンバージョンした場合は、カウントしません。
- **中期：** コンバージョン経路上の流入のうち、中間の50%の流入元です。4回の訪問でコンバージョンした場合は、2回目、3回目の訪問が該当します。初回コンバージョンした場合は、カウントしません。
- **後期：** コンバージョン経路上の流入のうち、最後の25%の流入元です。4回の訪問でコンバージョンした場合は、4回目の訪問が該当します。初回コンバージョンした場合は、後期にすべて割り当てられます。

グラフにマウスオーバーすると、流入元ごとの各タッチポイントでの貢献数を見ることができます。

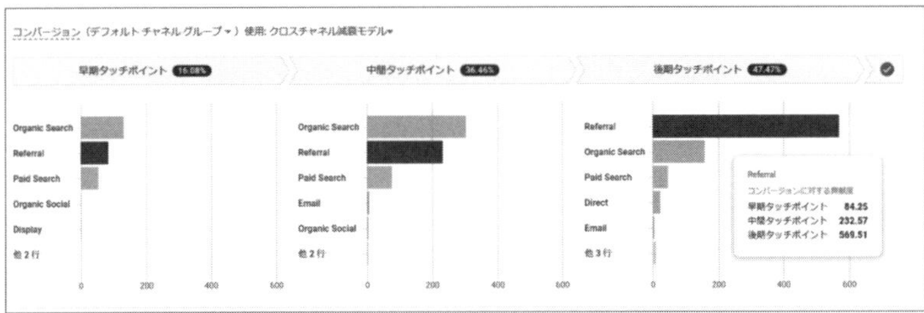

下半分では表形式でコンバージョンまでの経路が表示されます。該当経路が多い順に表示され、コンバージョン数・収益・コンバージョンまでの平均日数・コンバージョンまでのタッチポイント数を見ることができます。コンバージョンまでの平均日数やタッチポイント数は、本レポートでしか見ることができません。「日数＝0」は、初回訪問で同日中にコンバージョンしたことを指します。

なお、1列目で表示されている流入元についているパーセンテージは、成果をどのように流入元に分配したかを確認できます。

	デフォルト チャネル グループ ▾	↓コンバージョン	購入による収益	コンバージョンまでの日数	コンバージョンまでのタッチポイント
		1,716.00 全体の 100%	¥0	23.82 平均との差 0%	14.18 平均との差 0%
1	Referral × 2 100%	111.00	¥0	1.41	2
2	Organic Search × 2 45% 〉Referral × 2 55%	98.00	¥0	4.26	4
3	Paid Search 31% 〉Referral × 2 69%	61.00	¥0	2.02	3
4	Referral 100%	37.00	¥0	0.00	1
5	Organic Search × 4 59% 〉Referral × 2 41%	30.00	¥0	10.40	6
6	Organic Search × 2 56% 〉Referral 44%	26.00	¥0	7.35	3
7	Direct 100%	24.00	¥0	0.00	1
8	Organic Search × 3 50% 〉Referral × 2 50%	22.00	¥0	9.59	5
9	Referral × 5 100%	20.00	¥0	2.35	5
10	Paid Search × 2 45% 〉Referral × 2 55%	20.00	¥0	11.05	4

コンバージョンごとに貢献している流入元を比較するために活用しましょう。

「コンバージョン期間」と「インタラクション期間」で得られる結果は変わりますので、何を分析したいのかを決めた上で取捨選択が必要です。また、セカンダリディメンションを追加できる点も便利です。デバイス別、訪問回数、年齢や性別などと掛け合わせてみてもよいでしょう。

コンバージョンまでの日数やタッチポイント数をコンバージョン種別ごとに見ることで、どのコンバージョンがより早期に実施されるかを把握できます。ユーザーの態度変容の移り変わりの参考になるでしょう。

Section レポートを操作して望みのデータを取得したい！

3-4 レポート内で利用できる機能

使用レポート ▶▶▶レポート ➡ 各種レポート

Chapter 3の最後に、レポートを操作するためのさまざまな機能を紹介します。

期間選択機能の概要

「レポート」および「広告」内で表示されるデータは右上で期間選択をすることができます。

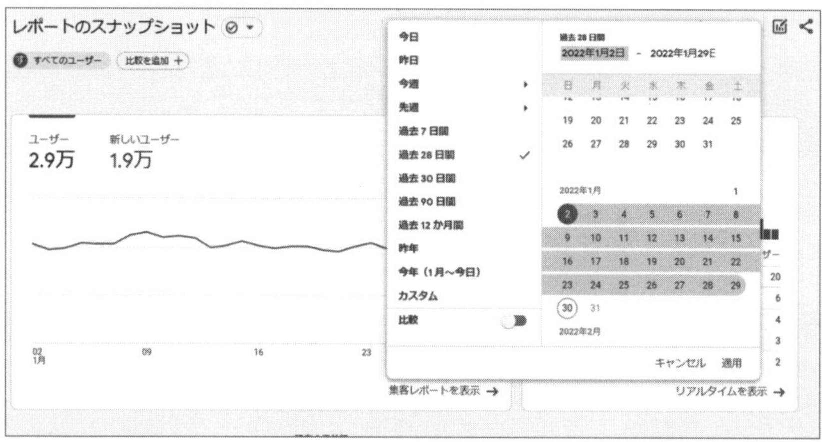

期間の設定方法は、3種類あります。

1. **右上の日付をクリックして直接入力をする。**
2. **カレンダーから開始日と終了を選択する。**
3. **左側のメニューの候補から選ぶ。**

また「比較」をオンにすると、2つの期間を設定してデータを比較することが可能になります。

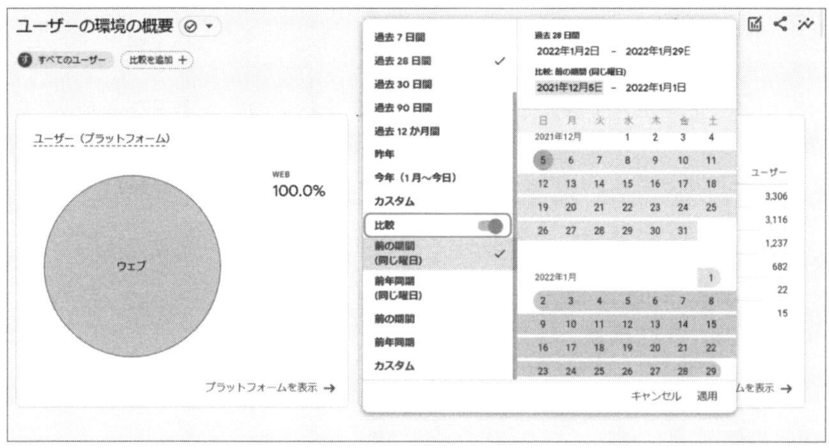

期間比較を設定した上で「適用」をクリックすると、レポートで表示される表やグラフに変化が訪れます。

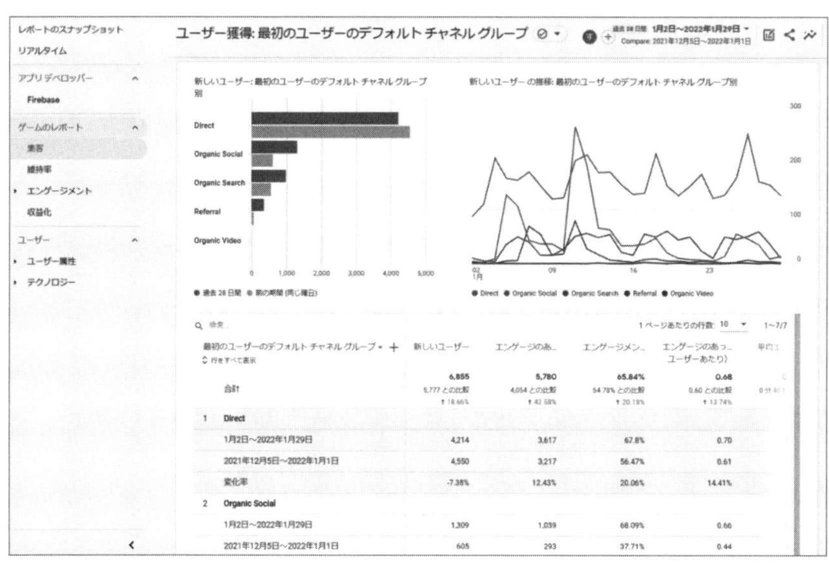

集客レポートであれば、棒グラフのところで2つの期間の数値を確認したり、表部分では変化率を確認したりすることが可能です。施策前後の数値の変化や、前月・前年同月比較など利用できるシーンが多い重要な機能です。

関連公式ヘルプ

https://support.google.com/analytics/answer/1010052?hl=ja

比較機能の概要

比較機能を利用すると、レポートや広告で表示されているデータを特定の条件で絞り込み分析に役立てることができます。

便利な機能ですが、いくつか制限があります。使い方を確認してみましょう。

Step 1. レポートの右上にある「比較データを編集」をクリックすると、右側にメニューが表示されます

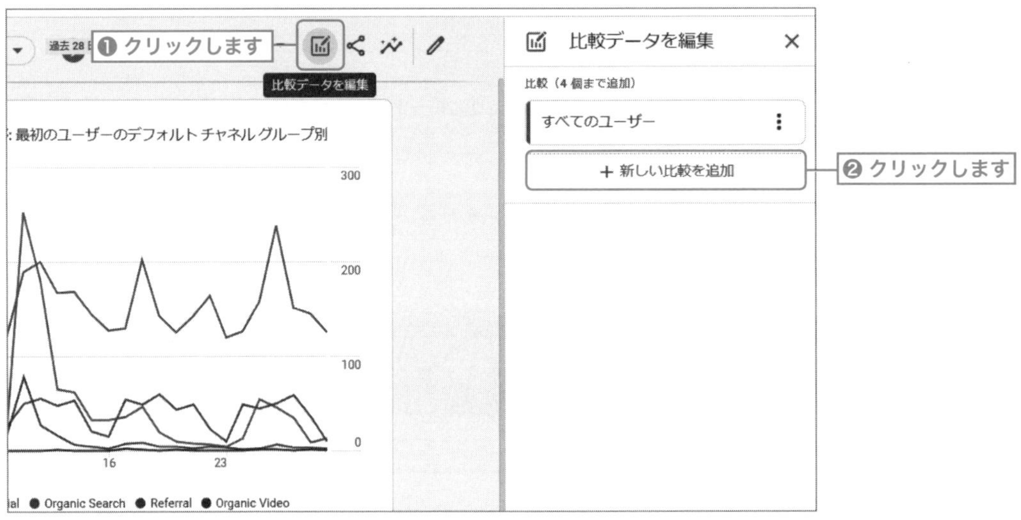

Step 2. 「＋新しい比較を追加」をクリックすると、比較の作成画面が表示されます

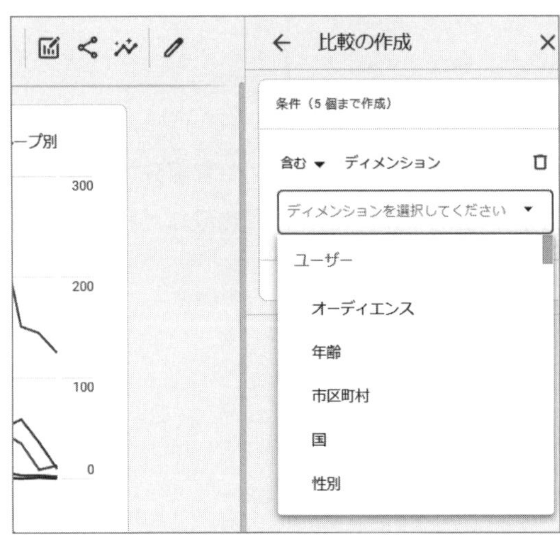

Step 3. 条件を選択します

条件は「含む」あるいは「除外」を選べます。また「かつ(AND)」で複数の条件を設定できます。

条件を決めたら、「適用」をクリックします。

選べるディメンションは多岐に渡り、ユーザーに紐づく自動取得イベント(年齢・性別・国)、作成したオーディエンス、カスタムイベント、カスタムユーザープロパティ、デバイス、新規ユーザーあるいはセッションの流入元などがあります。**指標(例:5ページ以上閲覧)は条件に選ぶことができません。**

ディメンションの一覧と意味に関しては、Appendix 3「GA4用語集」にある「ディメンションの一覧」(500ページ)をご参照ください。

● **設定例:25〜44歳およびページのURLに特定の文字列を含む**

Step 4. 比較が反映されたレポートを確認できます

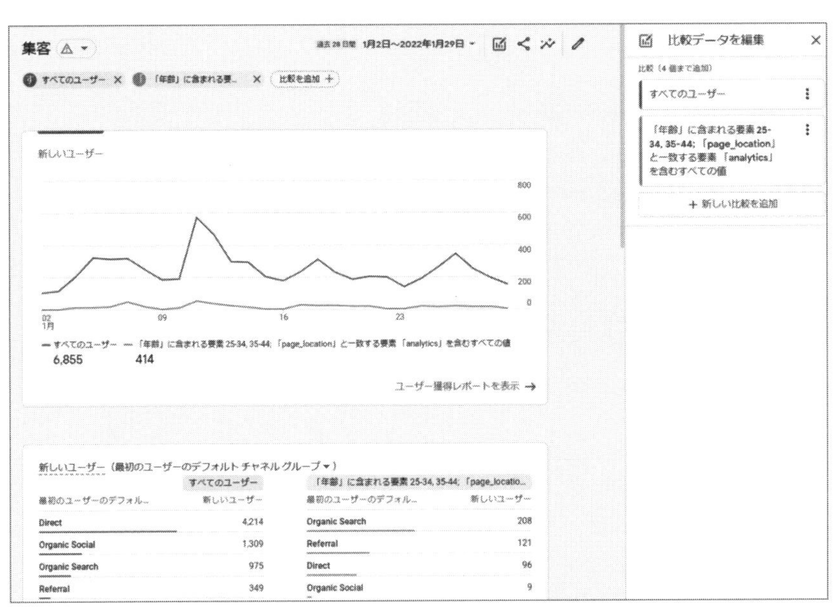

比較の横にある⋮をクリックしてメニューを表示することで、編集・削除・コピーして新しい比較を作成することができます。

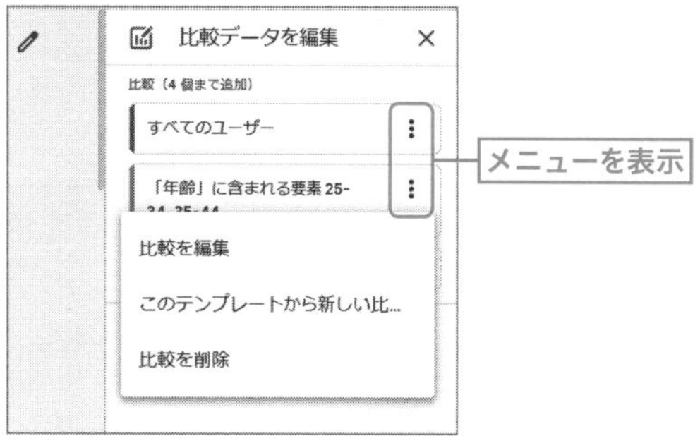

比較に関しては、以下のような仕様があります。

- 作成した比較は、レポートを移動しても維持されます。
- 作成した比較に名称を付けたり保存することはできません。そのため、ブラウザを閉じると、比較は消えます。
- 比較は最大4つまで同時に反映させることができます。

比較は一時的に数値を比較するために利用する機能です。複雑な条件の絞り込みを行ったり、保存したりしたい場合は、Chapter 4の探索機能でセグメントを作成して分析を行いましょう。

https://support.google.com/analytics/answer/9269518

レポート共有の概要

GA4で表示されるレポートは2つの手法を使って他の人と共有することができます。それが「リンクの共有」と「ファイルのダウンロード」です。

Step 1. レポートの右上にある「このレポートの共有」をクリックすると、右側にメニューが表示されます

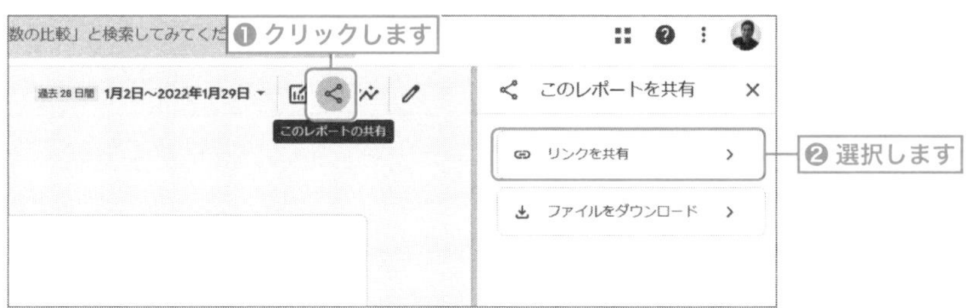

Step 2. 「リンクを共有」を選択するとURLが発行されるので、コピーして共有します

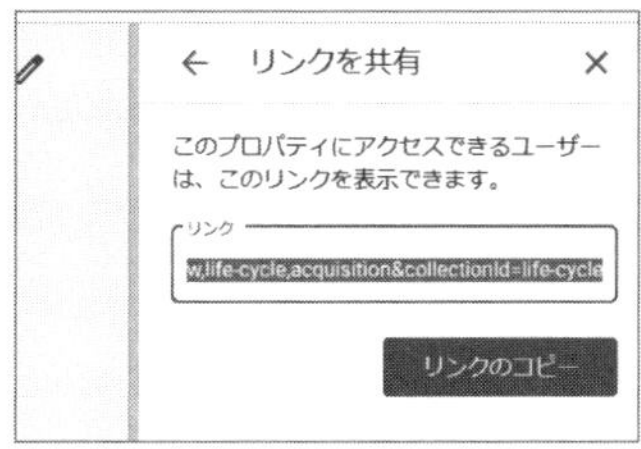

- 共有時に設定した期間や比較が反映された状態でレポートは共有されます。
- 該当レポートへの閲覧権限がない場合はデータを見ることはできません。

Step 3. レポートのエクスポートを選んだ場合は、「PDF」あるいは「CSV形式」でデータがダウンロードできます

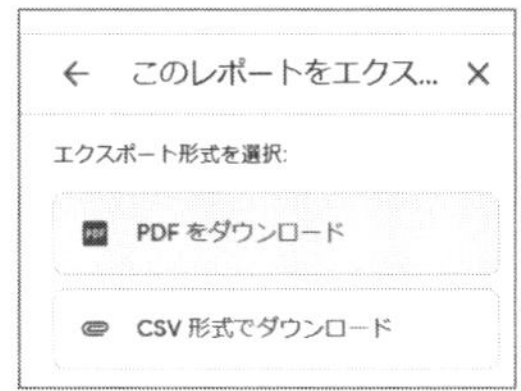

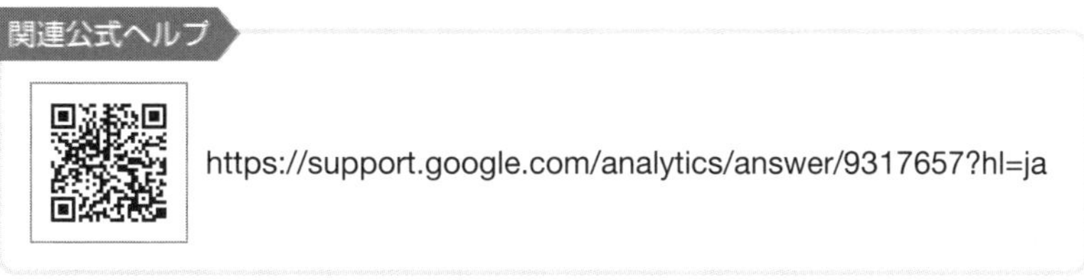

関連公式ヘルプ
https://support.google.com/analytics/answer/9317657?hl=ja

インサイト機能の概要

ホームやレポートのスナップショットなどで表示されるインサイト機能は、大きく分けて2つの要素で構成されます。「自動インサイト」と「カスタムインサイト」です。

「自動インサイト」はデータに特異値や新たな傾向があるとき、Googleアナリティクスがその内容を読み解き表示してくれます。「カスタムインサイト」は利用者自身がしきい値や条件を設定し、その条件を満たした場合に通知を受けるという機能です。それぞれの内容を確認してみましょう。

自動インサイト

異常な変化や傾向をGoogleアナリティクスが発見すると、ホームやレポートのスナップショット内で表示されます。

Insightsで表示された項目をクリックすると、右側に詳細が表示されます。

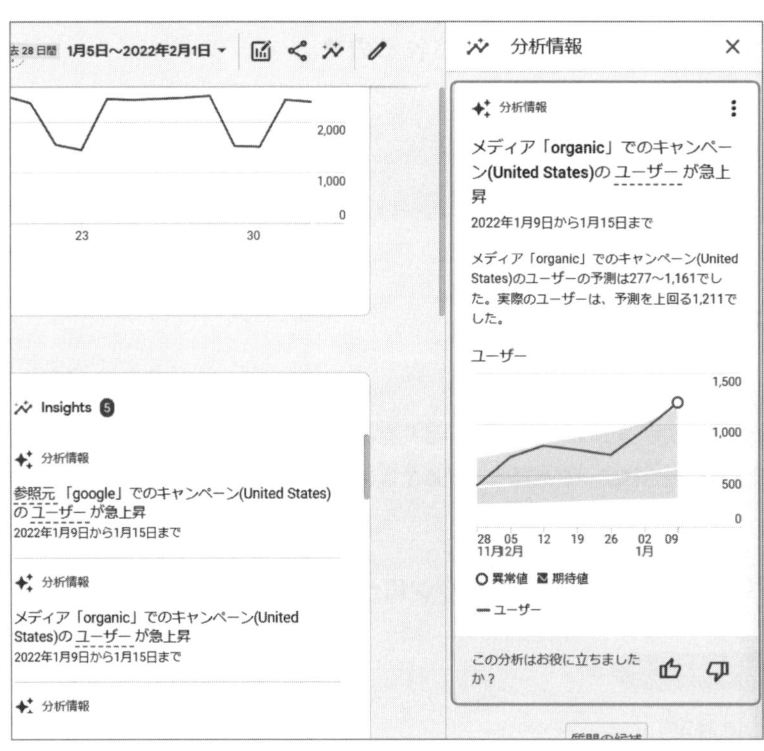

GA4では機械学習を用いて、未来の数値を予測します。その予測から外れた場合に案内を見ることができます。自動検出により見過ごしてしまう可能性がある変化も、いち早く発見することができます。

過去のInsightsを確認したい場合は、「すべての統計情報を表示」を選択しましょう。

一覧で表示されて、1つずつ確認が可能となります。

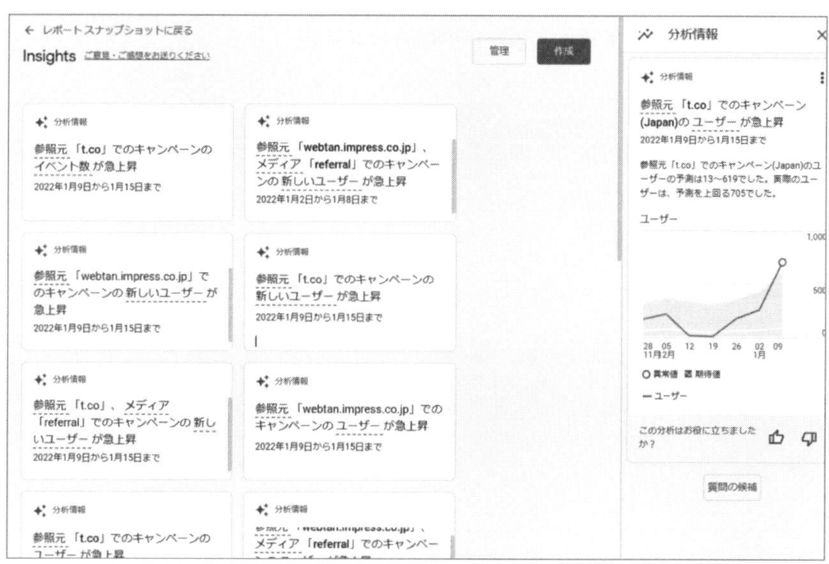

カスタムインサイト

GA4の利用者が条件を設定し、その**条件が発生した際にInsightsのレポートに表示またはメールで通知される機能**となります。前ページの下の画像の右上にある「作成」をクリックすると、カスタムインサイトの作成画面に移動します。

上の5つの項目に関しては、「異常値」自体はGoogle側の機械学習結果に基づいて判定されます。それぞれの行の「確認と作成」をクリックすると、詳細が表示されます。

変更や設定ができる内容は、以下のとおりです。

- 評価の頻度（時間・日・週・月を選択可能）
- セグメント（データの分析対象を指定できます。設定できる条件は比較機能で設定できる内容と同一になります）
- 指標と条件（5つのそれぞれの項目によって変わります。ここで変更をしてカスタマイズも可能です）
- インサイト名の選択（通知で表示される名称）
- 通知の管理（送り先のメールアドレスを指定します。デフォルトではログインしているアカウントのメールアドレスが記載されています。カンマ区切りで複数追加することができます）

ゼロから作成のリンクを選んだ場合も表示される内容は一緒です。それぞれ上記の5つの項目を設定していきましょう。

条件として使える指標は、以下の通りです。指標に関しての定義は、Appendix 3「GA4用語集」にある「指標の一覧」（508ページ）を参照してください。

- 1日/ 7日/30日の合計ユーザー数
- アクティブユーザー数
- イベントの値
- イベント数
- エンゲージのあったセッション数(1ユーザーあたり)
- コンバージョン
- スクリーンビュー(1ユーザーあたり)
- セッションあたりの平均エンゲージメント時間
- ページの閲覧
- ユーザーあたりのセッション数
- ユーザーエンゲージメント
- 閲覧開始数
- 広告ユニットの表示時間
- 購入による収益
- 初回訪問
- 新規ユーザー
- 総ユーザー数
- 平均イベント収益
- ARPU
- イベントあたりの平均エンゲージメント時間
- イベント収益
- エンゲージのあったセッション数
- エンゲージメント率
- スクリーンビュー
- セッションあたりのイベント数
- トランザクション
- ユーザーあたりのイベント数
- ユーザーあたりの平均エンゲージメント時間
- ユーザーの合計数
- 広告の表示時間
- 広告収益
- 初回起動
- 商品の収益/商品の平均価格/商品の平均収益
- 数量
- 表示回数
- 離脱数

変化の条件として使えるのは、以下の通りです。

- 異常値があります
- 指定した値以下 あるいは 指定した値以上
- 指定した値から○○%上昇、○○%低下、変化率が○○%以上

関連公式ヘルプ

https://support.google.com/analytics/answer/9443595

表の操作

GA4で表示される「表」には、いくつかの機能が備わっています。どれもデータを理解する上で便利なので、覚えておきましょう。

表示数の変更やページ送り

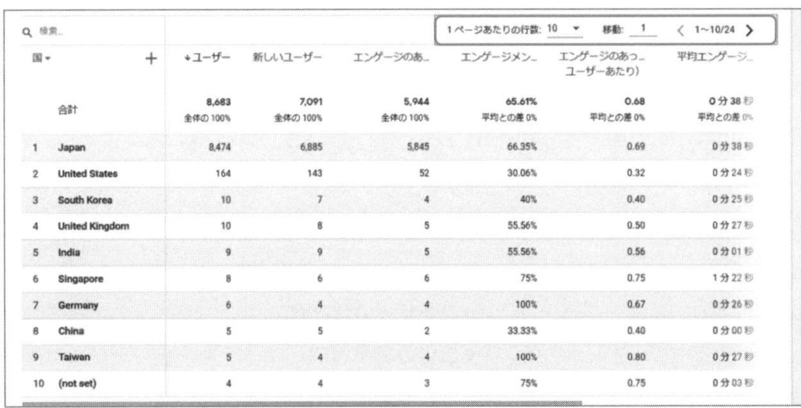

	国	↓ユーザー	新しいユーザー	エンゲージのあ...	エンゲージメン...	エンゲージのあっ... ユーザーあたり)	平均エンゲージ...
	合計	8,683 全体の 100%	7,091 全体の 100%	5,944 全体の 100%	65.61% 平均との差 0%	0.68 平均との差 0%	0 分 38 秒 平均との差 0%
1	Japan	8,474	6,885	5,845	66.35%	0.69	0 分 38 秒
2	United States	164	143	52	30.06%	0.32	0 分 24 秒
3	South Korea	10	7	4	40%	0.40	0 分 25 秒
4	United Kingdom	10	8	5	55.56%	0.50	0 分 27 秒
5	India	9	9	5	55.56%	0.56	0 分 01 秒
6	Singapore	8	6	6	75%	0.75	1 分 22 秒
7	Germany	6	4	4	100%	0.67	0 分 26 秒
8	China	5	5	2	33.33%	0.40	0 分 00 秒
9	Taiwan	5	4	4	100%	0.80	0 分 27 秒
10	(not set)	4	4	3	75%	0.75	0 分 03 秒

右上で1ページに表示する行数を変更したり、特定の順位への移動を行うことができます。デフォルトでは10件の表示になっていますが、行数を「10, 25, 50, 100, 250, 500, 1000, 2500, 5000」に変更できます。また、該当レポートの送行数は右上に表示されるので、こちらで種類数を確認できます。上記の画像の場合は、「24」種類の国があることがわかります。なお、**ファイルをダウンロードする機能を利用する場合は、この行数表示は無視され、全件ダウンロードされます。**

ページ送りは左右にある**〈〉**ボタンをクリックして1ページずつ移動するか、移動のところに番号を入力して該当の行まで移動してください。

ディメンションの追加

1列目の横にある＋をクリックすると、さらなる内訳を見るためにディメンションを追加することができます。

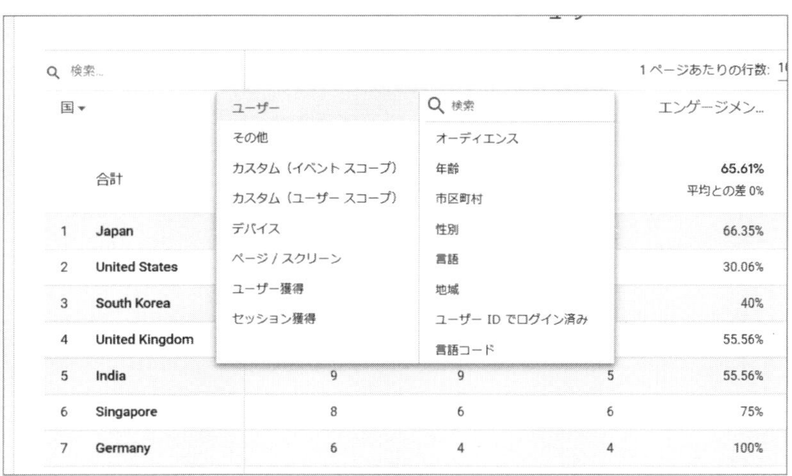

国別のデータをさらに言語や市区町村などで分けて活用するといった形になります。掛け合わせができる項目は、レポートによって若干異なります。

ディメンション追加の注意点

ディメンションをかけると、(other)に分類される可能性が高くなります。

検索...　1ページあたりの行数: 10　移動: 1　1～10/30

	ブラウザ	デバイスカテゴリ	↓ユーザー	新しいユーザー	エンゲージのあ...	エンゲージメン...	エンゲージのあっ...ユーザーあたり）	平均エンゲージ...
	合計		4,846,678 全体の 100%	2,832,980 全体の 100%	8,065,144 全体の 100%	56.24% 平均との差 0%	1.66 平均との差 0%	6 分 37 秒 平均との差 0%
1	(other)	(other)	2,542,123	757,884	1,488,348	38.48%	0.59	2 分 23 秒
2	Chrome	mobile	2,069,687	490,359	4,284,421	68.59%	2.07	8 分 11 秒
3	Safari	mobile	1,012,301	707,669	714,052	48.86%	0.71	1 分 51 秒
4	Edge	desktop	369,954	174,734	395,876	65.79%	1.07	6 分 00 秒
5	Chrome	desktop	360,759	186,825	391,977	61.47%	1.09	5 分 32 秒
6	Android Webview	mobile	255,632	116,580	203,660	47.86%	0.80	2 分 37 秒
7	Safari (in-app)	mobile	219,396	158,471	104,899	40.74%	0.48	0 分 49 秒
8	Chrome	tablet	105,750	33,295	172,966	68.35%	1.64	8 分 10 秒
9	Safari	desktop	100,636	71,556	85,013	56.07%	0.84	3 分 38 秒
10	Safari	tablet	77,124	50,081	57,402	45.87%	0.74	3 分 14 秒

ここではブラウザとデバイスカテゴリの掛け合わせを行っており、組み合わせは30種類しかないのですが（画像右上を参照）、1位が(other)となっています。

GA4でデータの組み合わせ（基数）が200万種類を超えると、otherの項目が生まれます。この200万種類は該当する2つの項目の掛け合わせではなく、画面には表示されていませんが、該当イベントやパラメータの種類もカウントの対象となります。そのため、イベントパラメータの値の種類数が多い場合（例：ページの種類が多い、カスタムでタイムスタンプや会員IDなどのIDを取得している）は、otherに分類されやすくなります。

(other)の中には他の順位に出てくる組み合わせも含まれます。画像の例では、2位の「Chrome/mobile」の組み合わせの一部データは(other)に含まれている可能性があり、その割合や数はわかりません。そのため、**(other)が出てきた場合は、他の行のデータも不正確**になります。

(other)が入っている場合は、「該当レポートではセカンダリディメンションは使用しない」「期間を短くする」や、Chapter 4「探索機能」などの代替手段を利用しましょう。

検索ボックスと降順・昇順の変更

表の左上にある検索ボックスを利用して、特定の文字列に一致する行だけを抽出できます。

Japan

	国	市区町村	↓ユーザー	新しいユーザー
	合計		8,474 全体の 97.59%	6,885 全体の 97.09%
1	Japan	(not set)	875	841
2	Japan	Osaka	614	474
3	Japan	Yokohama	571	415
4	Japan	Shinjuku City	523	433
5	Japan	Minato City	494	372
6	Japan	Shibuya City	483	424
7	Japan	Chiyoda City	371	282
8	Japan	Sumida City	358	344
9	Japan	Chuo City	263	203
10	Japan	Hachioji	250	235

- **部分一致でのみ検索できます。**正規表現の利用や、「○○を除外する」といった設定には対応していません。
- 検索できるのは、ディメンションのみになります。「ユーザー数が20以下」といった指標の検索には、対応していません。

また、各行や指標の名称（例：市区町村・ユーザー）をクリックすると、該当項目の「降順」「昇順」の切替が可能です。

Google Analytics 4

Chapter 4

探索機能

GA4にはデータを掛け合わせたり、絞り込んだりして深掘りを行う「探索」機能があります。健康診断の数値をレポートで見た後に、それらの変化の原因を特定したり、改善施策を考えたりするために欠かせない機能群です。

Section データ探索機能の仕組みを理解する！

4-1 探索レポートを作成する

使用レポート ▶▶▶探索

GA4では、最初から用意された各種レポート群以外に「探索」機能が存在します。探索機能は、用意されたレポートとは異なり、自ら項目を選択して表やグラフを作成します。つまり、「どういうデータを見たいのか？」を事前に決めてから利用する必要があります。まずは探索画面にアクセスしてみましょう。

「データ探索」メニュー

左メニューの上から3番目にある「探索」アイコンをクリックすると、「データ探索」メニューが表示されます。下には、過去に作成した探索レポートを見ることができます。

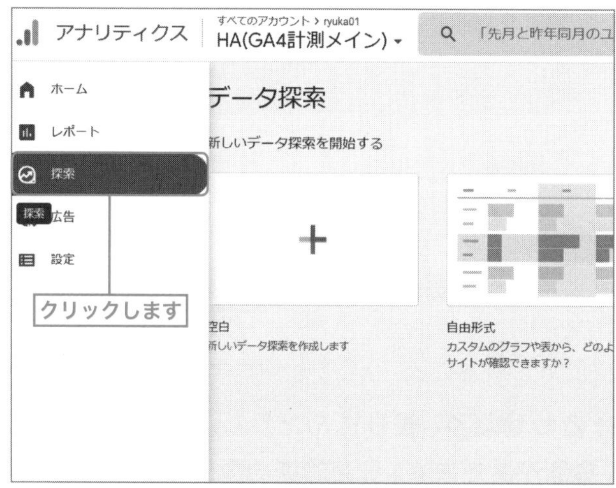

まだ１つも作成していない場合は、何も表示されません。ページ上部の図では、新規に作成するか、最初から用意されたテンプレートがいくつかあります。

新規に探索レポートを作成する

新規に探索レポートを作成する場合は、前ページの「データ探索」メニューの左側にある「空白」をクリックして作成を開始しましょう。

下図のような画面が表示されます。見ての通り、何もデータが表示されません。

探索機能は大きく3つの列に分かれています。一番左が「**変数**」のエリアでレポートで利用する項目の登録と基本設定を行います。探索の名称、期間、データを絞り込むためのセグメント、利用するデータを選ぶ「ディメンション」と「指標」になります。左から２列目が「**タブの設定**」です。

ここでは一番右で表示される描画エリアの設定を行います。どういったアウトプット形式にするかを選ぶ「手法」と、手法ごとの設定がその下に並んでいます。データを表示するためには、変数で利用したい項目を選び、その内容をタブの設定に反映させる必要があります（このChapter 4で後述します）。

最後に、右側のエリアにはデータが表現されます。タブごとに管理されており、複数タブを作成したり、名称や順番変更なども可能です。

探索機能を利用するためには、大きく分けて3つのステップがあります。

Step 1. **表現方法を決める**
Step 2. **利用したい項目を選択する**
Step 3. **項目を反映させる**

Step 1. 表現方法を決める

どのようなアウトプットを作成したいのかをまずは選択しましょう。アウトプットの一覧は「タブの設定」内の「手法」で選択することが可能です。

現在用意されているレポートのアウトプット種類は、以下の通りです。詳しい説明は、このChapter 4で順番に紹介します。

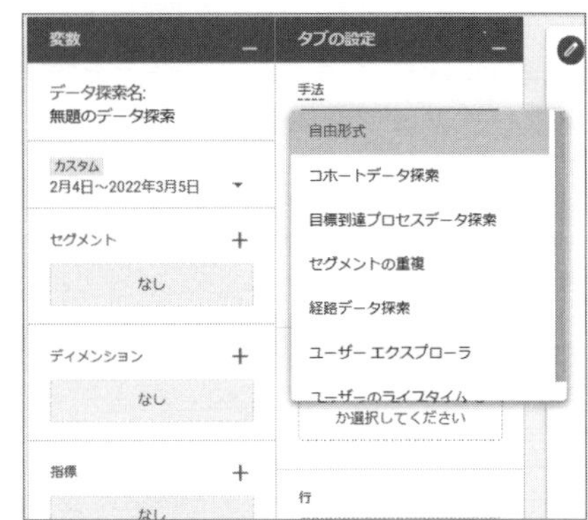

表4-1-1 探索レポートで用意されている手法一覧

名称	内容
自由形式	複数項目の組み合わせで指標を表示する場合に利用。 表・円グラフ・折れ線グラフ・散布図・棒グラフ・地図グラフが利用できます。
コホートデータ探索	再訪に関する表を作成できます。初回訪問の何パーセントが翌日や翌週にサイトに戻ってきたのかを確認できます。
目標到達プロセスデータ探索	取得しているデータをチェックポイントにしてチェックポイント間の遷移率を確認できます。例えば「初回訪問」→「再訪問」→「特定ページ閲覧」→「会員登録」というような動きを可視化できます。
セグメントの重複	セグメント機能を利用して作成したセグメント同士の重なり具合をベン図で表現できます。例えば、「ページA閲覧」「ページB閲覧」の重複や片方だけの閲覧人数や率をチェックできます。
経路データ探索	ページやイベントの発生順番を樹形図で表現できます。順引き、逆引きどちらにも対応しているので、特定ページからどのように移動する動きが多いのか、あるいは特定ページへの遷移の傾向などを確認できます。
ユーザーエクスプローラー	サイトを訪れたユーザー単位で行動を確認できます。何時何分に初回訪問したのか、その後どういう動きをしていったのかなど、足跡をすべてチェックできます。
ユーザーのライフタイム	様々な切り口で、ユーザーのその時の訪問だけではなく、その後の来訪回数や平均売上などのユーザー単位での来訪や成果を確認することができます。

利用したいレポートを選ぶためには、どういったアウトプットを見たいかを考える必要があります。例えば、特定ディレクトリ配下の閲覧ページランキングを見たければ「自由形式」になるでしょうし、「サイト訪問」➡「一覧」➡「詳細」➡「カート」➡「購入」といったユーザーの流れを見たい場合は、「目標到達プロセスデータ探索」が有効です。各レポートのページで事例も紹介していますので、それらを参考に決めてもよいかもしれません。

また、Section 7-2(377ページ)ではオススメの探索レポート設定例を12個紹介しています。

Step 2. 利用したい項目を選択する

どの手法でも共通なのは、データを表現するために、どのデータを利用するかを選ぶことです。左側のメニューの「ディメンション」と「指標」が該当します。

ディメンションや指標の横にある＋ボタンをクリックすると候補が表示されます。

● ＋ボタンをクリックすると追加できる項目が表示される

使える項目は多岐に渡ります。最初から用意されている項目や、実装時に追加したカスタムイベントなども対象となります。ディメンションと指標の一覧と説明は、公式のヘルプをご覧ください。

また、Appendix 3の「GA4 用語集（2023年1月時点）」（500ページ）も参照してください。

関連公式ヘルプ

ディメンション一覧
https://support.google.com/analytics/answer/9143382?hl=ja#dimensions

指標一覧
https://support.google.com/analytics/answer/9143382?hl=ja#metrics

ディメンションと指標の違いですが、**「○○ごとに□□の数値を見たい」という場合、「○○」部分がディメンション、「□□」部分が指標**となります。例えばページごとの表示回数を見たいという場合、「ページ」がディメンションで、「表示回数」が指標です。

ディメンションは一部例外を除き数値以外の文字列で表されます（例：URL、デバイス種別、流入チャネル）。指標は数値で表されます（例：表示回数・コンバージョン数・滞在時間・離脱数）。利用したい項目を選ぶためには、リストから選択するか検索ボックスを使って探しましょう。

チェックを入れて「インポート」をクリックすると、利用できるようになります。

❶ チェックを入れます

❷ クリックします

ディメンションと指標を選ぶと、右のようにリストに追加されます。

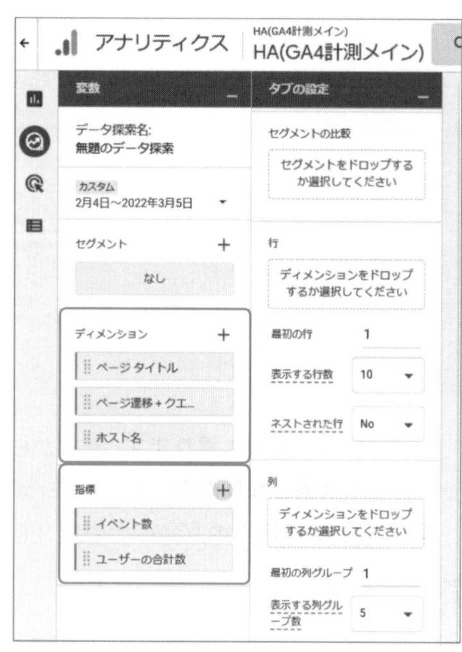

Step 3. 項目を反映させる

ディメンションや指標を選んだら、それらをレポートに追加します。ディメンションや指標内にある項目をドラッグ&ドロップして、「タブの設定」内にある「行」「列」「値」に追加しましょう（手法が「自由形式」の場合）。**行や列にディメンションを値に指標を追加**する形になります。

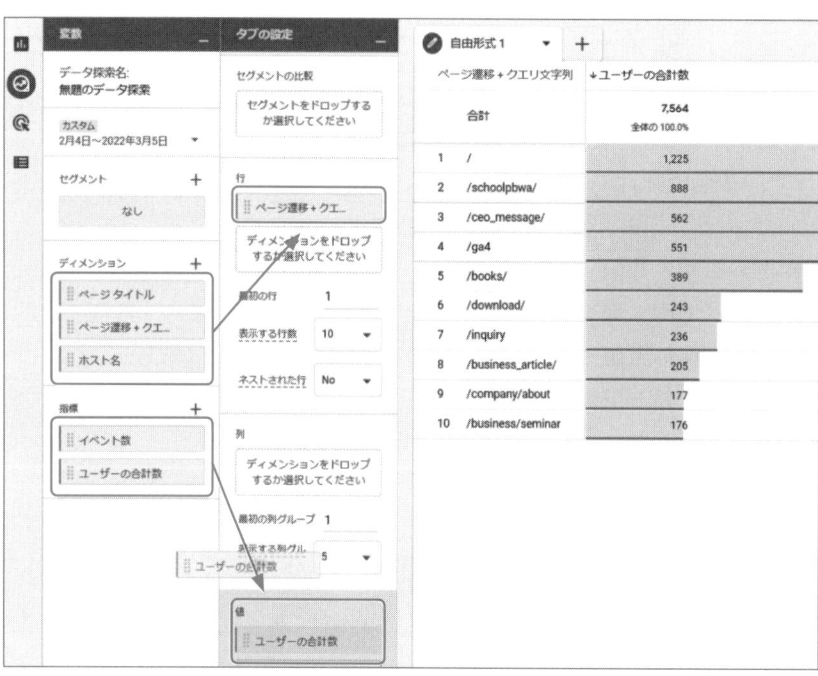

ディメンションと指標を最低1つずつ追加すると、レポートが作成されます。

このように、3つのステップでレポートを作成するという手順はどの「手法」でも変わりません。

既存テンプレートを利用する

テンプレートを利用する場合は、「テンプレートギャラリー」をクリックすると一覧から選択が可能になります。2023年1月時点では、以下の内容が用意されています。

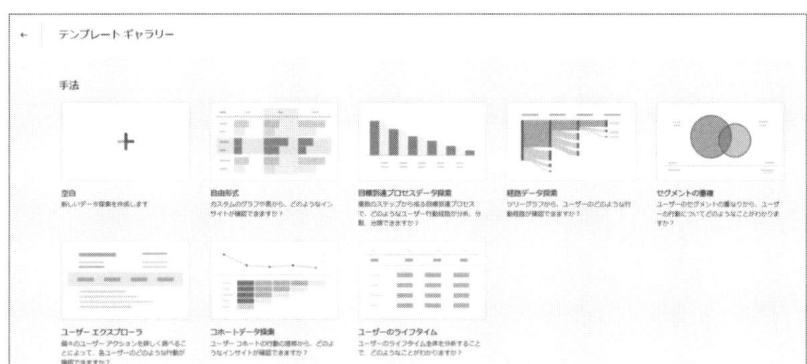

「手法」でレポートの種類を選べます。

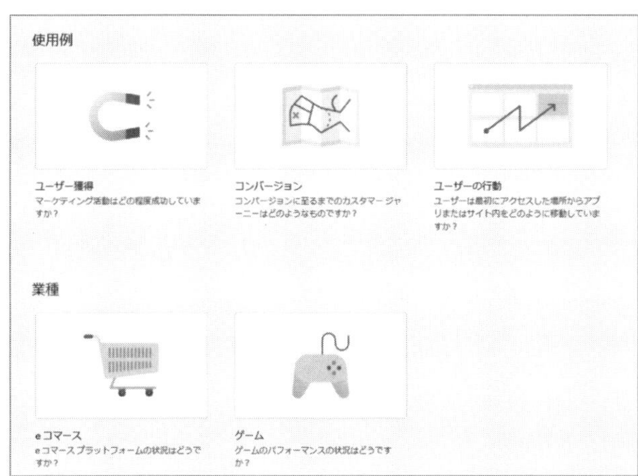

使用例や業種を選ぶと、最初から複数のレポートが自動で作成された状態でスタートできます。

探索で利用できる機能

探索レポートには、いくつかの共通機能が用意されています。

画面の左上には、期間を設定する機能があります。任意の期間を設定したり、期間の比較機能も用意されています。

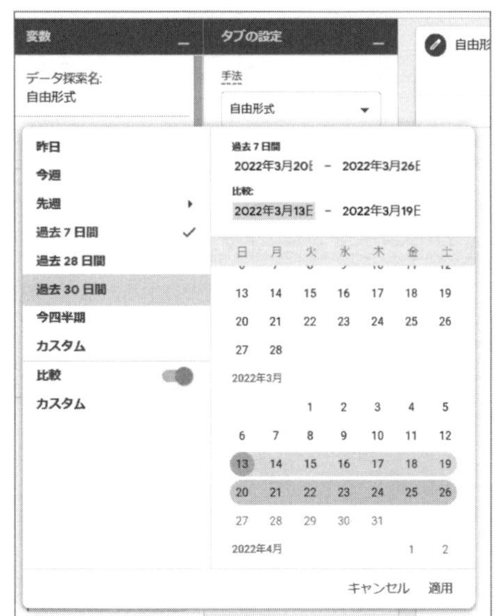

画面の右上には各種メニューが存在し、以下のような役割を担っています。

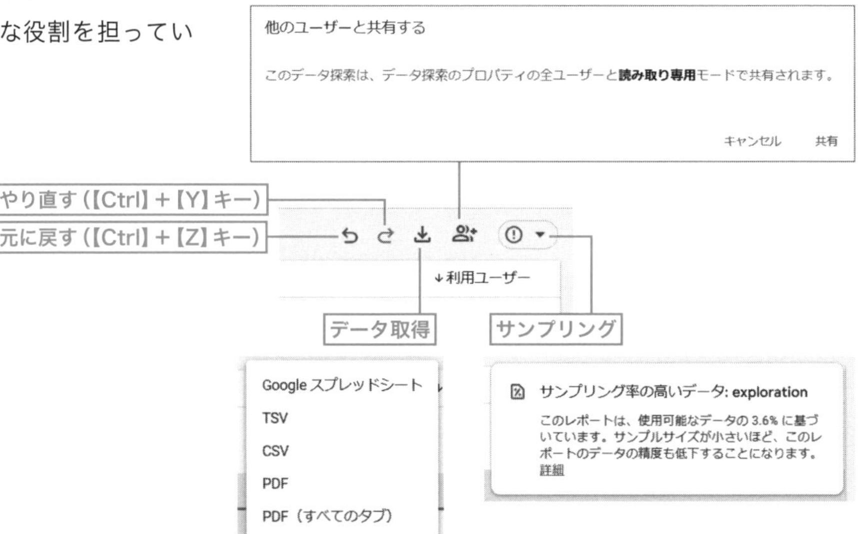

ユーザー共有に関しては、記載の通り「読み取り専用」モードの共有となります。つまり、共有された側は項目等の編集はできません。

サンプリングはデータ量が多いときに発生し、結果を表示するのに時間がかかります。**一部のデータを抽出してデータを集計し、最後に掛け算をして数値を出すため、データの精度が落ちます。**

上記の例の3.6%であれば、3.6%のデータを使って数値を集計し、その後に100%÷3.6%をかけ算した数値が表示されます。サンプル率が低いとデータの精度が落ちるため、**期間などを短くしてサンプリングが発生しても、50%以上に納めることをおすすめ**します。

Chapter 4
探索機能

Section 探索機能の各レポートの使い方を知りたい！

4-2 探索機能内にあるレポート種別

使用レポート ▶▶▶ 探索 ➡ 手法

探索内には様々な形式のレポートフォーマットがあります。それぞれ全く異なるフォーマットになっており、利用できるポイントも変わってきます。それぞれのレポートを確認していきましょう。レポートのときと同様に、有用度と利用頻度を5段階評価しています。

「自由形式」の概要

ディメンションや指標を組み合わせて、表やグラフなどを作成できます。レポートでは用意されていない様々な項目の掛け合わせや表現が可能です。

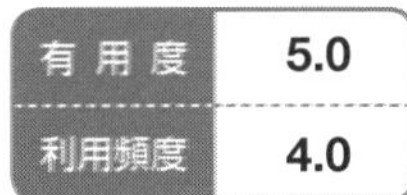

関連公式ヘルプ

https://support.google.com/analytics/answer/9327972?hl=ja

自由形式の設定項目

自由形式では、以下の内容を変更することが可能です。

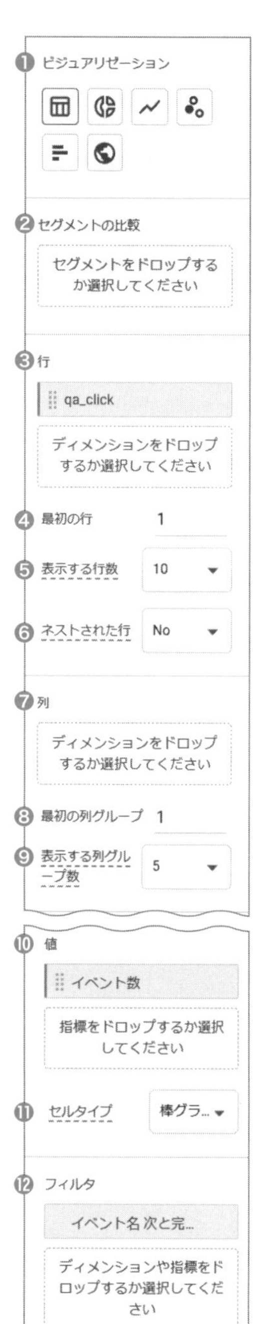

表4-2-1 自由形式で変更できる項目

項目	説明
❶ビジュアリゼーション	描画エリアの表示形式を変更します。円グラフ・折れ線グラフ・散布図・棒グラフ・地図グラフなどを選択できます。
❷セグメントの比較	表示しているデータを絞り込んで(例：新規のみ、検索流入のみ)分析できます。 ※Section 4-3で詳しく紹介します。
❸行	描画エリアの行を追加できます。複数追加できます。 例えばページタイトルとデバイスカテゴリを追加すると、2つを掛け合わせた状態でデータが表示されます。 ドラッグ&ドロップで順番を変更できます。
❹最初の行	何行目から表示するかを指定できます。デフォルトは「1行目」からです。あまり変更することはないでしょう。
❺表示する行数	10, 25, 50, 100, 250, 500から選択できます。 ここで指定した行数分、描画エリアで表示されます。
❻ネストされた行数	「No」と「Yes」が選択できます。2つ以上のディメンションを追加しているときに利用する設定で、描画エリアでの見せ方を変更できます。*1
❼列	列に追加されているディメンションを確認できます。 ドラッグ&ドロップで順番を変更できます。
❽最初の列グループ	何列目から表示するかを指定できます。デフォルトは「1列目」からになります。あまり変更することはないでしょう。
❾表示する列グループ数	5, 10, 15, 20から選択できます。 ここで指定した列数分、描画エリアで表示されます。
❿値	追加されている値の一覧を確認できます。 ドラッグ&ドロップで順番を変更できます。
⓫セルタイプ	描画エリアの見せ方を3種類から選択できます。 「棒グラフ」「書式なしテキスト」「ヒートマップ」の3つになります。
⓬フィルタ	描画エリアで表示されている項目を絞り込むことができます。例えば、「ページタイトルに特定の文字列が含まれる」「特定のセッション数以上」などを設定できます。

*1 「No」の場合はページタイトルとディメンションの組み合わせで並び替えがされています。「Yes」の場合はディメンションが1つあり、その中に入れ子の形で2つ目のディメンションが表示されます。見たい内容に合わせて使い分けしてください(左：Noの場合、右：Yesの場合)。

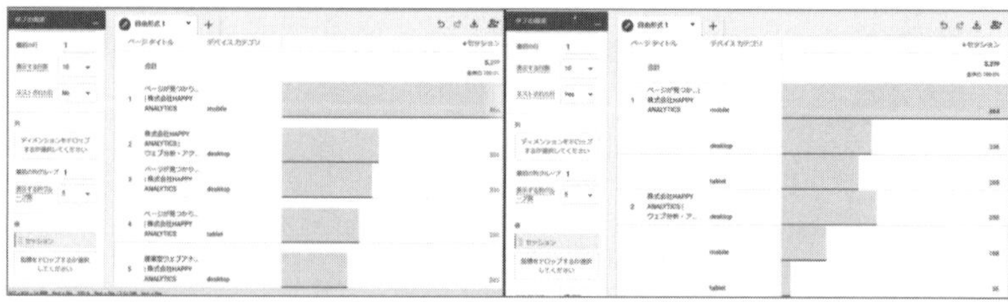

Chapter 4 探索機能

自由形式の「テーブル」レポート作成手順

手順を覚えるために1つレポートを作成してみましょう。今回はお題として、「ある特定のURL条件を満たすURLとタイトルごとのページ表示回数と入口数」をデバイス種別で表現するという例になります。

Step 1. ディメンションを選択する

レポート作成に必要なディメンションを選択します。今回必要なのは次の3つになりますので、まずはこれらを選びましょう。

- URL
- タイトル
- デバイス種別

ディメンションの横にある＋をクリックして、以下の3つを選択してください。

● 「デバイスカテゴリ」「ページタイトル」「ページロケーション」

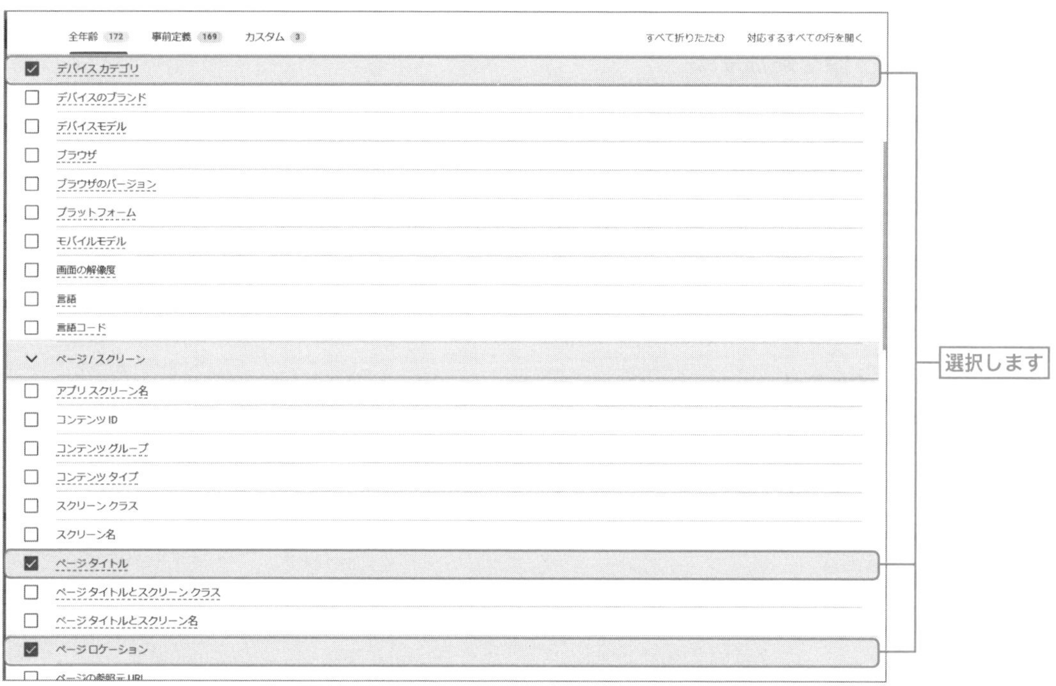

ページを指定するディメンションには「ページパス＋クエリ文字列」も利用できますが、こちらはドメイン部分を含みません。今回はドメイン単位でフィルタリングを行うため、「ページロケーション（ドメイン入りのURL）」を利用しています。

Step 2. 指標を選択する

今回必要になるのは、右の2つです。

指標の横にある＋をクリックして、「表示回数」と「閲覧開始数」の指標を選択しましょう。

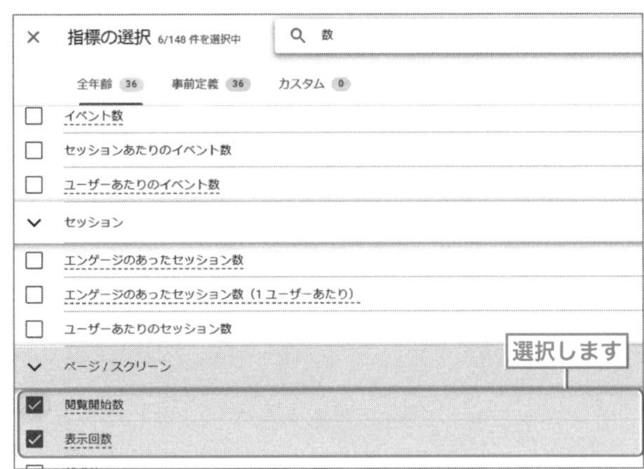

Step 3. 行・列・値を追加する

これで表を作成するための材料は揃いました。次に追加した項目を、行・列・値に追加していきましょう。

項目をドラッグ＆ドロップして、右図のように追加してください。

❶行：「ページロケーション」「ページタイトル」
❷列：「デバイスカテゴリ」
❸値：「閲覧開始数」「表示回数」

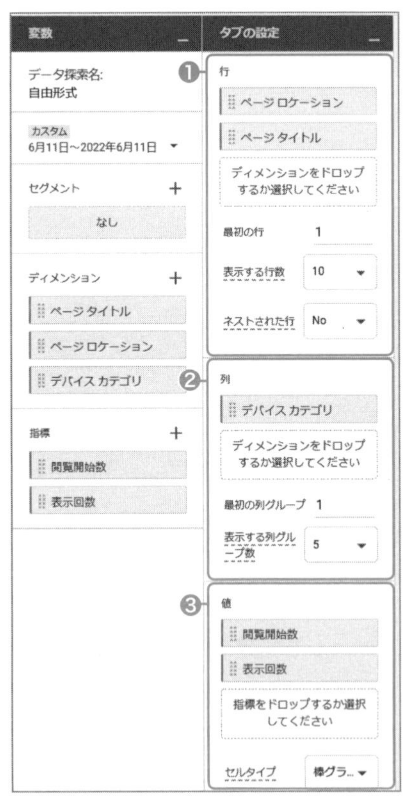

以下のレポートが作成されます。

	デバイス カテゴリ		desktop		mobile	
	ページ ロケーション	ページ タイトル	表示回数	閲覧開始数	表示回数	閲覧開始数
合計			5,814 全体の 65.7%	3,599 全体の 57.6%	2,496 全体の 28.2%	2,134 全体の 34.1%
1	https://happyanaly...	株式会社HAPPY ANALYTICS | デジタルマーケティ...	916	612	265	218
2	https://analytics...	Real Analytics （リアルアナリティ...	269	228	148	134
3	https://happyana...	企業情報・代表メッ... | 株式会社HAPPY ANALYTICS	249	118	153	123
4	https://analytic...	セミナー講師から見た... - Real Analytics （リアルアナリティ...	215	209	53	34
5	https://happyanal...	資料ダウンロード | 株式会社HAPPY ANALYTICS	245	61	14	3
6	https://happyanal...	著作紹介 | 株式会社HAPPY ANALYTICS	88	57	103	99
7	https://happyanaly...	連載・執筆 | 株式会社HAPPY ANALYTICS	62	37	103	98
8	https://analytics...	2023年7月1日に... - Real Analytics （リアルアナリティ...	172	159	12	10
9	http://happyanaly...	ページが見つかりま... | 株式会社HAPPY ANALYTICS	35	35	101	101

ページURLとページタイトル、デバイス種別ごとに数値が並んでいます。必要に応じて行数などを変更してみてください。

Step 4. フィルタを利用する

「ページロケーション」の列を見るとわかりますが、現在複数のドメインが混ざっています。

そこで、特定のドメインだけに絞り込むための「フィルタ」設定を利用してみましょう。

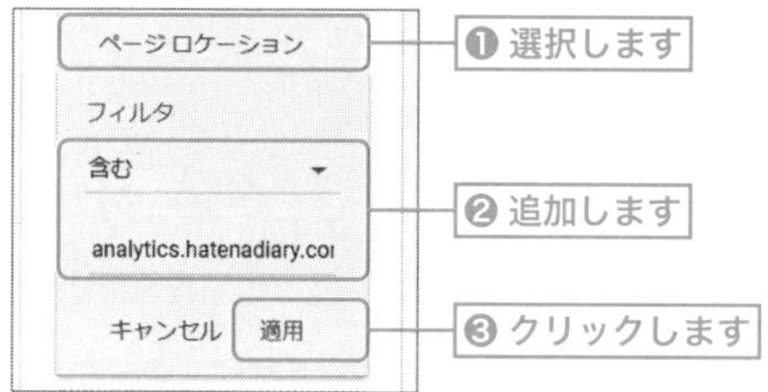

フィルタの項目として「ページロケーション」を選択し、「含む」でドメインを追加して「適用」をクリックすると、ドメインが絞り込まれたレポートが作成されます。

このように、4つの手順でレポートを作成します。

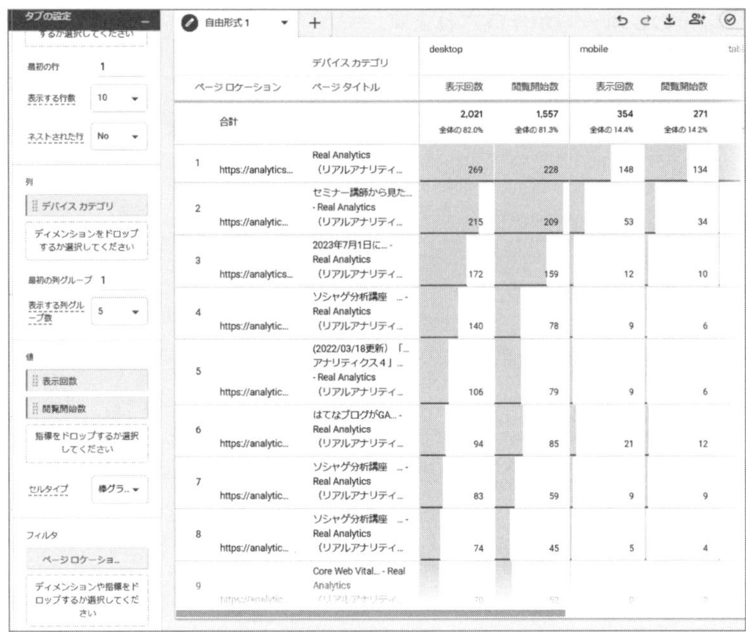

セグメント

本レポートはセグメントを反映することができます。セグメントの作成方法に関しては、Section 4-3で改めて紹介します。

「テーブル」以外のビジュアリゼーションの種類と設定例

先ほど紹介した例は、「テーブル」形式のレポートでしたが、「自由形式」にはテーブル以外の表現方法も用意されています。

表4-2-2 「自由形式」でのデータ表現方法の一覧

名称	内容
❶テーブル	表形式。複数のディメンションと複数の指標の組み合わせで作成できます。 様々な組み合わせの集計や内訳を見るために利用します。
❷ドーナツグラフ	円グラフ系の形式です。1つのディメンションと1つの指標を反映できます。 全体におけるシェア（比率）を確認するために利用します。
❸折れ線グラフ	時系列の折れ線グラフです。1つのディメンションと1つの指標を反映できます。 時間軸（1時間ごと・日・週・月）での数値の変化を見るために利用します。
❹散布図	2つの指標の関係性を見るためのグラフです。1つのディメンションと2つの指標を反映できます。指標同士の関係性を見るために利用します。
❺棒グラフ	横型の棒グラフです。1つのディメンションと1つの指標を反映できます。 単一指標でのランキングなどを見るために利用します。
❻地図	地図上に数値を表示するために利用します。1つの指標を反映できます。 ディメンションは大陸・亜大陸・国・地域・市区町村のみ選択できます。

テーブルはすでに紹介したので、それ以外のビジュアリゼーションについても紹介します。

ドーナツグラフ

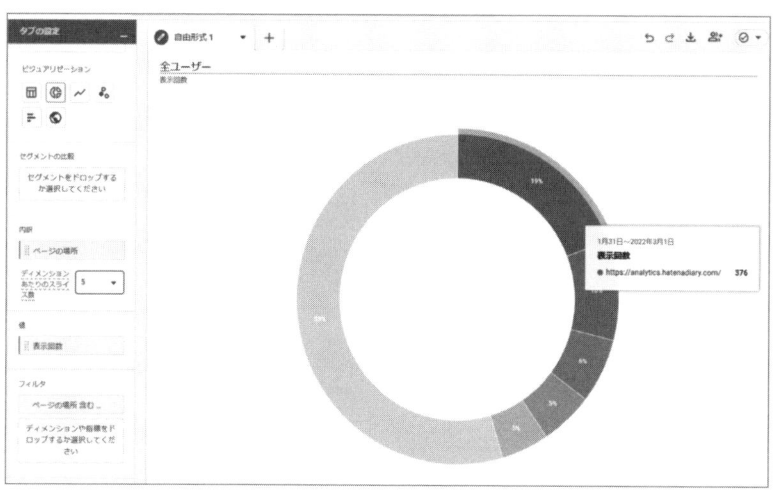

ディメンション（内訳）と値を1つずつ設定して利用します。本ビジュアリゼーション特有の項目として、「ディメンションあたりのスライス数」があります。こちらで設定した数だけディメンションが個別に表示され、後は「その他」としてまとまります。上記の例では「5」に設定しているので、表示回数が多い5件が表示され、残りはその他にまとまっています。

全体の中におけるシェアや内訳を見るのに便利なレポートです。

使い勝手が良いディメンションの例としては、以下が挙げられます。

- **ページの場所：**上位のページの全体におけるシェアを見る
- **デバイス カテゴリ：**デバイスごとのシェアを見る
- **アイテム名：**ECサイトで商品ごとの購入数や売上のシェアを見る
- **デフォルト チャネル グループ：**流入の内訳を確認する
- **プラットフォーム：**ウェブ・IOSアプリ・Androidアプリの内訳を見る（それぞれ設定している場合）

折れ線グラフ

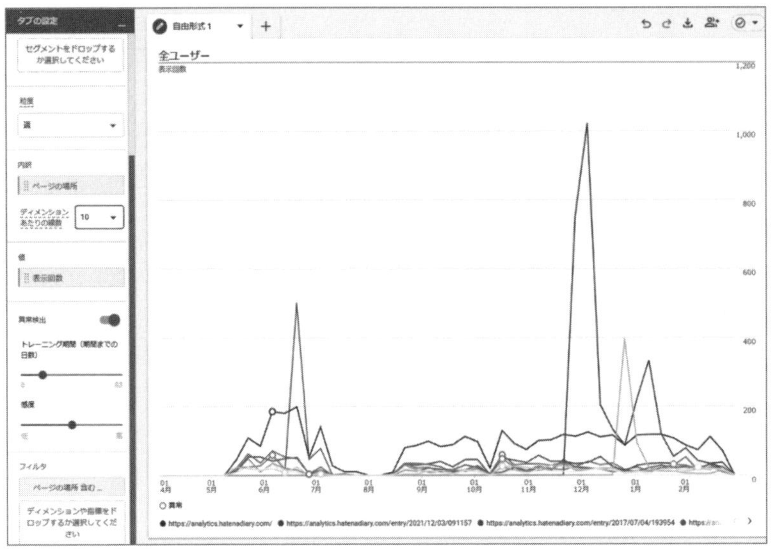

時系列でのデータ表示に特化したビジュアリゼーションです。ディメンション（内訳）と値を1つずつ設定します。時系列の細かさとして「粒度」が選べ、「時間」「日」「週」「月」が存在します。

本レポート固有の設定項目として「ディメンションあたりの線数」と「異常検出」があります。「ディメンションあたりの線数」はグラフの何本の線を表示するかを選びます。該当期間で値が多かった上位◯件が表示されます。特定のURLに絞り込みたい場合はフィルタで設定を行いましょう。

異常検出に関しては「オン/オフ」「トレーニング期間」「感度」が設定できます。グラフ上で線に「◯」がついている箇所が異常値として認識された場所です。

■トレーニング期間と感度について

「トレーニング期間」とは異常値と判定するために使うデータの期間になります。設定した期間の最初の日から、何日分遡るのかを設定できます。例えば1月1日～1月10日に設定していて、31日間という設定をした場合は、12月1日～12月31日のデータを利用します。トレーニング期間が長いほど精度が上がります。

「感度」は確率のしきい値を設定します。ここで設定したパーセンテージが10%だとした場合、異常値として判定されるのは、その数値が「10%未満の確率で発生しうる値だった」ときです。感度のパーセンテージが高いほど、異常値として検出される数は増えます。

時系列で見たい指標があれば、どの指標でも有効です。表示回数・ユーザー数・コンバージョン数など用途に合わせて選択しましょう。

散布図

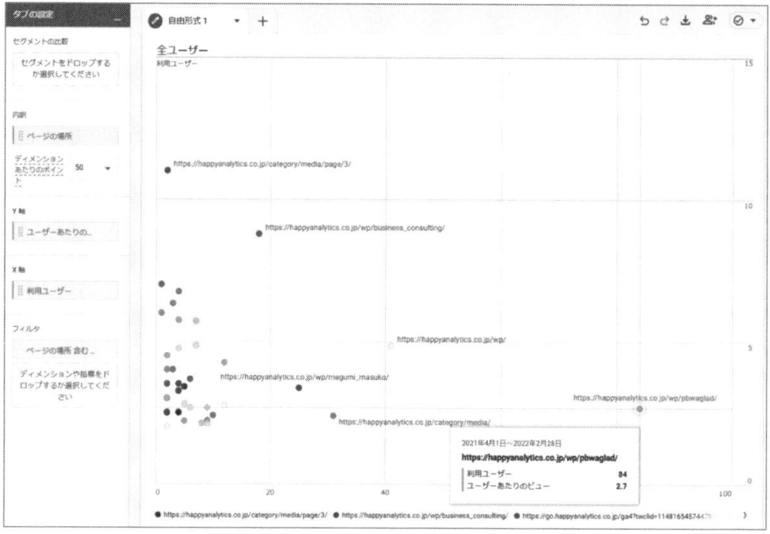

2つの指標の関係性を特定のディメンションごとに見るタイプのグラフです。上記の例では、内訳（ディメンション）として「ページの場所」を設定し、縦軸に「ユーザーあたりのビュー（1人あたり何ページ見ているか）」、横軸に「利用ユーザー」を設定しました。指標は必ず2つ設定する必要があります。

上記の散布図では右下のページは「見ている人数は多いが、見ている人の平均閲覧ページ数は少ない」となり左上のページは「見ている人は少ないけど、見ている人の平均閲覧ページ数は多い」ということがわかります。象限ごとにページの特徴が見つかるかもしれません。

このビジュアリゼーションでは「ディメンションあたりのポイント数」が設定でき、これは表示される「点」の数を表しています。選ばれる点は、「Y軸」に設定している指標の上位○件から選択されます。そのため、X軸とY軸を入れ替えると違うディメンションの項目が選択されるので、注意してください。

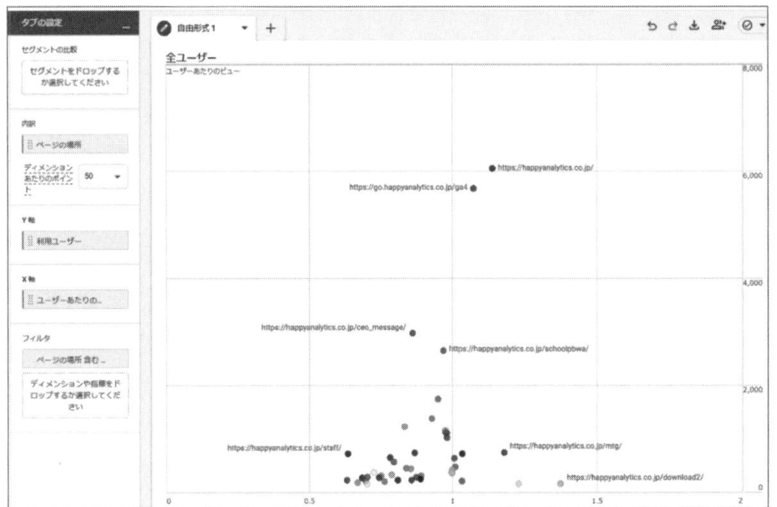

X軸とY軸を入れ替えてみると、違う50件が選ばれます。

棒グラフ

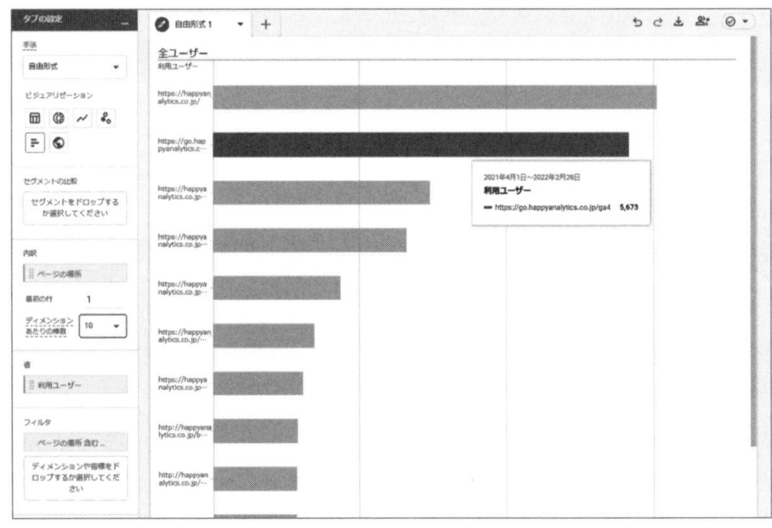

1つの内訳（ディメンション）と1つの指標を選んで表現できるシンプルなグラフです。直感的にランキングを見たい場合に便利です。固有で設定できる項目は「ディメンションあたりの棒数」になり、上位何件を表示するかを決めることができます。

「5」または「10」が選択可能で、それ以上増やすことはできません。10件までしか表示できず、さらに内訳を見るなどはできないので、シンプルな表現しかできません。

地図

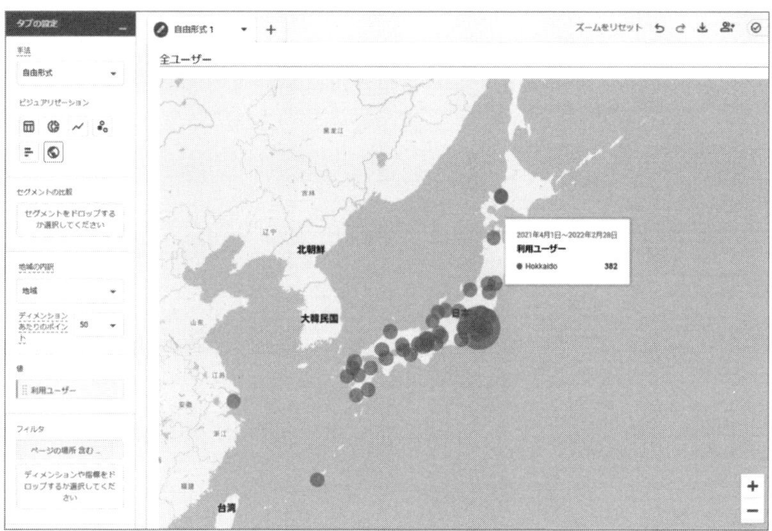

地図上に単一の値を表現するビジュアリゼーションです。ディメンションは選ぶことができません（絞り込みたい場合はフィルタやセグメントを利用しましょう）。

固有で選べる項目は2つで、「地域の内訳」と「ディメンションあたりのポイント数」です。「地域の内訳」では大陸、亜大陸、国、地域、市区町村と用意されているので見たい単位を選択しましょう。日本における都道府県単位は「地域」が該当します。「ディメンションあたりのポイント数」は上位何件を表示するかを選べます。最大50件まで選択可能です。

地図上で表現したい値がある場合は、本レポートが最も有効でしょう。しかし実数を見るためのものではなく、円の大きさで傾向を把握することがメインになります。データとして取得したい場合は、「自由形式」を使うのがよいでしょう。

「コホートデータ探索」の概要

特定の条件を満たしたユーザーが、その後再度アクションを起こしているのかを表示します。例えば先週、新規に訪れたユーザーの内、何人が今週も戻ってきたかなどを把握することが可能です。

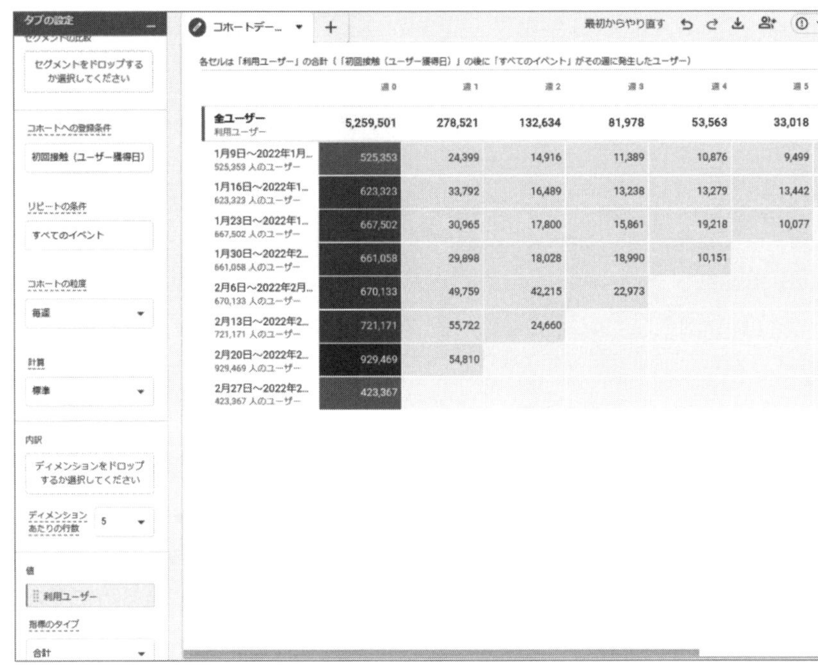

関連公式ヘルプ

https://support.google.com/analytics/answer/9670133?hl=ja

コホートデータ探索の設定項目

コホートデータ探索では、最初に「登録条件」と「リピートの条件」を決める必要があります。

登録条件

「登録条件」とはどういった条件のユーザーを登録するかという設定になります。デフォルトでは「初回接触（ユーザー獲得日）」が選択されており、これは該当期間に初めてサイトに訪れたユーザーを意味します。他にも以下のユーザーの抽出方法があります。

表4-2-3 コホートへの登録条件として選択できる項目

項目名	意味
❶初回接触（ユーザー獲得日）	該当期間に初めてサイトやアプリに訪れたユーザー（サイトで取得しているUserIDは考慮せず、Cookieで判断）。リピーターは含まれず。
❷すべてのイベント	該当期間に何かしらのイベント（サイト訪問やページ閲覧など）が発生したユーザー。サイトやアプリを訪れたユーザー全員が対象になります。集計期間中に複数回発生した場合は、期間の1回目の日付が対象になります。
❸すべてのトランザクション	該当期間に購入を行ったユーザー。集計期間中に複数回発生した場合は、期間の1回目の日付が対象になります。
❹すべてのコンバージョン	該当期間に設定しているコンバージョンのうちいずれかを達成したユーザー。特定のコンバージョンのみを設定することはできません。集計期間中に複数回発生した場合は、期間の1回目の日付が対象になります。
❺その他	サイトで取得しているイベントの一覧が表示されます。選択をすると該当期間に、該当イベントが発生したユーザーが抽出されます。集計期間中に複数回発生した場合は、期間の1回目の日付が対象になります。

リピートの条件

登録されたユーザー群が、どういう状態を満たしたら「リピート」になったかを決めることができます。設定できる条件は、「登録条件」と同じ項目が利用できます（「初回接触（ユーザー獲得日）」除く）。「すべてのイベント」を選択すれば、登録されたユーザー群がサイトに再来訪すれば、その時点でリピートという扱いになります。

コホートの粒度

表示する期間の細かさを選択できます。「毎日」「毎週」「毎月」が用意されており、選んだ内容によって行列の細かさが決まります。

セグメントをドロップするか選択してください
コホートへの登録条件
初回接触（ユーザー獲得日）
リピートの条件
すべてのイベント
コホートの粒度
毎日
毎週
毎月
標準
内訳
ディメンションをドロップするか選択してください

各セルは「利用ユーザー」の合計（「初回接触（ユーザー獲得日）」の後に「すべてのイベント」がその日に発生したユーザー）

	日 0	日 1	日 2	日 3	日 4	日 5
全ユーザー 利用ユーザー	5,259,501	177,260	89,595	71,404	69,441	59,795
1月9日～2022年1月... 53,726 人のユーザー	53,726	1,662	774	611	472	424
1月10日～2022年1... 62,679 人のユーザー	62,679	1,849	937	595	611	497
1月11日～2022年1... 84,349 人のユーザー	84,349	3,454	1,898	1,507	733	1,026
1月12日～2022年1... 79,575 人のユーザー	79,575	2,713	1,336	839	807	921
1月13日～2022年1... 79,869 人のユーザー	79,869	2,558	1,100	912	1,092	725
1月14日～2022年1... 82,883 人のユーザー	82,883	2,248	1,100	1,246	733	595
1月15日～2022年1... 83,779 人のユーザー	83,779	2,403	921	627	684	513
1月16日～2022年1... 85,392 人のユーザー	85,392	2,094	961	578	497	668
1月17日～2022年1... 102,760 人のユーザー	102,760	2,843	1,124	896	1,377	1,018
1月18日～2022年1... 99,225 人のユーザー	99,225	2,648	839	945	921	823

「毎日」の場合は、行で表示されるユーザーは日単位になり、列で表示されるリピート人数に関しても日単位になります。「毎週」「毎月」に関しても考え方は同様です。

どの単位で見るかは、該当サイトやアプリの来訪頻度などで変えてみましょう。ニュースサイトやアプリのように毎日見て欲しいサイトであれば「毎日」が有効ですし、週１回や月１回程度で訪れるサイト（例：電気料金の確認）などの場合は「毎週」や「毎月」でもよいでしょう。

週に関しては曜日は指定できず、日曜日～土曜日となります。同様に「毎日」は0時～24時、「毎月」は月初～月末までとなります。

計算

リピートしたユーザーの集計方法を変えることができます。デフォルトでは「標準」が選ばれています。他にも「連続」と「累計」が存在します。

以下のようなユーザーの動きがあったとしましょう。

０週目に来て、その後に週1、週３で再訪問してリピートの定義を満たしたとします。

このとき、「計算」でどの項目を選んでいるかによってアウトプットが変わります。

- **「標準」の場合：**０週目、１週目、３週目に「１」が計測されます。
- **「連続」の場合：**０週目、１週目に「１」が計測されますが、３週目は「0」が計測されます。連続では、該当の週から手前のすべての週（今回の場合は０週目・１週目・２週目・３週目）で来ている場合のみカウントされます。
- **「累計」の場合：**０週目、１週目、２週目、３週目すべてに「１」が計測される。累計では集計期間の間、１回でもリピートの条件を満たしている週があれば、他の週でもカウントされます。

	週 0	週 1	週 2	週 3
全ユーザー 利用ユーザー	**5,259,501**	**278,521**	**132,634**	**81,978**
1月9日～2022年1月… 525,353 人のユーザー	525,353	24,399	14,916	11,389
1月16日～2022年1… 623,323 人のユーザー	623,323	33,792	16,489	13,238
1月23日～2022年1… 667,502 人のユーザー	667,502	30,965	17,800	15,861
1月30日～2022年2… 661,058 人のユーザー	661,058	29,898	18,028	18,990

「標準」の場合は一番下の行の「1月30日～2月5日」のユーザーは「週２」の（18,028）人より「週３」の（18,990）人のほうが多いという現象が発生しますが、「連続」の場合は週が進むごとに必ず減衰していきます（次ページの図を参照）。

右下に表示されている(4,464)人は「1月30日～2月5日」の間に初来訪し、その後、「週1」「週2」「週3」ともサイトに来訪したユーザーの総数になります。

	週 0	週 1	週 2	週 3
全ユーザー 利用ユーザー	5,259,501	278,521	64,398	23,495
1月9日～2022年1月... 525,353 人のユーザー	525,353	24,399	6,403	2,794
1月16日～2022年1... 623,323 人のユーザー	623,323	33,792	7,519	3,047
1月23日～2022年1... 667,502 人のユーザー	667,502	30,965	6,843	3,576
1月30日～2022年2... 661,058 人のユーザー	661,058	29,898	7,633	4,464

内訳

表示されているレポートに対してディメンションを追加することでさらに内訳をチェックできます。デバイスごとにチェックしたい、流入元ごとにチェックしたいというようなケースになります。

表示できる行数は、「5」「10」「15」から選択できます。

各セルは「利用ユーザー」の合計（「初回接触（ユーザー獲得日）」の後に「すべてのイベント」がその週に発生したユーザー）

	週 0	週 1	週 2	週 3	週 4
全ユーザー 利用ユーザー	5,259,501	278,521	132,634	81,978	53,563
1月9日～2022年1月... 525,353 人のユーザー	525,353	24,399	14,916	11,389	10,876
unknown 368,565 人のユーザー	368,565	15,576	7,641	5,059	4,627
35-44 43,014 人のユーザー	43,014	2,183	1,800	1,572	1,580
25-34 39,063 人のユーザー	39,063	1,988	1,768	1,475	1,360
45-54 29,140 人のユーザー	29,140	1,735	1,246	1,206	1,214
18-24 21,352 人のユーザー	21,352	1,108	872	766	758
1月16日～2022年1... 623,323 人のユーザー	623,323	33,792	16,489	13,238	13,279
unknown 432,694 人のユーザー	432,694	22,900	8,766	5,963	5,874
35-44 51,282 人のユーザー	51,282	2,916	2,118	1,857	1,849
25-34 46,834 人のユーザー	46,834	2,582	1,825	1,809	1,637
45-54 34,403 人のユーザー	34,403	2,020	1,483	1,369	1,385
18-24 26,142 人のユーザー	26,142	1,426	815	847	937

※ディメンションとして「年齢」を追加した例

値

コホートレポートで利用する指標を選ぶことができます。デフォルトでは「利用ユーザー」になっていますが、ユーザー数以外の指標も利用することができます。

例えば値として「コンバージョン」を選択すると、該当条件を満たしたユーザー群のコンバージョン回数の推移を見ることができます。

● コンバージョンを値にしてコホートレポート

他にもエンゲージメントやトランザクション、収益なども値として、有力な候補になります。

指標のタイプ

「合計（実数の表示）」と「コホートユーザーあたり（パーセンテージ表記）」を選択することが可能です。後者を選ぶと、ユーザー群を100%とした上で、何パーセントが翌日や翌週戻ってきたかを把握できます。パーセンテージ表記のほうが行同士の比較は行いやすいでしょう。

● 指標のタイプ＝コホートユーザーあたりを選択

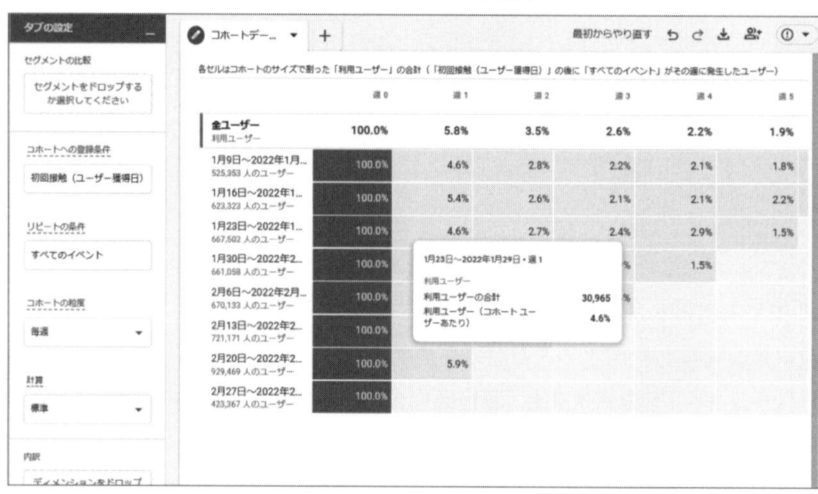

「目標到達プロセスデータ探索」の概要

GA4で計測しているデータを「チェックポイント」として設定し、各チェックポイントの通過率を確認することができます。チェックポイントとして設定するのはページだけに限らず、計測しているイベント名やイベントパラメータを条件として利用できます。サイトで「水漏れ」しているところを確認できます。

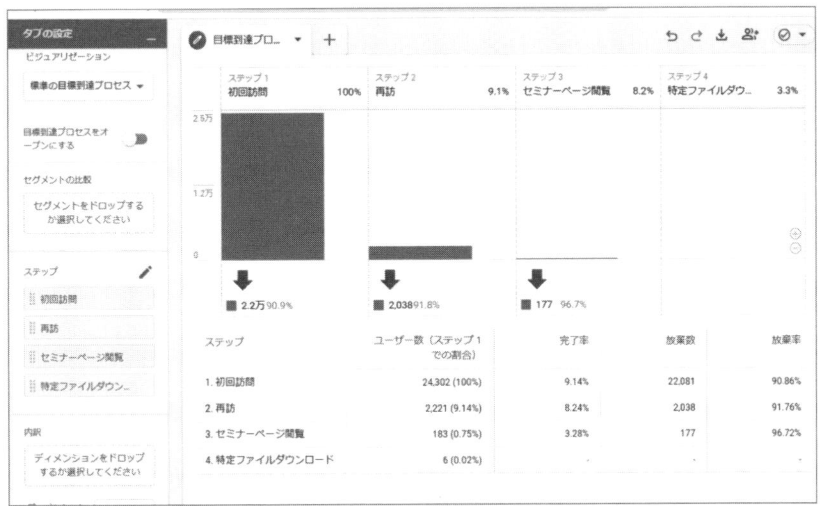

特にeコマースサイトでは、ファネルの各ステップを登録して可視化することは欠かせません。

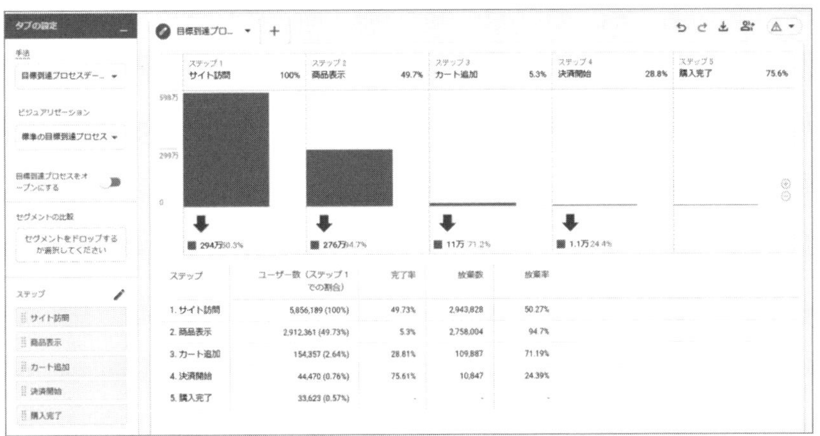

関連公式ヘルプ

https://support.google.com/analytics/answer/9327974?hl=ja

目標到達プロセスの設定項目

ステップの登録

目標到達プロセスを利用するには、どういったステップを登録するかを事前に整理する必要があります。整理を行った上で、「ステップ」の画面でそれらを登録します。例えば前ページの画像の場合には、以下の4つのステップを登録しています。

Step 1 **初回訪問**
Step 2. **7日以内に再訪問**
Step 3. **セミナーページを閲覧**
Step 4. **pdfファイルをダウンロード**

登録するステップが決まったら、「ステップ」の横にある鉛筆アイコンをクリックすると設定画面に移動します。

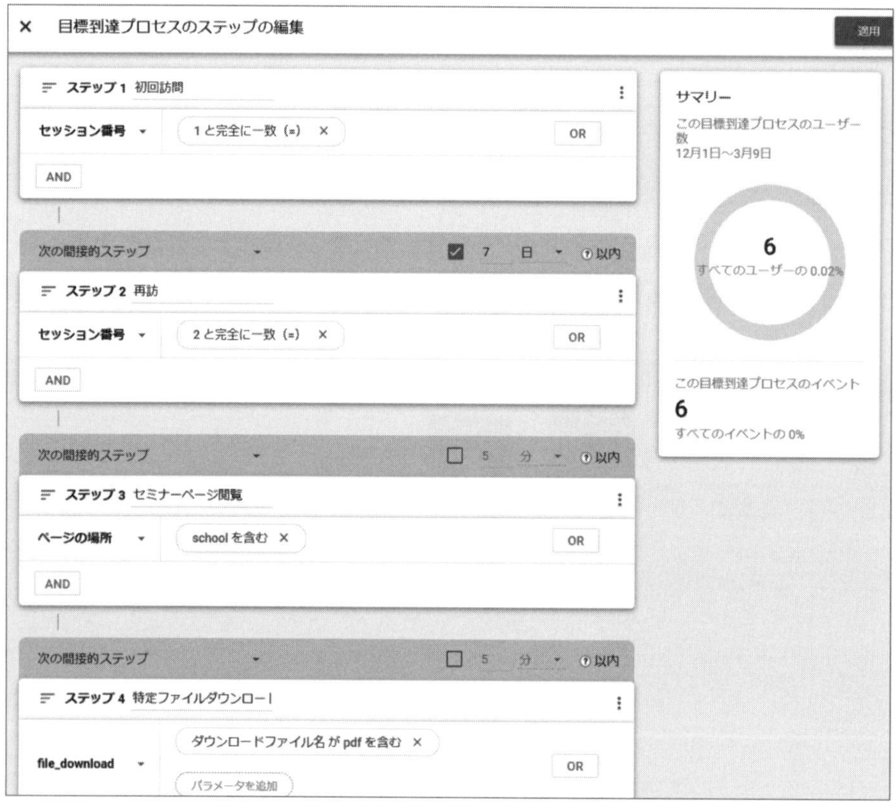

ステップをどのように登録するのか、今回の例を元に具体的に見ていきましょう。

Step 1. 初回訪問

まず、利用したい条件を選びます。「ステップ１」のテキストエリアに条件の名称を入力しておきましょう。

次に、条件の設定です。「新しい条件を選択する」のプルダウンをクリックすると、下記の画面が表示されます。この中から利用したいイベント・ディメンション・指標を選びます。リストから探すか、検索ボックスを利用します。ここでは、初回訪問を特定するために「セッション番号」を選択しました。

選択をすると条件を設定できるエリアが表示されるので、クリックして条件を入力しましょう。ここでは「完全一致」「１」を選び、初回の訪問であることを特定しています。

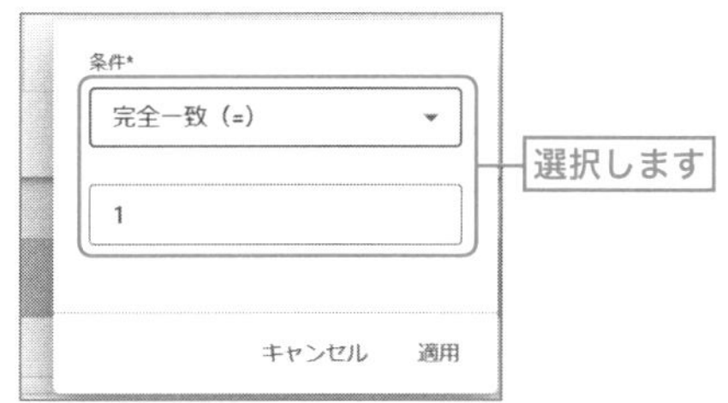

「適用」ボタンをクリックして設定完了です。他にも条件を追加したい場合は、ORやANDなどで追加ができます（例：検索流入だけに絞り込むなど）。

Step 2. 7日以内に再訪問

「ステップ１」の下部にある「ステップを追加」をクリックすると、「ステップ２」が表示されます。まずは、先ほどと同じように名称を付けましょう。

今回は再訪したという条件なので、「セッション番号」「2と完全一致」を選んでいます。

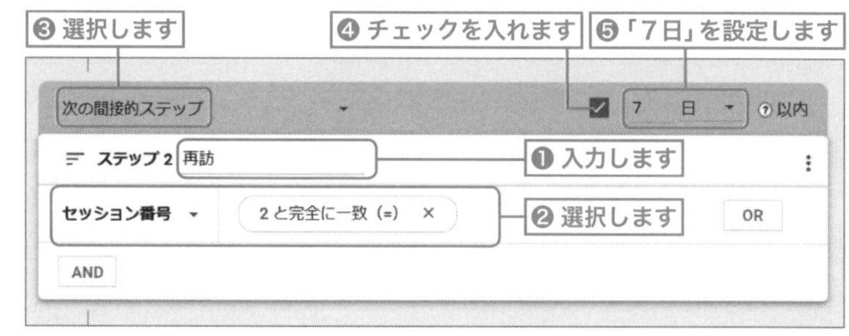

ここでは、さらに2つの条件を設定しています。

1つは「次の間接的ステップ」を選んでいることです。ここでは、**「次の間接的ステップ」と「次の直接的ステップ」という2つの選択肢があります**。直接的なステップは、「ステップ1」の直後（次のアクション）が「ステップ2」での条件の場合にステップを進んだと定義します。

例えば、ページAのすぐ次のページがページBといった形で使います。間接的なステップは、間に他のアクションが入ってもよくて、最終的に「ステップ2」の条件を満たしていればよいという設定になります。後者を使うケースのほうが多いかと思いますが、選択肢によって出てくる数値が変わるので、どういった遷移を見たいかを整理した上で選択しましょう。

もう1つは「7日以内」という条件を設定していることです。チェックボックスにチェックを入れることで、1つ前のステップからこのステップまでの発生時間を考慮する形になります。「秒」「分」「時間」「日」が選べます。現在は「以内」だけで、「以上」や「特定期間内（例：7日～13日）」といった選択肢はありません。今回の場合は、初回訪問の後、10日後に再訪問しても「ステップ2」に進んだということにはなりません。

Step 3. セミナーページを閲覧

ステップで選ぶ条件はステップごとに変えることができます。「ステップ3」では特定のURLを含むという条件を設定しました。

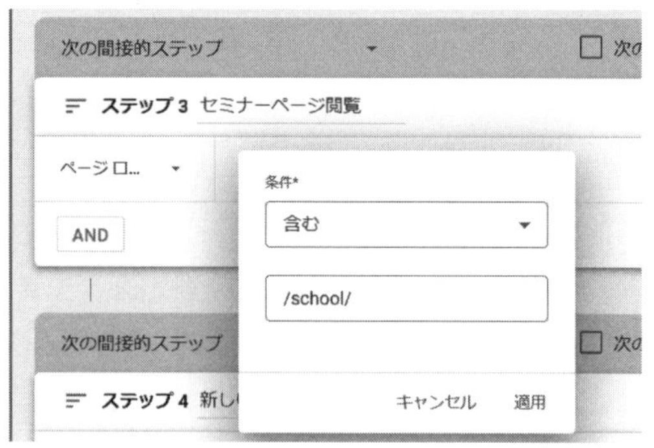

URLを特定するには「ページロケーション（ドメインも含む完全なURL）」を使うとよいでしょう。また「含む」以外にも「正規表現に一致」「先頭が一致」「最後が一致」「いずれかに一致」「含まない」を始めとする様々な条件ルールを利用することができます。

Step 4. pdfファイルをダウンロード

最後のステップはダウンロードしたファイル名がpdfを含むという条件設定になります。ここではイベントとして「file_download（自動取得設定ができるイベント）」を選択し、その後にfile_downloadのイベントに紐付いたパラメータ名を選択します。

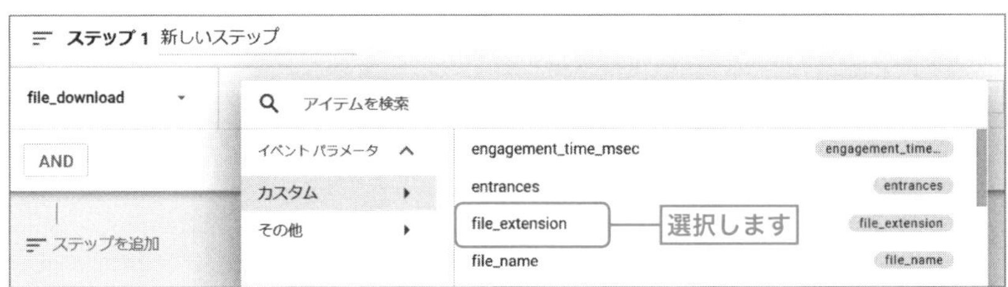

file_extensionがダウンロードしたファイルの拡張子になっているので、こちらのパラメータを利用することにしました。特定のページに置いてあるファイルをダウンロードしたなどの条件設定をしたい場合はパラメータ名として「page_location」などを利用するとよいでしょう。

パラメータ名を選んだら、条件を設定します。ここではシンプルに「pdfを含む」としました。

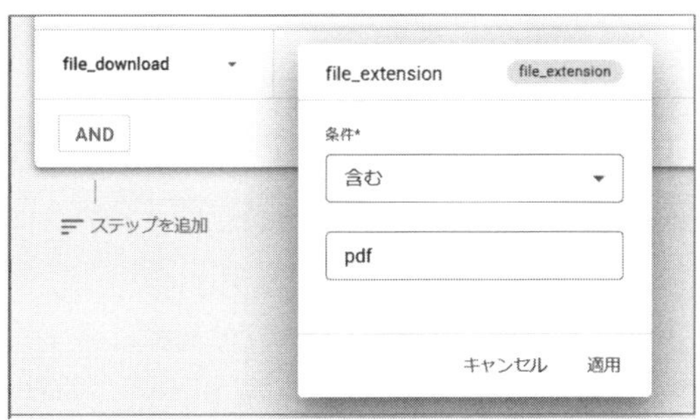

各ステップを設定中に、画面右側に「サマリー」として該当する件数が表示されます。0になる場合は「設定を間違えている」あるいは「本当に0件しか無い」という形になりますので、チェックをしながら設定するとよいでしょう。条件を入力したら、「適用」をクリックして完了です。

ビジュアリゼーション

目標到達プロセスでは2種類のデータ表示方法があります。デフォルトの「標準の目標到達プロセス」では、各ステップを棒グラフと表で表現しています。

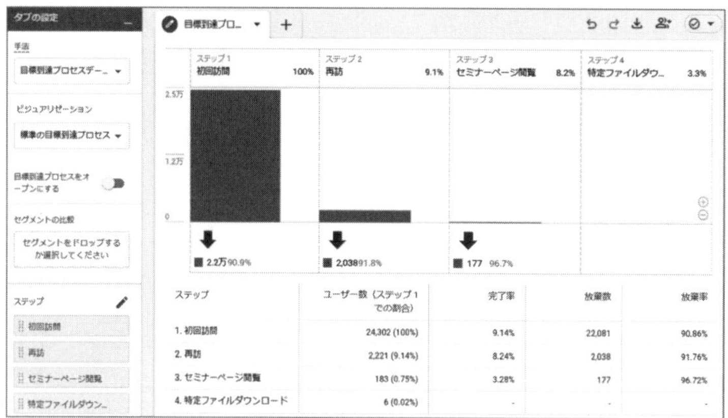

それぞれの数値についてですが、上部にある「ステップ1：100%」「ステップ2：9.1%」などは、1つ前のステップから次のステップに移った割合になります。「ステップ2」は2,221人÷24,302人＝9.1%、「ステップ3」は183人÷2,221人＝8.2%といった具合で、次のステップへの遷移した割合を表しています。下の表では、「完了率」として表示されているものです。

上記画像の表エリアを見ると、「ユーザー数（「ステップ1」での割合）」とありますが、各ステップへの遷移人数と、「ステップ1」の母数で割り算したパーセンテージがカッコ書きで記載されています。「ステップ3」の0.75%は183人（「ステップ3」の人数）÷24,302人（「ステップ1」の人数）の計算結果です。完了率は先ほど触れた通り次のステップに進んだ割合となります。放棄数は進まなかった人数を表し、放棄率は進まなかった割合（100% − 完了率）が計算されています。

もう1つの表現方法が、「使用する目標到達プロセスのグラフ」になります。こちらは、各ステップの推移を時系列（日単位のみ）で表されます。

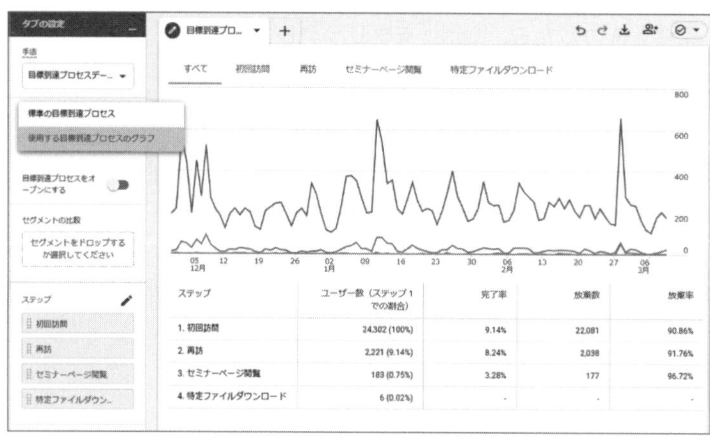

Chapter 4 探索機能

各ステップの日ごとの数値を確認でき、また上部の「すべて」「初回訪問」「再訪」などを切り替えると、該当ステップのみのデータを折れ線グラフ上に表現可能です。表の内容は「標準の目標到達プロセス」と同一です。特定のステップが増えた日に、「その後、他のステップは増えているのか？」といった時間軸での分析が可能です。

目標到達プロセスをオープンにする

目標到達プロセスは、「ステップ１」から順番に進んだ人数を表しています。例えば、「ステップ３」であれば、「ステップ１」→「ステップ２」→「ステップ３」をたどった人数です。ただし、ユーザーの動きの中には「ステップ１」を経由しないで、いきなり「ステップ２」や「ステップ３」から始まるケースもあります。このような動きは、目標到達プロセスでは母数としてカウントされません。

しかし、これを可視化するのが「目標到達プロセスをオープンにする」というオプションです。デフォルトではオフになっていますが、オンに変えると以下のようなアウトプットに変わります。

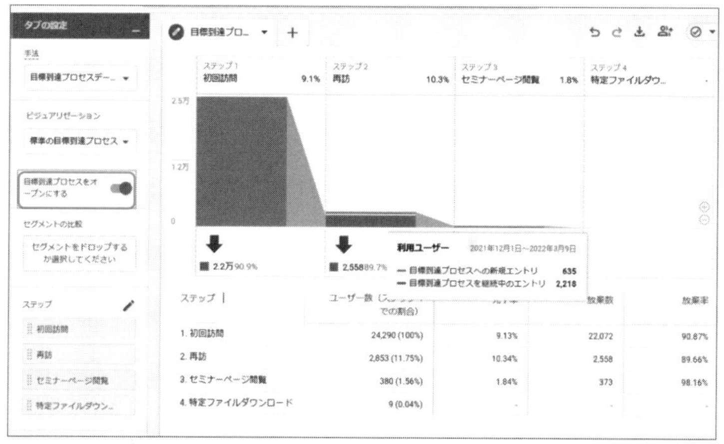

「ステップ２」の棒グラフにマウスオーバーすると、合計が2,853人になっており、内訳を確認できます。2,218人は「ステップ１」から「ステップ２」に進んだ人数、655人は新たに「ステップ１」は経由していないけど「ステップ２」から始まった人数です。

今回の設定例では、集計期間中に「初回訪問」はしていないけど（集計期間より前に初回訪問）、集計期間中に「２回目の訪問」を行ったユーザーが条件を満たしています。

どちらの形式で見たいのか、分析目的に応じて変えてみましょう。

内訳

目標到達プロセスにディメンションを追加することで、ディメンションの値ごとの内訳を見ることができます。例えばデバイスごとに遷移率に違いがあるのかを確認したい場合は、「デバイスカテゴリ」を追加してみましょう。以下のアウトプットが表示されます。

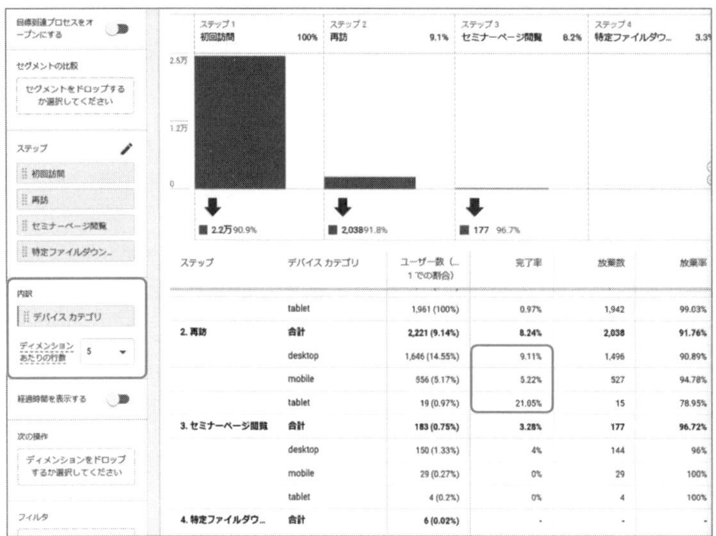

「ステップ2」のデータを見ると、desktopの完了率が9.1%、mobileは5.2%、タブレットは21%と件数は少ないですが、タブレットの遷移率が一番高いことがわかります。「ディメンションあたりの行数」(5, 10, 15から選択可能）で表示する内訳数を変えることができます。

経過時間を表示する

こちらのオプションをオンにすると各ステップ間の「平均経過時間」を確認できます。あくまでも平均なのでノイズが入っているとブレることはあります。内訳は見ることができないので、その場合はステップ作成のほうで期間を変えてみて数値を出すのがよいかもしれません。例えば、すべてのステップに対して「1時間以内」を設定すると、すぐに動いている人の人数や割合がわかります。

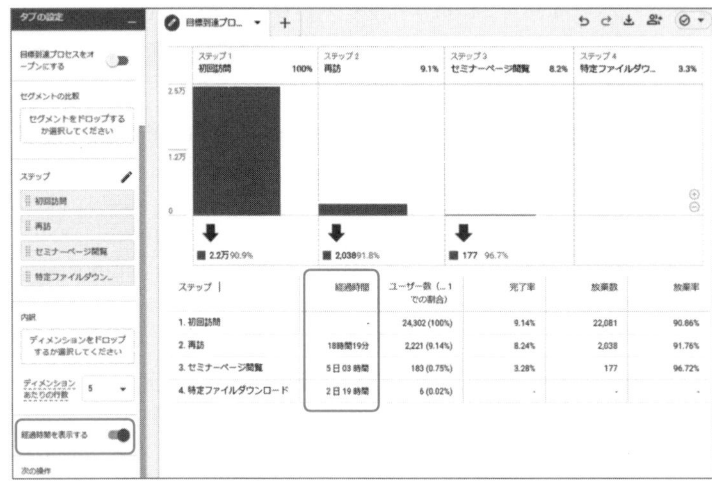

次の操作

ディメンションを追加すると、「ステップ１」の次に発生したディメンション値のベスト５を表示してくれます。しかし追加できる指標は限られており、「イベント名」「ページタイトル」など数種類に限られます。追加しても画面上に変化は起きませんが、棒グラフにマウスオーバーすると表示されます。

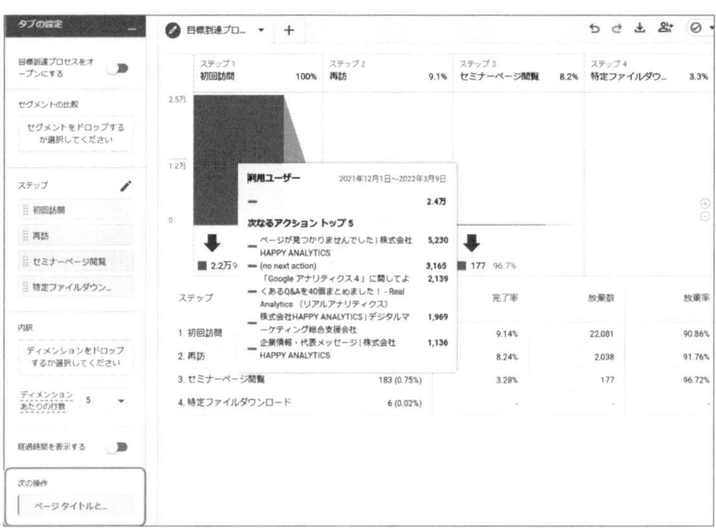

フィルタ

本レポートでは、「フィルタ」を利用して抽出するデータ対象を絞り込むことができます。ディメンションや指標で条件を設定しましょう。以下の例では、モバイルユーザーのみに絞り込んでいます。

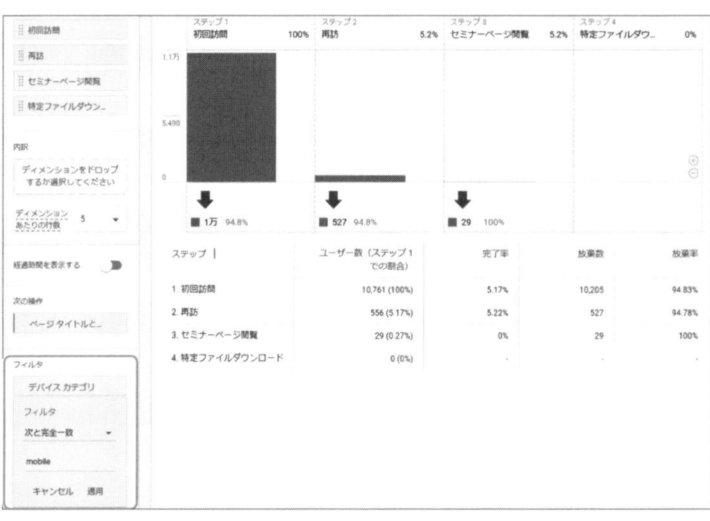

「セグメントの重複」の概要

作成したセグメント同士の重複率や人数などを確認することができます。**利用するためには、セグメントの作成が前提となります。**

Section 4-3で説明するセグメントを作成した上で、本ビジュアリゼーションを利用しましょう。

関連公式ヘルプ

https://support.google.com/analytics/answer/9328055?hl=ja

セグメントの重複の見方

セグメントの重複では最大3つのセグメントを追加することができます。追加すると、それぞれの重複を見ることができます。

3つのセグメントを追加した場合、組み合わせとしては最大10種類になります。

- セグメントA合計
- セグメントB合計
- セグメントC合計
- セグメントAのみ
- セグメントBのみ
- セグメントCのみ
- セグメントAかつセグメントB
- セグメントAかつセグメントC
- セグメントBかつセグメントC
- セグメントAかつセグメントBかつセグメントC

それぞれに対して指標を見ることが可能です。表の指標にマウスオーバーすることで、ベン図のどこを指しているかがわかります。

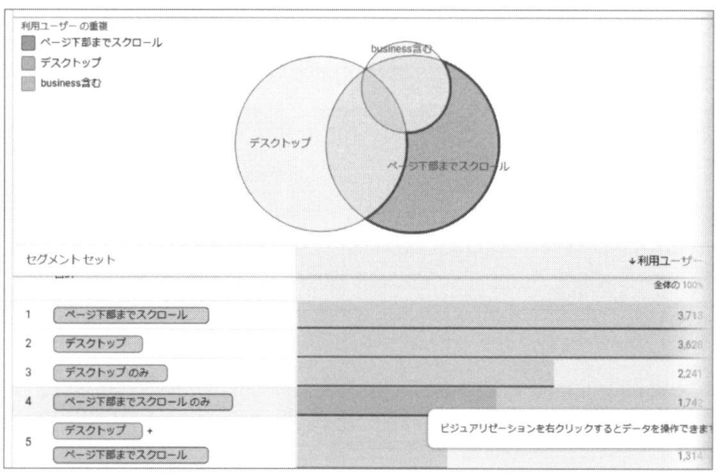

また該当行を右クリックすると、「選択項目からセグメントを作成」したり、「ユーザーを表示する」ことが可能です。

セグメントの重複の設定項目

内訳

ディメンションを追加することで、ビジュアリゼーションをそのディメンションの値ごとに見ることが可能です。流入元の分類であるデフォルトチャネルグループを追加した結果が、以下のとおりです。

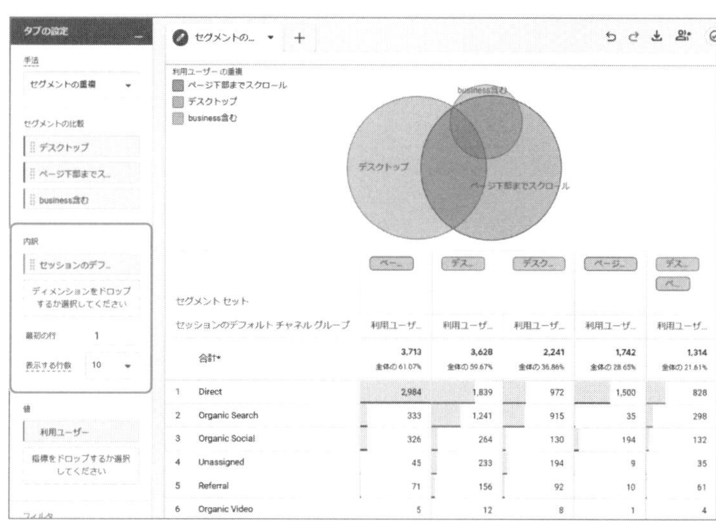

セッションのデフォルト チャネル グループ	利用ユーザ...	利用ユーザ...	利用ユーザ...	利用ユーザ...	利用ユーザ...
合計*	3,713 全体の 61.07%	3,628 全体の 59.67%	2,241 全体の 36.86%	1,742 全体の 28.65%	1,314 全体の 21.61%
1 Direct	2,984	1,839	972	1,500	828
2 Organic Search	333	1,241	915	35	298
3 Organic Social	326	264	130	194	132
4 Unassigned	45	233	194	9	35
5 Referral	71	156	92	10	61
6 Organic Video	5	12	8	1	4

行で並んでいたセグメントの分類が列に表示され、行にはディメンションが表示されます。最初の行や表示する行数を指定することも可能です。

値

指標を追加することで、ベン図や表で表示される項目を追加・変更・削除できます。ユーザーを「セッション」と「コンバージョン」に変更してみました。

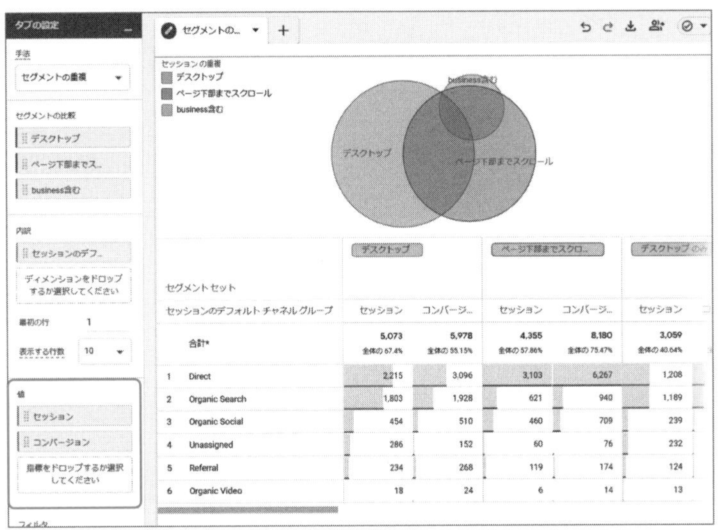

フィルタ

本レポートでは「フィルタ」を利用して抽出するデータ対象を絞り込むことができます。ディメンションや指標で条件を設定しましょう。以下の例では、直接流入（Direct）のみに絞り込んでいます。

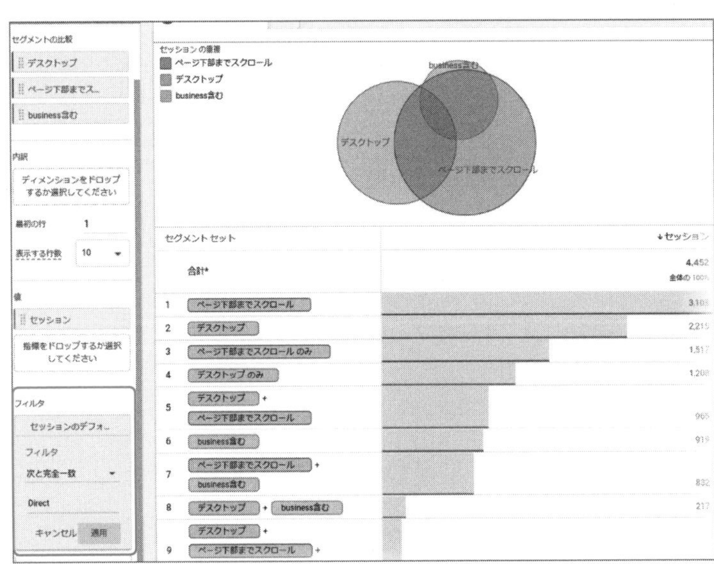

「経路データ探索」の概要

イベントやページの遷移を見ることができます。順引き・逆引きの両方に対応しており、ユーザーがどのようにサイト内を行動しているかを把握することが可能です。

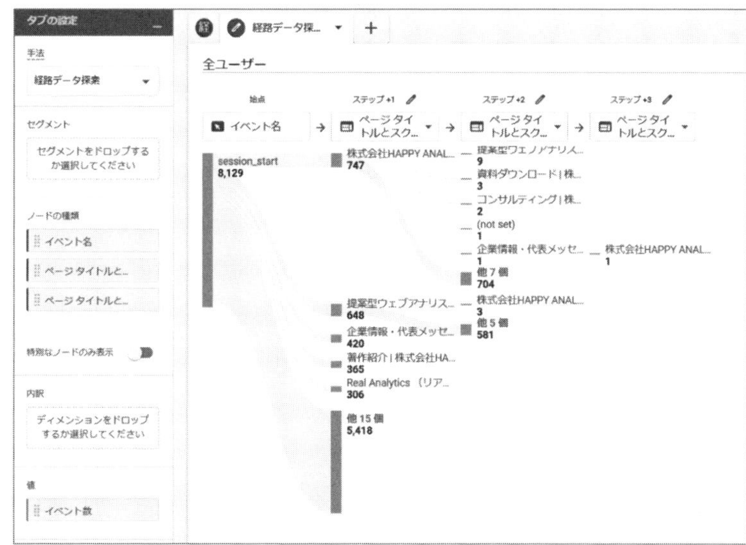

関連公式ヘルプ

https://support.google.com/analytics/answer/9317498?hl=ja

経路データ探索の見方

経路データはユーザー行動の遷移を確認できます。1つひとつのステップごとに複数の「ノード（項目）」が表示されるという形式を取っています。

ノードとして選べるのは、以下の4種類です。

- イベント名
- ページタイトルとスクリーン名
- ページタイトルとスクリーンクラス
- ページパスとスクリーンクラス

スクリーン名とスクリーンクラスはアプリで計測をしている場合に利用するため、ウェブサイト計測では、どちらを選んでもページタイトルが表示されます。

それでは、改めて図を見てみましょう。

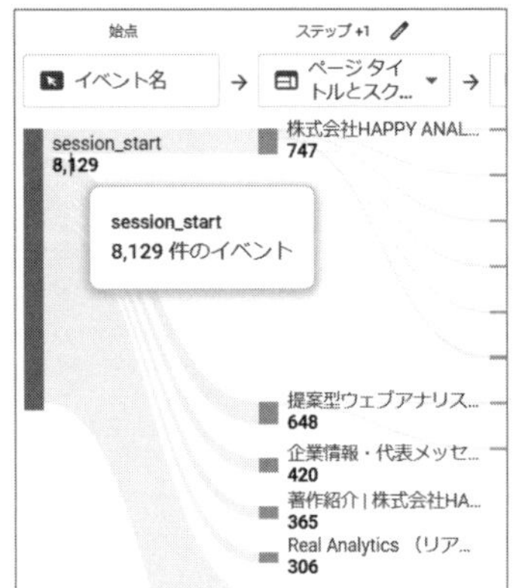

始点の設定

まずは始点の設定です。最初に発生したイベントを選択します。「session_start」がデフォルトでは設定されており、セッション開始からのユーザーの動きが見られるようになっています。

「session_start」部分をクリックすると、他のイベントを始点として選ぶことができます。

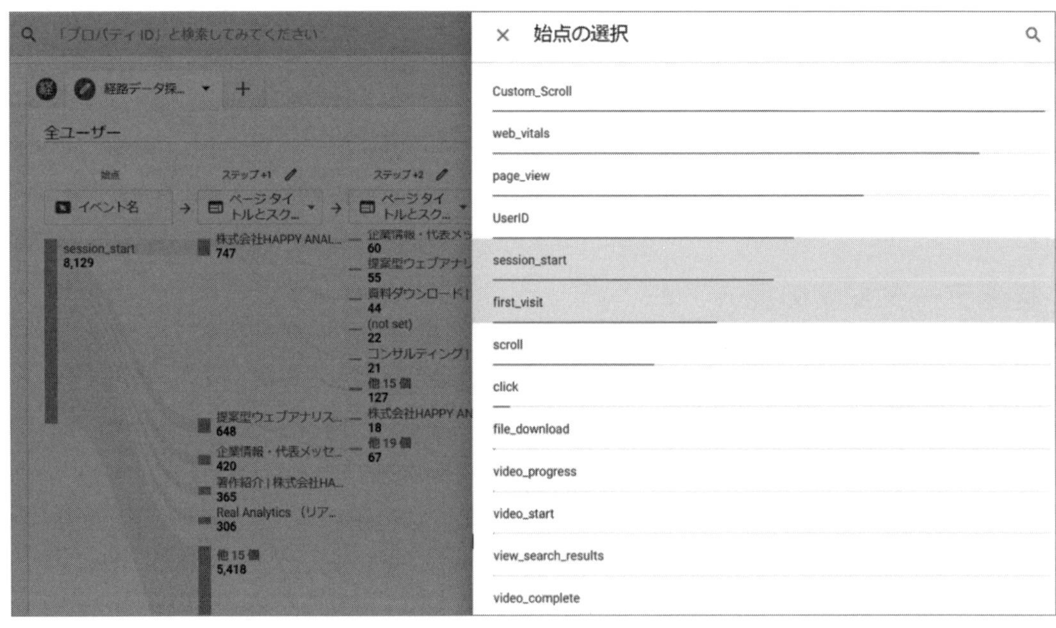

取得しているイベントの一覧が表示されます。例えば、初回訪問ユーザーの動きを見たい場合には、「first_visit」を選択するとよいでしょう。

各ステップの設定

次に各ステップの設定に移ります。各ステップのプルダウンをクリックすると、前述したノードの種類を選ぶことができます。

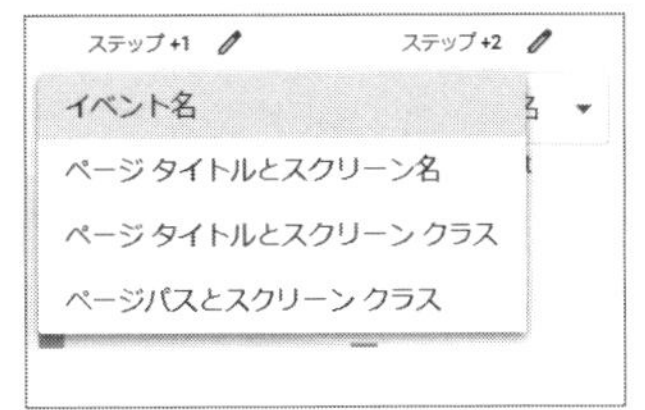

これらを選んだ上で「ステップ+1」の横にある**鉛筆アイコンを選択すると、どのイベントやページタイトルを表示したいかを選択できます。**

特定のイベントやページ遷移の動きを見たい場合は、ここで絞り込みを行うとよいでしょう。

ステップ +1 向けのノードの選択　検索　適用

前のステップ: session_start

選択します

ページ タイトルとスクリーン名	イベント数
☐ ページが見つかりませんでした | 株式会社HAPPY ANALYTICS	1638
☐ (not set)	786
☑ 株式会社HAPPY ANALYTICS | デジタルマーケティング総合支援会社	747
☑ 提案型ウェブアナリスト育成講座 | 株式会社HAPPY ANALYTICS	648
☑ 企業情報・代表メッセージ | 株式会社HAPPY ANALYTICS	420
☑ 著作紹介 | 株式会社HAPPY ANALYTICS	365
☑ Real Analytics（リアルアナリティクス）	306
☑ 連載・執筆 | 株式会社HAPPY ANALYTICS	184
☐ 「Google アナリティクス４」に関してよくあるQ&Aを40個まとめました！ - Real Analytics（リアルアナリティクス）	182
☐ 北風 和宏 × 小川 卓 対談 （1）営業職志望から地方ウェブマーケティングへ | 株式会社HAPPY ANALYTICS	123
☐ お打ち合わせの調整 | 株式会社HAPPY ANALYTICS	117

ここでは不必要なページタイトルを除外して、上位6ページを選択してみました。

各ステップのノードは、それぞれ「直後」のページ閲覧やイベント発生を表しています。

表示される経路はセッション単位となっており、1人のユーザーの１回目のセッションが「ページA→ページB」、２回目のセッションが「ページA→ページC」の場合、レポート上ではページAが２回表示、その後にページBとページCに１回ずつ遷移したという形で表されます。

ノードの設定

各ノードについてもいくつか操作が可能です。任意のノードを左クリックすると、さらに次のステップが表示されます。

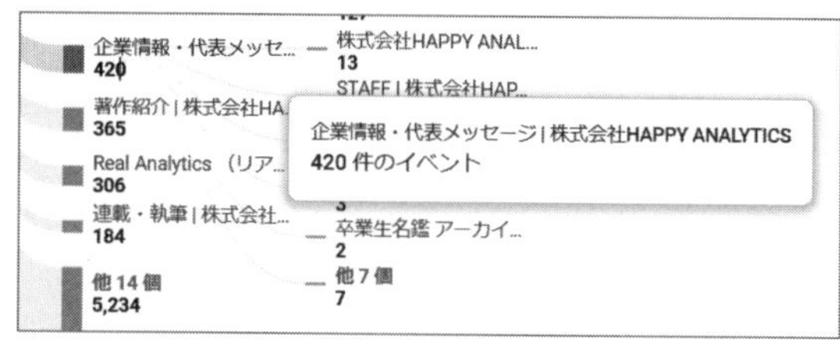

「企業情報・代表メッセージ」をクリックすると、その次のステップが表示されます。

ステップごとに最大表示できるノード数は20個となり、残りはその他としてまとまります。

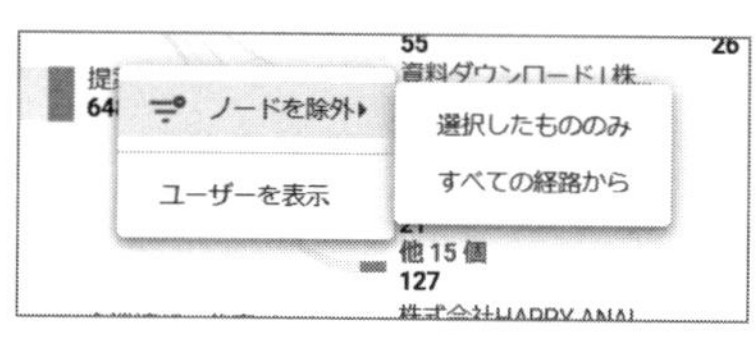

また任意のノードを右クリックすると、選択肢が表示されます。

ノードを除外したり、後述するユーザーエクスプローラーで該当するユーザーを表示することが可能です。

逆引き経路の作成方法

デフォルトでは順引きになっていますが、逆引きの経路を作成することも可能です。画面右上にある「最初からやり直す」を選択すると、新規の経路作成画面が表示されます。

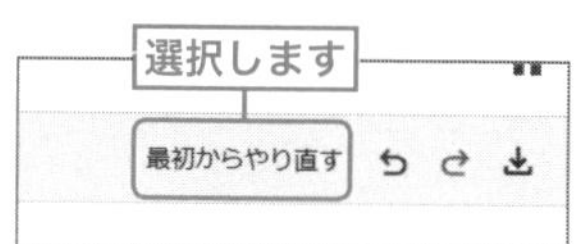

このときに「終点」のほうにノードの種類をドラッグ&ドロップしましょう。

この画面で「始点」を設定することも可能です。

● ページタイトルをドラッグ&ドロップしているところ

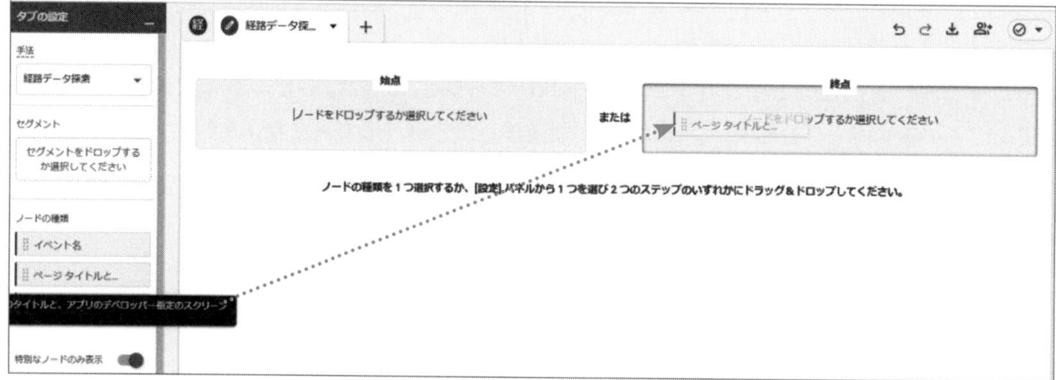

ドロップが完了すると、イベントあるいはページタイトルの一覧が表示されるので、選択すると経路図が作成されます。この後は、順引きと同じ操作方法になります。

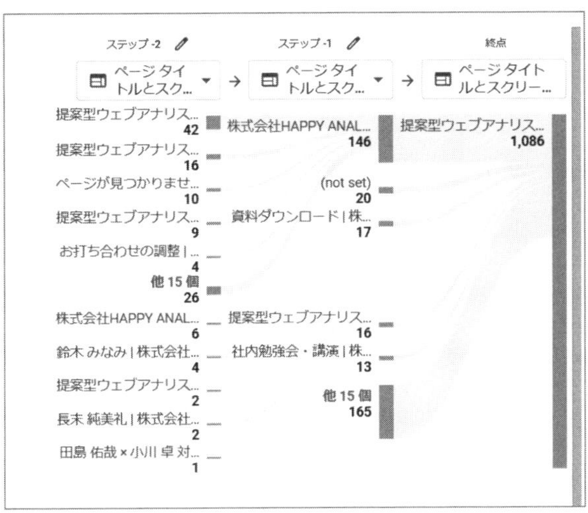

経路データ探索の設定項目

特別なノードのみ表示

日本語がわかりにくいのですが、「ページA→ページA」というように連続して同じイベントやページ表示が発生した場合の表現方法を設定できます。デフォルトではオンになっており、重複イベントやページは「遷移していない」という扱いになり、1つのステップにまとまった状態になります。

オフにすると「遷移した」ということになり、「ページA→ページA」のようなステップがカウントされます。

内訳

遷移図を任意のディメンションで分割することができます。追加をすると以下の2箇所に反映されます。1つ目は各ノードをマウスオーバーしたときに内訳が表示されるようになります。

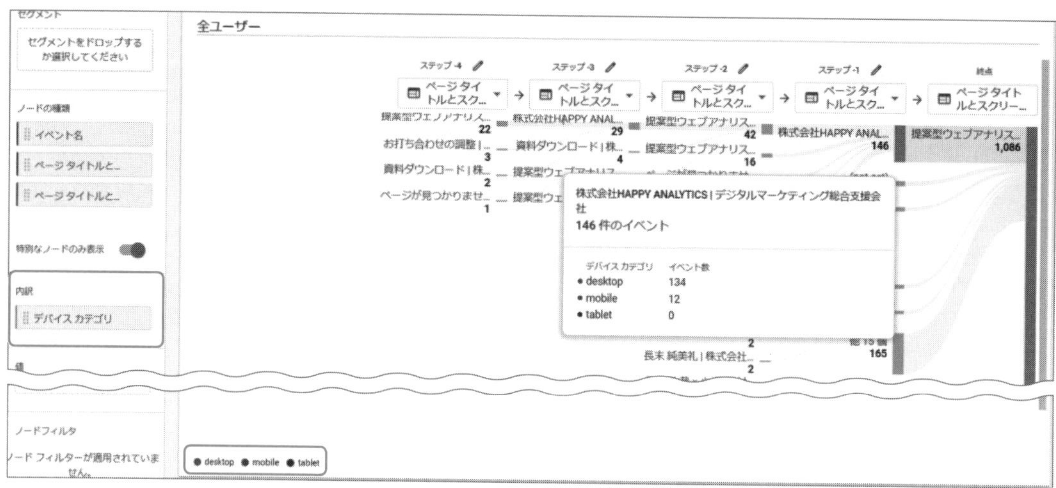

2つ目は遷移図の下部にあるイベントパラメータ名（上記の画像であれば「desktop」「mobile」「tablet」の部分をクリックすると、該当パラメータ名に合致したデータのみに遷移図が絞り込まれます。

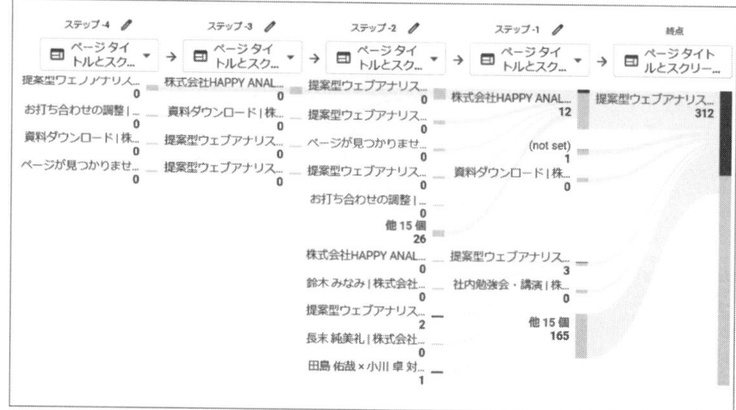

特に後者の手法は便利で、イベントパラメータごとの違いを発見しやすくなります。新規とリピートの違いや、流入元ごとの違いを見てみるとよいでしょう。

フィルタ

本レポートでは「フィルタ」を利用して抽出するデータ対象を絞り込むことができます。ディメンションや指標で条件を設定しましょう。こちらの手法を使って特定ディレクトリの遷移を見たり、特定の地域に絞ったりといった分析が可能となります。

「ユーザーエクスプローラー」の概要

ユーザーエクスプローラーでは一人ひとりの行動を詳しく見ることができます。その人の足跡を追いかけるように、いつ何時何分にどのページを見ていたかなどを発見できます。コンバージョンする人の経路理解などに役立てましょう。

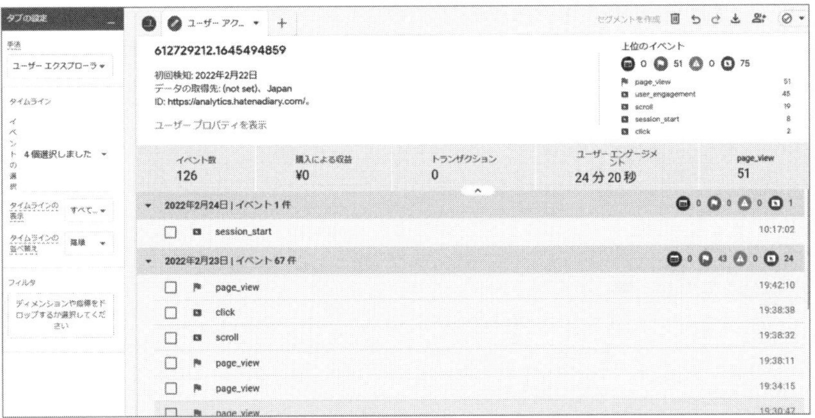

関連公式ヘルプ

https://support.google.com/analytics/answer/9283607

ユーザーエクスプローラーの見方

ユーザーエクスプローラーを見るためには、まずは一覧から見たいユーザーをピックアップする必要があります。「ユーザーエクスプローラー」を手法から選択すると、最初に以下の画面が表示されます。

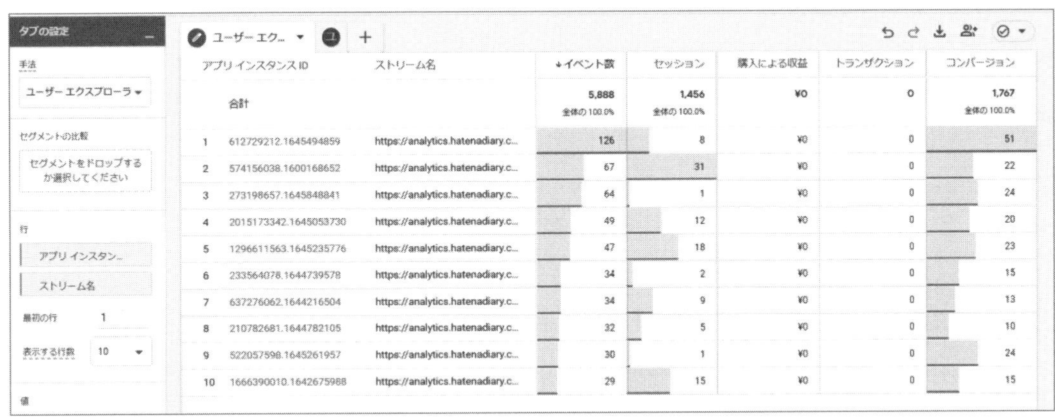

まずは、この画面で見たいユーザーの「アプリインスタンスID（アプリと書いてありますが、ウェブサイトの場合はユーザーを識別するCookie IDとなっています）」をクリックする必要がありますが、**闇雲にクリックしても意味がありません。**イベントが多い順に並んでいるため、サイト内でたくさん行動している人が上位に表示されています。

レポートで利用できるフィルタやセグメント機能を利用してユーザーを絞り込んでから利用しましょう。**特にオススメなのがコンバージョンしたユーザーに絞り込み、行動を見ていくことです。**

なお、本レポートでは行（ディメンション）の変更はできません。必ずアプリのインスタンスとストリーム名のみの表示となります。値（指標）に関しては自由に変更が可能です。追加して並び替えることによって、特定の指標の値が高い・低いユーザーなどを選択しやすくなります。

ユーザーのアプリインスタンスをクリックすると、一人ひとりの行動を見るレポートが表示されます。

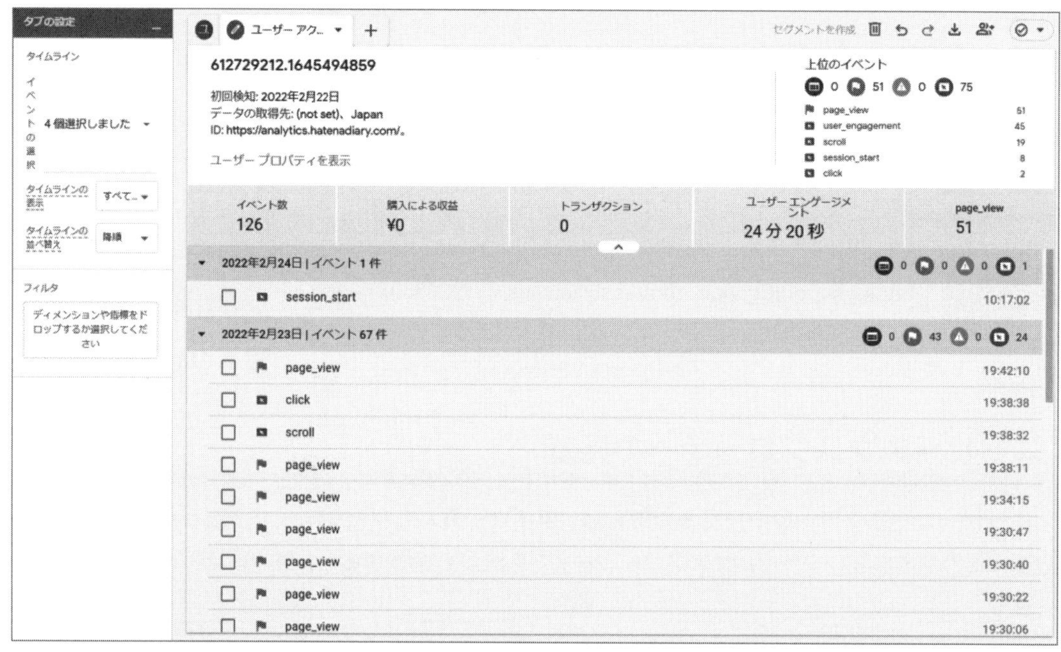

情報量が多く戸惑うかもしれませんが、各セクションごとに見ていきましょう。

まず左上にユーザーのID、初回訪問日、データ取得先、ID（ストリーム名）が表示されます。またユーザー単位のイベント（Chapter 6参照）を取得している場合は、その情報も表示することが可能です。右上にそのユーザーが発生させた上位5つのイベントが表示されます。アイコンは左から「スクリーンビュー」「コンバージョン」「エラー」「その他」を意味しています。

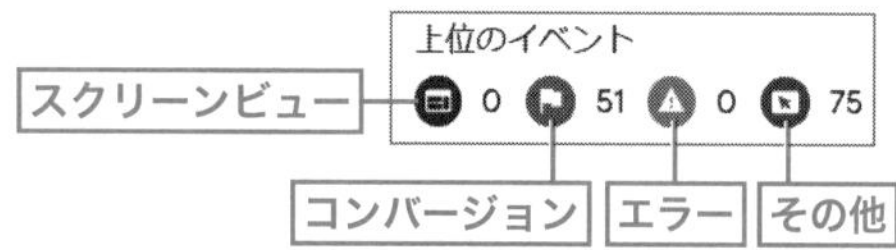

ページビューをコンバージョンとして設定していると、ページ閲覧はスクリーンビューではなくコンバージョンに分類されます。

中央上部に集計数値が表示されます。イベント数・購入による収益・トランザクション・ユーザーエンゲージメント・各コンバージョンの発生回数となります。

イベント数	購入による収益	トランザクション	ユーザー エンゲージメント	page_view
126	¥0	0	24分20秒	51

こちらを見ることで全体感を掴むことが可能です。このユーザーであれば51回のページビューが発生し、累計24分20秒サイトに滞在し、購入などはしてないことがわかります。

最後に下部にユーザーの1つひとつのイベントの発生時間がわかります。該当行をクリックすると右側にさらなる詳細(イベントに紐付いているパラメータ等)を確認できます。**イベントパラメータはカスタムディメンションとして登録をしておかないと表示することができません。**カスタムディメンションの登録については、Section 5-11をご覧ください。

例えばカスタムディメンションで「page_location」を登録しておかないと、どのURLでpage_viewが発生したかがわかりません。

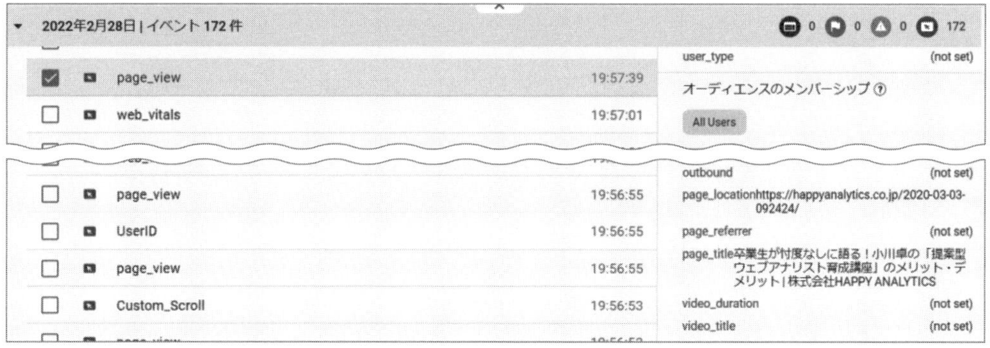

1つずつクリックしないと、閲覧ページなどが見れないのは難点です。この辺りが改修されることに期待しています。

ユーザーエクスプローラーの設定項目

イベントの選択

レポートに表示するイベントの種類を選ぶことができます。デフォルトでは全種類選択されていますが、行数が多すぎる場合(例:スクロールを数多く取得しているが、今回は見る必要がない場合)に絞り込むとよいでしょう。

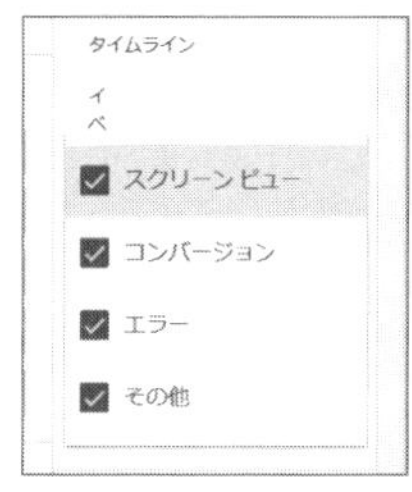

タイムラインの設定

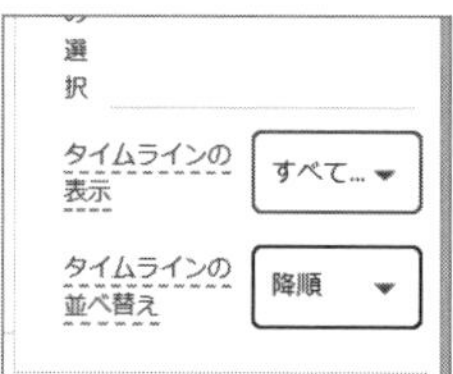

「タイムラインの表示」ではすべてのイベントを開いた状態にするか、日単位で集計された結果のみ表示するかを選べます。

「タイムラインの並べ替え」では、時系列で並んでいるデータを「降順」あるいは「逆順」にするかを選択できます。

セグメントへの追加

ユーザーの行動をピックアップして、同じような行動をしている人がどれくらいいるかなど、さらに深堀りしたい場合は、セグメントを作成することができます。気になる行動の横にあるチェックボックスを1つ以上選択した後に、右上の「セグメントを作成」をクリックします。

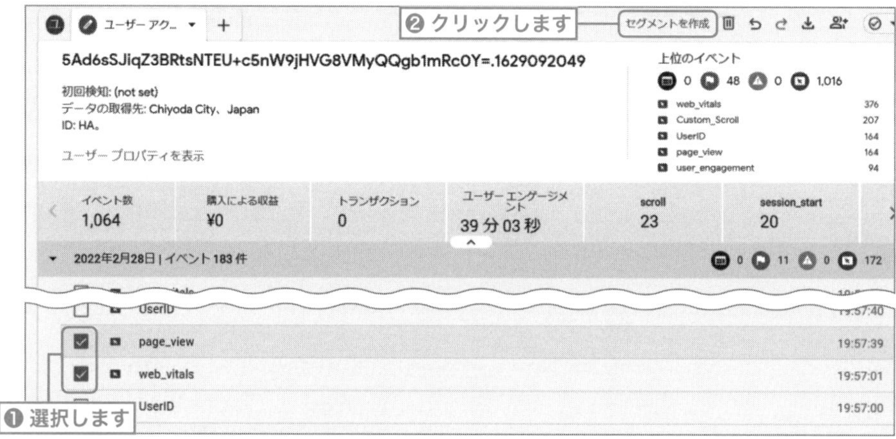

セグメントの作成画面に移りますので、名称を付けて保存すると、該当条件に合致するユーザーの情報を他のレポートでも確認できます。

ユーザーの削除

該当ユーザーのデータを消す場合に利用するメニューです。

右上にある「ゴミ箱」ボタンをクリックすると、**24時間以内にユーザーデータ探索には表示されなくなり、その後63日以内に完全にデータが削除されます**。

「ゴミ箱」ボタンをクリックすると確認画面が表示されるので、その内容を確認した後に削除してください。なお、一度削除を行った場合は元に戻すことはできません。削除される前であれば、取り消し可能です。

「ユーザーのライフタイム」の概要

ユーザーのライフタイムではその訪問だけのデータではなく、ユーザーのその後の行動も加味したデータを確認できます。例えば、「初めて検索またはリスティングで訪問した人のうち、どちらがより3ヶ月後に見たときに売上を作っているか？」などの貢献を確認できます。

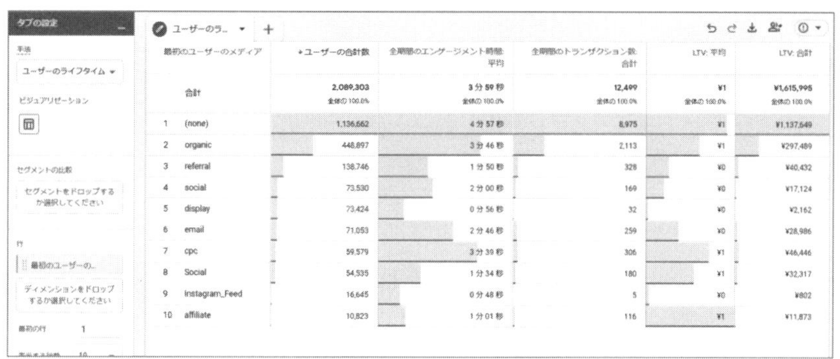

関連公式ヘルプ

https://support.google.com/analytics/answer/9947257?hl=ja

ユーザーのライフタイムの見方

ユーザーのライフタイムのレポートを見るには、少しコツが必要です。最初にディメンションを追加します。追加できるディメンションは決まっており、以下のいずれかになります。

- 最初のユーザーのキャンペーン
- 最初のユーザーのメディア
- 最初のユーザーの参照元
- 最終利用日（最後にエンゲージメントした日付）
- 初回購入日
- 初回訪問日
- 前回のプラットフォーム（最後に訪れたプラットフォーム。Web、iOS、Android）
- 前回の購入日

利用頻度が高いのは、流入系や初回訪問日になるかと思われます。

次に追加する指標を選びます。こちらも利用できる項目は決まっており、以下が対象となります。

- ユーザーの合計数
- 利用ユーザー
- LTV（収益の合計）の10、50、80、90パーセンタイル、合計、平均
- ライフタイムのセッション数の10、50、80、90パーセンタイル、合計、平均
- 全期間のエンゲージメントセッション数の10、50、80、90パーセンタイル、合計、平均
- 全期間のエンゲージメント時間の10、50、80、90パーセンタイル、合計、平均
- 全期間のセッション継続時間の10、50、80、90パーセンタイル、合計、平均
- 全期間のトランザクション数の10、50、80、90パーセンタイル、合計、平均
- 全期間の広告収入の10、50、80、90パーセンタイル、合計、平均

ユーザーの合計数は、ほぼ毎回追加することになります。ECサイトであればLTVやトランザクションを利用し、メディア系のサイトであればセッション数やエンゲージメント時間などがよいでしょう。上記を踏まえて、改めて表を確認してみましょう。

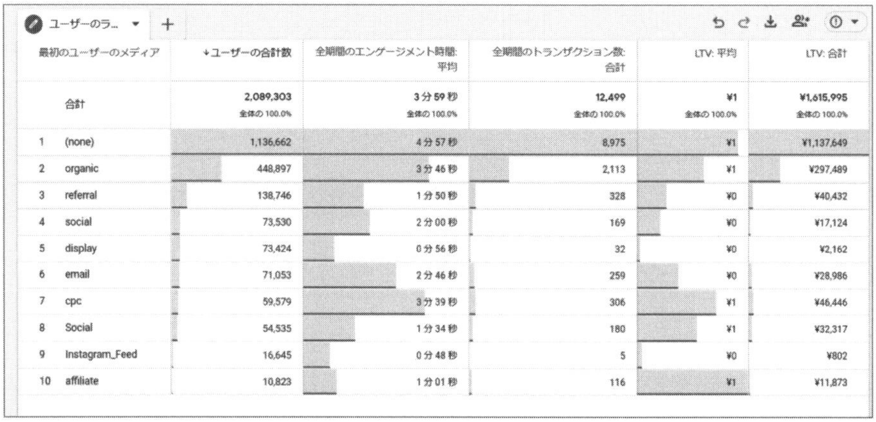

ユーザーのラ...

	最初のユーザーのメディア	↓ユーザーの合計数	全期間のエンゲージメント時間: 平均	全期間のトランザクション数: 合計	LTV: 平均	LTV: 合計
	合計	2,089,303 全体の 100.0%	3 分 59 秒 全体の 100.0%	12,499 全体の 100.0%	¥1 全体の 100.0%	¥1,615,995 全体の 100.0%
1	(none)	1,136,662	4 分 57 秒	8,975	¥1	¥1,137,649
2	organic	448,897	3 分 46 秒	2,113	¥1	¥297,489
3	referral	138,746	1 分 50 秒	328	¥0	¥40,432
4	social	73,530	2 分 00 秒	169	¥0	¥17,124
5	display	73,424	0 分 56 秒	32	¥0	¥2,162
6	email	71,053	2 分 46 秒	259	¥0	¥28,986
7	cpc	59,579	3 分 39 秒	306	¥1	¥46,446
8	Social	54,535	1 分 34 秒	180	¥1	¥32,317
9	Instagram_Feed	16,645	0 分 48 秒	5	¥0	¥802
10	affiliate	10,823	1 分 01 秒	116	¥1	¥11,873

一番左の列が初回の流入メディアとなり10行表示されています。ユーザーの合計数で閲覧人数を把握できます。その隣に出てくる「全期間のエンゲージメント時間」は、初回が該当メディアだったユーザーの累計滞在時間の平均になります。

「全期間のトランザクション数：合計」は、初回が該当メディアだったユーザーの累計購入回数です。「LTV：平均」はLTV合計÷ユーザーの合計数になり、最後の「LTV：合計」は発生した収益の合計になります。

なお、本レポートでの期間設定は特殊です。選択した期間にアクティブだったユーザーがまず抽出され、そのユーザーの期間外のデータ（指定した期間開始前のデータも含む）をチェックしにきます。終了日は必ず「昨日」に固定されており、変更することはできません。

つまり期間で選んでいるのは、その期間でアクティブだったユーザーをピックアップしている形になります。

Section 特定のデータのみを抽出して分析をしたい！

4-3 セグメント機能

使用レポート ▶▶▶ 探索 ➡ セグメント

探索内のみで利用できるセグメントとは、取得されたデータを「何かしらの条件」で絞り込むための機能です。「新規訪問したセッションのみ」「特定の地域からアクセスしたユーザーを除外」「ページAを見た後にページBを見たユーザー」といった様々な条件を設定することができ、分析を行う上では欠かせない機能です。このように、データを絞り込むことで、よりサイト利用者の理解が進みます。

注意事項

セグメント機能は、「探索」内でしか利用ができません。

セグメントの作成を行うためには、まずセグメントの仕様を理解することが必須となります。

正しく理解を行わないと、想定した条件とは違うセグメントを作成してしまう可能性があります。まずは仕様を理解した上で、セグメントを作成しましょう。

セグメントの3つの単位

セグメントの作成画面を選択すると、「ユーザーセグメント」「セッションセグメント」「イベントセグメント」という3つの選択肢が表示されます（画像下部にあるおすすめのセグメントは後述します）。

まず、この画面で正しいタイプを選ぶ必要があります。

× セグメントの新規作成

カスタム セグメントを作成
作成するセグメントのタイプを選択します

ユーザー セグメント
商品を購入したことがあるユーザーなど。

セッション セグメント
キャンペーン A 経由のすべてのセッションなど。

イベント セグメント
特定の地域で開催されたすべてのイベントなど。

おすすめのセグメント
お客様におすすめのその他のセグメント

全般　テンプレート

最近のアクティブ ユーザー
最近アクティブだったユーザー…

非購入者
購入しなかったユーザー…

購入者
購入したユーザー

それぞれどのように違うのでしょうか？　ユーザーの動きを例に考えてみましょう。
例えば、ユーザーAの行動が以下のようであったとします。

表4-3-1 ユーザーAの閲覧行動

行動回数	閲覧ページ
1回目の訪問	ページA→ページB→ページC→資料Xをダウンロード
2回目の訪問	ページA→ページC→資料Yをダウンロード

このとき、Googleアナリティクスには7個のイベントが送信されています。

1. **1回目の訪問のページA閲覧**
2. **1回目の訪問のページB閲覧**
3. **1回目の訪問のページC閲覧**
4. **1回目の訪問の資料Xダウンロード**
5. **2回目の訪問のページA閲覧**
6. **2回目の訪問のページC閲覧**
7. **2回目の訪問の資料Yダウンロード**

このときに「資料Xをダウンロードした」という条件でデータを抽出したいとしましょう。タイプを「イベントセグメント」「セッションセグメント」「ユーザーセグメント」のどれを選ぶかで結果が変わってきます。上の図を少し変形させてみました。

表4-3-2 ユーザーが発生させたイベント（上から順番にユーザー名、訪問回数、発生イベント）

ユーザーA	ユーザーA	ユーザーA	ユーザーA	ユーザーA	ユーザーA	ユーザーA
訪問1	訪問1	訪問1	訪問1	訪問2	訪問2	訪問2
ページA	ページB	ページC	資料X	ページA	ページC	資料Y

1列ごとに1つのイベント送信となっています。
このとき、「イベントセグメント」を選んで「資料Xをダウンロードした」という条件を設定すると、

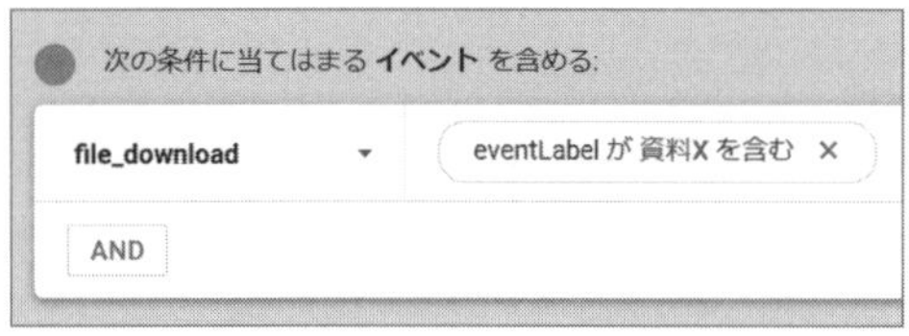

該当イベントが発生したヒットのデータのみを抽出します。

表4-3-3 該当イベントが発生したヒットだけが抽出対象

ユーザーA	ユーザーA	ユーザーA	ユーザーA	ユーザーA	ユーザーA	ユーザーA
訪問1	訪問1	訪問1	訪問1	訪問2	訪問2	訪問2
ページA	ページB	ページC	資料X	ページA	ページC	資料Y

従って絞り込んだデータは、「ユーザー数＝1 セッション数＝1 イベント回数＝1」となります。

次に「セッションセグメント」を選んで「資料Xをダウンロードした」という条件を設定すると、

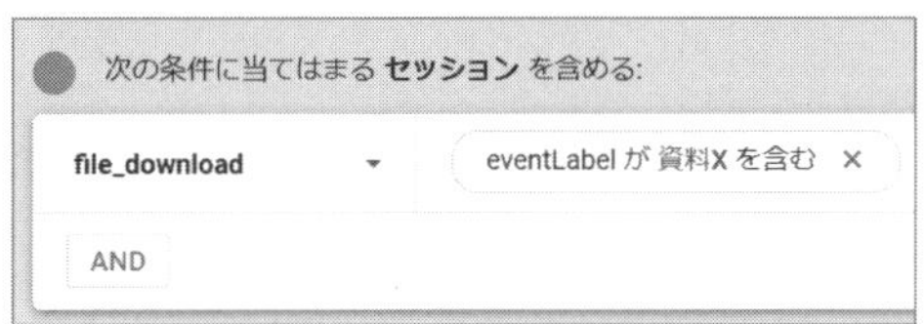

該当イベントが発生したセッションのデータを抽出します。

表4-3-4 該当イベントが発生したヒットと同じ訪問（訪問1）のデータも抽出対象

ユーザーA	ユーザーA	ユーザーA	ユーザーA	ユーザーA	ユーザーA	ユーザーA
訪問1	訪問1	訪問1	訪問1	訪問2	訪問2	訪問2
ページA	ページB	ページC	資料X	ページA	ページC	資料Y

従って絞り込んだデータは、「ユーザー数＝1 セッション数＝1 イベント回数＝4」となります。

最後に「ユーザーセグメント」を選んで「資料Xをダウンロードした」という条件を設定すると、

該当イベントが発生したユーザーの全てのデータを抽出します。

表4-3-5 該当イベントが発生したヒットと同じユーザー（ユーザーA）のデータも抽出対象

ユーザーA	ユーザーA	ユーザーA	ユーザーA	ユーザーA	ユーザーA	ユーザーA
訪問1	訪問1	訪問1	訪問1	訪問2	訪問2	訪問2
ページA	ページB	ページC	資料X	ページA	ページC	資料Y

従って絞り込んだデータは、「ユーザー数＝1 セッション数＝2 イベント回数＝7」となります。

このように、設定するタイプによって得られる結果が変わるので注意しましょう。

具体的には、以下のような選択をするとよいでしょう。

- 該当条件の件数を数えたい場合は「イベント」(例：特定のページで特定のアクションをした回数など)
- 該当する条件の訪問内の行動も合わせて見たい場合は「セッション」(例：特定の流入元から流入したセッションの閲覧ページを見たいなど)
- 該当する条件のユーザー全体の動きを見たい場合は「ユーザー」(例：購入回数が3回以上のユーザーの閲覧ページランキング)

その他のセグメントに関する仕様

セグメントに関しては以下の仕様が存在します。

- 作成したセグメントは過去データに対しても反映ができます。
- 1つの探索レポートで作成できる最大のセグメント件数は10件までです(新たな探索レポートを作成すると、新規にセグメントは作成できます)。
- レポートに同時反映できるセグメントは最大4つです。
- **1つの探索レポートで作成したセグメントを別の探索レポートでは利用することができません。同じセグメントでも、再作成が必要となります。**

仕様を理解したところで、セグメントの作成方法に進みましょう。

セグメントの作成画面へのアクセス

まずは探索にアクセスし、その後に「変数」内の「セグメント」の横にある＋ボタンをクリックすると、セグメントの種類を選ぶ画面が表示されます。

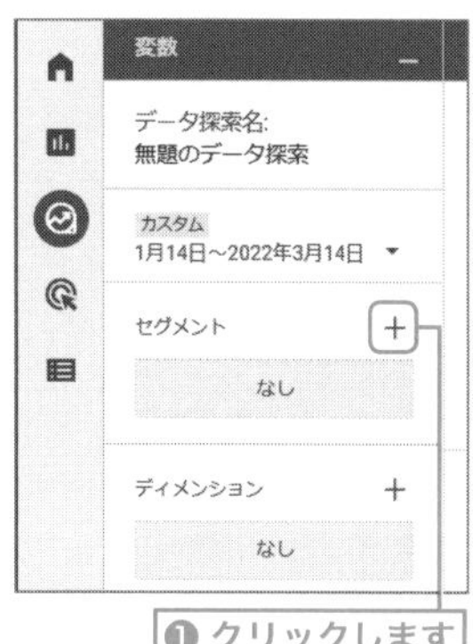

「カスタムセグメント」と「おすすめのセグメント」が表示されるので、それぞれの利用方法を紹介します。

関連公式ヘルプ

https://support.google.com/analytics/answer/9304353?hl=ja

カスタムセグメントの作成

まずは、3種類のタイプから利用したいタイプを選びましょう。今回は、「セッション」セグメントを利用してみましょう。

● **セグメントの作成画面**

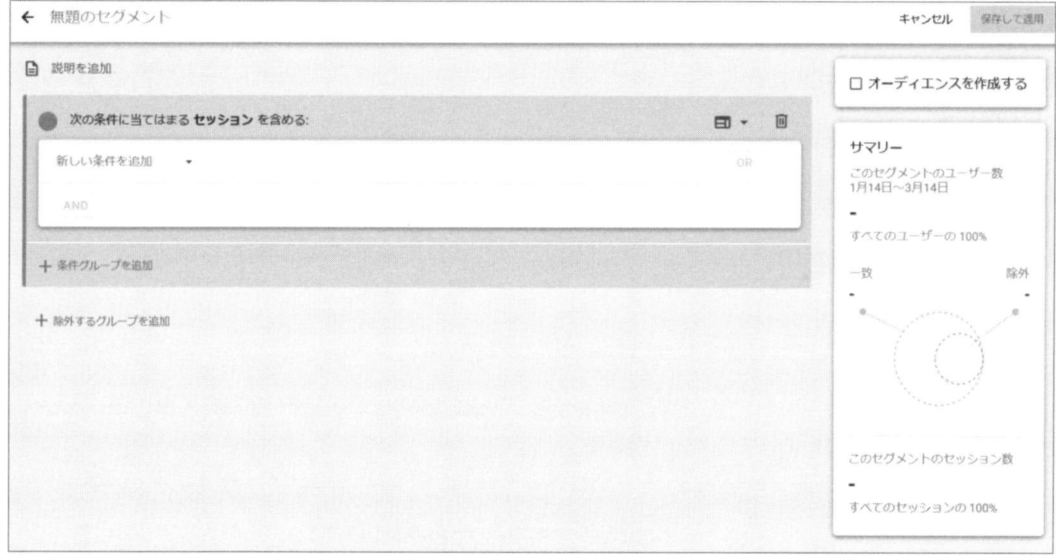

見る場所が多くて大変ですが、1個ずつ整理していきましょう。

左上でセグメントの名称と説明を追加できます。忘れずに入力しておきましょう。

条件を1つ設定してみる

次にセグメントの条件を設定する部分です。考え方としては、1行ずつ条件を設定していきます。

「新しい条件を追加」のプルダウンをクリックすると、条件設定に利用できるディメンションと指標の一覧が表示されます。

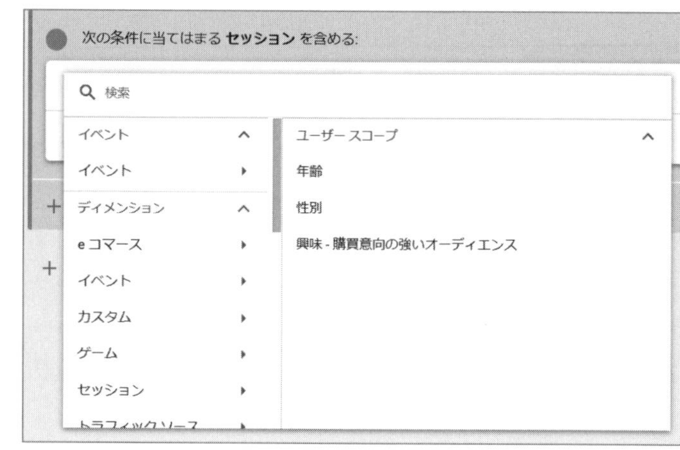

検索ボックスなどを利用して目的の条件を選びましょう。今回は「セッションのデフォルトチャネルグループ」を選択しました。

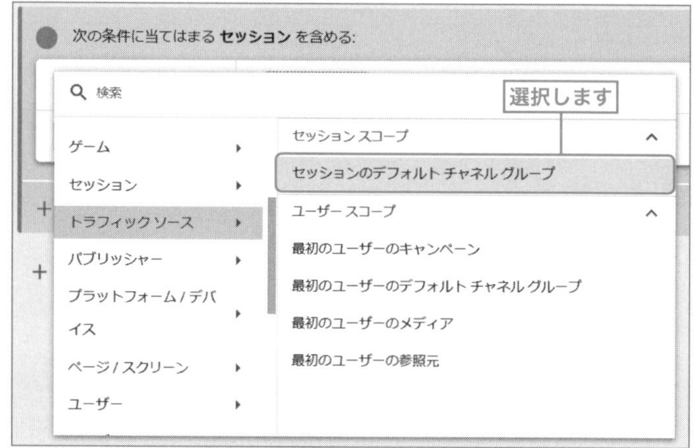

次に選択したディメンションや指標に対して、条件を設定する必要があります。隣にある「フィルタを追加」をクリックします。

Chapter 4 探索機能

ポップアップが表示されるので、条件を設定して「適用」をクリックすると、1つ目の条件が設定されました。

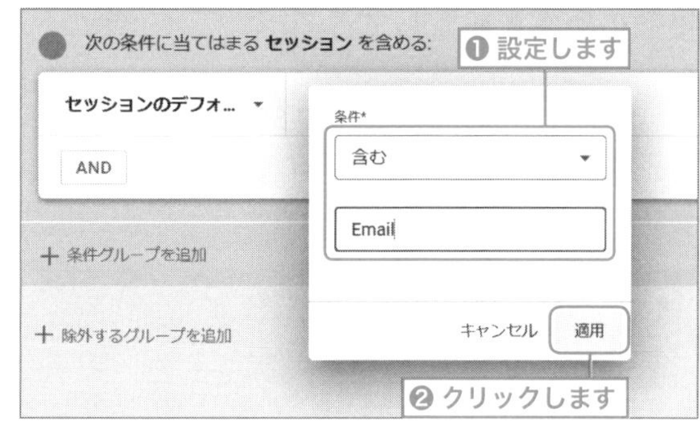

さらに、条件を追加することも可能です。「OR」や「AND」などをクリックして条件を追加してみましょう。

「OR」を利用するとデフォルトチャネルがEmailまたはOrganic Searchといった設定ができ、「AND」を利用すると閲覧したページなども設定できます。

右上にあるゴミ箱の横にあるアイコンをクリックすると、条件のスコープを設定できます。

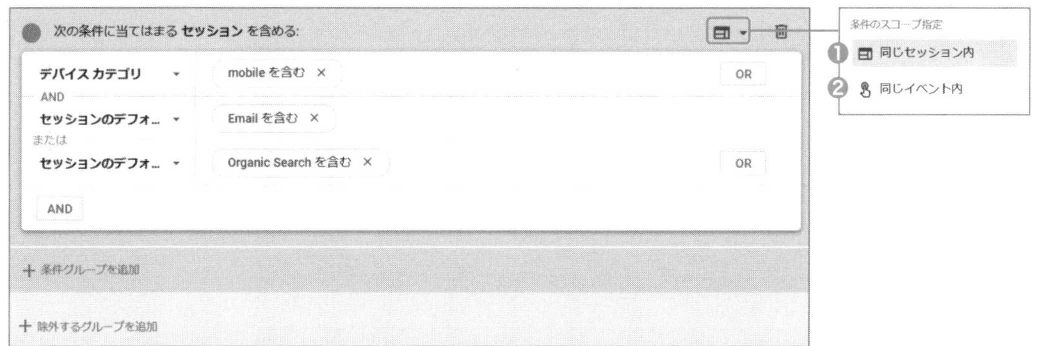

❶同じセッション内

セッション内で該当条件を満たしていれば絞り込み対象になる
(例：ページ閲覧Aと90%スクロールを設定した場合、ページ閲覧Aを見て90%スクロールしなくても、同セッションの別ページBで90%までスクロールしていれば絞り込み対象)

❷同じイベント内

セッション内の1つのイベントで該当条件を満たしていれば絞り込み対象になる
(例：ページ閲覧Aと90%スクロールを設定した場合、ページ閲覧Aで90%スクロールしないと絞り込み対象にならない)

複数の条件を設定してみる

1つの条件の中でANDやORを設定できますが、設定条件によっては複数の条件を分けて設定するケースもあります。その場合は、「＋条件グループを追加」をクリックして新たな枠を作成しましょう。

「＋条件グループを追加」の場合は、それぞれの「条件グループ」はAND条件となり、ORを選ぶことはできません。

特定の条件を満たした場合は絞り込みから除外したい場合は、「＋除外するグループを追加」を選択することで設定が可能となります。

除外条件ではプルダウンが用意されており、「次の条件に当てはまるセッションを一時的に除外する」と「次の条件に当てはまるセッションを完全に除外する」を選択できます。

それぞれの意味は、以下のとおりです。

表4-3-6　2種類の除外条件の違い

条件名	意味
一時的に除外	データ集計期間にその条件を満たしている場合にセグメントから除外する。
完全に除外	データ集計期間に関係なくその条件を満たしている場合にセグメントから除外する。

セッションタイプだとわかりづらいですが、ユーザー単位の場合に、1月1日～31日の期間設定で「ページAを見た人を除外する」という設定を行ったとしましょう。この際、ページAを12月15日に見たユーザーがいたとしたとき、「一時的に除外」ではセグメントに含まれますが、「完全に除外」ではセグメントに含まれなくなります。セグメントで追加できる除外グループは1つのみとなります（その中でORやAND条件は設定可）。なお、セグメント抽出の順番としては、まずは含む条件で抽出され、その中から除外条件を満たすデータが削除されるという形になります。

事前に件数を確認する

セグメントを設定すると右側で選択されている期間の、該当条件を満たすユーザー数やセッション数が表示されます。

数値が出ない場合は設定を間違えているか、Google側の計算処理が遅い（結構あります）という形になります。条件の設定が完了したら右上にある「保存して適用」をクリックするとセグメントのリストに追加され、各レポートで利用できます。

「オーディエンスの作成」については、Section 5-10のオーディエンスの作成を参照してください。セグメントの作成画面でもオーディエンスの作成は可能です。

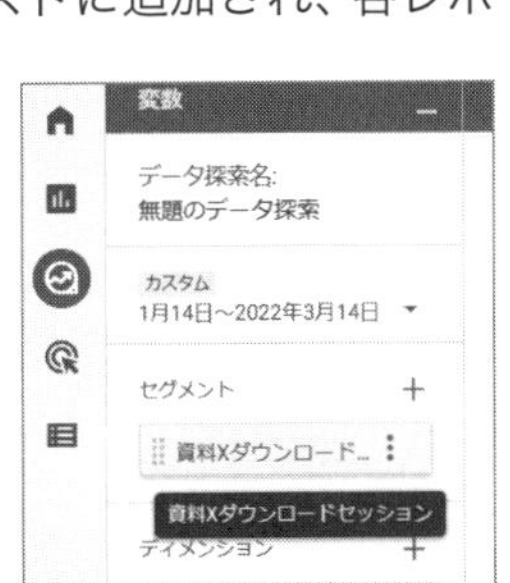

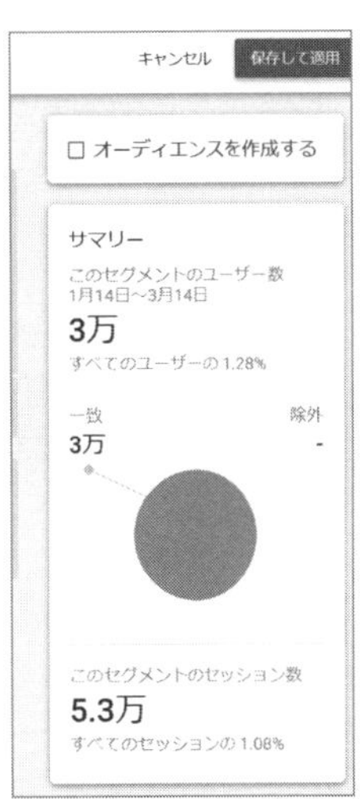

シーケンスセグメントの作成

ここまで紹介した方法は、ANDやORなどの条件を利用して設定をしてきました。しかし、ページAとページBを見たのではなく、**ページAの後にページBを見たといった順番を設定して分析したいというケースもあります**。このときに便利なのが「シーケンス」設定です。早速、設定方法を見てみましょう。

シーケンスは「ユーザーセグメント」のみで利用可能です。「セッションセグメント」や「イベントセグメント」でシーケンスは利用できません。

セグメントの設定画面で「シーケンスを追加」をクリックすると、シーケンスの設定が可能になります。

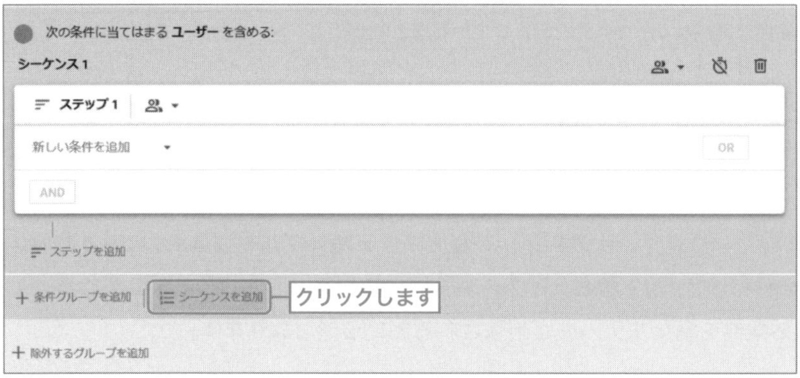

次の条件に当てはまる **ユーザー** を含める:
シーケンス1
ステップ1
新しい条件を追加
OR
AND
ステップを追加
＋ 条件グループを追加 | シーケンスを追加 — クリックします
＋ 除外するグループを追加

さらに「ステップを追加」をクリックすると、各ステップの条件を設定できるようになります。

次の条件に当てはまる **ユーザー** を含める:
シーケンス1
ステップ1
ページの場所 | search を含む ×
OR
AND
次の間接的ステップ 5 分 以内
ステップ2
ページの場所 | /item/ を含む ×
OR
AND
ステップを追加 — クリックします
＋ 条件グループを追加 | シーケンスを追加

シーケンスでは、最大10ステップまでの追加が可能です。

ANDやOR条件などの設定方法は通常のセグメント作成と同じですが、シーケンス設定には2つ追加の条件を設定することができます。

制約時間に関する設定

シーケンスをどれくらいの時間で進んだのかを設定できる場所が2つあります。

1つはシーケンス全体（最初のステップから最後のステップが完了するまでの時間）の時間設定です。右上にあるストップウォッチのようなアイコンをクリックすると、「時間の制約」を設定できます。デフォルトではオフになっています。

もう1つはステップ間の時間設定です。こちらはステップ2以降で設定ができ、チェックボックスにチェックを入れて時間指定が可能です。利用できるのは「以内」のみとなります。

直接的ステップと間接的ステップ

ステップ間の条件を変えることができます。

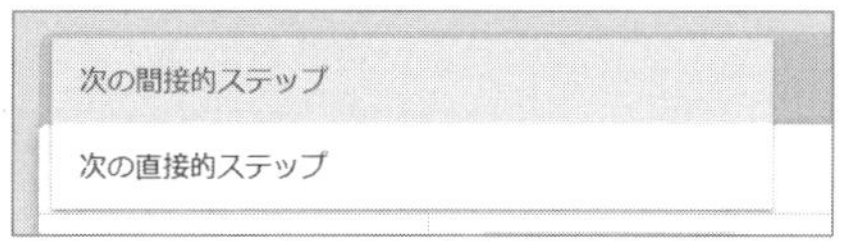

「次の間接的ステップ」を選んだ場合は、間に他のイベントが入っても大丈夫という形になります。「次の直接的ステップ」を選んだ場合は、searchの直後のイベントがitemである必要があります。分析要件に応じて、使い分けましょう。

利用者がsearchのページ閲覧直後にitemのページを見ても、「次の直接的ステップ」に含まれるとは限りません。なぜならば、ページ移動の間に他の計測をしているイベント(例:scroll)が発生する可能性があるからです。そのため、ページ遷移に関しては基本的には「次の間接的ステップ」で見ることになります。

page_viewのイベントだけに絞って、「次の直接的ステップ」を設定することはできません。ページ間の遷移を見たい場合は、Section 4-2で紹介した「経路データ探索」形式のレポート(151ページ参照)を使うとよいでしょう。

おすすめのセグメント

おすすめのセグメントは、最初から用意されているセグメントのテンプレートになります。

表示されるテンプレートの種類は、GA4プロパティ作成時に選択した業種や取得しているデータによって変わります。以下は一例になります。

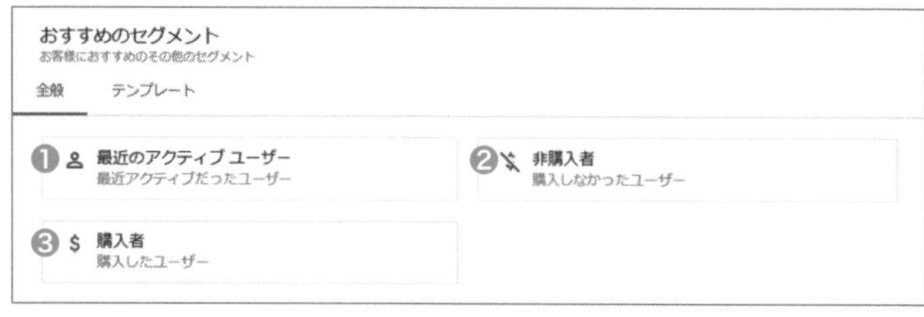

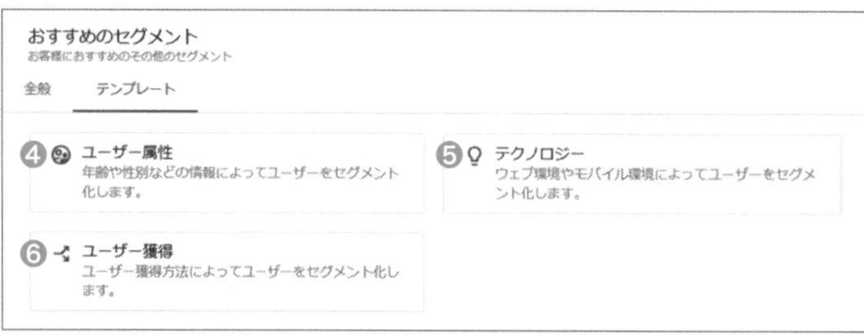

❶最近のアクティブユーザー：エンゲージメントがあったユーザー。エンゲージメントは該当期間中に合計10秒以上のページ表示があったユーザーのみを指します。

❷非購入者：購入を行っていないすべてのユーザー（サイトでコンバージョンが発生していても、売上が発生していない場合は非購入者扱いになります。計測をするためには、eコマースの実装が必要となります）。

❸購入者：購入を行っているすべてのユーザー。

❹ユーザー属性：年齢、性別、言語、興味関心、地域で絞り込みを行うためのセグメントテンプレートを利用できます。

❺テクノロジー：OS・デバイスカテゴリ・デバイスのブランドや端末名で絞り込みを行うためのセグメントテンプレートを利用できます。

❻ユーザー獲得：流入元で絞り込みを行うためのセグメントテンプレートを利用できます。

最初から作成するのが手間だったり、上記条件に合致するセグメントを利用したい場合は活用してみましょう。

Section 分析に活用できるセグメント例を知りたい！

4-4 セグメントの作成例

使用レポート ▶▶▶ 探索 ➡ セグメント

セグメントの設定はディメンションや指標を理解しないと、どれを選んでセグメントを作成すればよいか迷ってしまうかと思います。そこで、利用頻度が高いと思われるセグメントを10個紹介します。これらをベースに、ぜひ皆さん自身でアレンジしてみてください。

セグメント 1 特定ページの閲覧

特集ページの閲覧、事例ページの閲覧などページ閲覧を条件にセグメントを作成することは多いのではないでしょうか。ページを指定する際に使う項目は、以下の通りです。

表4-4-1 「ページ」を指定する際に使えるディメンション一覧

ディメンションの名称	意味
ページタイトルとスクリーンクラス	ウェブの場合はタイトルの文字列、アプリの場合はUIViewControllerまたはActivityのクラス名になります。
ページタイトルとスクリーン名	ウェブの場合はタイトルの文字列、アプリの場合は実装したスクリーン名になります。
ページロケーション	ドメインやパラメータを含むページのURLになります（例：**https://ga4.guide/wp-admin/post.php?post=206&action=edit**）。
ページパス＋クエリ文字列とスクリーンクラス	ウェブの場合はドメインを含まないURLになります（例：**/wp-admin/post.php?post=206&action=edit**）。アプリの場合はUIViewController、またはActivityのクラス名になります。
ページパスとスクリーンクラス	ウェブの場合はドメインおよびパラメータを含まないURLになります（例：**/wp-admin/post.php**）。アプリの場合はUIViewControllerまたは Activityのクラス名になります。
ホスト名	URLのドメイン部分になります。

セグメントの作成例は、次ページのような形になります。

OR条件での設定

2つのページを閲覧したタイミングの設定も行うことが可能です。右上の人型アイコンをクリックすると、以下の選択肢が表示されます。

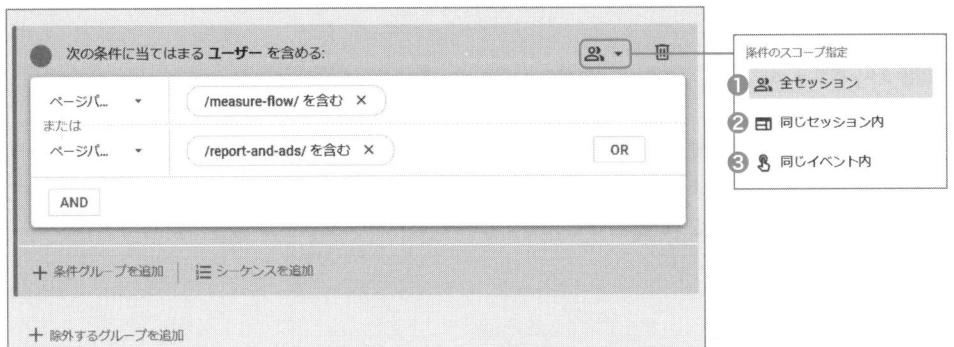

❶全セッション
2つの条件発生が同じセッションではなくても良い（例：片方が1回目の訪問、もう片方が3回目の訪問など）。

❷同じセッション内
2つの条件発生が同じセッション内でなければならない（例：あるセッションの1ページ目にmeasure-flowを閲覧して、4ページ目にrepots-and-adsを閲覧した）。

❸同じイベント内
2つの条件が同じイベント内で発生する必要がある（2つのURLを同時に1つのイベントで計測することができないので、この場合はゼロになる）。

AND条件での設定

上記はOR条件で設定していますが、両方のページを見たという設定をしたい場合には注意が必要です。

以下のように単純にAND条件で設定すると「0件」になってしまいます。「＋条件グループを追加」で分けても結果は一緒です。

理由としてはこの2つの条件が同時に発生したイベントである必要があるためです。しかし、2つのページを同時に見ることはできません。そこで、2つ目の条件を追加するときに「いずれかの時点で」にチェックを入れる必要があります。

こちらを追加することで、同時の発生でなくてもよい形となります。

その結果、数値が表示されるようになりました。

● **2つ目の条件に「随時」が追加される**

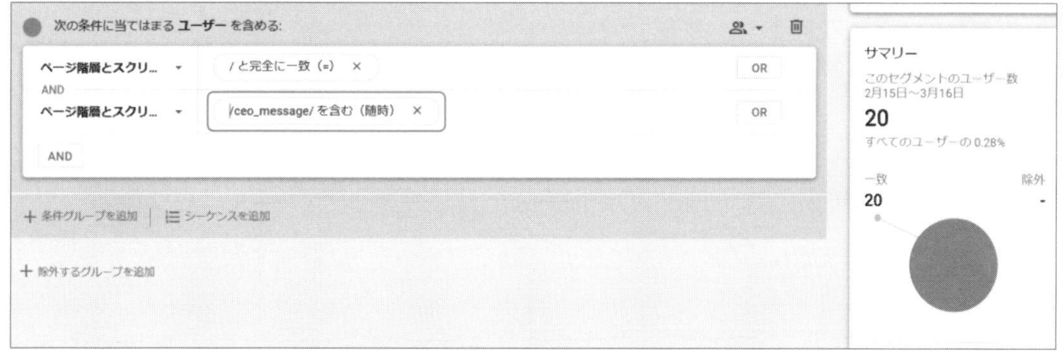

このように、AND条件を使う場合には注意が必要です。

「いずれかの時点で」は厳密にはチェックが入っていない場合は、該当する期間で最新の値が設定した条件に合致するという意味になります。チェックが入っている場合は、その条件が一度でも期間中に満たされていれば集計対象になるという意味になります。ページ以外の条件で「いずれかの時点で」を利用する場合は注意しましょう。

セグメント 2 特定ページ間の遷移

ページあるいはページ群を見た後に、他のページあるいはページ群に移動したというセグメントを作成することも可能です。これを「シーケンス」という言い方をします。

シーケンスのセグメントはユーザーセグメントでしか作成できず、セッション単位やヒット単位でのシーケンスのセグメントは作成できません。

「シーケンスを追加」をクリックするとステップが表示されるので、まずは「ステップ1」を設定しましょう。

次の条件に当てはまる ユーザー を含める:
シーケンス 1
ステップ 1
ページ階層とスクリ...
/ と完全に一致 (=)
OR
AND
ステップを追加
クリックします
条件グループを追加
シーケンスを追加
サマリー
このセグメントのユーザー数
2月15日〜3月16日
1,225
すべてのユーザーの 17.2%
一致
除外
1,225
-

次に「ステップを追加」をクリックして、ステップ２を追加します。

これにより、Topを見た後に/books/配下を見た場合はカウントされますが、/books/を見た後にTopを見た場合はセグメントの対象にならないという設定が可能になりました。

ステップは最大10ステップまで追加可能です。

直接的ステップと間接的ステップ

ステップを設定する際に、1つ前のステップの直後が該当ステップだったか否かを選択できます。

「次の間接的ステップ」はデフォルトで選ばれており、間に他のイベントやページが入っても最終的に遷移していれば集計対象になります。

「次の直接的ステップ」は間に他のイベントやページが入ると、集計対象外になります。

つまり、「Top→コンサル→/books/配下」のような動きをしたユーザーがいた場合には、「次の間接的ステップ」では集計されますが、「次の直接的ステップ」では集計対象外となります。

ステップの時間指定

また、ステップの時間を指定することも可能です。ステップ全体の時間と、特定ステップ間の時間を指定できます。

ステップ全体の時間「シーケンス１」の右にあるストップウォッチのようなアイコンをクリックします。時間の制約を有効にして、時間を指定しましょう。

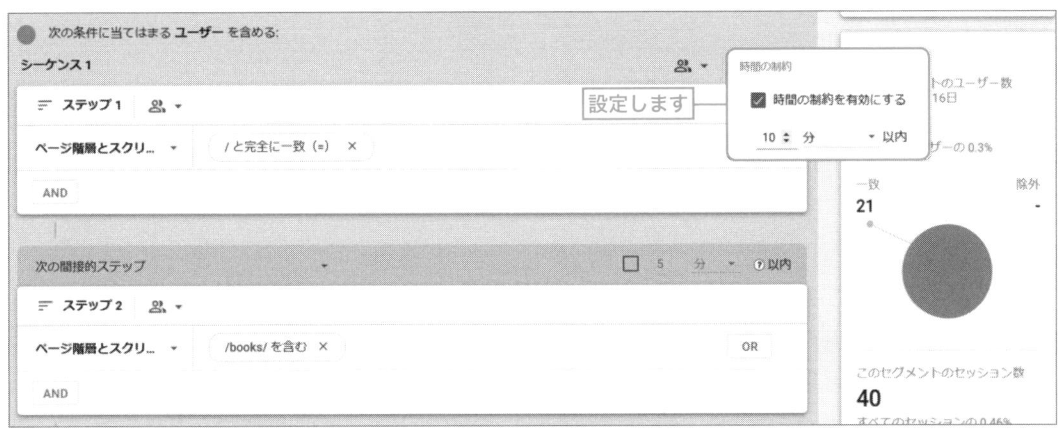

ステップ間の時間も指定できます。各ステップの右にある「□　5分　以内」の□にチェックを入れて設定しましょう。

セグメント 3 ランディングページの指定

特定のページやページ群に流入してきたセグメントも便利です。

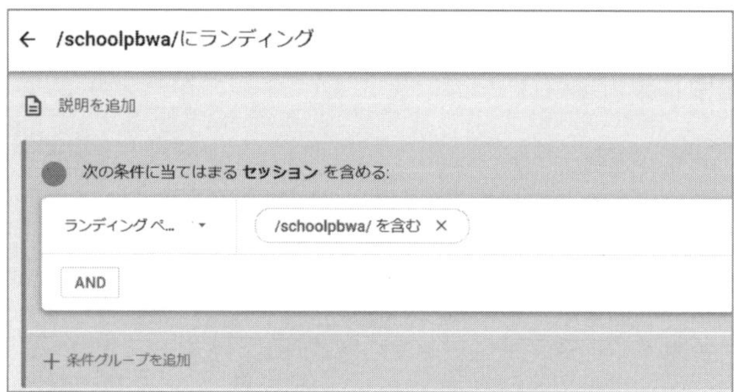

「ランディングページ」というディメンションがありますので、こちらを利用してURL条件を設定しましょう。なお、**ランディングページはドメインを含まない形で記録されています。ドメイン部分も含めてランディングページを指定したい場合は、session_startのイベントを利用します。**

session_startはセッション開始時に計測されるイベントです。このイベントと併せて、ページロケーションでURLを指定します。これによって、セッション開始時の場所が該当URLだった（ランディングページだった）という指定が可能になります。

セグメント 4 デバイスの指定

デバイスの指定は、「デバイスカテゴリ」から行います。必ずパラメータを使ってカテゴリを選択してください。複数カテゴリを選びたい場合は、OR条件でつなげましょう。

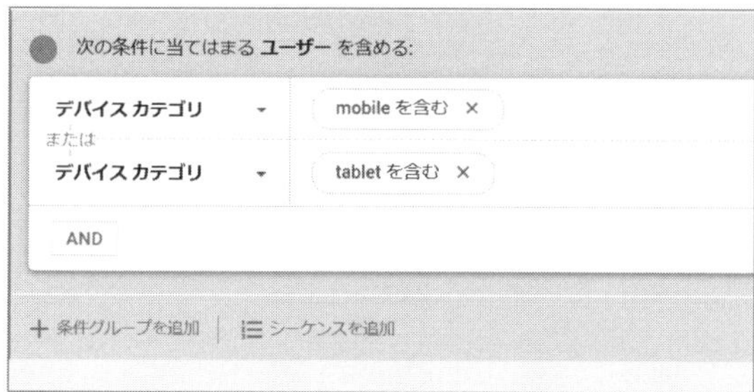

セグメント 5 新規とリピート訪問

サイトを訪れた人を新規やリピートに分けて分析したいという場合は、「first_visit」のイベントを利用します。新規・リピートの場合の設定を見てみましょう。

● **新規の抽出（first_visitが存在するセッションを抽出）**

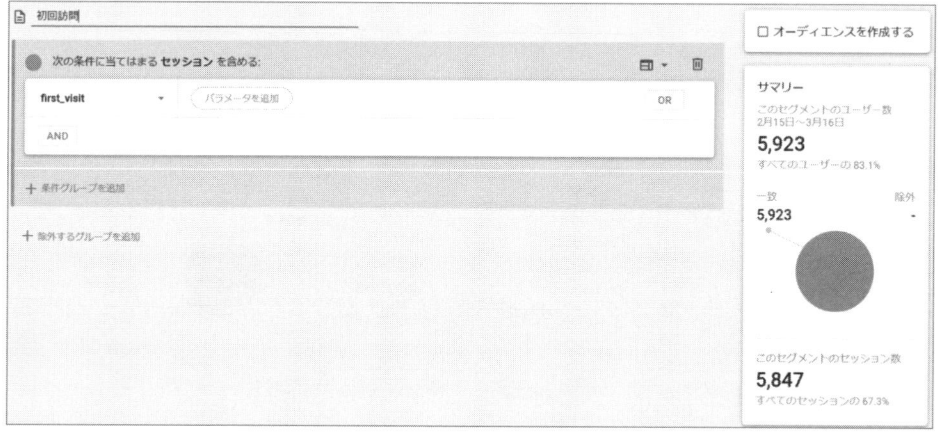

● リピートの抽出（first_visitが存在しないセッションを抽出）

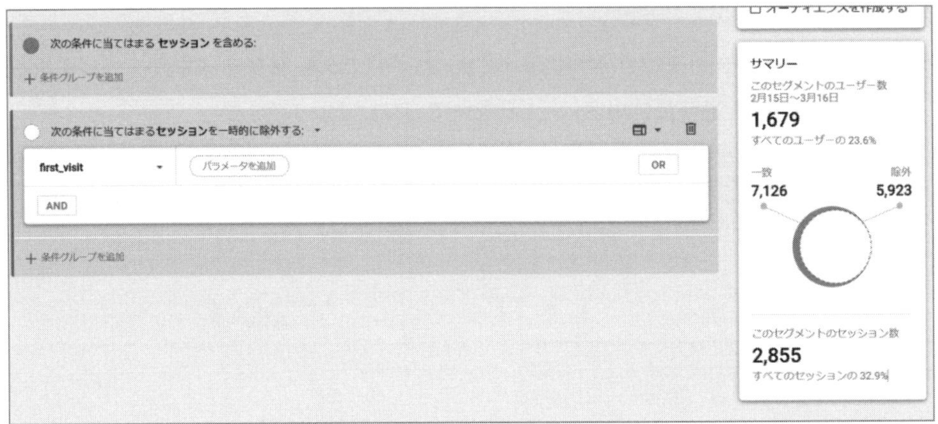

今回はスコープが「セッション」になっていますが、「ユーザースコープ」にする場合は、仕様を正しく理解する必要があります。例えば集計期間が1月1日～31日で、1月4日に初回訪問、1月21日に2回目訪問したユーザーがいるとします。

このときにユーザースコープで条件を設定すると、新規でもリピートでも1人とカウントされてしまいます（新規訪問もリピート訪問も期間内にどちらも発生しているため）。

なお、セッションの回数（何回目の訪問か）を条件にセグメントを作成することも可能です。「セッション番号」のイベントを利用して回数を設定しましょう。

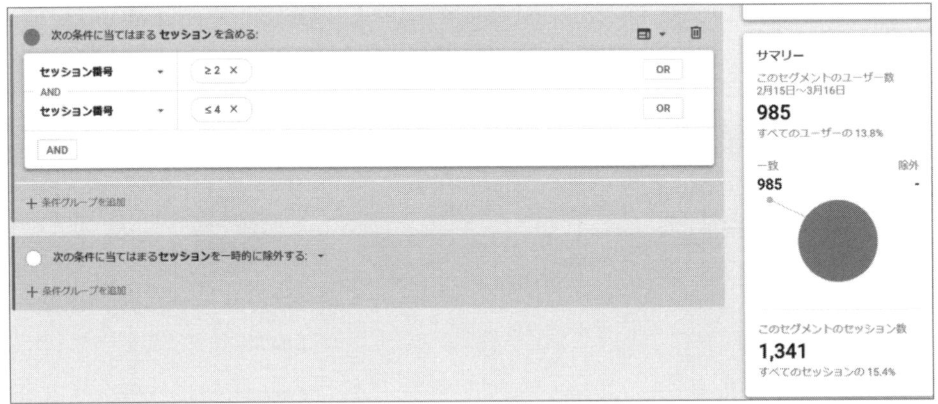

ここで指定する回数は、「この期間中の何回目の訪問」ではありません。期間外も含めてユーザーの何回目の訪問かを条件に抽出しています。つまり、期間外に初回訪問があり、期間内に2回目の訪問だけがあった（＝1セッションだけあった）場合も抽出されます。

集計期間内に訪れた回数を設定したい場合は、「ユーザースコープ」でsession_startの回数を条件にしましょう。

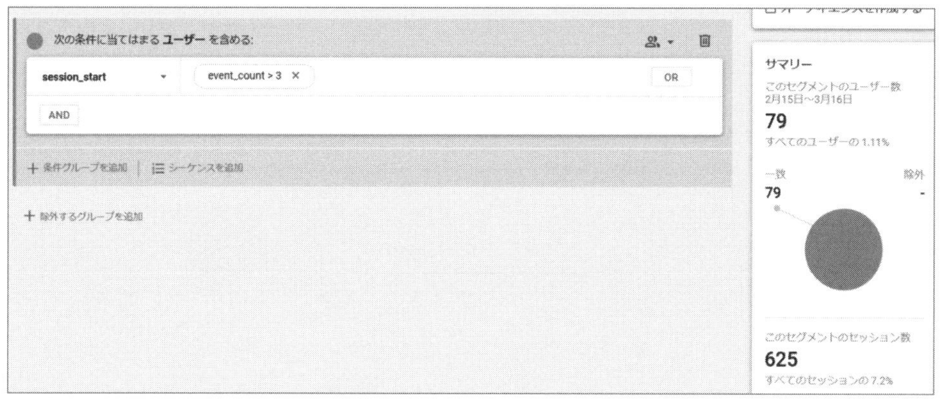

こちらの条件では、session_startが3より大きい（つまり4回以上）訪問したユーザーを抽出しています。**条件で「大なり」しか利用できなく、以上が使えないため設定時に注意しましょう。**

セグメント 6 初回訪問日の指定

ユーザーがサイトを初めて訪れた日を指定することで、その人達がどういったページを見ていたのかを分析することができます。セグメントの作成には「最初のセッションの日付」を利用します。

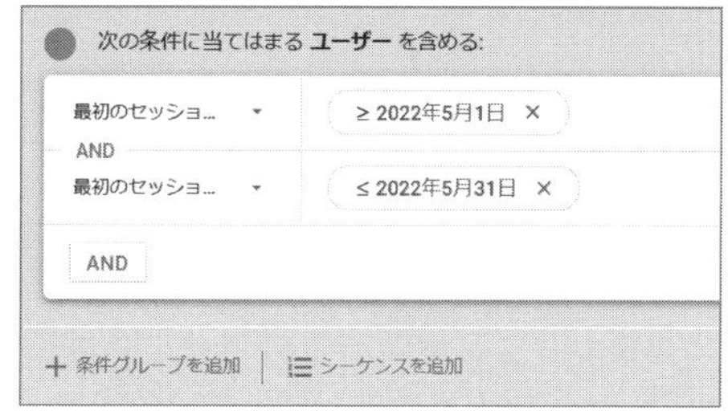

該当ユーザーのその後の動きを見るためにも、「ユーザー」単位のセグメントを利用するとよいでしょう。初回訪問時のデータだけに絞り込みたい場合は「セッション」単位のセグメントを利用しましょう。また流入元などと掛け合わせて、さらに深掘りをするのもよいでしょう。

セグメント 7 特定コンバージョンやイベントの発生

コンバージョンが発生したセッションやユーザーで絞り込む方法を紹介します。絞り込みを行うためには、事前にコンバージョンの設定が必要となります。設定したときの名称が項目の一覧に表示されるので選択しましょう。

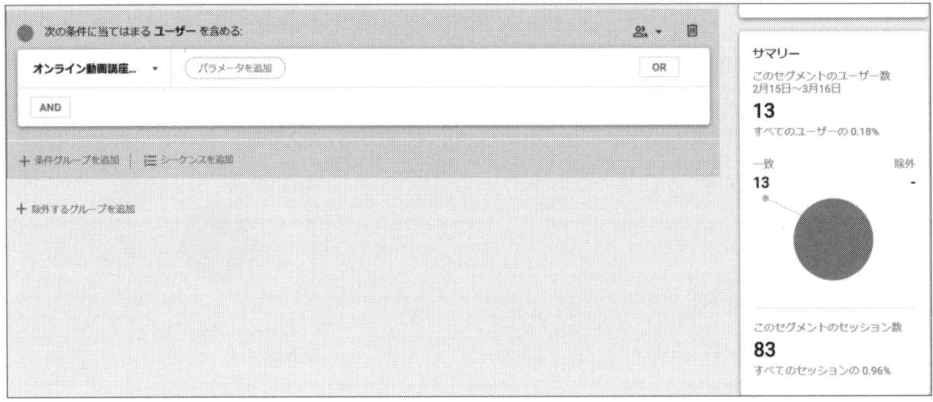

コンバージョンした回数の指定をしない場合は1回以上コンバージョンしたデータが抽出されます。設定している複数のコンバージョンのうちどれでもよいという条件の場合は、「コンバージョンイベント」の条件を利用してパラメータで「true」を選びます。

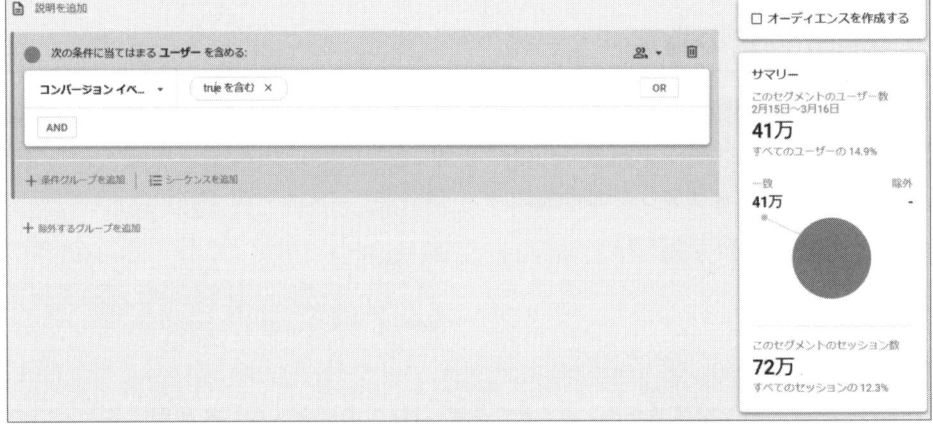

同じように、計測している「イベント」を発生条件として設定することも可能です。

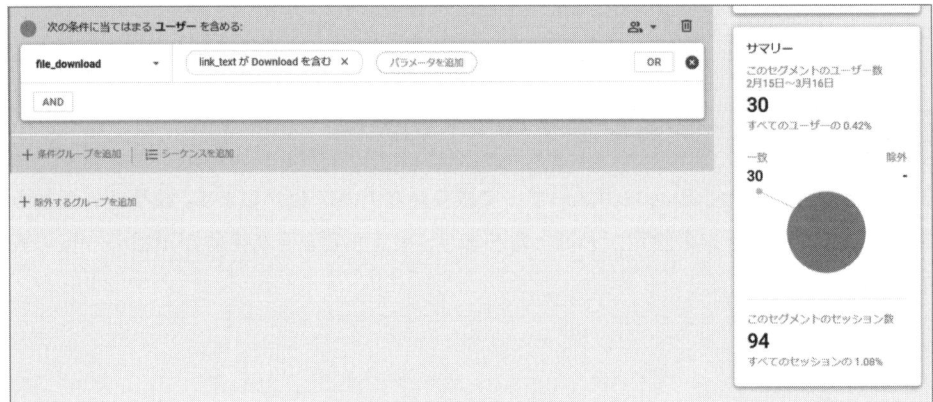

ファイルのダウンロードのリンクテキストに「Download」を含むという条件設定で、イベントやコンバージョンの発生回数を加味したセグメントを作成したい場合は、event_countを利用しましょう。

● **ページの90%の位置までスクロールを行った回数が3回以上のユーザー**

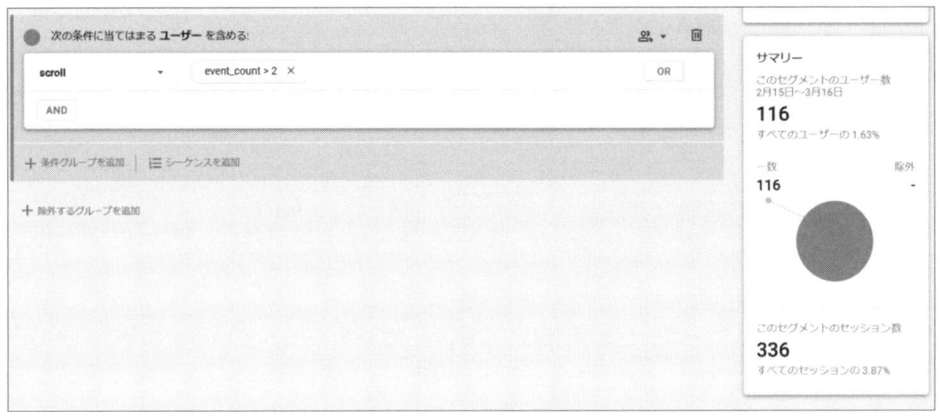

セグメント 8 購入関連の条件指定

購入完了や購入回数、金額などによってセグメントを作成する場合は「purchase」のイベントを利用します。

パラメータを設定しない場合は、購入完了セッションやユーザーが絞り込めます。

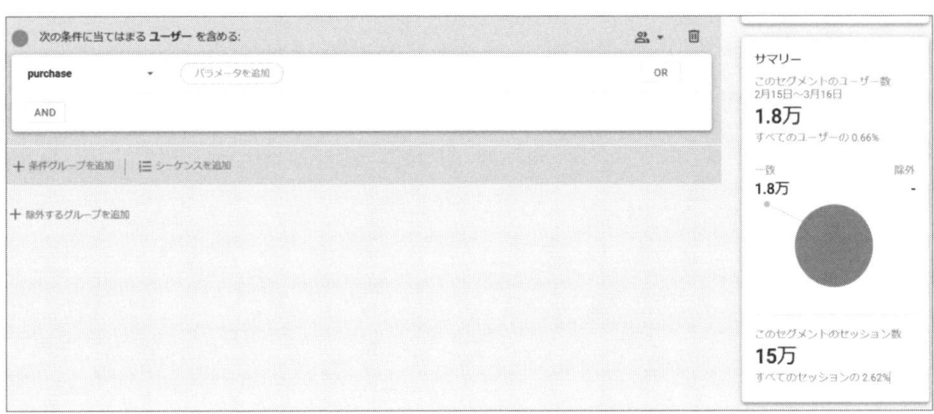

購入回数を指定したい場合は「event_count」、購入金額を指定したい場合は「value」を利用しましょう。

● **累計50,000円以上の購入**

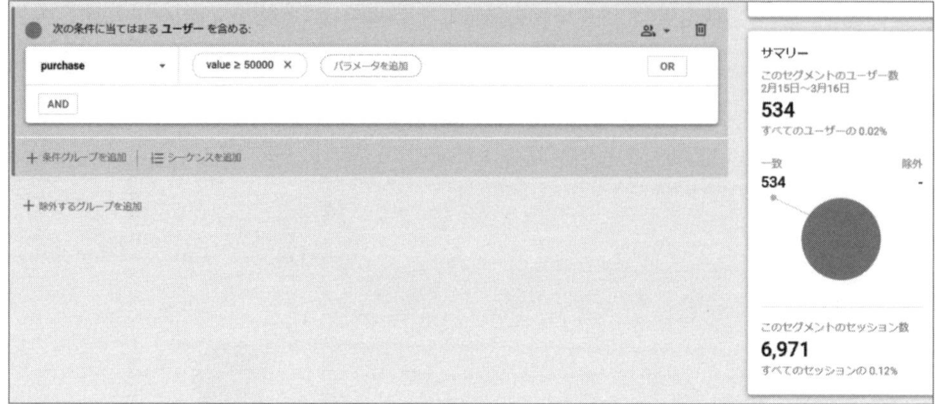

購入完了ページ以外にもeコマースタグを実装していれば、カートに入っている金額が30,000円以上というような設定も可能です。

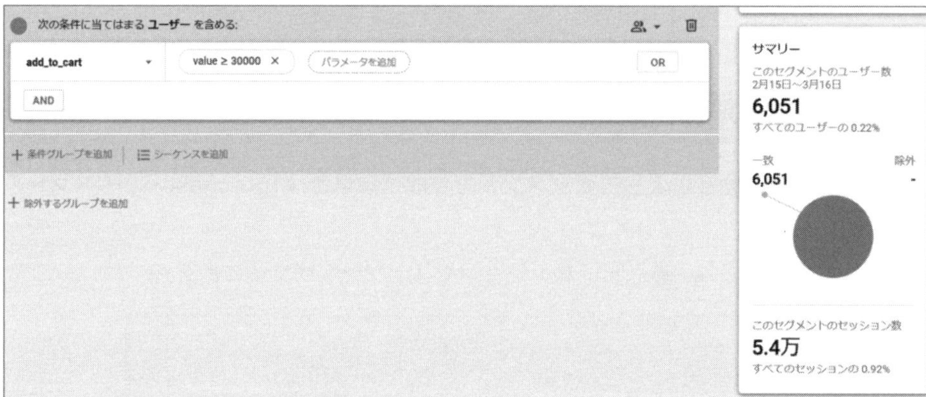

セグメント 9 特定ページ数以上の閲覧

メディアやブログ・サイトで便利なのが、何ページ以上閲覧したという条件設定です。これは、シンプルに「page_view」のイベントを利用します。

● 5ページ以上閲覧したユーザー

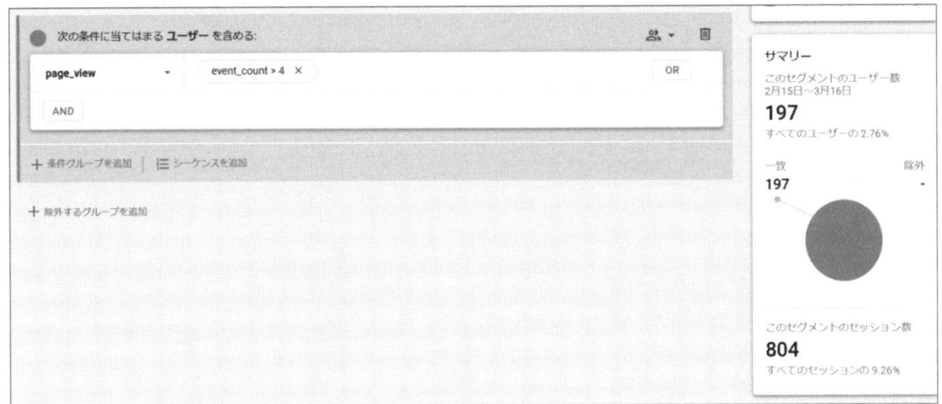

ページをANDで指定すると、「5ページ以上かつこのページを見た」といった指定も可能です。

セグメント 10 特定流入元のセグメント

流入元のみに絞った分析を行う際に、セグメント作成は欠かせません。セッション単位と初回ユーザー単位で作成方法が違うので、それぞれ確認してみましょう。まずは、初回ユーザー単位からです。「トラフィックソース」の「ユーザースコープ」から選びましょう。

最初のユーザーのGoogle広告ネットワークタイプ、キャンペーン、デフォルトチャネルグループ、メディア、参照元、手動キーワード、手動広告コンテンツを利用できます。

● メディアにdisplayを含むという条件を利用

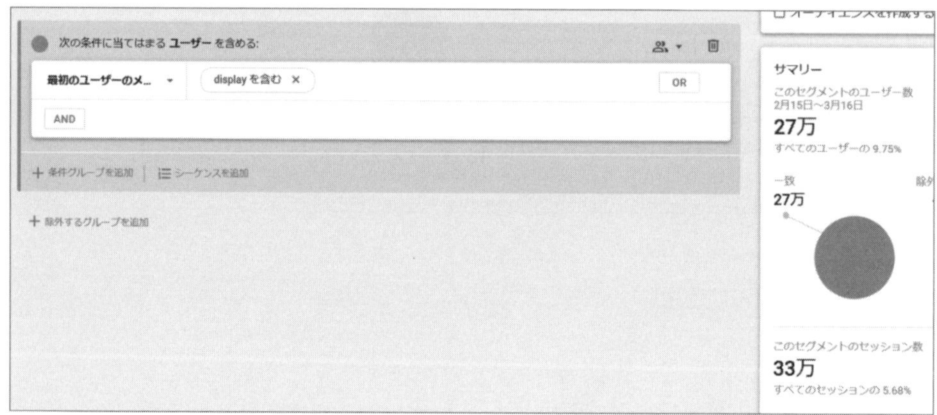

セッション単位の流入元を見たい場合は、「セッションスコープ」から項目を選択しましょう。項目名は「ユーザースコープ」と同じです。

次の条件に当てはまる **セッション** を含める:

アイテムを検索

イベント
イベント
ディメンション
e コマース
イベント
カスタム
ゲーム
セッション
トラフィックソース
パブリッシャー

セッション スコープ
セッション - Google 広告の広告ネットワークタイプ
セッション キャンペーン
セッション ソース
セッション メディア
セッションのデフォルト チャネル グループ
セッションの手動キーワード
セッションの手動広告コンテンツ
ユーザー スコープ
最初のユーザーの Google 広告の広告ネットワークタイプ

利用できる項目は、以下のとおりです。

用語	意味
Google広告の広告ネットワークタイプ	流入時の広告ネットワーク種別。 Google広告側で設定
キャンペーン	流入元のキャンペーン。存在する場合URLに付与されているutm_campaignのパラメータ値を取得
ソース	流入元の参照元。存在する場合URLに付与されているutm_sourceのパラメータ値を取得
メディア	流入元のメディア。存在する場合URLに付与されているutm_mediumのパラメータ値を取得
デフォルトチャネルグループ	流入の一番大きい分類。Oragnic Search,Social, Paid Search, Mailなど
手動キーワード	流入元のキーワード。存在する場合URLに付与されているutm_termパラメータ値を取得
手動広告コンテンツ	流入元のキーワード。存在する場合URLに付与されているutm_contentパラメータ値を取得

例えば、Socialから自社サイトにリンクを貼るURLを以下のようにしていた場合、次の値が付与されます。

https://ga4.guide/?utm_medium=social&utm_campaign=summer_sale&utm_source=twitter

メディア　キャンペーン　ソース

メディア=social
キャンペーン=summer_sale
ソース=twitter

流入元がどのデフォルトチャネルグループに分類されるかは、公式サイトのルールをご確認ください。

- **[GA4] デフォルト チャネル グループ**
  https://support.google.com/analytics/answer/9756891?hl=ja

Chapter 5

計測の実装と設定

Chapter 5では取得したデータの設定を変更したり、追加のデータを計測するための実装方法を紹介します。できることは多岐に渡りますので、それぞれの内容を確認してから、自社サイトで活用できるか検討してみましょう。まずは、どういった設定や実装ができるかを知ることが大切です。

Section　GA4の管理画面で行える追加計測項目を設定したい！

5-1 拡張計測機能

使用レポート ▶▶▶ 管理 ➡ プロパティ ➡ データストリーム

拡張計測機能を利用すると、GA4の管理画面上で新たなイベントの取得設定を行うことができます。本機能を利用することにより、GTMでの設定などを行わなくても、以下のデータが取得できるようになります。

拡張計測機能にアクセスする

拡張計測機能は「管理」➡「プロパティ」➡「データストリーム」➡「設定をしたいデータストリーム名を選択」することでアクセスできます。

● 該当データストリームを選択

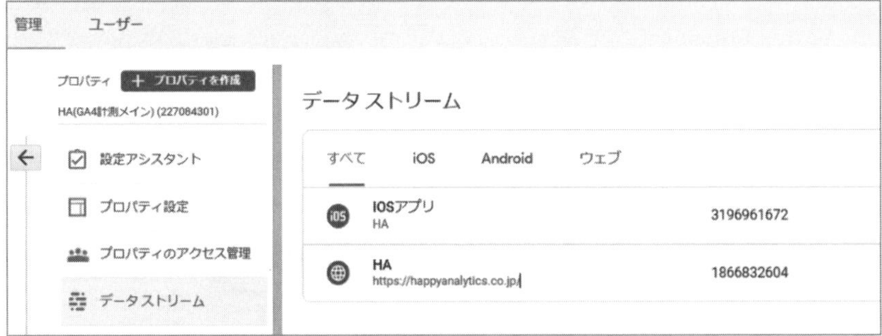

● ウェブストリームの詳細が表示される

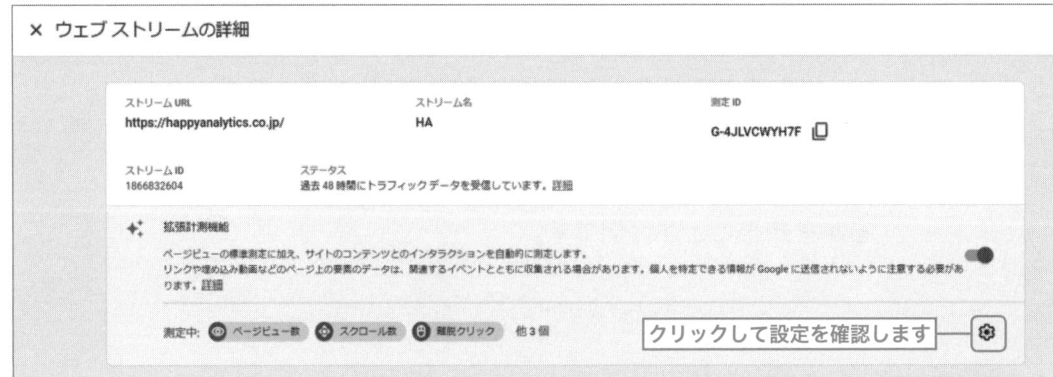

どのようなデータが自動取得できるようになるのか

自動取得できるデータは、以下の7つです。フォームの操作以外は、**デフォルトですべてオン**になっています。

表5-1-1 自動取得できるデータ

名称	用途
ページビュー数	ページビューイベントを計測します（オフにはできません）。
スクロール数	ページの高さ「90%」までスクロールすると、スクロールイベントを計測します。ページの下部表示を計測したい場合に利用
離脱クリック	ユーザーが現在閲覧しているドメインから別ドメインに移動するリンクをクリックした際に、離脱クリックイベントを計測します。
サイト内検索	サイト内で検索を行った際にサイト内検索イベントを計測します。
動画エンゲージメント	ユーザーがサイトに埋め込まれた動画を視聴すると、動画再生・進捗・完了などのイベントを計測します。本機能ではYouTube動画のみが自動で取得できます。
ファイルのダウンロード	指定された拡張子のリンクがクリックされると、ファイルダウンロードイベントを計測します。
フォームの操作	入力フォームの入力開始時と送信時にイベントを計測します。

どの拡張計測機能を利用するべき？ GTMとの使い分けは？

大半の場合は、デフォルトのオンのままで大丈夫ですが、以下のような場合はオフにしましょう。

1. 90%スクロール以外のスクロールを計測したい場合
   ➡こちらではオフにして、設定をGTM側に統一しましょう。
2. サイト内検索が存在しない場合
   ➡オンのままでも問題はありませんが、不要なのでオフにすることを推奨します。
3. 指定されている拡張子以外のファイルダウンロードを計測したい場合
   ➡GTM側で設定が行う必要があります。

オン／オフの変更は、「拡張計測機能」の設定内にある歯車アイコンをクリックすると設定が可能です。

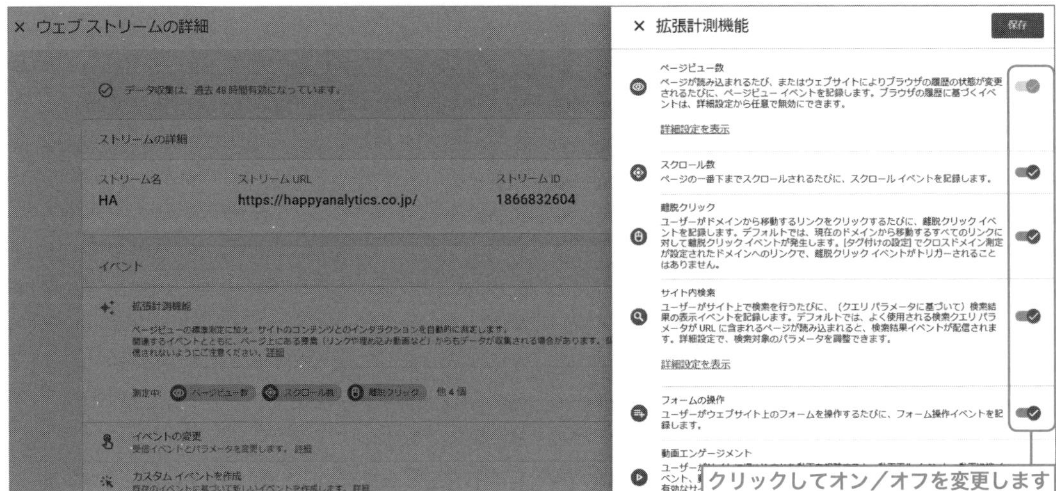

各設定の詳細

それぞれの項目で具体的に何が取得できるのか、また条件や制限について紹介します。

ページビュー数

計測されるイベント名	page_view
計測されるイベントパラメータ名	page_location（現在のURL）、page_referrer（1つ前のページのURL）、page_title（ページのタイトル名）など

● **レポート例**

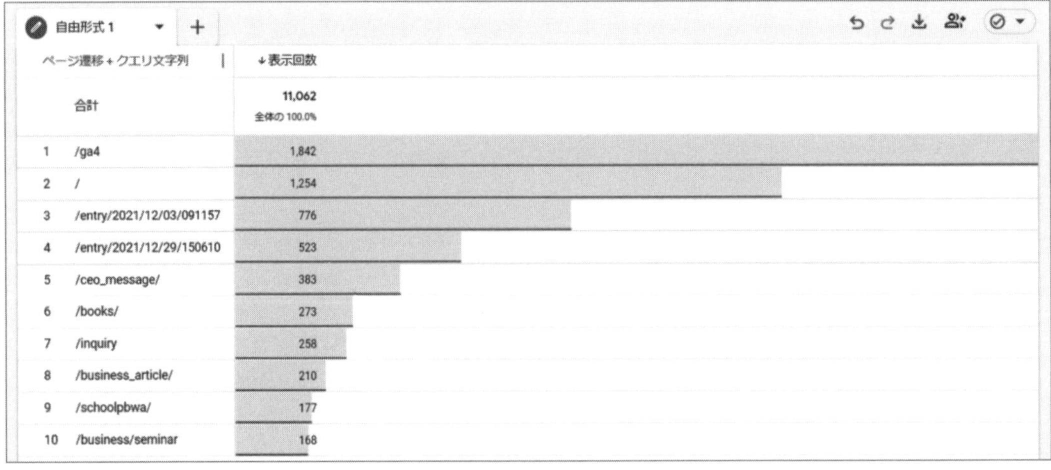

	ページ遷移＋クエリ文字列	↓表示回数
	合計	11,062 全体の 100.0%
1	/ga4	1,842
2	/	1,254
3	/entry/2021/12/03/091157	776
4	/entry/2021/12/29/150610	523
5	/ceo_message/	383
6	/books/	273
7	/inquiry	258
8	/business_article/	210
9	/schoolpbwa/	177
10	/business/seminar	168

詳細設定から「ブラウザの履歴イベントに基づくページの変更」をオン／オフできます。

Single Page Applicationで作成しているサイトではオフにしておかないと二重計測が発生する可能性があるので、計測確認をした上で設定を変更しましょう。デフォルトはオンになっており、通常のウェブサイトの場合はオンのままで問題ありません。

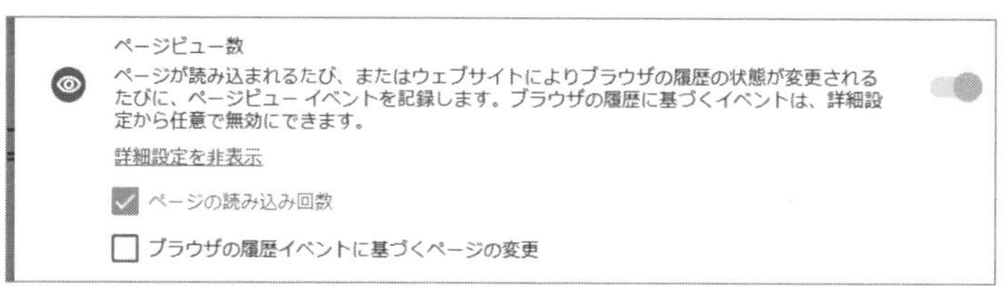

スクロール数

計測されるイベント名	scroll
計測されるイベントパラメータ名	特に無し（page_view等との掛け合わせは可能）

● レポート例

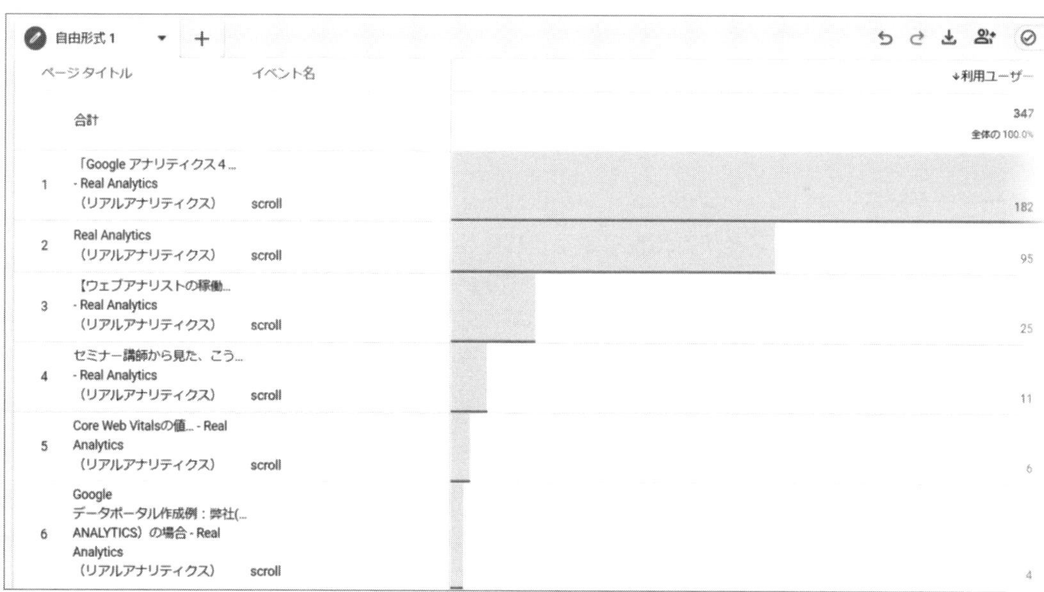

ページの高さを100%としたとき、ページの90%までスクロールした際に計測されます。

各ページ表示ごとに１回しか計測されないため、90%前後を上下にスクロールしても計測されるのは１回となります。

離脱クリック

計測されるイベント名	click
計測されるイベントパラメータ名	link_classes（クリックしたリンクのクラス名）、link_domain（クリックしたリンク先のドメイン名）、link_id（クリックしたリンクのID名）、link_url（クリックしたリンクのURL）、outbound（固定値）

● レポート例

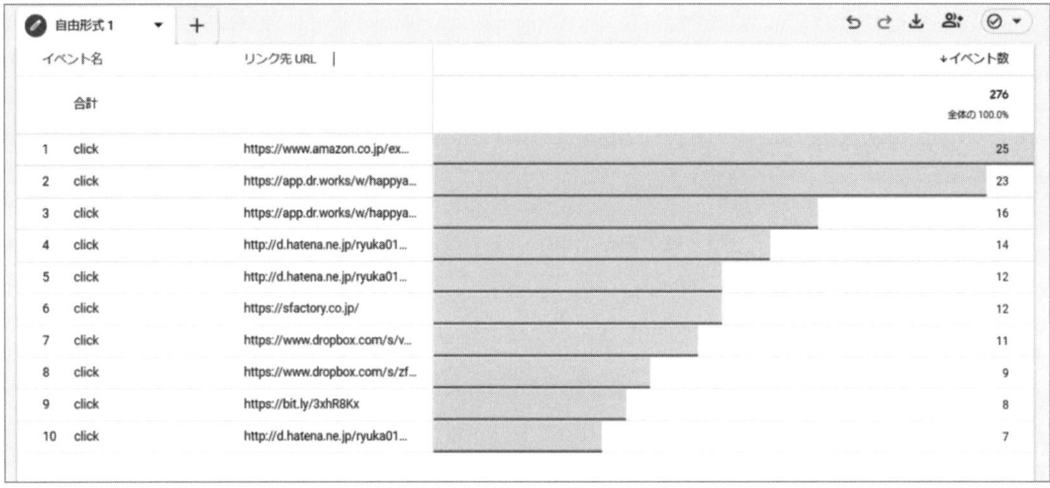

	イベント名	リンク先 URL	↓イベント数
	合計		276 全体の 100.0%
1	click	https://www.amazon.co.jp/ex...	25
2	click	https://app.dr.works/w/happya...	23
3	click	https://app.dr.works/w/happya...	16
4	click	http://d.hatena.ne.jp/ryuka01...	14
5	click	http://d.hatena.ne.jp/ryuka01...	12
6	click	https://sfactory.co.jp/	12
7	click	https://www.dropbox.com/s/v...	11
8	click	https://www.dropbox.com/s/zf...	9
9	click	https://bit.ly/3xhR8Kx	8
10	click	http://d.hatena.ne.jp/ryuka01...	7

ユーザーが閲覧しているページのドメインから別ドメインのリンクをクリックした場合に計測されます。リンク先がクロスドメイン測定で設定されたドメインの場合は、離脱クリックは計測されません。

サイト内検索

計測されるイベント名　view_search_results

計測されるイベントパラメータ名　search_term（検索キーワード）、additional_key（追加のクエリパラメータ）

● レポート例

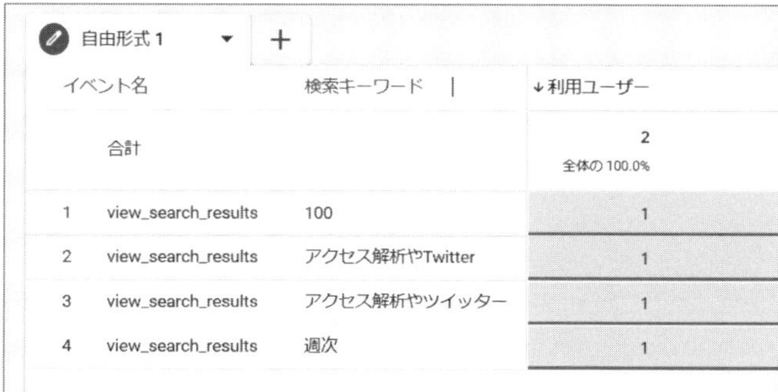

自由形式 1

	イベント名	検索キーワード	↓利用ユーザー
	合計		2 全体の 100.0%
1	view_search_results	100	1
2	view_search_results	アクセス解析やTwitter	1
3	view_search_results	アクセス解析やツイッター	1
4	view_search_results	週次	1

サイト内で検索を行い、その検索結果ページのURLにおいてクエリパラメータに検索キーワードが付与されている場合、検索キーワードを計測することができます。

例：https://ga4.guide/?q=アトリビューション

このように、URLパラメータに検索キーワードが入ることが前提となります。デフォルトではクエリパラメータ名が「q」「s」「search」「query」「keyword」の場合に値を取得します。つまり、**これらのクエリパラメータがサイト内検索キーワード以外で利用されていた場合も計測を行ってしまう**ので、注意が必要です。

どのパラメータのときにサイト内検索とみなすかは、詳細設定にて指定ができます。

サイト内検索
ユーザーがサイト上で検索を行うたびに、（クエリ パラメータに基づいて）検索結果の表示イベントを記録します。デフォルトでは、よく使用される検索クエリ パラメータが URL に含まれるページが読み込まれると、検索結果イベントが配信されます。詳細設定で、検索対象のパラメータを調整できます。

詳細設定を非表示

サイト内検索キーワードのクエリ パラメータ
優先度の高い順に、カンマで区切られたパラメータを 10 個まで指定します。最初に一致したパラメータのみが使用されます。

q,s,search,query,keyword

追加のクエリ パラメータ
カンマで区切られたパラメータを 10 個まで指定します。（大文字と小文字は区別されません）

動画エンゲージメント

計測されるイベント名	video_start（動画再生開始）、video_progress（動画の特定位置まで再生）、video_complete（動画の最後まで再生完了時）
計測されるイベントパラメータ名	video_current_time（イベント送信時に動画再生時間）、video_duration（動画全体の長さ）、vidfeo_percent（動画を全体の長さの何パーセントまで再生したか）、video_rpovider（動画提供プロバイダー。本機能ではyoutubeのみ）、video_title（動画のタイトル）、video_url（動画ファイルのURL）、visibile（固定値）

● レポート例

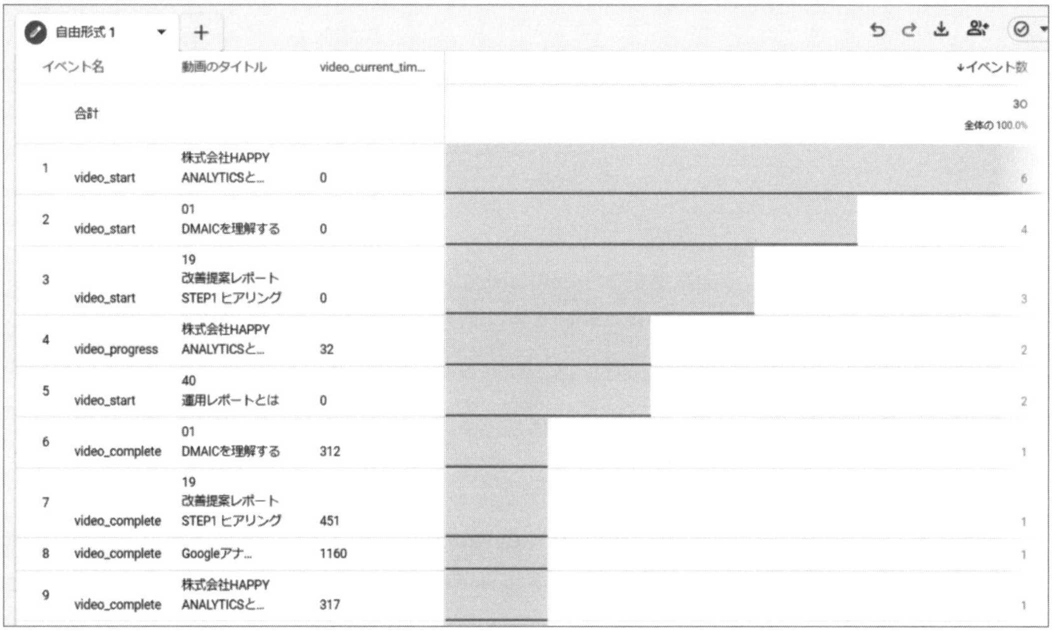

自由形式 1

	イベント名	動画のタイトル	video_current_tim...	↓イベント数
	合計			30 全体の 100.0%
1	video_start	株式会社HAPPY ANALYTICSと...	0	6
2	video_start	01 DMAICを理解する	0	4
3	video_start	19 改善提案レポート STEP1 ヒアリング	0	3
4	video_progress	株式会社HAPPY ANALYTICSと...	32	2
5	video_start	40 運用レポートとは	0	2
6	video_complete	01 DMAICを理解する	312	1
7	video_complete	19 改善提案レポート STEP1 ヒアリング	451	1
8	video_complete	Googleアナ...	1160	1
9	video_complete	株式会社HAPPY ANALYTICSと...	317	1

JavaScript APIが有効になっている埋め込みYouTube動画でイベントが計測されます。video_progressに関しては、動画再生時間の10%、25%、50%、75%以上進んだタイミングでのみ計測されます。それ以外のパーセンテージを計測したい場合は、Google Tag Manager側での設定を行います。

「JavaScript APIが有効になっている」という条件に関しては、以下のいずれかの対応が必要です。

1. GTMで現在動画計測の設定を行っていない場合は、YouTubeから発行される共有URLにパラメータの追加が必要です。

● **YouTubeから発行される共有URL**

```
<iframe width="560" height="315" src="https://www.youtube.com/embed/XhFfwjAorNM"
title="YouTube video player" frameborder="0" allow="accelerometer; autoplay; clipboard-write;
encrypted-media; gyroscope; picture-in-picture" allowfullscreen></iframe>
```

● **以下のように加工**

```
<iframe width="560" height="315" src="https://www.youtube.com/embed/
XhFfwjAorNM?enablejasapi=1" title="YouTube video player" frameborder="0"
allow="accelerometer; autoplay; clipboard-write; encrypted-media; gyroscope; picture-in-
picture" allowfullscreen></iframe>
```

2. **GTM上でYouTubeの計測設定をすでに行っている場合は、上記の設定は不要です。**ただし、GTM上のYouTube動画のトリガー設定で**「すべてのYouTube動画にJavaScript APIサポートを追加する」がオン**になっていることを確認してください（デフォルトはオンの設定です）。

ファイルのダウンロード

計測されるイベント名	file_download
計測されるイベントパラメータ名	file_extension（ファイルの拡張子）、file_name（ファイル名称）、link_classes（クリックしたリンクのクラス名）、link_domain（クリックしたリンク先のドメイン名）、link_id（クリックしたリンクのID名）、link_url（クリックしたリンクのURL）

● レポート例

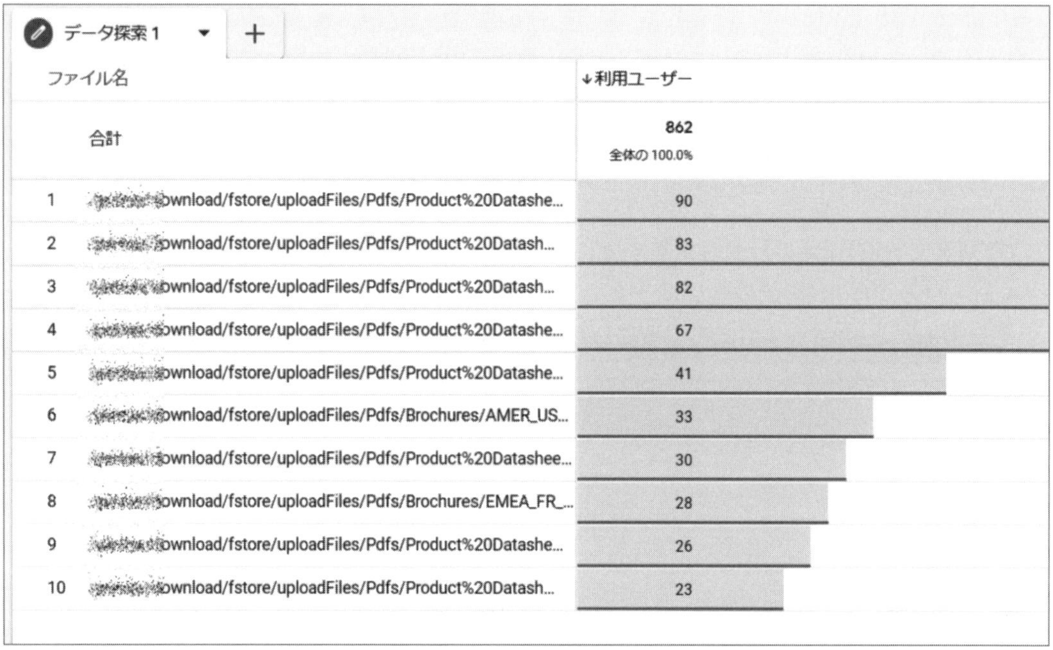

データ探索 1 ＋

	ファイル名	↓利用ユーザー
	合計	862 全体の 100.0%
1	ownload/fstore/uploadFiles/Pdfs/Product%20Datashe...	90
2	ownload/fstore/uploadFiles/Pdfs/Product%20Datash...	83
3	ownload/fstore/uploadFiles/Pdfs/Product%20Datash...	82
4	ownload/fstore/uploadFiles/Pdfs/Product%20Datashe...	67
5	ownload/fstore/uploadFiles/Pdfs/Product%20Datashe...	41
6	ownload/fstore/uploadFiles/Pdfs/Brochures/AMER_US...	33
7	ownload/fstore/uploadFiles/Pdfs/Product%20Datashee...	30
8	ownload/fstore/uploadFiles/Pdfs/Brochures/EMEA_FR_...	28
9	ownload/fstore/uploadFiles/Pdfs/Product%20Datashe...	26
10	ownload/fstore/uploadFiles/Pdfs/Product%20Datash...	23

以下の拡張子に該当するリンクがクリックされた場合に計測が行われます。

表5-1-2 計測が行われるリンクの種類

リンクの種類	拡張子
ドキュメント関連	pdf　xlsx　docx　txt　rtf　csv
実行ファイル	exe
プレゼンファイル	key　pp(s|t|tx)
圧縮ファイル	7z　pkg　rar　gz　zip
動画・音声関連	avi　mov　mp4　mpeg　wmv　midi　mp3　wav　wma

リンクをクリックすることが前提となるため、**右クリックして「ファイルを保存」などを選んだ場合は計測対象外**となります。

Section 複数ドメインのサイトを1つサイトとして計測したい！

5-2 クロスドメイン

使用レポート ▶▶▶管理 ➡ プロパティ ➡ ストリームの詳細 ➡ タグ設定を行う

1つのウェブストリーム内で複数のドメインを計測する場合、クロスドメイン設定が必要になります。クロスドメインを設定することで、ドメイン間の遷移が行われた際に同じユーザーであることを保持し、セッションが切れずにデータを計測することができます。この設定を行わないと別ユーザー扱いとなり、セッションも別セッションになります。
上記状態を解決するために、集計対象となるクロスドメインを登録しておきましょう。

ファーストパーティーCookieについて

GA4はファーストパーティーCookieを利用してユーザーやセッションを特定しています。ファーストパーティーCookieはドメイン単位で管理・発行されるため、別ドメインに遷移すると新しいCookie IDが発行されます。クロスドメイン設定を行うと、Cookie IDをURLのパラメータに自動的に設定し、新しいドメインに渡されます。

● **URL例**

https://ga4.guide/?_gl=aa08hjasldaueq3

Cookie ID

ただし、利用の際に注意したい点があります。

一度サイトBに訪れたユーザーが、次の訪問でサイトA⇒サイトBに移動した場合、サイトBでは別ユーザー扱いになってしまいます。1回目の訪問ではサイトBでCookie IDが発行されますが、2回目の訪問ではサイトAのCookie IDがサイトBのCookie IDを上書きしてしまうためです。

そのためクロスドメインはユーザーを紐付けて一連の行動を見るには有効ですが、上記のような問題も発生するため、違うドメイン同士で同一ユーザーとして計測を保証するための機能ではありません。

結果として、**サイトBには外部からの流入がほとんどないサイトA➡サイトBへの一方通行の遷移がほとんどという場合に有効**な設定となります。

ドメインを登録する

1. 管理画面よりデータストリーム内から設定を行いたいストリームを選びましょう。「ストリームの詳細」が表示されるので、ページ下部にある「タグ設定を行う」を選択します。

2. タグの設定内にある「ドメインの設定」を選択します。

3.「編集」アイコンをクリックした後に、集計対象となるドメインをすべて登録します。

これで、クロスドメインの設定は完了です。

ドメイン間のリンクをクリックして、URLに_gl=asdoasduaso9sdjといった_glのパラメータが付いているかを確認しましょう。付いていない場合は、設定ミスやブラウザのCookie計測除外用のアドオンの利用などが考えられます。

なお、サブドメインに関しては登録が必要ありません。例えばwww.ga4.guideとform.ga4.guideという2つのサブドメインが計測対象の場合は、クロスドメインの登録が不要です。

上記に加えて、ga4.comという別ドメインのURLも計測対象の場合は、ga4.guideとga4.comの２つを登録しましょう。

Section 特定のIPアドレスからのアクセスを除外したい！

5-3 内部トラフィック

使用レポート ▶▶▶管理 ➡ プロパティ ➡ ストリームの詳細 ➡ タグ設定を行う

内部トラフィックは、特定のIPアドレスからのアクセスを除外あるいはラベル付けしたい際に利用する設定になります。こちらの設定画面でIPアドレスの設定を行った後に、計測除外にするかどうかの設定などを行います。
計測ラベル付けおよび除外の設定については、Section 6-4の管理画面設定で解説しますので、併せてご参照ください。

内部トラフィックルールを設定する

1. 管理画面よりデータストリーム内から設定を行いたいストリームを選択します。「ストリームの詳細」が表示されるので、ページ下部にある「タグ設定を行う」を選択します。

ストリームの詳細

ストリーム名	ストリーム URL	ストリーム ID	測定 ID
https://ga4.guide	https://ga4.guide	3363971667	G-DBP3LQHK0E

イベント

拡張計測機能
ページビューの標準測定に加え、サイトのコンテンツとのインタラクションを自動的に測定します。
リンクや埋め込み動画などのページ上の要素のデータは、関連するイベントとともに収集される場合があります。個人を特定できる情報が Google に送信されないように注意する必要があります。詳細

測定中: ページビュー数 スクロール数 離脱クリック 他 3 個

イベントの変更
受信イベントとパラメータを変更します。詳細

カスタム イベントを作成
既存のイベントに基づいて新しいイベントを作成します。詳細

Measurement Protocol API secret
API Secret を作成すれば、Measurement Protocol でこのストリームに送信する追加のイベントを有効にできます。詳細

Google タグ

選択します

タグ設定を行う
クロスドメイン リンクや内部トラフィックなどの Google タグに関する動作を設定できます。詳細

接続済みのサイトタグを管理する
このストリームのページ上の Google タグを使用して、追加のプロパティまたはサービスのタグを読み込みます。詳細 1 個を接続済み

タグの実装手順を表示する
Google タグをデータ ストリームに実装する方法を確認できます。詳細 ✓ 通信中のデータ

2. タグの「設定」にある「すべて表示」をクリックして、「内部トラフィックの定義」を選択します。

× Google タグ　Untitled tag G-DBP3LQHK0E
設定　履歴　管理
Google タグ　実装手順
Google タグ　リンク先
Untitled tag ID: G-DBP3LQHK0E　https://ga4.guide
設定
一部のタグ設定は特定のリンク先にのみ適用されます　一部表示
自動イベント検出を管理する
関連付けられたリンク先での測定対象として、Google タグで自動検出するイベントの種類を設定します
ドメインの設定
クロスドメイン測定に含めるドメインのリストを指定します
自社のウェブサイトでユーザーから提供されたデータを含める
ウェブサイトでユーザーから提供されたデータを活用することで、測定の精度を向上し、より質の高い分析を行うことができます。Google は、共有されたデータを、技術サポートなどのサービスを提供する目的にのみ使用します。他の広告主とお客様のデータを共有することはありません。
ユニバーサル アナリティクス イベントの収集
ウェブサイトでページ内イベント（GA カスタム イベント、イベントが引き起こされたタイミング、ユニバーサル アナリティクスからの例外呼び出し）が発生するたびにイベントが収集されます
内部トラフィックの定義
内部として識別するトラフィックの IP アドレスを定義します
除外する参照のリスト
参照とは見なさないトラフィックのドメインを指定します
セッションのタイムアウトを調整する
セッションの最長時間を設定します
Cookie の設定をオーバーライドする
Cookie の有効期限と更新方法を変更します
選択します

3. 「作成」ボタンをクリックした後に、除外したいIPアドレスを指定します。

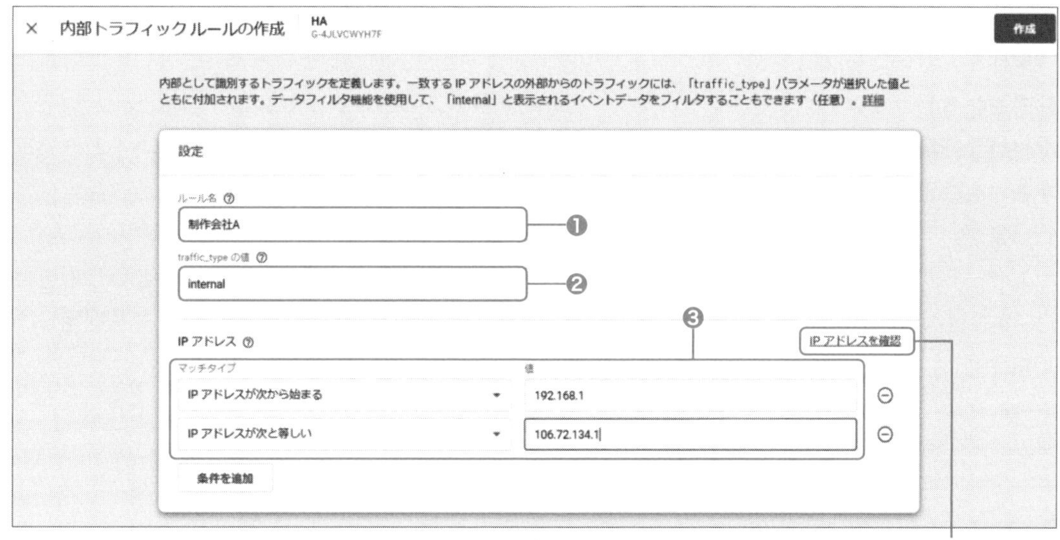

現在利用しているネットワークのIPアドレスが表示されます。

❶**ルール名**：画面上で表示される名称
❷**traffic_typeの値**：internalがデフォルトで特に変更する必要はありませんが、内部トラフィックを複数種類に分けてそれに応じて処理（除外・ラベル付け等）を行いたい場合は、別の名称を付けてください。
❸**IPアドレス**：マッチタイプと値を設定します。右上にある「IPアドレスを確認」をクリックすると、現在利用しているネットワークのIPアドレスが表示されます。IPアドレスの条件設定では、正規表現やCIDR表記を利用することが可能です。

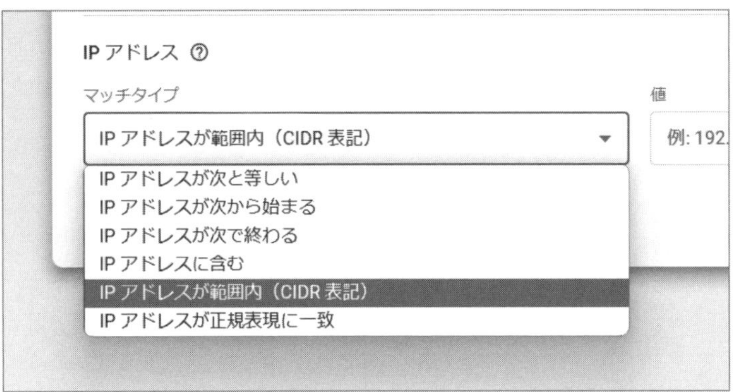

CIDRの表記方法に関しては、以下のサイトを参考にするとよいでしょう。

■ **ネットワーク計算ツール**
https://www.softel.co.jp/labs/tools/network/

条件を入力して「作成」をクリックすると保存できますが、この設定を行ったからといって計測が除外されるわけではありません。ここでは、**このIPアドレスからのアクセスは、internalというタグ付けが行われるという指定**になります。**internalとタグ付けされたアクセスに対して、どう処理するかを設定する必要があります。この設定は、Section 6-4で説明するデータフィルタ設定にて行います。**

スマートフォンなどIPアドレスが変わる場合などで、計測対象から除外を行いたいというときには、本設定は有効ではありません。GA4の計測を除外するブラウザの拡張機能やアプリを利用してください。

Section 特定の流入元をカウントしない！

5-4 除外する参照のリスト

使用レポート ▶▶▶ 管理 ➡ プロパティ ➡ ストリームの詳細 ➡ タグ設定を行う

ウェブサイト外から流入した際に、どこから流入してきたかのかを計測するために、GA4は「参照元」を確認します。その際に、参照元として見なさないドメインを指定することがあります。
例えばECサイトで決済を行う際に、外部の決済システム（PayPalやAmazon Payなど）を利用することがあります。その際にこれらドメインからの流入元を計測してしまうと、成果がPayPalやAmazon Payに紐付いてしまいます。しかし分析上、これらのドメインは集客元ではないと考える方が多いのではないでしょうか。本来の流入元（検索エンジンや広告など）に紐付けたいという場合に、「除外する参照のリスト」設定を行います。

除外する参照のリストを設定する

1. 管理画面でデータストリーム内から設定を行いたいストリームを選します。「ストリームの詳細」が表示されるので、ページ下部にある「タグ設定を行う」を選択します。

ストリームの詳細

ストリーム名	ストリーム URL	ストリーム ID	測定 ID
https://ga4.guide	https://ga4.guide	3363971667	G-DBP3LQHK0E

イベント

拡張計測機能
ページビューの標準測定に加え、サイトのコンテンツとのインタラクションを自動的に測定します。

カスタム イベントを作成
既存のイベントに基づいて新しいイベントを作成します。詳細

Measurement Protocol API secret
API Secret を作成すれば、Measurement Protocol でこのストリームに送信する追加のイベントを有効にできます。詳細

Google タグ

選択します

タグ設定を行う
クロスドメイン リンクや内部トラフィックなどの Google タグに関する動作を設定できます。詳細

接続済みのサイトタグを管理する
このストリームのページ上の Google タグを使用して、追加のプロパティまたはサービスのタグを読み込みます。詳細　1 個を接続済み

タグの実装手順を表示する
Google タグをデータ ストリームに実装する方法を確認できます。詳細　✓ 通信中のデータ

2. タグの「設定」にある「すべて表示」をクリックして、「除外する参照のリスト」を選択します。

3. 「編集」アイコンをクリックした後に、除外したい参照元ドメインを追加します。

× 除外する参照のリスト HA G-4JLVCWYH7F 保存
パラメータ「ignore_referrer」を以下の条件に該当するトラフィックに追加します。詳細
設定
トラフィック ソースとしての次のいずれかの条件に一致する参照を無視
マッチタイプ
参照ドメインが次を含む
ドメイン
paypal.com
参照ドメインが次で始まる
参照ドメインが次で終わる
参照ドメインが次と完全に一致
参照ドメインが次の正規表現に一致
参照ドメインが次を含む

条件を入力して、「作成」をクリックすると完了です。

参照元のウェブサイトのドメインが、開いたページ（GA4が入っているページ）と同じドメインまたはサブドメインの場合は参照元として見なされません。そのためストリームで計測しているドメインは登録不要です。

またクロスドメイン設定を行っており、ドメインA（GA4が入っているページ）からドメインB（GA4が入っているページ）に移動してきた場合もドメインAが参照元になることはありません。

Section セッションの定義を変更したい！

5-5 セッションのタイムアウト調整

使用レポート ▶▶▶ 管理 ➡ プロパティ ➡ ストリームの詳細 ➡ タグ設定を行う

デフォルトの設定ではセッションのタイムアウトは30分に設定されています。これはページA、ページBそれぞれに計測記述が入っていたとしても、ページAにアクセスしてから（一度もイベント送信が発生せず）30分以上経ってページBにアクセスした場合、セッションがタイムアウトするという意味になります。
この時間を変更できるのが、「セッションのタイムアウトを調整する」設定です。時間は5分〜7時間55分の間で5分刻みで設定が可能です。設定を変えるシーンとしては「長尺の動画が多い」「入力項目が多い」など、ページに30分以上滞在するケースが多いサイトなどで長めに設定するなどが想定されます。

セッションのタイムアウトを調整する

1. 管理画面のデータストリーム内から設定を行いたいストリームを選択します。「ストリームの詳細」が表示されるので、ページ下部にある「タグ設定を行う」を選択します。

ストリームの詳細

ストリーム名	ストリーム URL	ストリーム ID	測定 ID
https://ga4.guide	https://ga4.guide	3363971667	G-DBP3LQHK0E

イベント

拡張計測機能
ページビューの標準測定に加え、サイトのコンテンツとのインタラクションを自動的に測定します。

受信イベントとパラメータを変更します。詳細

カスタム イベントを作成
既存のイベントに基づいて新しいイベントを作成します。詳細

Measurement Protocol API secret
API Secret を作成すれば、Measurement Protocol でこのストリームに送信する追加のイベントを有効にできます。詳細

Google タグ

選択します

タグ設定を行う
クロスドメイン リンクや内部トラフィックなどの Google タグに関する動作を設定できます。詳細

接続済みのサイトタグを管理する
このストリームのページ上の Google タグを使用して、追加のプロパティまたはサービスのタグを読み込みます。詳細 1 個を接続済み

タグの実装手順を表示する
Google タグをデータ ストリームに実装する方法を確認できます。詳細 ✓ 通信中のデータ

2. タグの「設定」にある「すべて表示」をクリックして、「除外する参照のリスト」を選択します。

3. 「セッションのタイムアウトを調整する」にあるプルダウンから時間を設定してください。

最後に、画面の右上にある「保存」ボタンをクリックすると完了です。

本画面では「エンゲージメントセッションの時間調整」を行うことができます。Appendix 3「GA4用語集」（500ページ参照）にあるエンゲージメントセッションの定義を確認の上、必要に応じて変更してください。10～60秒の間を10秒刻みで選択することが可能です。

Section 新しいイベントを作成したい！

5-6 イベントの作成

使用レポート ▶▶▶管理 ➡ プロパティ ➡ イベント

GA4で取得しているイベントは、「管理」メニューの「イベント」で確認できます。イベントはすでに取得しているデータから作成できますし、実装を伴いますが、新たなイベントを作成することも可能です。それぞれの手法を詳しく紹介します。

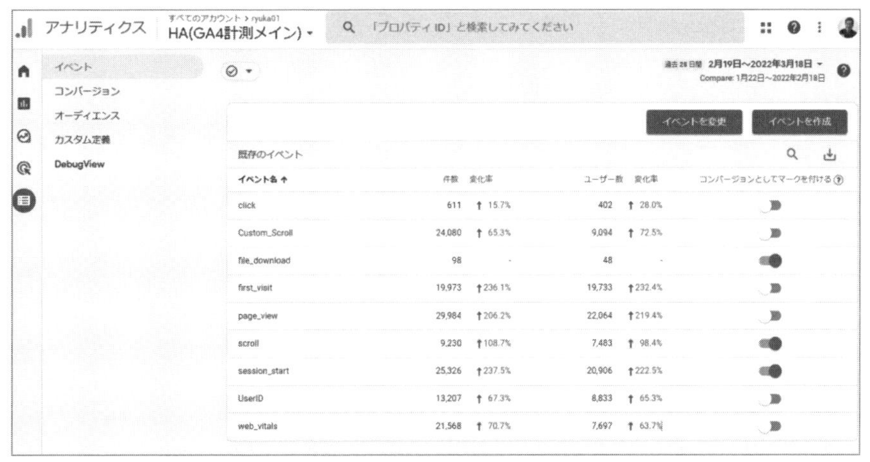

すでに取得しているイベントから新しいイベントを作成する

現在取得しているイベント名やイベントパラメータを元に新しいイベントを作成できます。新しいイベントを作成するシチュエーションとしては、

- コンバージョンとして計測したいイベントを設定する
- 複数のイベントをAND条件で組み合わせて新しいイベントを作成したい
- 特定の条件でグルーピングしたイベントを作成したい（例：特定ディレクトリを閲覧）

などが考えられます。それでは、イベントの作成方法を確認していきましょう。

関連公式ヘルプ

https://support.google.com/analytics/answer/10085872?hl=ja

イベントを作成する

1. イベント一覧画面の右上にある「イベントを作成」をクリックします。

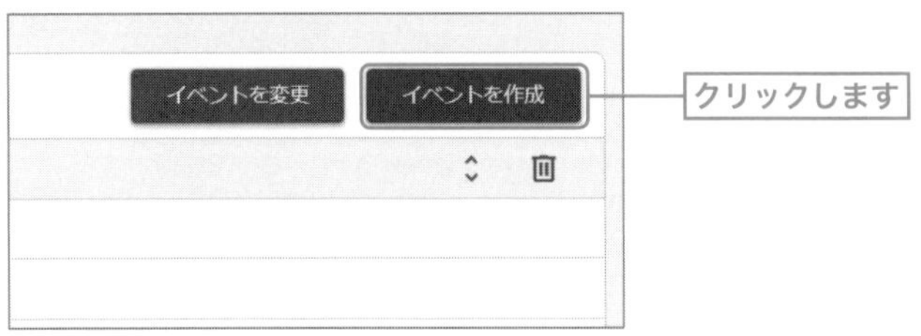

2. 複数のデータストリームがある場合は、イベントを作成したいデータストリームを選択します。

3. 「作成」ボタンをクリックして、作成画面に移動します（すでに作成したイベントの一覧は、この画面で確認できます）。

4. イベントの作成画面が表示されるので、条件を指定します。

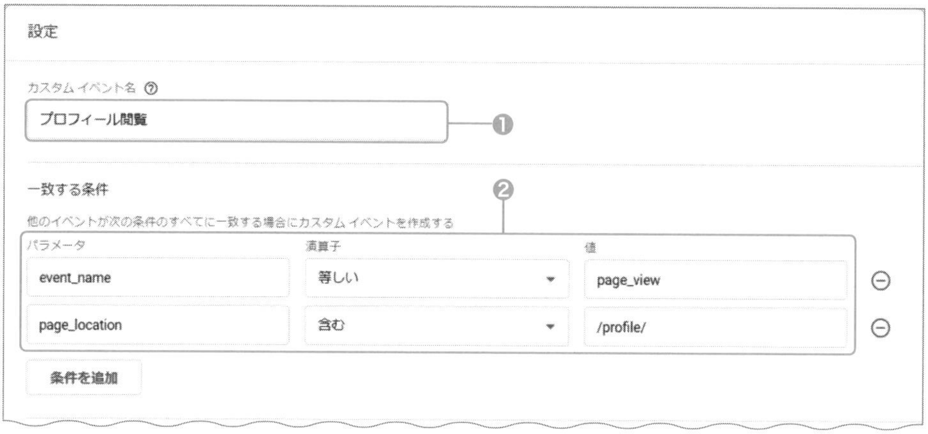

設定

カスタム イベント名 ?

プロフィール閲覧 ❶

一致する条件 ❷

他のイベントが次の条件のすべてに一致する場合にカスタム イベントを作成する

パラメータ	演算子	値
event_name	等しい	page_view
page_location	含む	/profile/

条件を追加

❶カスタムイベント名：画面上で表示される名称を入力しましょう。

- **イベント名で大文字と小文字は区別されます**
- スペースは利用することができません。英数字や日本語は利用できます
- 予約済みのイベント名は利用することができません。またすでに取得しているイベントと同じ名称は利用できません

❷一致する条件：条件を設定していきます。イベント名やイベントパラメータ名を条件に指定することができます。複数の条件を設定した場合、すべての条件を満たす必要があります。上記画像の例では、page_viewのイベントに対して、page_locationが/profile/を含むときを条件にしています。この設定で特定のページを閲覧したという設定が可能になります。
イベント名とイベントパラメータ名に関してはChapter 1で解説していますので、自信のない方は改めて確認しておきましょう。

page_locationの設定だけでは「閲覧ページ」の特定はできません。なぜなら、page_locationというイベントパラメータ名は他のイベントでも利用されているからです。page_locationだけを設定するとスクロール完了やセッション開始、外部リンククリックなど、page_locationを利用しているすべてのイベントが集計対象となってしまいます。

イベントパラメータを条件に利用する場合は、そのイベントでしか利用していない場合を除き、イベント名も併せて設定してください。

このように、イベントの作成は現在取得しているイベント名とイベントパラメータ名から作成します。現在取得していないイベントを利用したい場合、同様に「カスタムイベントの実装」を行う必要があります。

イベントを作成するときには、2つのオプションを設定できます。

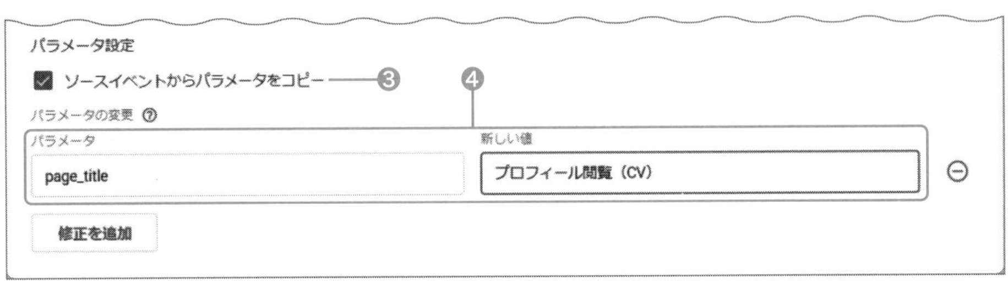

❸ソースイベントからパラメータをコピー：条件として指定したイベント名で自動取得しているパラメータがある場合、こちらにチェックを入れておくと、新しいイベントでもそのパラメータを自動で取得することができます。例えばpage_viewのイベントの場合は、page_locationとpage_referrerなどが取得されていますが、これを新しく作成したイベントでもパラメータとして利用したい場合はチェックを入れておいてください。基本的には、チェックを入れることを推奨します。

❹パラメータの変更：設定をオンにしたときに取得するパラメータの値を別の値に置き換えたい場合に設定します。page_viewイベントではデフォルトで「page_title」が取得されていますが、それを別のタイトル名に変えたいときに利用するもので、頻度は高くないでしょう。意図的に変えたいときのみに利用しましょう。

「保存」ボタンをクリックすると、新しいイベントが登録されます。

なお追加したイベントに関しては、すぐにイベント一覧に反映されるわけではありません。実際に計測された場合にのみ表れます。

また、**表示されるのに24〜48時間ほどかかるケースがあります**ので、イベントを作成したら、そのイベントをページ閲覧などをして発生させておきましょう。

イベント作成例

いくつかイベントの作成例を紹介します。

特定ページの閲覧

イベント名 event_name：page_view

イベントパラメータ page_locationでURL条件 あるいは page_titleでタイトル条件を指定

特定ランディングページの閲覧

イベント名 event_name：session_start

イベントパラメータ page_locationでURL条件 あるいは page_titleでタイトル条件を指定

特定ファイルのクリック

設定

カスタム イベント名 ⑦

ABテスト資料ダウンロード

一致する条件

他のイベントが次の条件のすべてに一致する場合にカスタム イベントを作成する

パラメータ	演算子	値
event_name	等しい	file_download
link_url	含む	abtest.pdf

条件を追加

イベント名 event_name：file_download

イベントパラメータ link_urlでクリックしたURLを指定、またはfile_nameでファイル名、あるいはfile_extensionで拡張子指定

特定外部リンクのクリック

イベント名 event_name：click

イベントパラメータ link_urlでURL条件 あるいは link_doainでドメイン指定

特定金額以上の購入

イベント名 event_name：purchase

イベントパラメータ vaueで金額指定、またはcouponで利用クーポン指定など、purchaseで取得しているイベントパラメータで条件指定

イベント作成に関する仕様

- イベント作成は既存イベントを置き換えるものではなく、新たにイベントを作成します。
- 作成後、該当イベントが発生しないとイベント一覧ページには出てきません。反映に数日かかるケース、あるいは件数が少ないとしきい値の影響で表示されないケースがあります。
- **作成したイベントは過去に遡って集計はされず、設定した日以降の集計**となります。

イベントの変更

GA4で取得しているイベントは、「管理」➡「プロパティ」➡「イベント」で確認することができます。

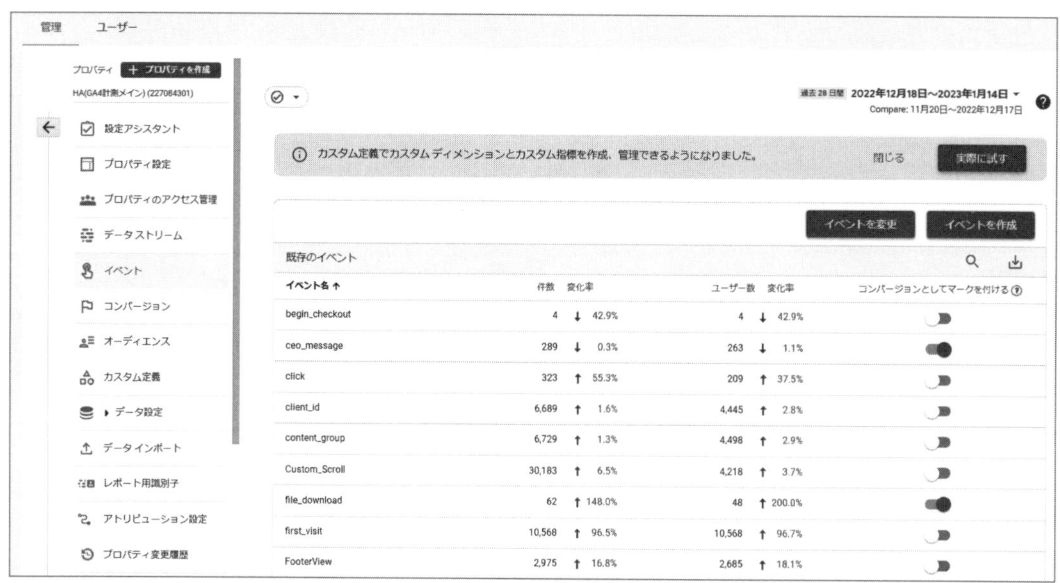

現在取得しているイベント名やイベントパラメータを元に、イベントの設定を変更できます。
利用するシーンとしては、以下のようなものが考えられます。

- 実装を変えずにイベント名やイベントパラメータ名を変更したい
- 実装のミスを修正したい
- 特定パラメータ名を空白にしたい

それでは、イベントの変更方法を確認していきましょう。
イベントを変更すると、元のイベントを上書きします。また過去に遡って反映はされないため、変更前と変更後のイベントが残る形になります。

関連公式ヘルプ

https://support.google.com/analytics/answer/10085872?hl=ja

イベントを変更する

1. イベント一覧画面の右上にある「イベントを変更」ボタンをクリックします。

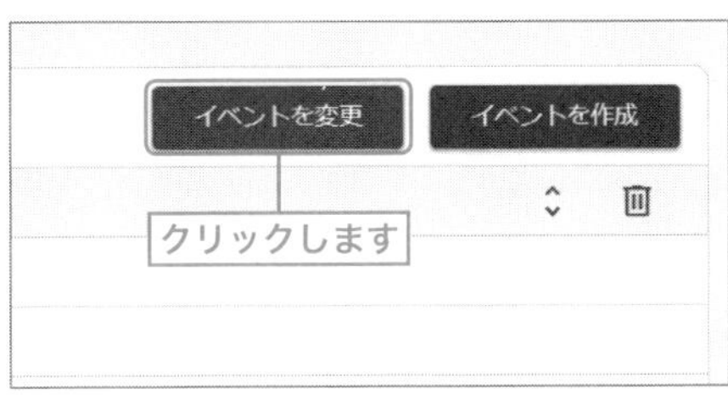

2. 複数データストリームがある場合は、イベントを作成したいデータストリームを選択します。

3. 「作成」ボタンをクリックして、作成画面に移動します（すでに変更したイベントの一覧は、この画面で確認できます）。

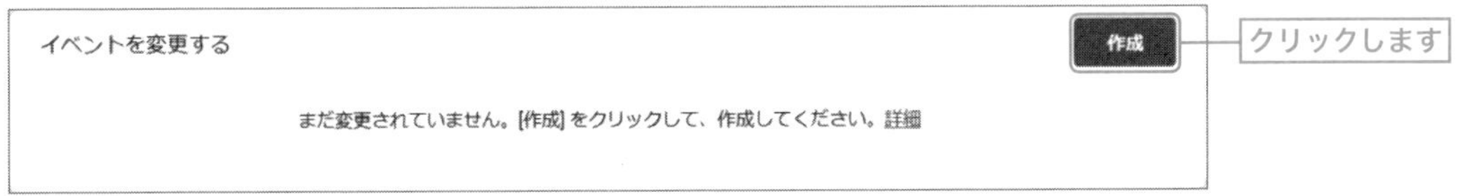

4. イベントの変更画面が表示されるので、条件を指定します。

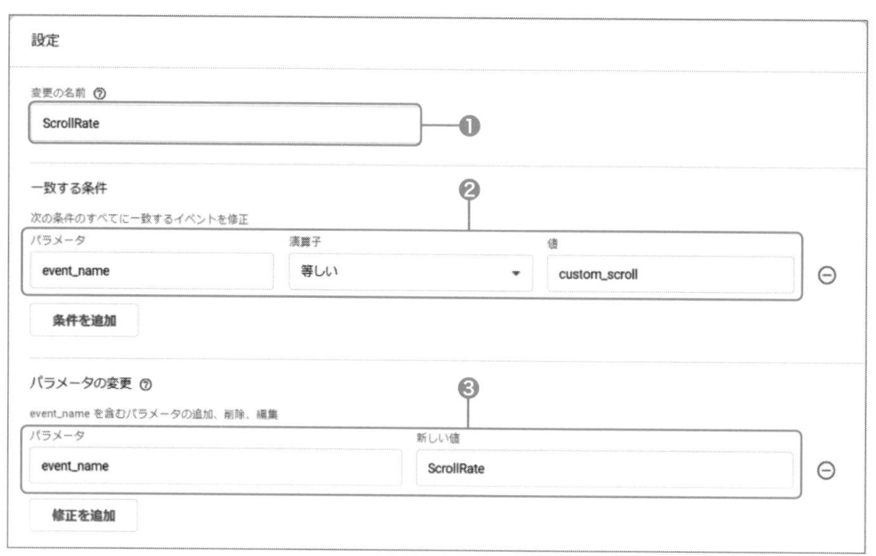

❶**変更の名前：**画面上で表示される名称を入力しましょう。

- イベント名で大文字と小文字は区別されます。
- スペースは利用することができません。英数字や日本語は利用できます。
- 予約済みのイベント名は利用することができません。また、すでに取得しているイベントと同じ名称は利用できません。

イベントの変更では、演算子で正規表現を利用できません。

❷**一致する条件：**変更元の条件を指定しましょう。ここでは、event_nameがcustom_scrollに等しいを選んでいます。
❸**パラメータの変更：**変更後のイベント名を指定しています。ここでは、ScrollRateという名称にしました。

これによって、今までcustom_scrollという名称で計測されていたイベントは、ScrollRateという名称で計測されるようになります。「保存」をクリックすると、変更したイベントが登録され計測が開始されます。

こちらの例では、実装時に間違えて「currency（通貨）」を「curency」という変数で取得してしまったため、そちらを修正するような変更例になります。

■イベント変更に関する仕様

- **コンバージョンとして設定しているイベント名称を変更すると、新しい名称のイベントはコンバージョン設定が外れます。**改めてコンバージョン設定を行いましょう。
- 過去に遡って変更は適用されません。
- イベントの変更は最大50個まで可能です。
- 変更は「イベントの変更」の順番で反映されます。複数の変更で依存関係がある場合は、順番を変えることが可能です。

カスタムイベントの実装

GA4で最初から取得できているイベントや、取得しているイベントを条件に新しいイベントを作成する場合は実装する必要はありませんが、最初から用意されていないイベントを計測するためには実装が必要となります。既存のウェブページへの記述の追加、あるいはGTM上での設定が必要となります（Googleタグで実装している場合はGTM上の設定は不要ですが、計測記述の変更は必要です）。

本書では、主にGTMを利用したカスタムイベントの実装方法を紹介します。

カスタムイベント実装の手順

カスタムイベントの実装は、大きく5つに分かれています。

1. 取得したいデータの取得方法を決定する
2. 必要に応じてページやサイト内への記述の追加を行う
3. GTMで取得のための設定を行う（変数・トリガー・タグの設定）
4. 計測が正しくできているかを確認する
5. カスタムディメンションの登録

それぞれのステップを「特定のクリックを計測する」を例に見てみましょう。

1. 取得したいデータの取得方法を決定する

弊社ウェブサイトの下部にある「お問い合わせ」と「資料ダウンロード」のクリック回数を計測したいとします。

お問い合わせ >>　　資料ダウンロード >>

サイトの各ページには、このようなボタンが入っており、どこで何回クリックされているかが確認できます。資料ダウンロードの1つ前のページを見るという方法もありますが、このリンク以外にもヘッダーやフッターに「お問い合わせ」や「資料ダウンロード」へのリンクがあり、どれをクリックしたかを区別できません。

そこで、この枠のリンク計測だけ行いたいと思います。まず決めないといけないのは、「このリンクだと特定する要素があるか？」ということです。ページのソースや検証ツールを使ってみましょう。

以下の画像はGogole Chromeのデベロッパーツール（Chromeの右上にある：をクリック➡その他ツール➡デベロッパーツールで利用可能）を使って、該当箇所のclass名を確認しました。

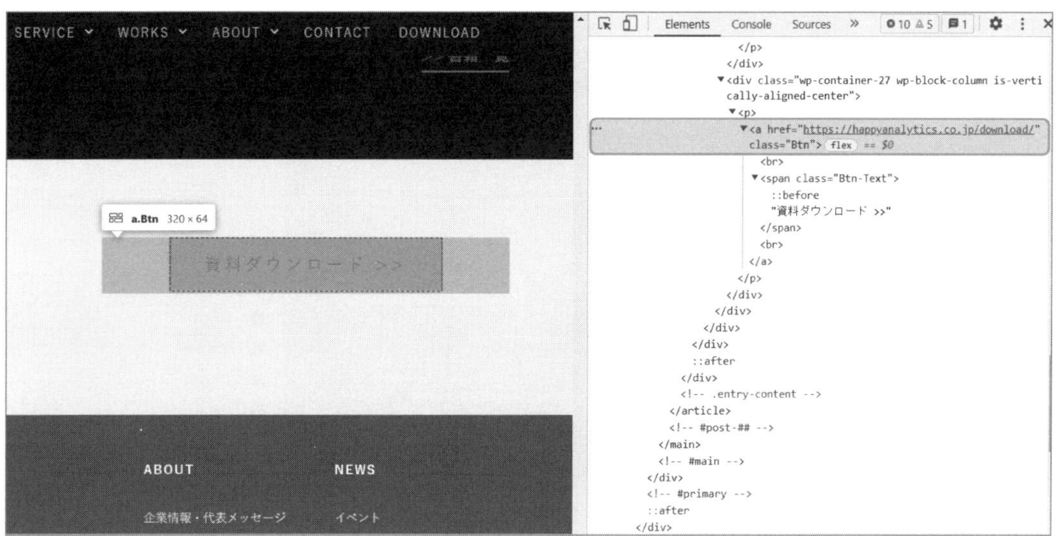

こちらを見ると、「Btn」というクラス名があることがわかります。このクラス名は、この枠のリンクでしか使っていません。今回はこちらを使ってこのリンクが押されたことを特定しましょう。

2. 必要に応じてページやサイト内への記述の追加を行う

今回はユニークな要素があったので、ページやサイト内への記述の追加は必要ありませんでした。

ユニークな要素が無い場合は、class名などの実装が必要となります。制作会社やHTMLを編集できる人に相談しましょう。GAで利用することを特定するため、ga4-button-clickのようなclass名を付けてもよいでしょう。

取得するデータにより追加する記述は変わります。取得する要件に応じた実装方法は、Section 5-8のイベントの実装事例集や、Section 5-12のeコマースの実装にて説明しています。

3. GTMで取得のための設定を行う

GA4でデータを取得するための設定をGTMで行いましょう。

GTMでは主に「変数」「トリガー」「タグ」という3つの設定項目があります。こちらも取得したい内容によって設定が異なります。取得内容によっては、「変数」などの設定は必要ありません。

■変数の設定

今回の例の場合、「変数」はGTMの組み込み変数として用意されています。GTMにログインして、設定画面内にある「変数」のページから「組み込み変数の設定」を選択して、「Click Classes」にチェックを入れましょう。チェックを入れることで、class名をGTMで利用できるようになります。

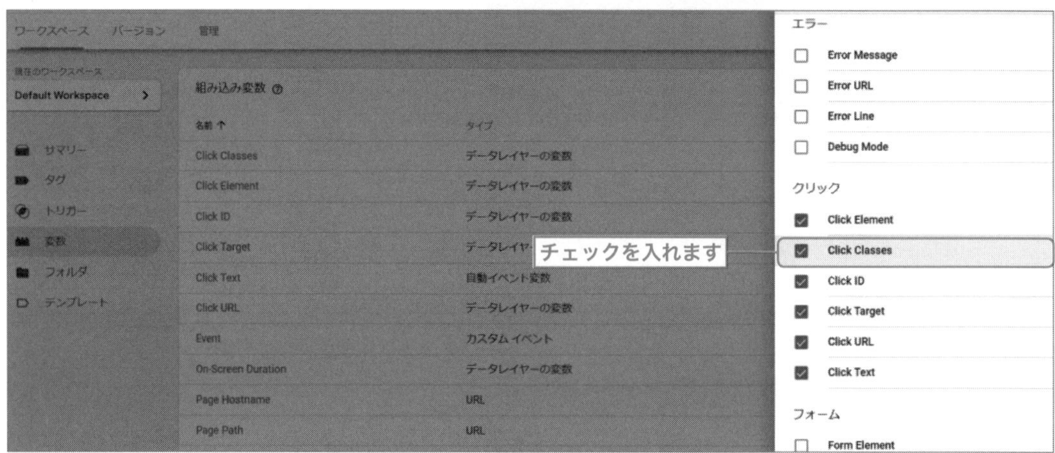

■トリガーの設定

次に計測タグを動かすための条件(トリガー)設定を行います。今回はClick ClassesがBtnに一致するという条件になります。

トリガーの画面から「新規」をクリックして、以下の条件を設定しましょう。

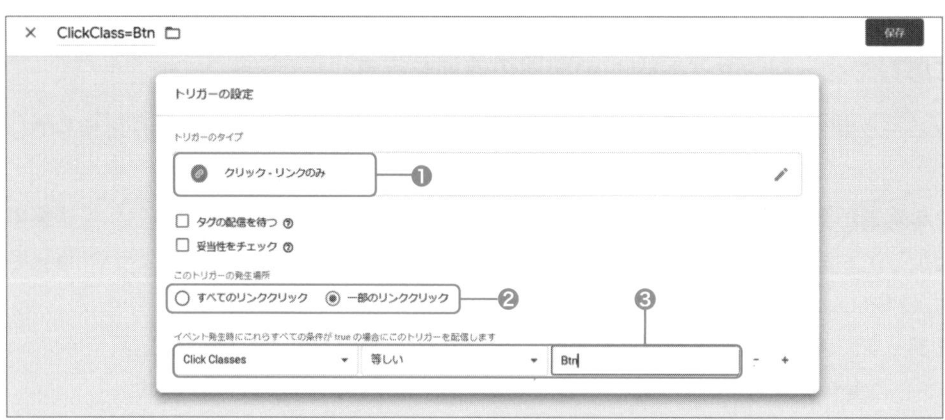

❶トリガーのタイプ：クリック - リンクのみ
❷トリガーの発生場所：一部のリンククリック
❸トリガー配信条件：Click Classes 等しい Btn

■タグの設定

最後にタグの設定を行います。GA4のイベントはイベント専用のタグがあるので、そちらを選択します。タグの画面から「新規」をクリックし、「Googleアナリティクス：GA4イベント」を選択してください。

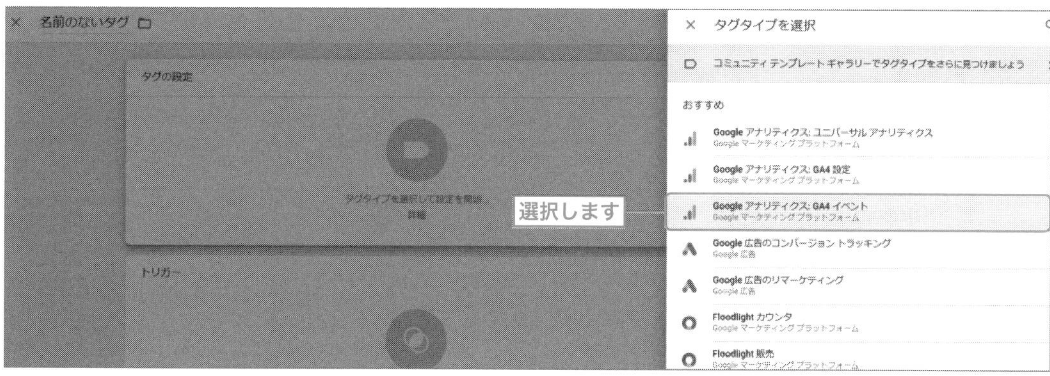

取得するデータの設定を行っていきます。

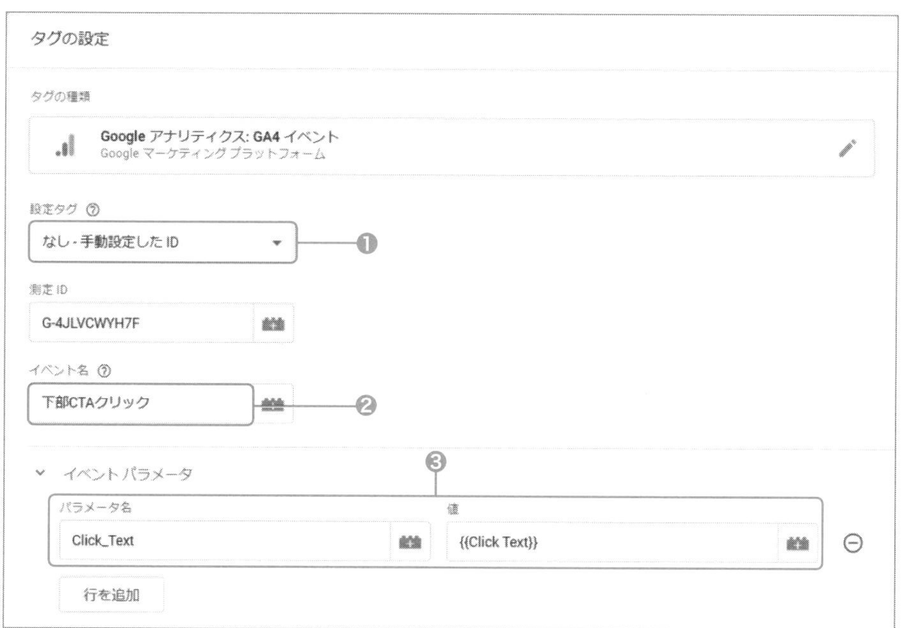

❶設定タグ：変数で測定IDを登録している場合は、登録した変数名を選択します。変数として登録していない場合は「なし - 手動設定したID」を選び、測定IDを設定します。**測定IDは、GA4の管理➡プロパティ➡データストリーム内から確認できます**。
❷イベント名：GA4の画面上で表示したいイベント名を決めます。
❸イベントパラメータ：イベントに紐付けたいパラメータを設定します。パラメータ名は任意です。値は固定で入れるか、値の右横にある＋ボタンをクリックして変数から選択します。
今回はリンクが2つあり、それぞれの文字列が異なります。どちらが何回押されたかを区別するために、「Click Text」を設定します。

パラメータは複数追加できるので、必要に応じて行を追加してください。以下のパラメータ名は全イベントで自動取得されるため、追加で設定する必要はありません。

- **language（言語）**
- **page_location（ページのURL）**
- **page_referrer（1つ前のページのURL）**
- **page_title（ページタイトル）**
- **screen_resolution（画面解像度）**

今回の例では、どのページで押されたかは「page_location」や「page_title」を見ればわかるので、新規に設定する必要はありません。次に、このタグを発動させるトリガーの設定も行います。さきほど作成したトリガーを選択しましょう。最終的に以下の形になります。

4. 計測が正しくできているかを確認する

計測が正しくできているかを確認するためには3つのステップがあります。それぞれ確認していきましょう。

■GTMのプレビューモードでタグが動作しているかを確認する

GTMのプレビューモードを動作させます（右上から「プレビュー」を選択）。テストしたいURLを入力して接続すると、対象ページが開きます。

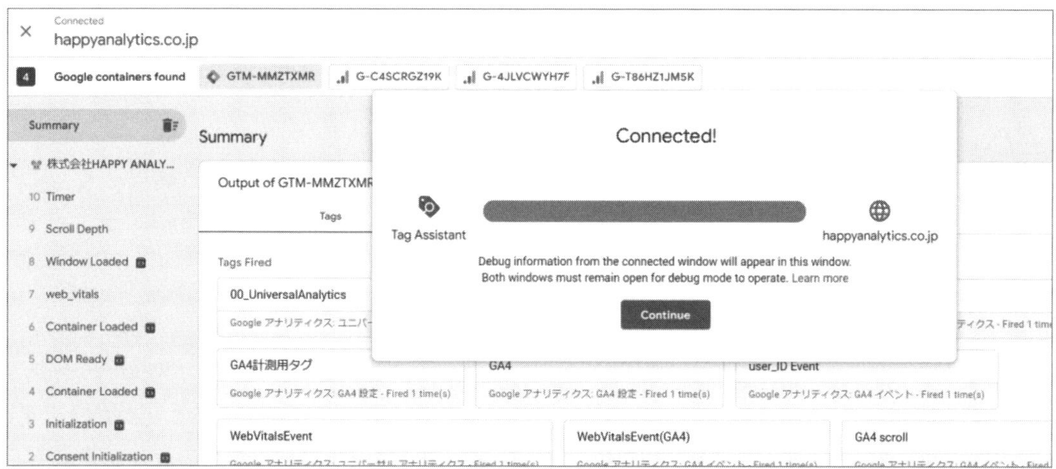

ページ下部に移動して、リンクをクリックしてみました。

今回はLink Clickの計測なので、プレビュー画面の「Link Click」を選択しましょう。

「Tags Fired」（動作したタグ）の中にさきほどの「GA4-下部CTAクリック」のタグが存在することがわかります。該当の枠をクリックしてみましょう。

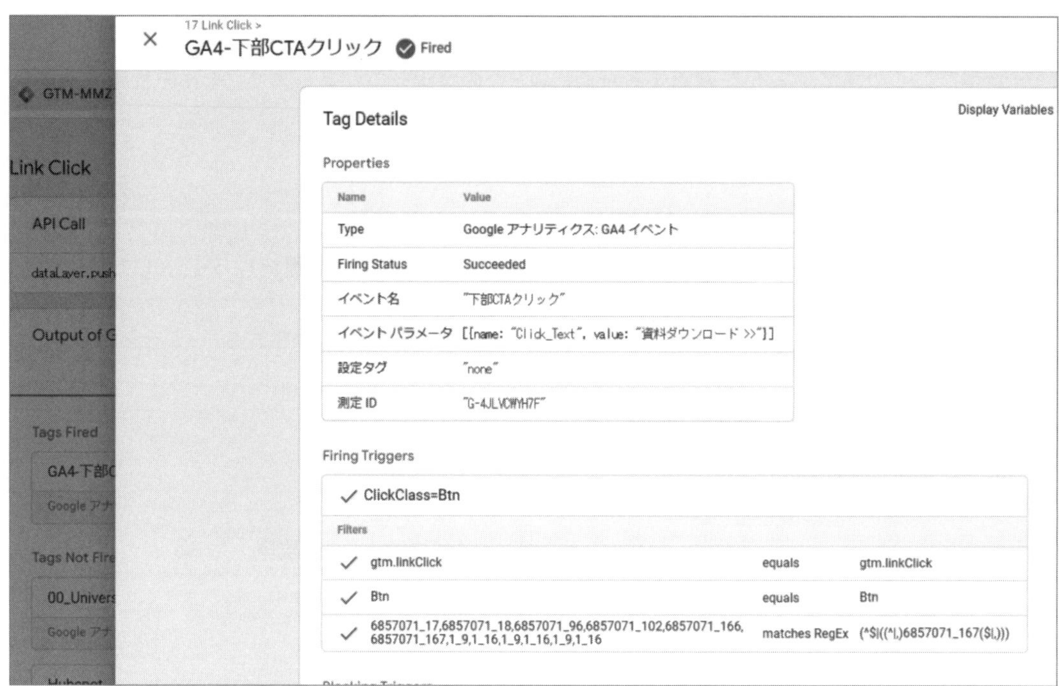

上記のように、イベント名、イベントパラメータ共に正しく設定されていることがわかります。これでGTM側での検証は完了です。計測ができていない場合はトリガーやタグの設定を間違えている可能性があります。トリガーを間違えている上記画像の下部（Firing Triggers内）に、いずれかがチェックではなく×になっているかと思われます。

■GA4のデバッグビューで確認を行う

GTM側でのタグ動作は確認できました。次にGA4にデータが送られているかを確認しましょう。「管理」➡「プロパティ」➡「DebugView」で今アクセスしたデータが計測されているかを確認できます。

今回は「下部CTAクリック」が発生しているかを確認しましょう。

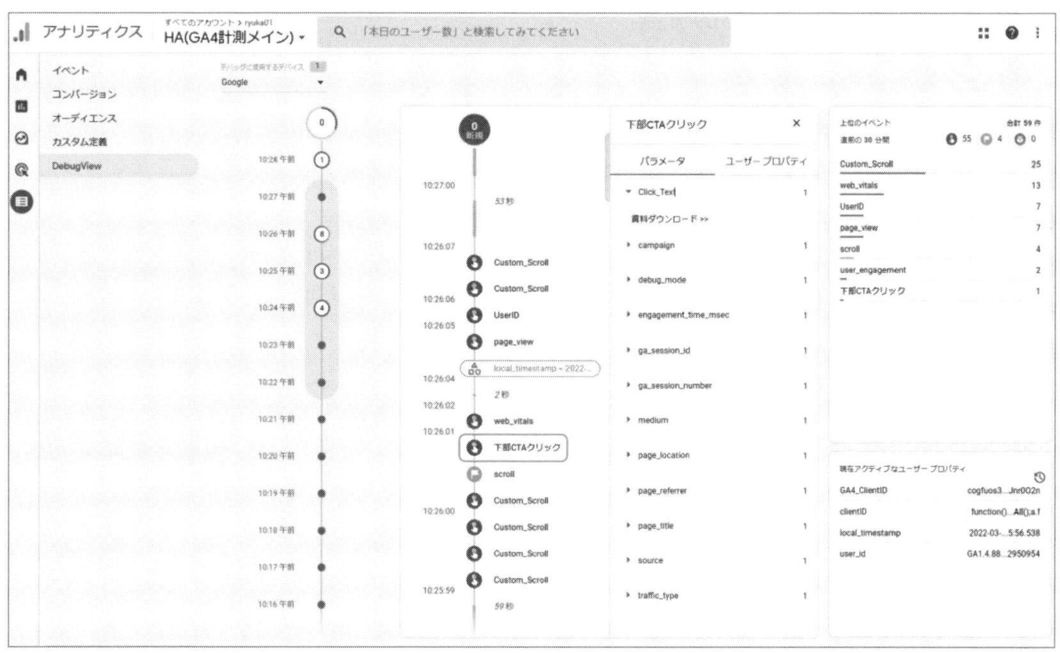

10時26分に「下部CTAクリック」が存在するのが発見できます（画像中央部）。こちらをクリックすると、取得しているパラメータも確認できます。一番上の「Click_text」をクリックすると、「資料ダウンロード >>」とデータ計測ができているのがわかります。ここで確認できない場合は、プレビューモードがうまく動作しなかった、違うプロパティを見ているなどが考えられます。

ここまで確認できたら、GTMを「公開」して本番でリリースしましょう。

デバッグビューの詳しい使い方は、Section 5-7で紹介します。

■GA4のイベント画面で計測確認を行う

本番公開してクリックが行われるとGA4にデータが貯まっていきます。計測されたイベントは「設定」内の「イベント」で確認できます。**画面に表示されるのに最速でも数時間、場合によっては数日かかります。**データが計測されるように本番リリースしたら、自分で一度はイベントを発生させておきましょう。

画面上でイベントが出てきたら、無事に計測完了です。

5. カスタムディメンションの登録

イベント取得に新しく設定した「イベントパラメータ」はカスタムディメンションとして登録しないと、レポートや探索で利用することができません（イベント名は登録しなくても表示されます）。今回の例は「Click_Text」という新しいイベントパラメータを作成したので、これを登録しておきましょう。

この作業は、本番公開前に行っても大丈夫です。「管理」➡「プロパティ」➡「カスタム定義」のページにアクセスし、「カスタムディメンションを作成」をクリックします。

以下のように登録を行います。

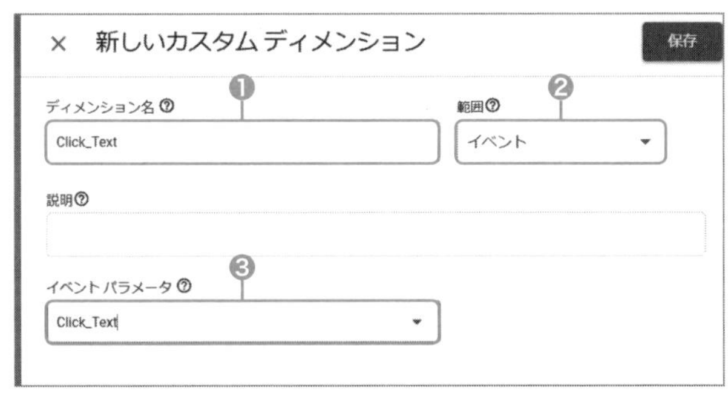

❶**ディメンション名**：画面上で表示される名称。イベントパラメータ名と同じだとわかりやすいでしょう。

❷**範囲**：取得するイベントパラメータのスコープを選びます。イベントとユーザー単位が選べます。該当イベントが同一ユーザーで変わる場合はイベント、会員IDなどの属性情報の場合はユーザーを選択しましょう。

❸**イベント パラメータ**：作成したイベントパラメータを登録します。

1つのプロパティ以内で設定できるカスタムディメンションはイベント範囲が50個、ユーザー範囲が25個となります。

これで、レポートや探索内で「Click_Text」のパラメータが選べるようになります。

■コンバージョンの登録

作成したイベントは計測されると「管理」➡「プロパティ」➡「イベント」で表示されますので、こちらをコンバージョンとして登録することが可能です。

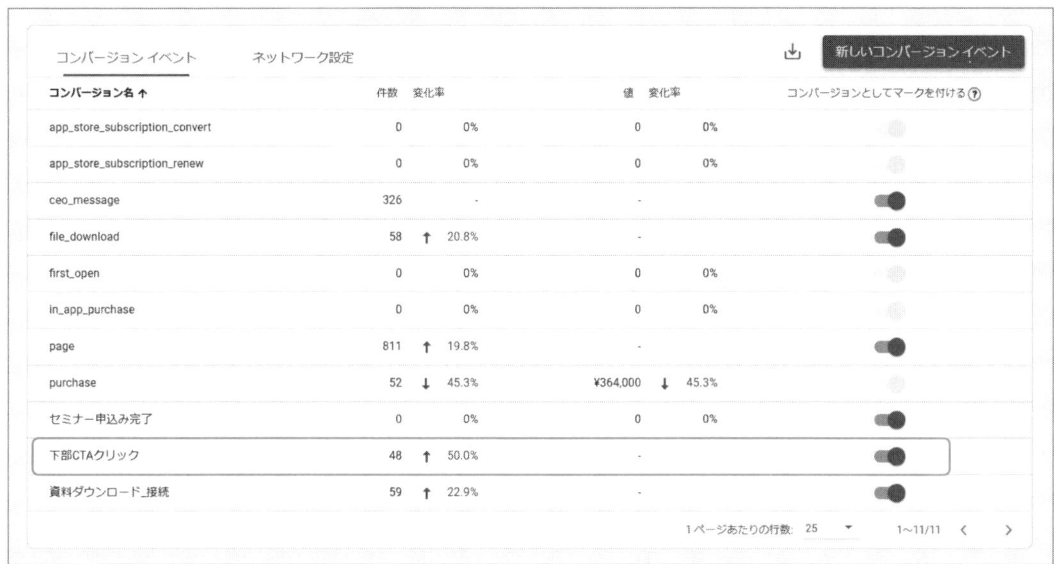

該当イベントを見つけて、「コンバージョンとしてマークを付ける」をオンにしてください。

Section データが正しく取得できているかを確認したい！

5-7 DebugViewを深く知る

使用レポート ▶▶▶ 管理 ➡ プロパティ ➡ DebugView

デバッグビューでは、デバッグモードが有効化された状態のデータだけをリアルタイムで確認することができます。GA4内のリアルタイムのレポートとは違い、以下の点がメリットになります。

❶デバッグが有効化された状態のデータだけをチェックできる
❷イベント単位で細かいデータをブラウザ単位で追いかけることができる

デバッグが有効化されると、アクセスしているURLに「debug_mode」というパラメータが付与され、このパラメータが付与されたアクセスのみをデバッグビューで確認できます。

デバッグビューの利用シーン

利用シーンとして最も多いのが、GTM等で実装を行った後、本番公開する前にデータが正しく計測できているかを確認するというものです。この方法によって、データが正しくGoogleアナリティクスに送られているのを確認した上で本番公開ができます。

ここでは、2つのデバッグ有効化の方法を紹介します。

Google Chromeの拡張機能をインストールする

以下のGoogle Chromeの拡張機能をインストールして拡張機能を有効にすると、デバッグモードを停止するまで、デバッグビューでデータを確認できます。

https://chrome.google.com/webstore/detail/google-analytics-debugger/jnkmfdileelhofjcijamephohjechhna

オンの状態でアクセスしたときのDebugViewです。debug_modeが「1(オン)」になっていることがわかります。

● **GA Debugの拡張機能をオンにした状態**

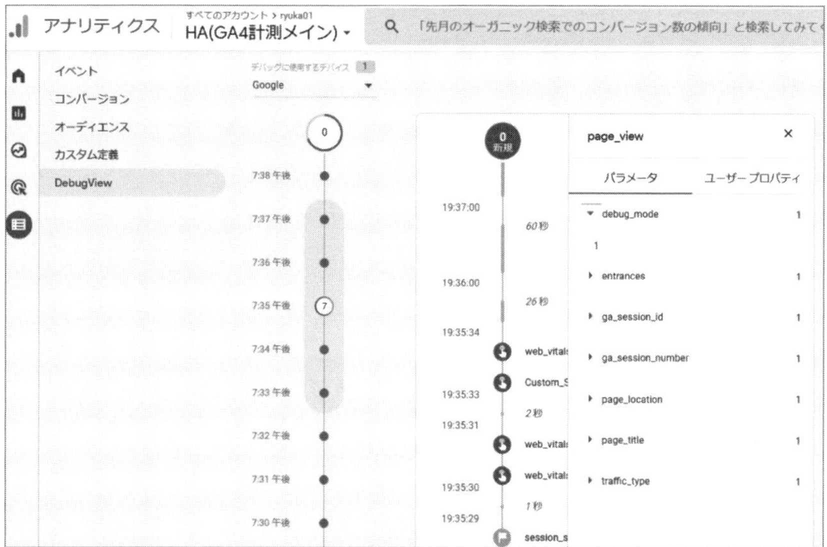

GTMのプレビューモードでページにアクセスしたときに有効化する

GTMでプレビューモードを選択した際に、テストするページを指定します。そのときに下部のオプションで「Include debug singal in the URL」にチェックを入れると、デバッグモードを有効化できます。

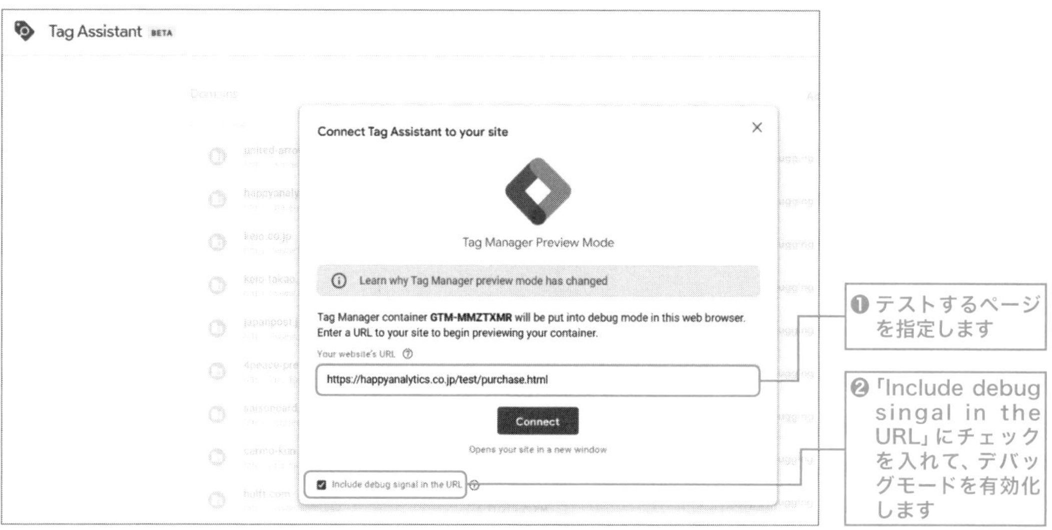

デフォルトでオンになっているはずですが、チェックが入っていない場合はチェックを入れましょう。リアルタイムのレポートで見ると他のデータと混ざってしまい、検証できる項目も少なくなってしまいます。

デバッグモードになれば、DebugViewでデータを確認できます。

DebugViewのタイムライン

DebugViewはDebugViewは、「管理」➡「プロパティ」➡「DebugView」からアクセスできます。

一番左にタイムラインが表示されます。分ごとに何件のイベントが発生したかがわかります。数値が入っている部分をクリックすると、該当時間の発生イベントが真ん中の列に表示されます（クリックしない場合は、最新のイベントが真ん中の列に表示されています）。

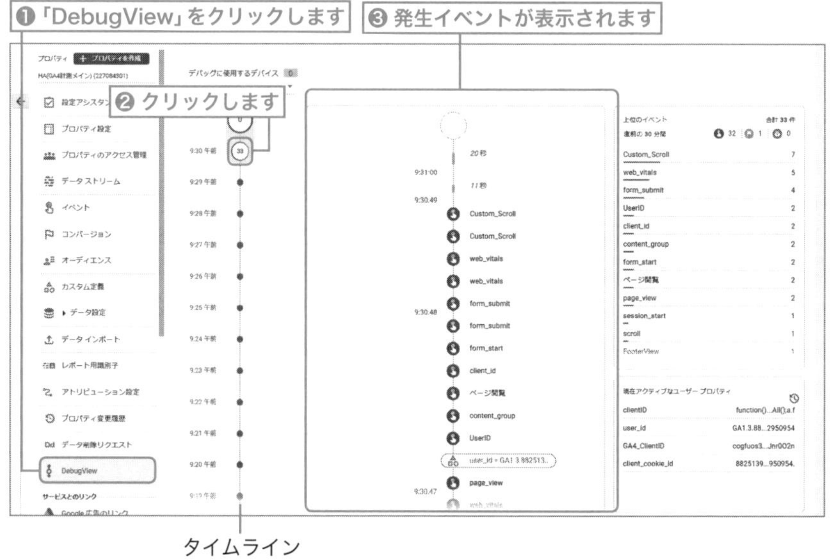

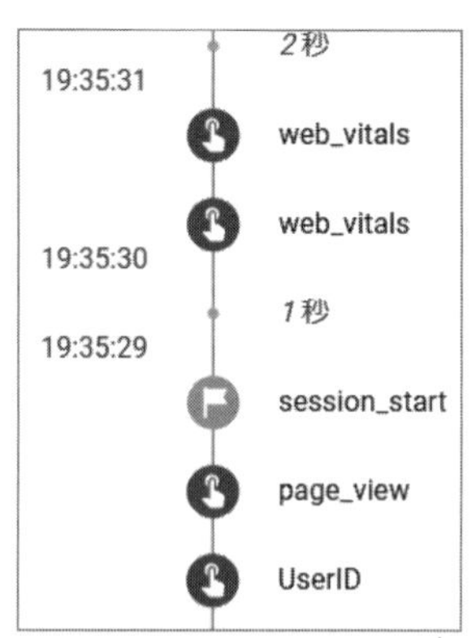

真ん中の列では発生したイベントを見ることができます。

1つひとつの円がイベントを表しており、青い円がイベント、緑の円がコンバージョンイベント、オレンジのイベントがエラーイベントになります。この部分はリアルタイムに更新され、最新のイベントと時間がどんどん入ってきます。

まずは、ここで望んだイベントが取得されているかを確認しましょう。

イベントをクリックすると、該当イベントのパラメータが右側に表示されます。選択したイベントで取得しているパラメータと紐付いているユーザープロパティ（カスタムディメンションでスコープが「ユーザー」になっている項目）を見ることができます。

パラメータ名をクリックすると、値も見ることができます。右の例はpage_viewというイベントに対して、page_locationというパラメータが付与されており、そのパラメータ値は「https://happyanalytics.co.jp」となっています。こちらを利用することで、イベントに適切なパラメータが設定されているかを確認できます。

オレンジの行はユーザープロパティが設定された場合に表示され、こちらをクリックすると取得しているユーザープロパティを確認できます。

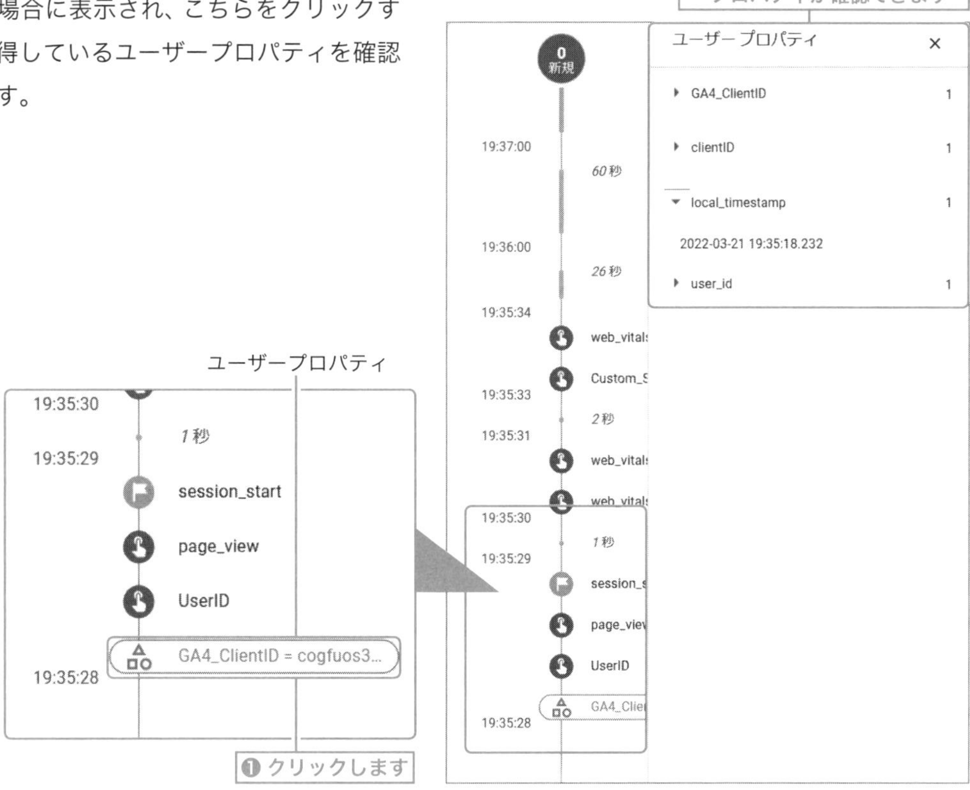

画面の右側には直近30分間の上位のイベントとその回数が確認でき、右下では現在デバッグモードに入っているユーザーのユーザープロパティと値を見ることができます。

複数ブラウザでのデバッグモード

複数の人が同時にデバッグモードになっている場合は、画面上部にある「デバッグに使用するデバイス」のプルダウンメニューから該当する行を選択すると、それぞれ個別に確認ができます。

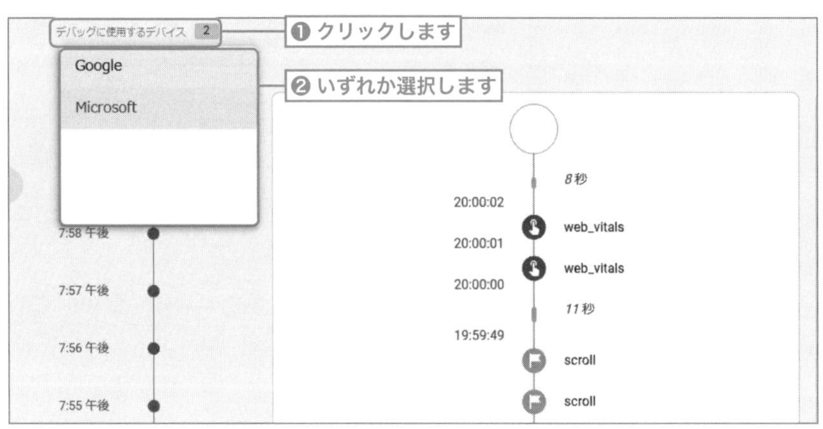

自分が利用しているブラウザやOSの名称を元に選択しましょう。名称自体は自動で設定されるため変更することはできません。

Section 5-8 GA4でサイト独自のイベントを計測したい！
カスタムイベントの実装事例

GA4で自動取得あるいはGA4の管理画面の設定だけで取得できるイベント以外の「カスタムイベント」の実装事例集になります。取得方法は、GTMの利用を前提としています。
実装に伴い、サイト内のHTMLの修正や追加が発生する場合もあります。修正や追加が発生するかは、サイトによって変わってきます。必要に応じて制作会社、エンジニアやコーディングを担当される方に確認しながら設定を行っていきましょう。

任意のスクロール率計測

サイト側の実装 不要

GTMの設定 必要

1. GTMの変数から組み込み変数を追加します。「Scroll Depth Threshold」にチェックを入れてください。

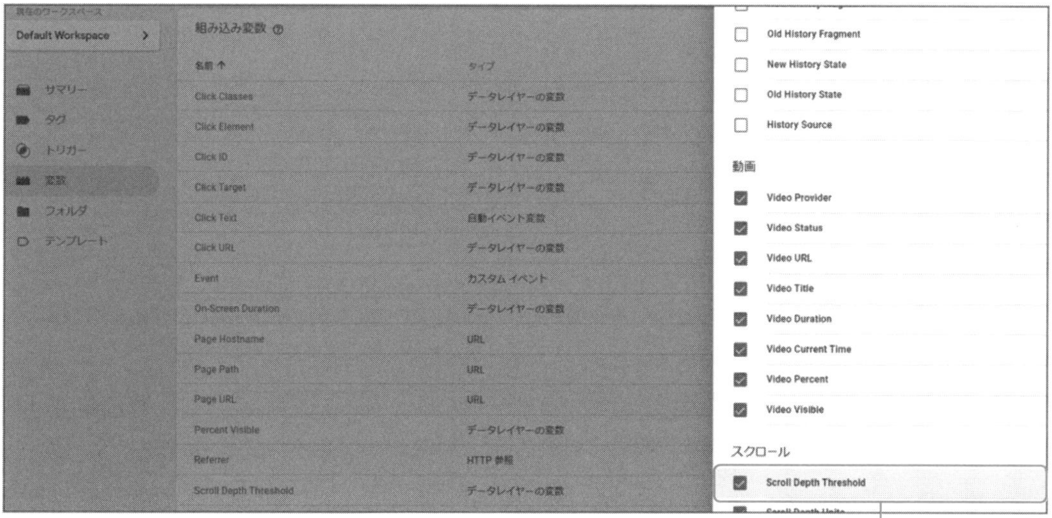

チェックを入れます

2. GTMのトリガーから新規トリガーを作成します。以下の条件でトリガーを設定します。

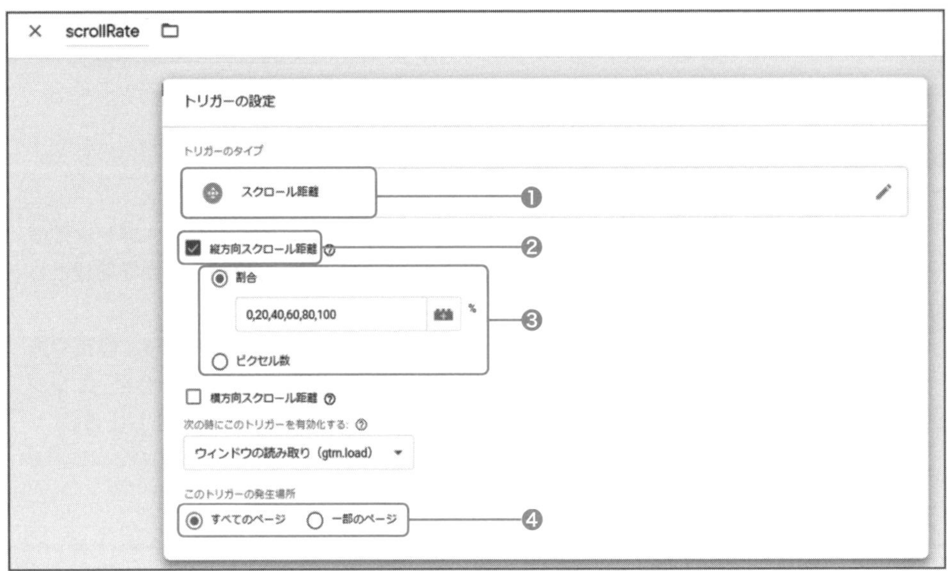

❶トリガーのタイプ：スクロール距離

❷縦方向スクロール距離：チェックを追加します。

❸割合あるいはピクセル数：取得したいタイミングを設定します。上記の例（0, 20, 40, 60, 80, 100）では縦の割合で、それぞれ0%、20%、40%、60%、80%、100%の高さまで表示されたときに計測します。

割合あるいはピクセル数を設定する場合は、「0」を設定しておくことをオススメします。集計時に分母を出すことができるので、計算が行いやすくなります。

❹このトリガーの発生場所：全ページ取得する場合は「すべてのページ」、一部のページだけでよい場合はURL条件などを指定しましょう。

3. GA4 イベントのタグを新規に作成しましょう。

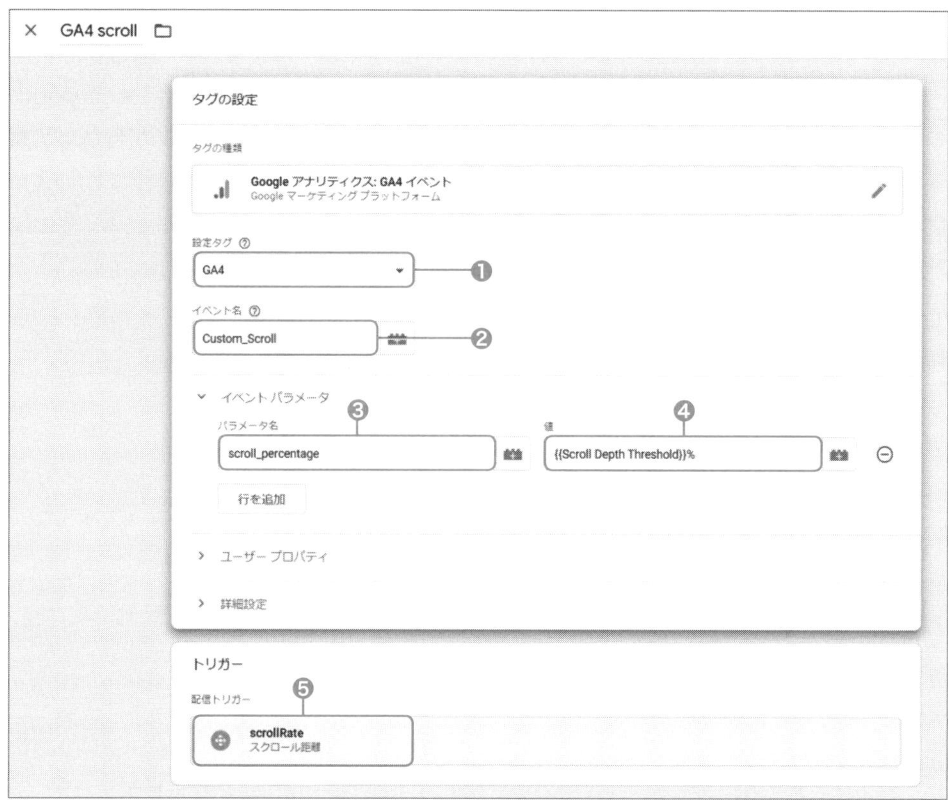

❶設定タグ：測定IDを直接指定するか、測定IDを変数として設定している場合は該当変数名を選びましょう。

測定IDは、「GA4のプロパティ」➡「データストリーム」➡「データストリームの詳細」で確認できます。

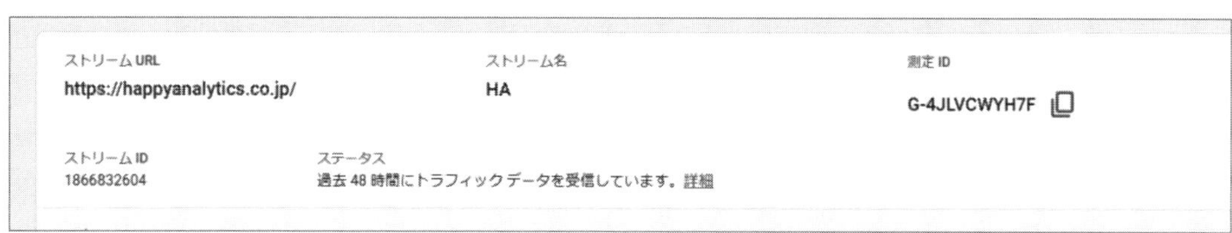

❷イベント名：任意のイベント名を設定します。

「scroll」という変数名は拡張計測機能ですでに利用されているので、scroll以外の名称を付けておくことを推奨します（scrollという名称を付けた場合は、上書きされる形になります）。

また本カスタムイベントを実装する場合、拡張計測機能のスクロール計測はオフにしておくと、わかりづらさを解消できます。

❸イベントパラメータの名称：任意に名称を付けましょう。すでに利用しているイベントパラメータ名は使わないようにしましょう。ここでは、scroll_percentageという名称にしました。

❹イベントパラメータの値：入力枠の右横にあるアイコンをクリックして、{{Scroll Depth Threshold}} を選ぶか記入しましょう。最後に「%」を付けると、レポート表示時に%が付いた状態で見ることができます（例：20%）。

以下のパラメータ名は全イベントで自動取得されるため、追加で設定は必要ありません。他に追加したいイベントパラメータがあれば設定を行いましょう。

- **language（言語）**
- **page_location（ページのURL）**
- **page_referrer（1つ前のページのURL）**
- **page_title（ページタイトル）**
- **screen_resolution（画面解像度）**

❺トリガー：さきほど作成したトリガー「scrollRate」を選択しましょう。保存して計測確認の上、公開しましょう。

4. GA4側でイベントパラメータの名称を登録します。管理画面内のカスタムディメンションの作成で、ディメンションとパラメータ名（今回の場合はscroll_percentage）を登録します。

● **アウトプットレポート例**

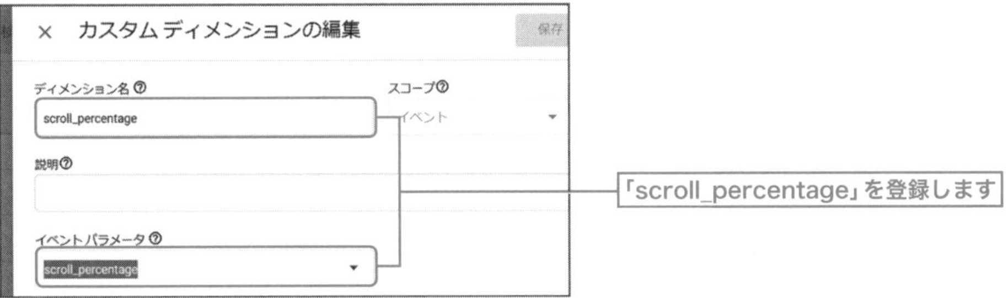

● **探索レポートでscroll_percentageをディメンションとして追加**

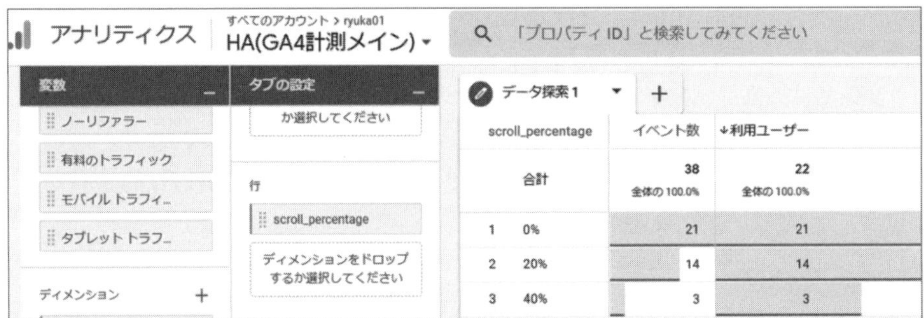

任意のリンクのクリック計測

サイト側の実装 取得内容によっては必要、該当リンクを一意に識別できる条件があれば不要

GTMの設定 必要

Section 5-6の「カスタムイベントの実装」(222ページ)で例として紹介していますので、こちらを参照してください。

任意のリンク以外の要素のクリック

サイト側の実装 取得内容によっては必要、該当リンクを一意に識別できる条件があれば不要

GTMの設定 必要

リンク以外の要素のクリックを計測するときに利用します。代表的な例としては、「ハンバーガーメニューのクリック」「アコーディオンの開閉」などが挙げられます。

1. GTMの組み込み変数でClick関連のものにチェックを入れます。
   必要なものだけをオンにしてもよいですが、今後利用することも考えてすべてチェックを入れておくとよいでしょう。

クリック

- [x] Click Element
- [x] Click Classes
- [x] Click ID
- [x] Click Target
- [x] Click URL
- [x] Click Text

2. トリガーで条件を設定します。

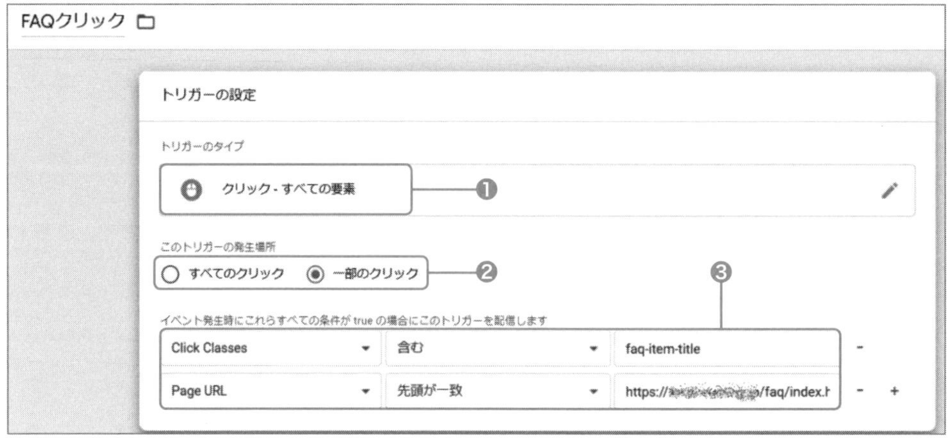

❶トリガーのタイプ：クリック-すべての要素

❷トリガーの発生場所：一部のクリック

❸発生条件：Click Classes：faq-item-title、Page URL：一部ページでのみ取得したい場合は条件を設定します。

アコーディオンをクリックする箇所のclass要素が、こちらの「faq-item-title」などを利用します。サイトの実装によって使うClass名は変わってきます。Class名が設定されていない場合は、実装が必要なケースもあります。

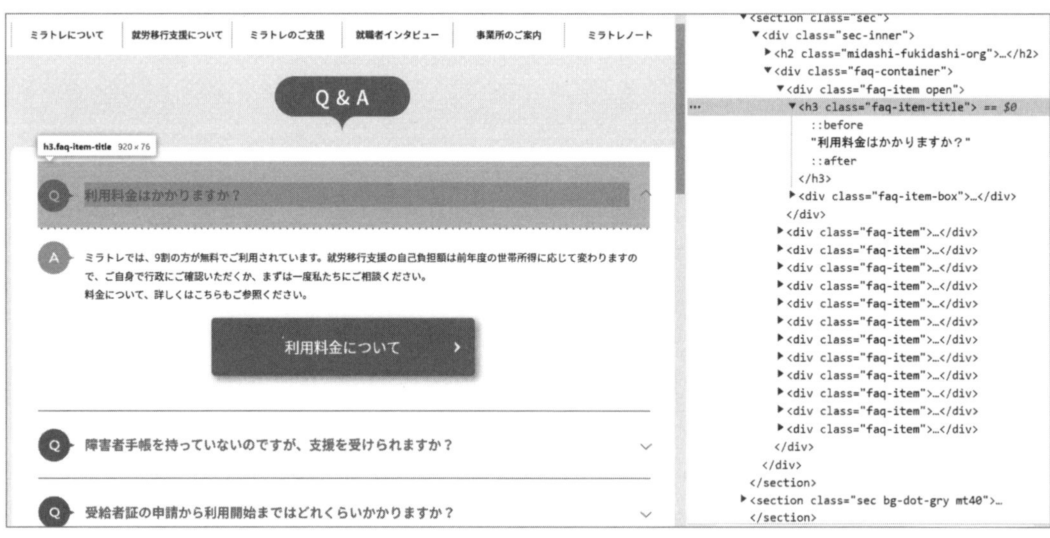

3. GA4のイベントタグを新規に作成します。

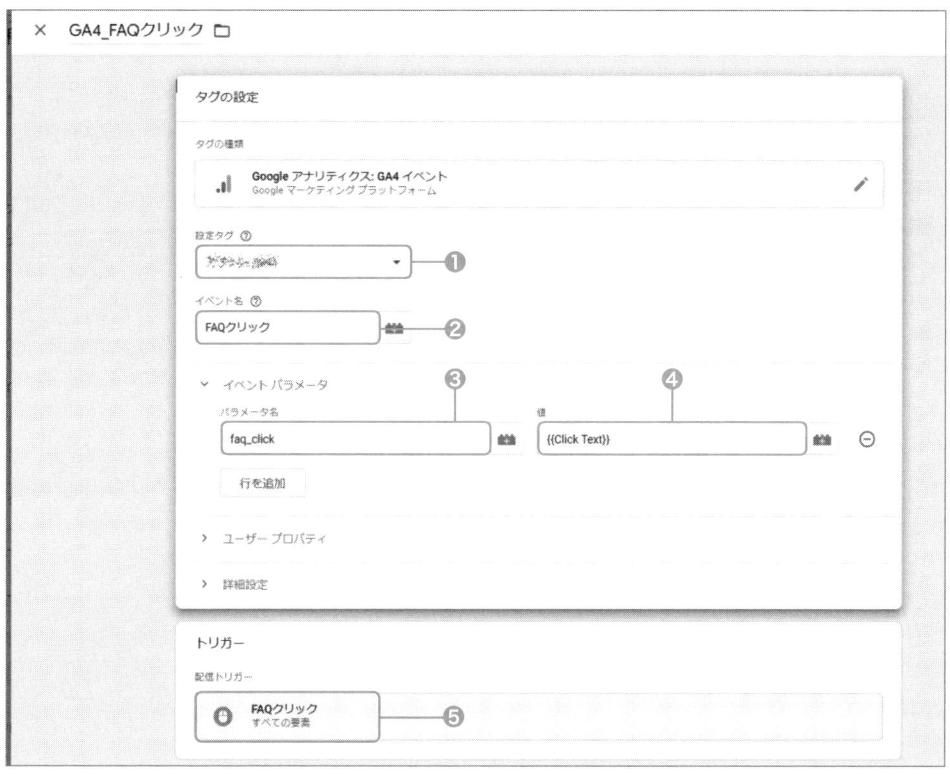

❶設定タグ：測定IDを直接指定するか、測定IDを変数として設定している場合は、該当変数名を選びましょう。測定IDは、「GA4のプロパティ」➡「データストリーム」➡「データストリームの詳細」で確認できます。

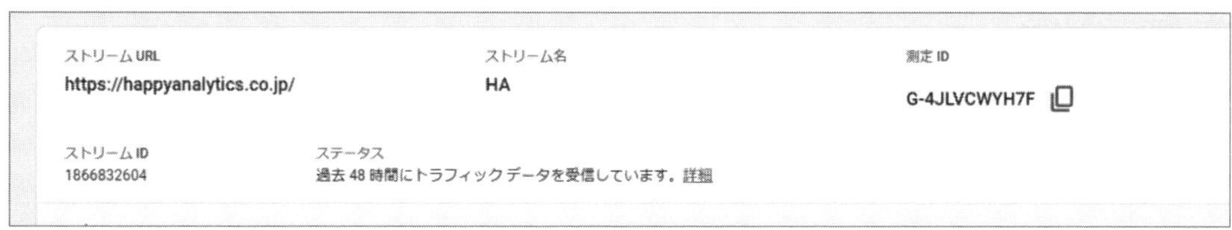

❷イベント名：任意のイベント名を設定します。今回は「FAQクリック」としました。

❸イベントパラメータの名称：任意に名称を付けましょう。faq_clickというパラメータ名を設定しました。

❹イベントパラメータの値：クリックしたときのテキストを取得することで、どの質問に興味があるかを把握できます。{{Click Text}}で設定することが可能です。

以下のパラメータ名は全イベントで自動取得されるため、追加で設定は必要ありません。他に追加したいイベントパラメータがあれば設定を行いましょう。

- **language（言語）**
- **page_location（ページのURL）**
- **page_referrer（1つ前のページのURL）**
- **page_title（ページタイトル）**
- **screen_resolution（画面解像度）**

❺トリガー：さきほど作成したトリガー「FAQクリック」を選択しましょう。
保存して計測確認の上、公開しましょう。

4. GA4側でイベントパラメータの名称を登録します。管理画面内のカスタムディメンションの作成で、ディメンション名とパラメータ名（今回の場合はfaq_click）を登録します。

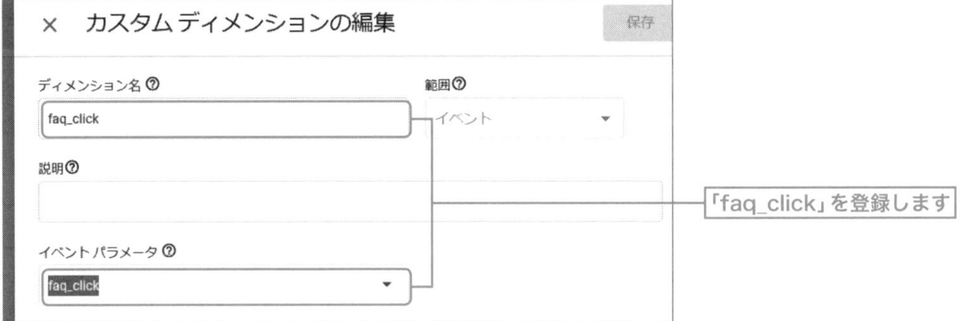

● **アウトプットレポート例**

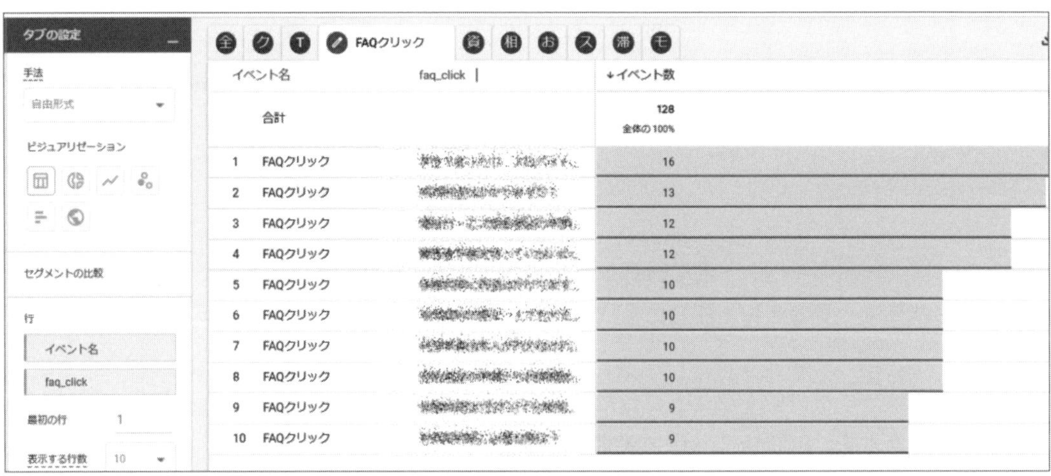

	イベント名	faq_click	↓イベント数
	合計		128 全体の100%
1	FAQクリック	[illegible]	16
2	FAQクリック	[illegible]	13
3	FAQクリック	[illegible]	12
4	FAQクリック	[illegible]	12
5	FAQクリック	[illegible]	10
6	FAQクリック	[illegible]	10
7	FAQクリック	[illegible]	10
8	FAQクリック	[illegible]	10
9	FAQクリック	[illegible]	9
10	FAQクリック	[illegible]	9

探索レポートでイベント名と、faq_clickのイベント数を取得

ページ内の特定の要素の表示

サイト側の実装 取得内容によっては必要、該当要素を一意に識別できる条件があれば不要

GTMの設定 必要

ブラウザ上に特定の画像や箇所が表示された場合にイベントとして計測する方式です。広告画像の表示回数や、記事の読了計測などに便利です。

Step 1. GTMの組み込み変数の設定で「Percent Visible」と「On-Screen Duration」にチェックを入れる

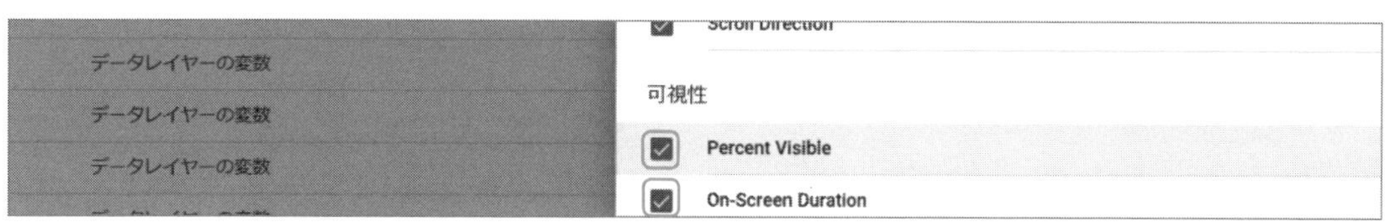

Step 2. トリガーの設定を行う

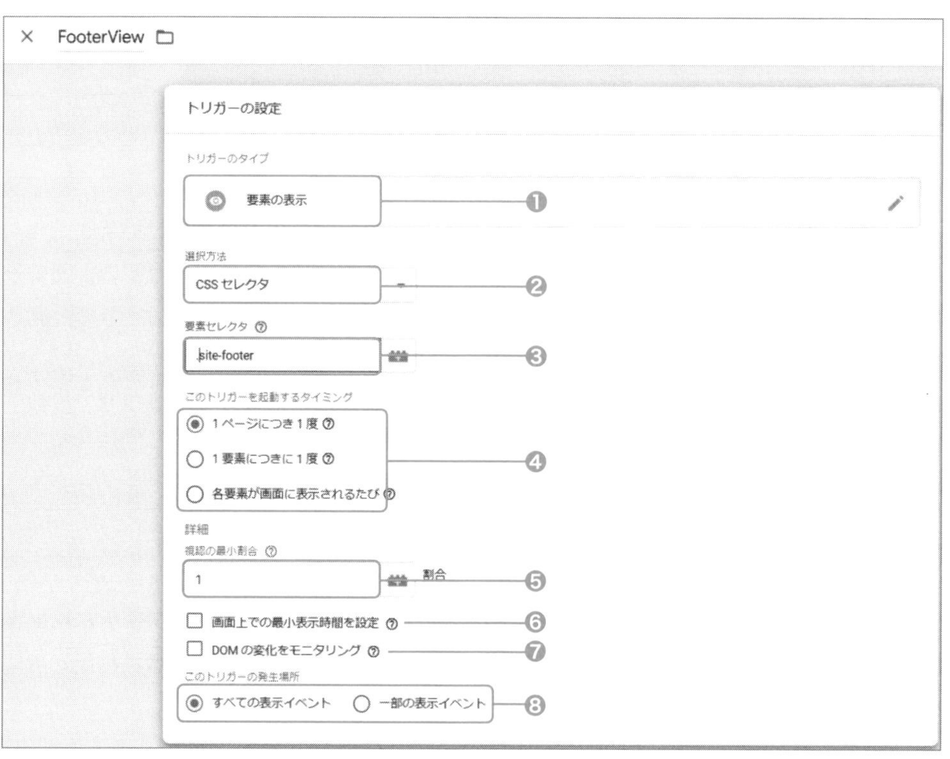

❶トリガーのタイプ：要素の表示
❷選択方法：class名などを条件にする場合は「CSS セレクタ」、
HTML内のIDを条件にする場合は「ID」を選択します
❸要素セレクタ：どの要素が表示されたらトリガーが動作するかを指定します

class名を記載する場合は、必ず一番最初に「.（ピリオド）」を付けてください。つまり、「site-footer」ではなく「.site-footer」が正しい表記になります。

今回の例ではフッターエリアのsite-footerというクラス部分（下記画像参照）が表示されたら、計測するという条件にするためsite-footerを記載しています。このように、該当要素がユーザーの「見える」内容（文章や画像）ではなくてもclass名やid名で指定が可能です。

```
</article>


    </main>
</div>


    </div>

    <footer id="colophon" class="site-footer">


    <div id="supplementary" class="footer-widget-area" role="complementary">
        <div class="footer-widget-table">
            <div class="footer-widget-side">
                                <div class="footer-widget-1 widget-area">
                    <aside id="text-3" class="widget widget_text"><h2 class="widget-title">SERVICE</h2>
<p><a href="https://happyanalytics.co.jp/business_seminar/">社内勉強会・講演</a></p>
<p><a href="https://happyanalytics.co.jp/schoolpbwa/">提案型ウェブアナリスト</a></p>
<p><a href="https://happyanalytics.co.jp/onlinecourse/">オンライン講座</a></p>
<p><a href="https://happyanalytics.co.jp/shimizu_ha/">HAPPY ANALYTICS×清水誠</a></p>
<p><a href="https://happyanalytics.co.jp/download/">資料ダウンロード</a></p>
</div>
        </aside>                </div>
```

❹このトリガーを起動するタイミング：3つの選択肢があります。

- 1ページにつき1度：該当要素がページで最初に読み込まれたときのみ計測を行います。
- 1要素につき1度：該当要素がページ内に複数個ある場合、それぞれの要素の最初の1回のみ計測されます。例えばsite-footerが2箇所あり、どちらも表示された場合は1回ずつの計測となります。
- 各要素が画面に表示されるたび：該当要素が上下のスクロールなどによってブラウザで複数回表示された場合、それらすべてが計測されます。

読了などの計測であれば、一番上の選択肢を選ぶとよいでしょう。

❺視認の最小割合：該当要素のエリア（画像であれば画像の高さ）の何パーセントが表示されたら計測するかを指定します。少しでも表示されればOKであれば1を、画像が完全に表示されたときに計測したい場合は100を設定しましょう。

❻画面上での最小表示時間を設定（任意）：画面上に一定時間以上表示されたら計測を行うという設定です。ミリ秒で指定ができます。複数回表示された場合は、それぞれの個別の表示時間の判定ではなく、累計の表示時間で判定を行います。
❼DOMの変化をモニタリング（任意）：DOMが変わったときの表示も計測するかどうかの設定です。デフォルトはオフになっています。設定時の注意書きを確認の上、利用する必要があればチェックを入れてください。

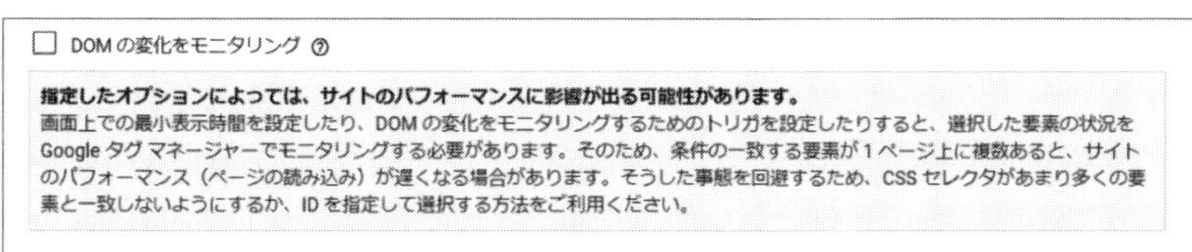

❽このトリガーの発生場所：site-footerが含まれるすべてのページで計測する場合は「すべての表示イベント」にしておき、特定のURL等で絞り込みたい場合は「一部の表示イベント」に変更して条件を指定してください。

Step 3. GA4 イベントのタグを新規に作成する

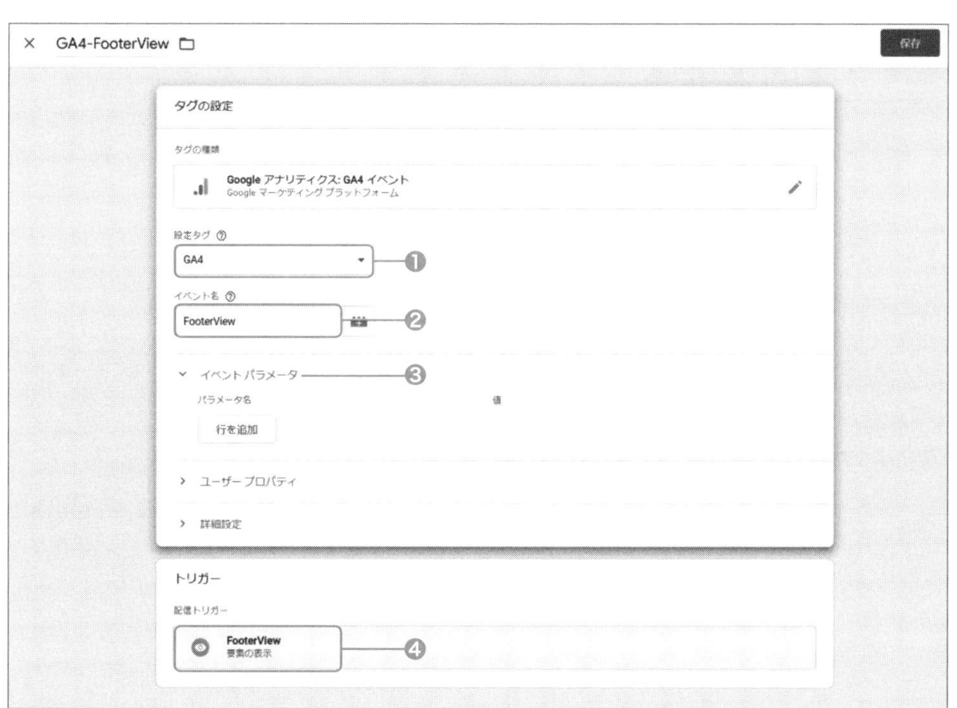

❶設定タグ：測定IDを直接指定するか、測定IDを変数として設定している場合は該当変数名を選びましょう。測定IDは、「GA4のプロパティ」➡「データストリーム」➡「データストリームの詳細」で確認できます。

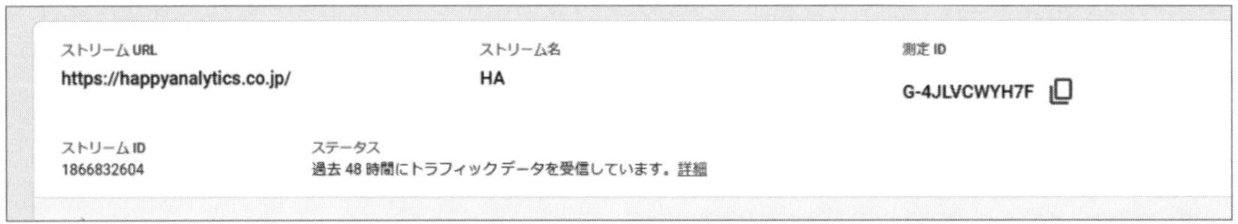

❷イベント名：任意のイベント名を設定します。
❸イベントパラメータ値：必要であれば設定をしましょう。今回は特に設定は行っていません。

以下のパラメータ名は全イベントで自動取得されるため、追加で設定する必要はありません。他に追加したいイベントパラメータがあれば設定を行いましょう。

- **language（言語）**
- **page_location（ページのURL）**
- **page_referrer（1つ前のページのURL）**
- **page_title（ページタイトル）**
- **screen_resolution（画面解像度）**

❹トリガー：さきほど作成したトリガー「FooterView」を選択しましょう。
保存して計測確認の上、公開しましょう。

Step 4. GA4で計測を確認する

パラメータを追加で設定した場合は、GA4側でイベントパラメータの名称を登録します。管理画面内のカスタムディメンションの作成で、イベントパラメータを登録します。

● **アウトプットレポート例**

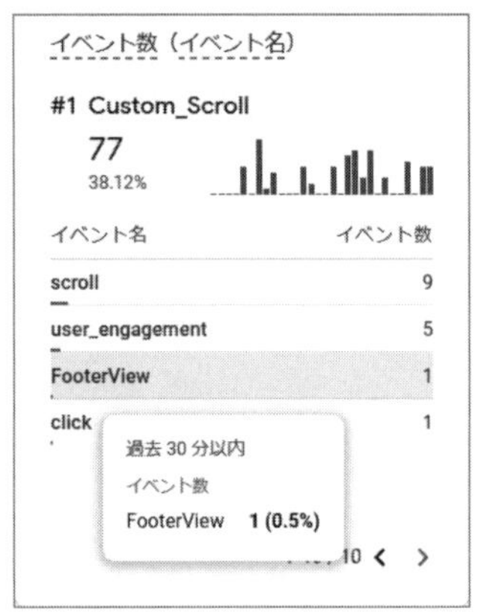

GA4のリアルタイムレポートで計測確認

会員IDの取得

サイト側の実装 必要

GTMの設定 必要

まずは会員IDが収録できるようにサイト側での実装を行いましょう。下記はdataLayerでの実装例になります。GTMの記述の前に以下のソースを追加します。'A12345'の部分はそのまま追加するのではなく、ログインユーザーのIDをセットしてください。サイト側で会員IDを変数として所持しているはずなので、その値をユーザーのIDに併せて埋め込む形になります。

設定方法がわからない場合は、制作会社やエンジニアに確認しましょう。

```
<script>
window.dataLayer = window.dataLayer || []
dataLayer.push({
   'loginID': 'A12345',
});
</script>
```

loginIDを取得するため、dataLayerの値をGTMで取得できるようにします。
変数の設定を行ってください。

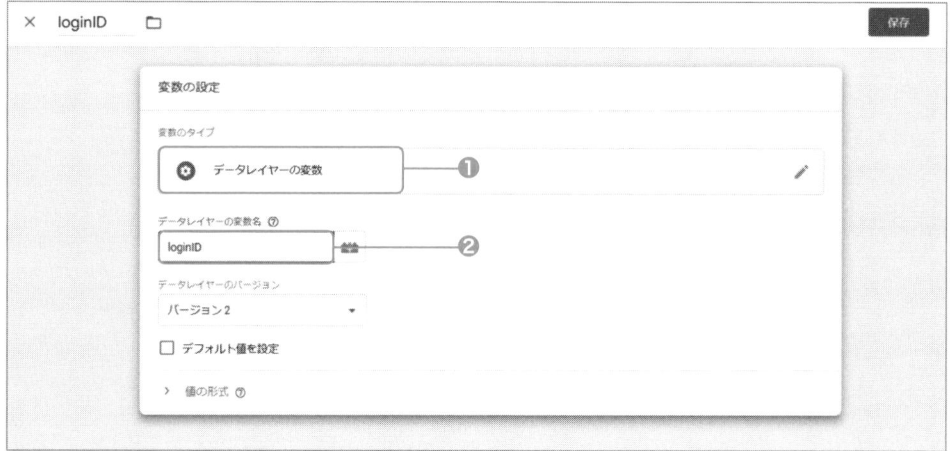

❶変数のタイプ：データレイヤー変数
❷データレイヤーの変数名：ログインIDを取得しているパラメータ名（今回の場合はloginID）

最後にGA4のタグを変更してIDを取得します。新たなイベントタグを作成するのではなく、ページビュー計測のためのGA設定タグに追加をしてください。

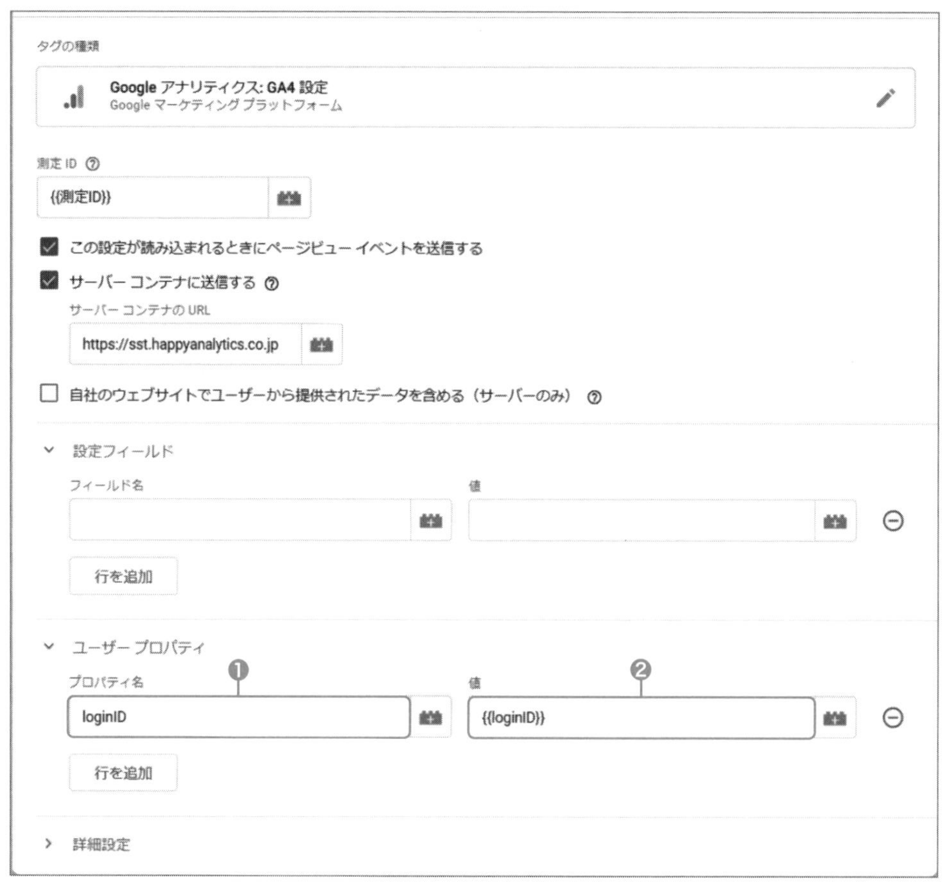

「ユーザープロパティ」で以下の設定を行います。

❶**プロパティ名**：任意の名称（GA4の画面上に表示されます）

❷**値**：さきほど作成した変数

このIDをユーザーを特定するIDとして利用したい場合（ログインしている場合はCookieではなく、ログインIDをユーザー識別子として利用）は、以下の設定を併せて行ってください。

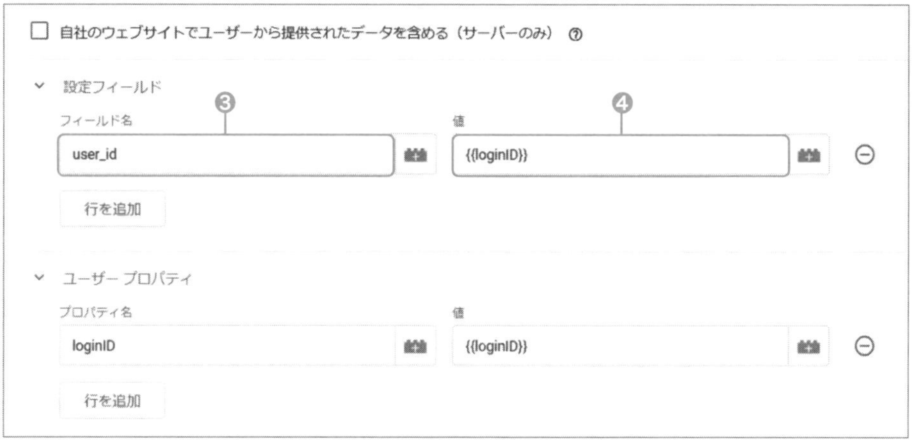

「設定フィールド」で以下の設定を行います。

③フィールド名：user_id（予約されている固定値）

④値：さきほど作成した変数

GA4でカスタムディメンションの登録を行います。

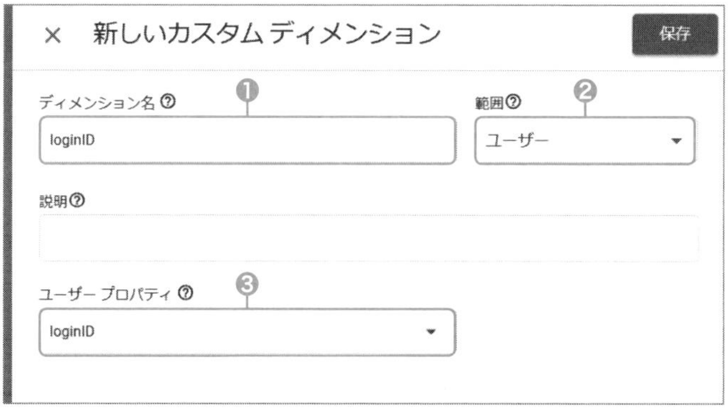

①ディメンション名：任意（画面で表示される名称）

②範囲：**ユーザーに紐付けるため、「ユーザー」にしましょう**

③ユーザープロパティ：GTMで設定したプロパティ名（ここではloginID）

ClientID（Cookie生成されたユーザー識別子）の取得

サイト側の実装 不要

GTMの設定 必要

GTMのメニュー左側の一番下にある項目「テンプレート」を選択し、「検索ギャラリー」から「GTAG GET API」というテンプレートを検索します。

見つけたらリンクをクリックして、「ワークスペース」に追加して反映します。

次に「タグ」の作成を行います。タグのメニューに移動して新規タグを追加すると、さきほど登録した「GTAG GET API」が表示されます。

設定画面が表示されるので、以下のように選んでいきます。

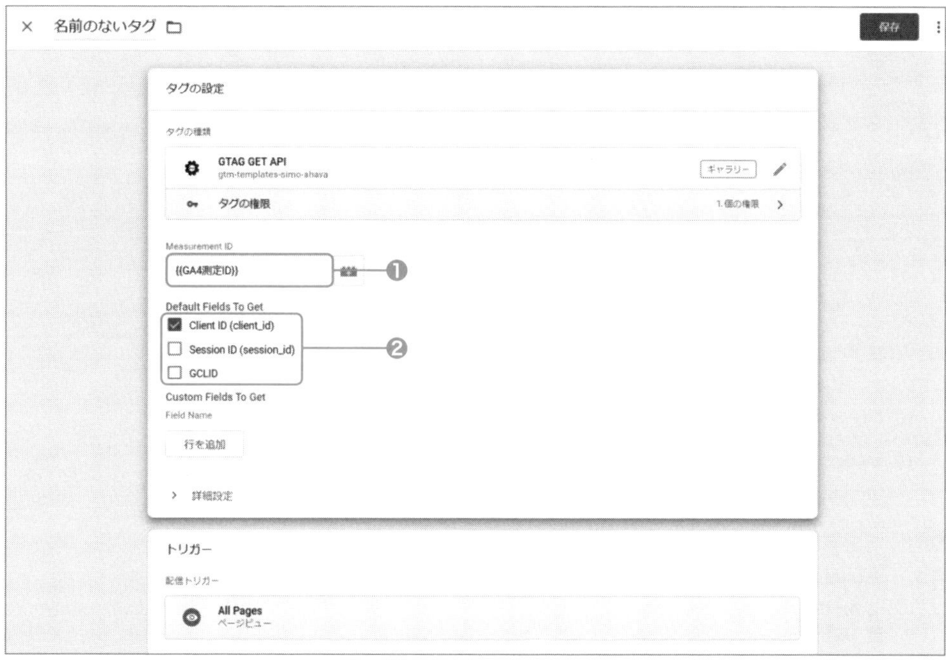

❶Measurement ID：GA4の測定IDを追加します（G-XXXXXX）。変数で作成している場合は、それを選びましょう。

❷Default Fields To Get：どの項目を取得するかを選びます。

- Client ID (client_id)：ユーザーを識別するためにGA4が利用するcookieで生成されたID
- Session ID (session_id)：セッションを特定するためのID
- GCLID：Google広告がクリックされたときにURLパラメータに付与されるID ※必要であれば取得

トリガーに関しては、「All Pages」で大丈夫です。

次に、このタグの発火タイミングを設定します。GA4の計測タグの「後」に本タグが発火する必要があります。

そこで、GA4のページビュー計測を行っているタグを選択してください。

編集画面の「詳細設定」➡「タグの順序付け」を開きます。

「GA4ー計測タグ（タグの名称）が発行した後にタグを配信」にチェックを入れて、プルダウンからさきほど作成したタグを選んでください。

プレビューモードで確認を行いましょう。

gtagApiGetという行が表示されるはずなので、そちらをクリックしてみましょう。
event: "gtagApiGet"と入っていて、client_idなどが設定されていれば計測はできています。

GA4でイベントとして計測して利用する場合は、追加で以下の設定を行います。

● GTMのトリガーでカスタムイベントの作成

● GTMで変数の作成

● GA4のイベントタグを作成

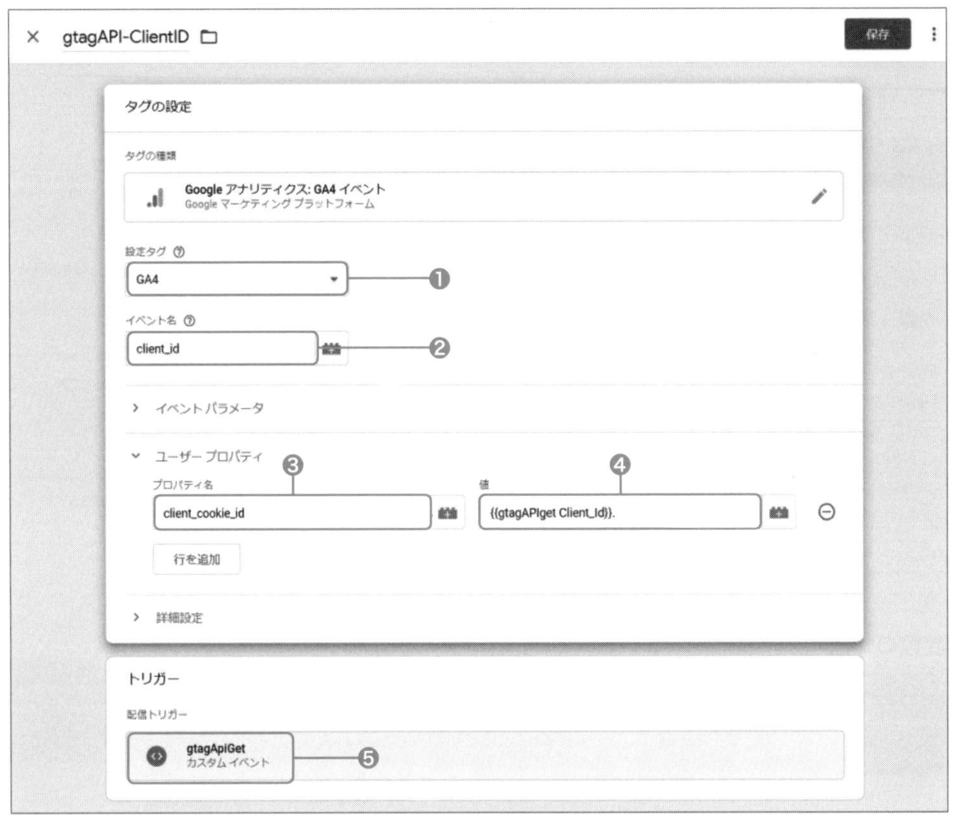

❶**設定タグ**：GA4のページビュー計測を行っているタグを指定
❷**イベント名**：任意（ここではclient_id）
❸**プロパティ名**：任意（ここではclient_cookie_id）
❹**値**：さきほど作成した変数名をボタンをクリックして選択します。
最後に「.（ピリオド）」を付けてください
❺**トリガー**：さきほど作成したトリガーを選択します

プロパティ値に「.」を付けるのは、Cookie IDはピリオドを含む小数のような文字列になっており、これをGoogleは数値として認識してしまいます。その認識を防ぐために最後にピリオド（あるいは他の数字以外の文字列であれば大丈夫）を入れて数値化されないようにしています。

デバッグモードなどを利用して、設定したイベント名（ここではclient_id）が計測されているかを確認し、ユーザープロパティのパラメータにID（ここではclient_cookie_id）が設定されているかを確認しましょう。

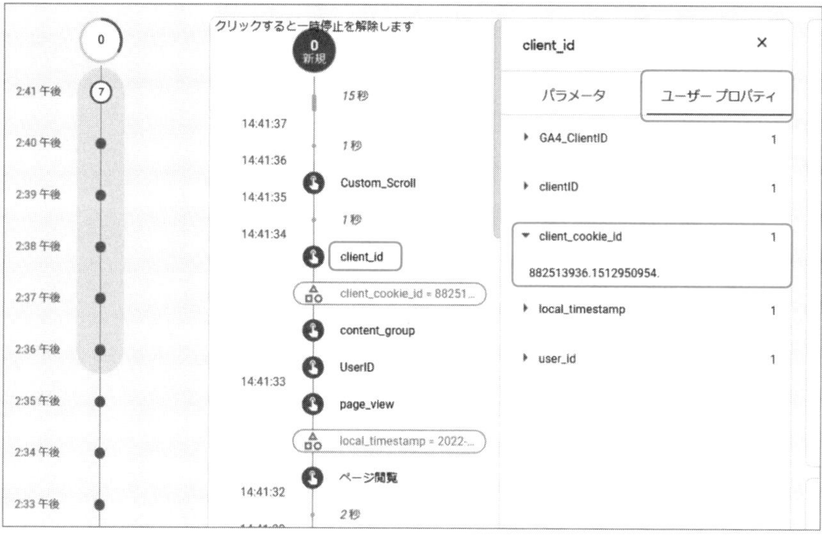

この後は本番公開して、リリースすれば大丈夫です。ディメンションとして利用したい場合は、カスタムディメンションの登録を行いましょう。

タイムスタンプの計測

サイト側の実装 不要

GTMの設定 必要

各イベントが発生した時間をカスタムイベントで計測します。探索レポートで活用したい場合（例：コンバージョンした具体的な日時を知りたい）などに便利です。

● GTMで変数を作成する

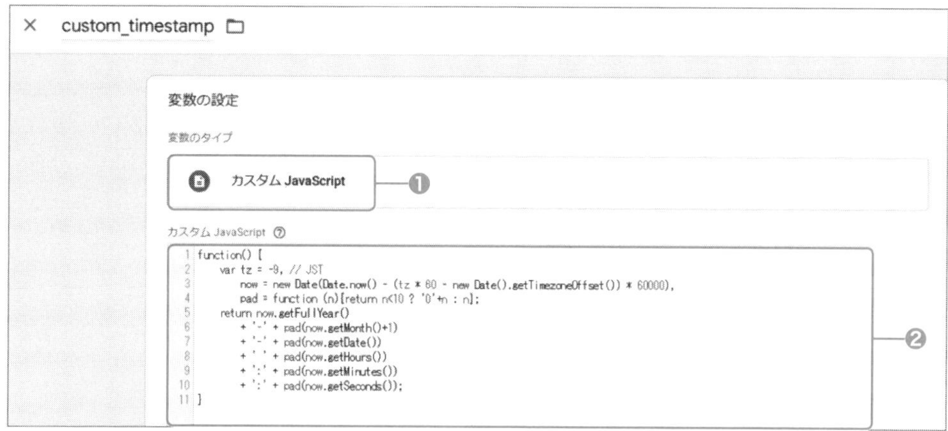

```
function() {
    var tz = -9, // JST
        now = new Date(Date.now() - (tz * 60 - new Date().getTimezoneOffset())
* 60000),
        pad = function (n){return n<10 ? '0'+n : n};
    return now.getFullYear()
        + '-' + pad(now.getMonth()+1)
        + '-' + pad(now.getDate())
        + ' ' + pad(now.getHours())
        + ':' + pad(now.getMinutes())
        + ':' + pad(now.getSeconds());
}
```

❶変数のタイプ：カスタムJavaScript
❷カスタムJavaScript：上記コードを利用（2行目は日本時間設定のため-9となっています。必要に応じて、変更してください）

タイムスタンプを取得したいタグ（GA4計測タグおよびイベントタグ）に変数を追加します。

● 設定フィールドに追加を行う

❶フィールド名：任意（ここではcustom_timestamp）
❷値：タイムスタンプ取得のために作成した変数名

● GA4でカスタムディメンションの登録を行う

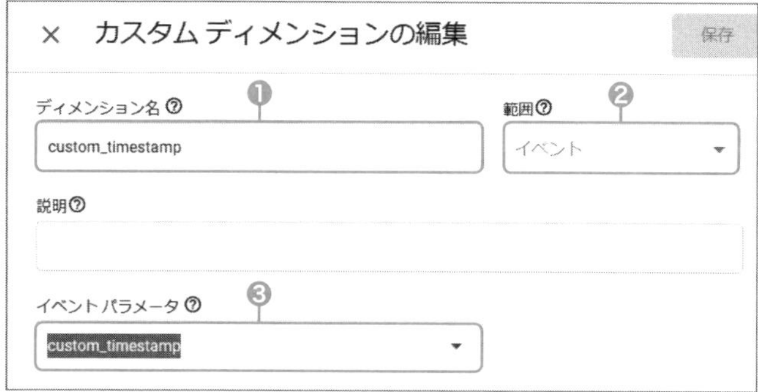

❶ディメンション名：任意（画面で表示される名称）
❷範囲：イベントごとの時間が変わるので「イベント」を選択
❸イベントパラメータ：GTMで設定したプロパティ名（ここではcustom_timestamp）

● 探索機能でのタイムスタンプのアウトプット例

member_id...	↑ custom_ti... (custom_timestamp)	イベント名	ページの場...		イベント数
819	2022-02-23 00:23:13	会員登録完...	[illegible]		1
819	2022-02-23 00:23:13	page_view	[illegible]		1
819	2022-02-23 00:23:17	page_view	[illegible]		1
819	2022-02-23 00:23:42	page_view	[illegible]		1
819	2022-02-23 00:23:42	user_enga...	[illegible]		1
819	2022-02-23 00:24:07	バナー表示	[illegible]		1
819	2022-02-23 00:24:08	バナー表示	[illegible]		1
819	2022-02-23 00:24:12	バナークリ...	[illegible]		1
(not set)	2022-02-23 00:24:18	page_view	[illegible]		1
(not set)	2022-02-23 00:24:18	user_enga...	[illegible]		1

ページビューにイベントパラメータを渡す

サイト側の実装 不要

GTMの設定 必要

ページビューのイベントには初期状態ではイベントパラメータを渡すことができません。しかし、ページが表示されるたびにイベントパラメータを付与したいケースがあるかと思います。その場合は、以下の設定を行う必要があります。

設定を間違えるとページビューの計測が行えなくなったり、二重計測になったりする可能性があります。設定が正しくできているか、プレビューモードやDebugViewを使って必ず確認を行ってください。

GTMで設定されている「GA4 設定」のタグで、「この設定が読み込まれるときにページビュー イベントを送信する」のチェックを外してください。

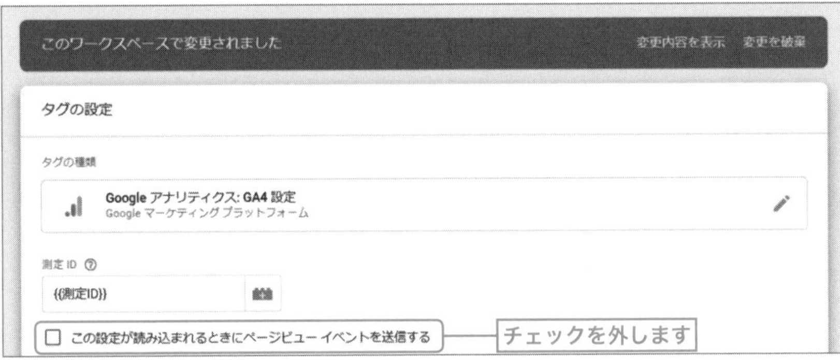

新たにpage_viewのイベントを作成し、パラメータを付与します。

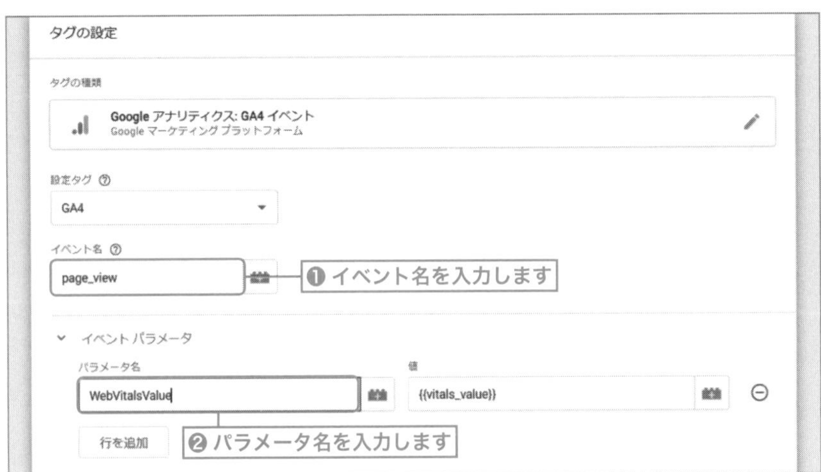

以下のパラメータはすべてのイベントで自動付与されるため、新規に設定する必要はありません。

- language
- page_location
- page_referrer
- page_title
- screen_resolution

新しいイベントパラメータが付与された状態でpage_viewが計測できているかを確認してから、GTMを公開します。

仮想ページビューの計測

サイト側の実装　必要

GTMの設定　必要

フォームでURLが変わらない、あるいはSIngle Page Application方式を利用している場合は、仮想ページビューの設定を行わないと複数のページが1つのURLにまとまった状態となってしまいます。そこで仮想ページビューを計測できるように実装を行いましょう。

該当ページが開いたときに、page_locationとpage_titleをdataLayerで送ります。各ページ（例：フォームの入力・確認・完了）に記述を追加します。page_locationとpage_titleは、ページの種類に併せて名称を変更してください。

```
<script>
var dataLayer = window.dataLayer = window.dataLayer || [];
dataLayer.push({
    'page_location': '/form/thanks.html',
    'page_title': 'お問合せ完了フォーム'

});
</script>
```

GTMでこれら2つのイベントパラメータを変数として登録します。

GA4の計測を行っている「GA4設定」タグの設定フィールドに「page_location」と「page_title」を追加します。

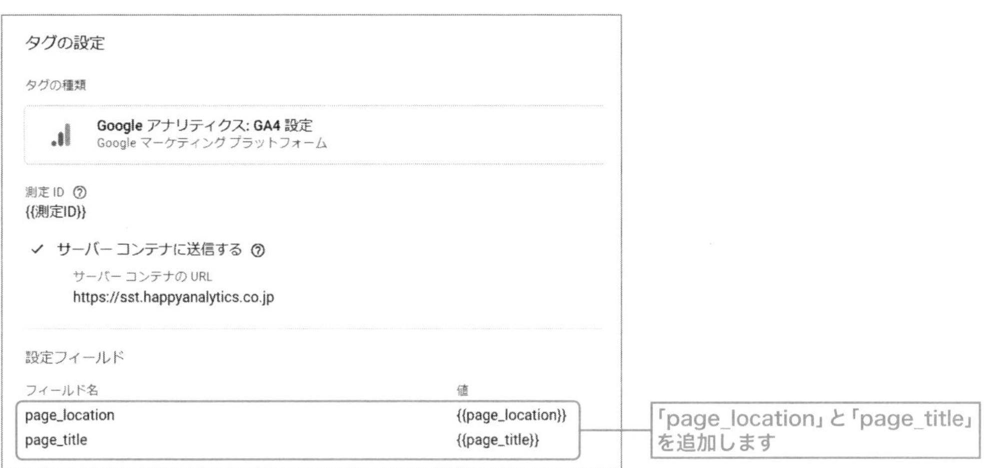

DebugViewでpage_viewのイベントにおいて、page_locationやpage_titleが書き換わっているかを確認します。

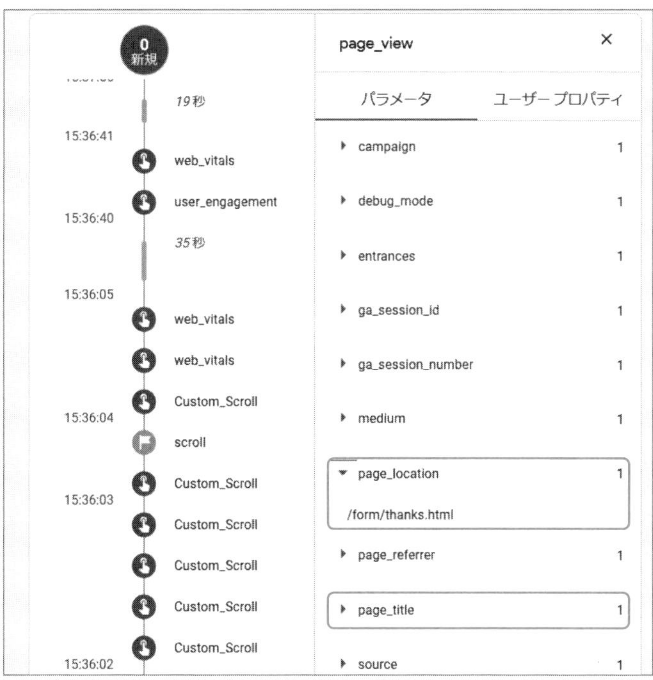

アクセスしたURLは上記のpage_locationのURLではありませんが、page_locationが書き換わっています。

ページからパラメータを除外するための設定

サイト側の実装 不要

GTMの設定 必要

GA4の仕様ではpage_locationにパラメータ付きのURLが入ってきます。これにより同じページが表示されているにも関わらず、パラメータごとにpage_locationが分かれてしまい、集計やレポーティングが難しいという課題があります。例えば、Facebookからの流入に付与されるfbclidパラメータなどもその対象となります。記事執筆時点では、GA4側でパラメータを除外する機能はありません。

そこで、GTMを利用してURLのパラメータをすべて除外する、または指定パラメータを除外する方法を紹介します。

page_locationを上書きする実装方法を行う場合は、パラメータが含まれたURLを見ることができなくなります。これを回避したい場合は、page_locationとは別のイベントを作成して、そちらをパラメータなしのURLとして設定することをオススメします（詳細は後述します）。

全URLパラメータを除外して、page_locationに設定する

「全てのパラメータ」が除去されます。**これは、utm_campaign等の広告パラメータも含めて除外するため、広告パラメータを元にした流入元の分類が機能しなくなります。**

utm_campaignなどを利用していない場合は問題ありませんが、利用している場合は、この後で紹介するpage_locationとは別のイベントを設定する方法を検討してください。

GTMで新しい変数を作成します。

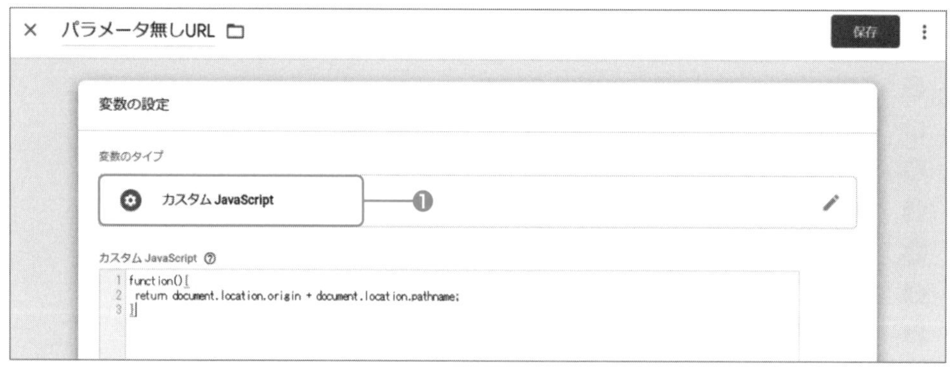

❶変数のタイプ：カスタム JavaScript（コードは以下の通り）

```
function(){
 return document.location.origin + document.location.pathname;
}
```

GA4の計測タグでpage_locationにこちらの変数を設定します。

❶フィールド名：page_location
❷値：さきほど作成した変数を選択

URLを付けたパラメータでプレビューをしてみましょう。

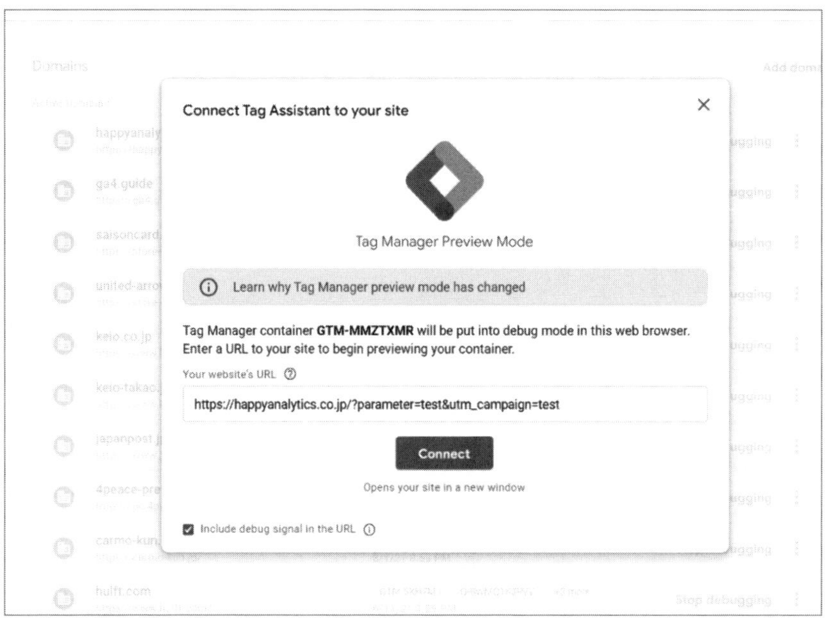

pageURLはパラメータ入りのままですが、GTMの変数で見るとPage URLはパラメータが入り、page_locationはパラメータなしになっています。

● GTMの変数で見た場合

Page Hostname	URL	string	"happyanalytics.co.jp"
Page Path	URL	string	"/"
Page URL	URL	string	"https://happyanalytics.co.jp/?parameter=test&utm_campaign=test>m_d" + "ebug=1649680813673"
page_location	データレイヤーの変数	undefined	undefined
page_title	データレイヤーの変数	undefined	undefined

page_locationはパラメータなし　page_URLはパラメータ入り

● GA4のDebug Modeで見た場合

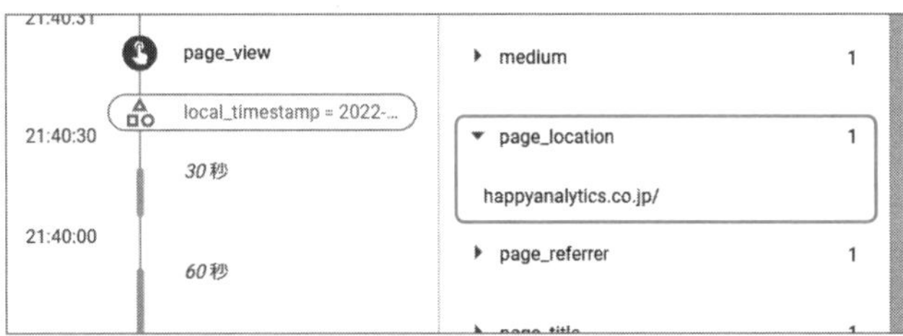

後はGTMを本番公開してパラメータなしのpage_locationを利用しましょう。

GTMで公開したタイミングからの反映となり、過去に遡って反映されません。

全URLパラメータを除外して、別のイベントパラメータ名に設定する

page_locationはそのままに、別のイベントパラメータに、URLを設定して除外をする方法もあります。カスタムディメンションの枠を1つ使ってしまいますが、**パラメータありとなし、両方のURLを見たい場合はこちらがオススメです**。また広告パラメータなどを利用している場合は、こちらの方法を使うことで流入元の分類を行えます。

GTM内で変数を作るところまでは、前述の方法と同じです。

GA4の計測タグ設定は、以下のように変わります。

❶フィールド名：既存で使われていない任意のパラメータ名（ここではpage_noparameter）
❷値：さきほど作成した変数

これによって、page_locationはパラメータ付きのURL、page_noparameterには、パラメータなしのURLが指定できます。

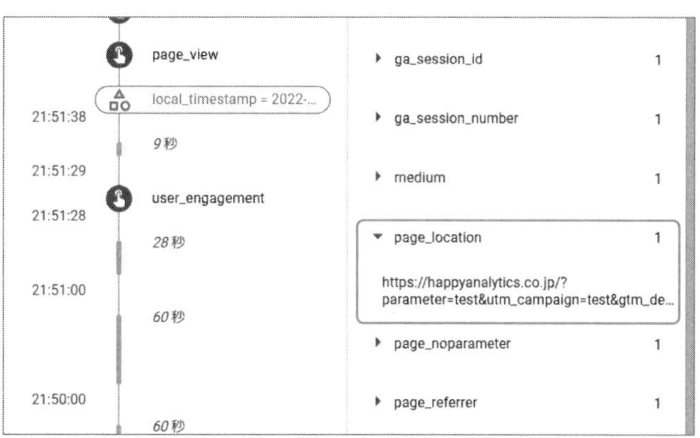

利用時にはGA4で作成したパラメータ（ここではpage_noparameter）をカスタムディメンションとして登録しておきましょう。

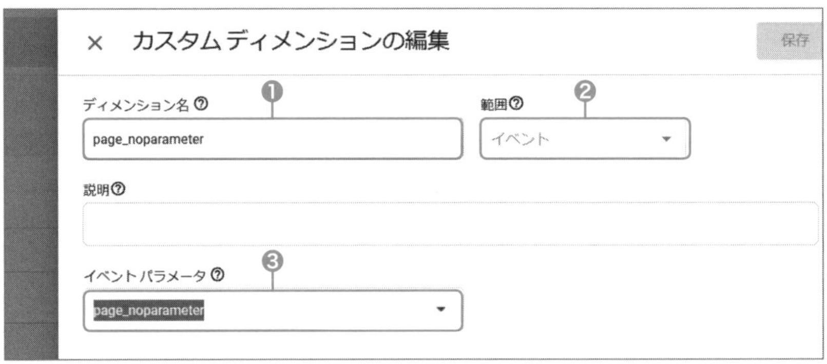

❶ディメンション名：任意
❷範囲：イベント
❸イベントパラメータ：GTMで設定した任意のパラメータ名（ここではpage_noparameter）

確認ができたら、本番に公開してデータを確認しましょう。

こちらの方法はpage_locationを置き換えるものではなく、新たなディメンションでURLをパラメータなしで計測します。従って既存の探索レポートやLooker Studioなどでpage_location（ページの場所）を利用している場合は、ディメンションを今回作成したディメンションに置き換える必要があります。

指定のURLパラメータのみを除外する

除外するパラメータを指定した上で計測を行います。パラメータを除外したURLをpage_locationに設定するか、新たなイベントパラメータを設定するかを決めて対応しましょう。

本内容を読む前に、この手前の文章を読んでいない場合は、一度目を通しておいてください。

GTMで新しい変数を作成します。

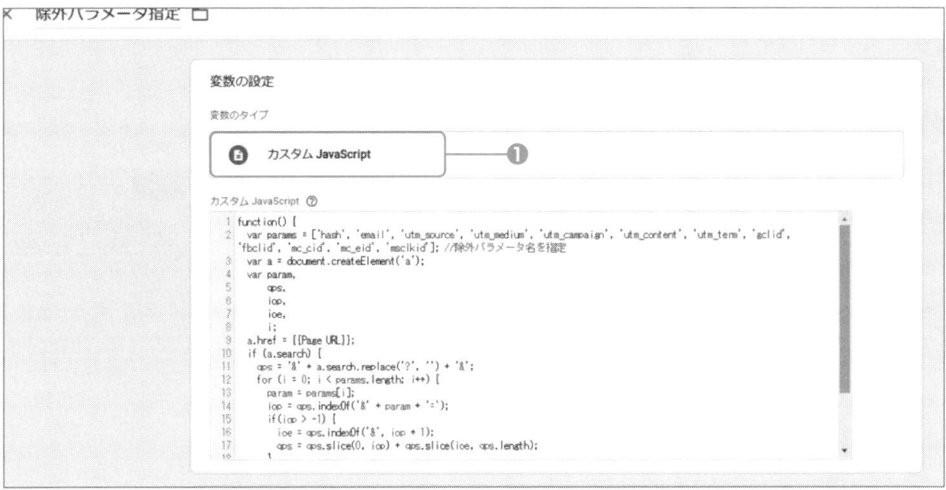

❶変数のタイプ：カスタム JavaScript（コードは以下の通り）

```
function() {
  var params = ['hash', 'email', 'utm_source', 'utm_medium', 'utm_campaign',
'utm_content', 'utm_term', 'gclid', 'fbclid', 'mc_cid', 'mc_eid', 'msclkid'];
//除外パラメータ名を指定
  var a = document.createElement('a');
  var param,
      qps,
      iop,
      ioe,
      i;
  a.href = {{Page URL}};
  if (a.search) {
    qps = '&' + a.search.replace('?', '') + '&';
    for (i = 0; i < params.length; i++) {
      param = params[i];
      iop = qps.indexOf('&' + param + '=');
      if(iop > -1) {
        ioe = qps.indexOf('&', iop + 1);
        qps = qps.slice(0, iop) + qps.slice(ioe, qps.length);
      }
    }
    a.search = qps.slice(1, qps.length - 1);
```

除外したいパラメータをカンマ区切りで記載する

次ページに続く

```
  }
  return a.href;
}
```

GA4の計測タグで以下のように設定します。

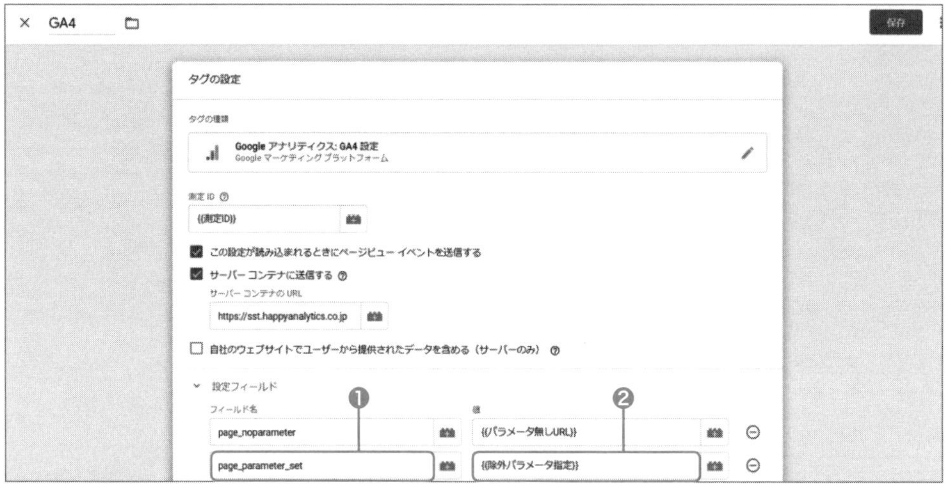

❶フィールド名：任意の名称（ここでは、page_parameter_set）。
page_locationを置き換えたい場合は、page_locationを指定
❷値：さきほど作成した変数名

プレビューモードで除外パラメータ（utm_campaign）と未除外パラメータ（parameter）を付けて検証を実施します。

設定フィールド	[
	{name: "page_noparameter", value: "happyanalytics.co.jp/"},
	{
	name: "page_parameter_set",
	value: "https://happyanalytics.co.jp/?parameter=test>m_debug=16" +
	"49683129866"
	}
	]

- page_noparameter（前項目で設定した内容）はパラメータなし
- page_parameter_set（今回の項目で設定した内容）はutm_campaignのパラメータは除外され、parameterのパラメータが残っています

Page URLは全パラメータが付いています。

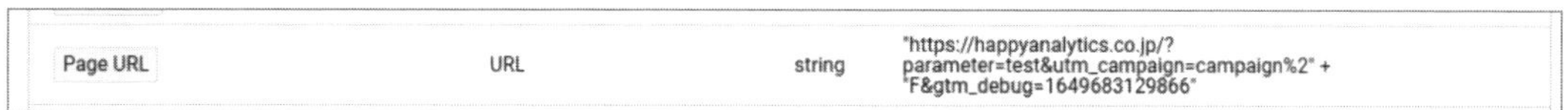

利用するときには、GA4でpage_parameter_setをカスタムディメンションとして登録しておきましょう。

❶ディメンション名：任意
❷範囲：イベント
❸イベントパラメータ：GTMで設定した任意のパラメータ名（ここではpage_parameter_set）

探索レポートで確認する

探索レポートで正しく設定できているかを確認しましょう。

● page_location（加工なし）

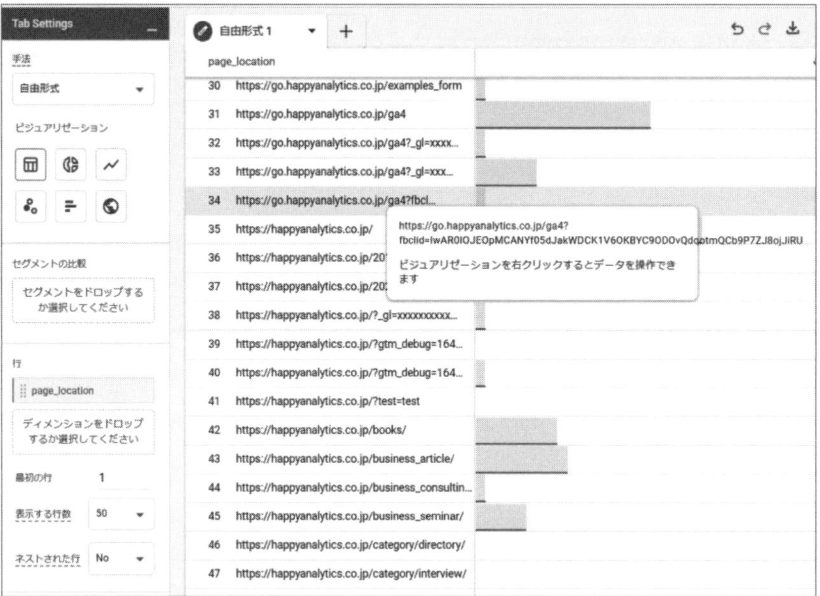

● page_noparameter（パラメータすべて除去）

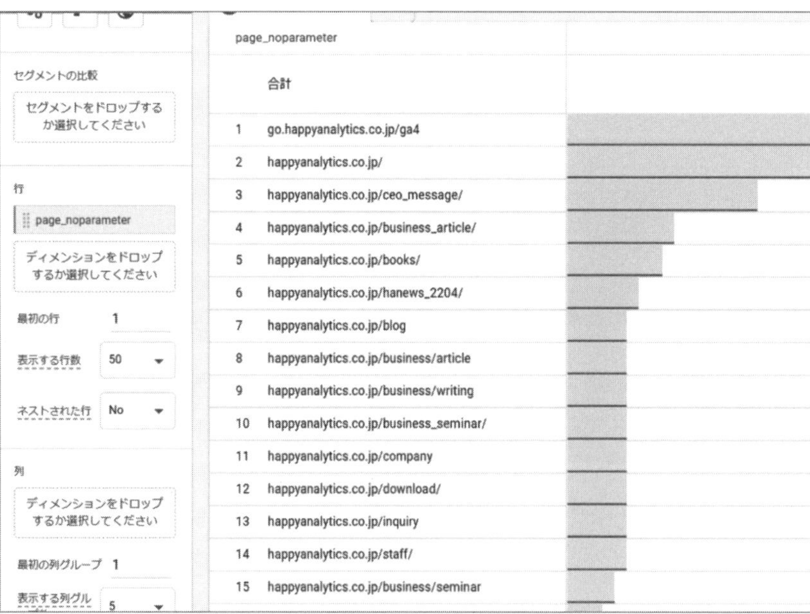

●page_parameter_set（特定パラメータのみ除去）

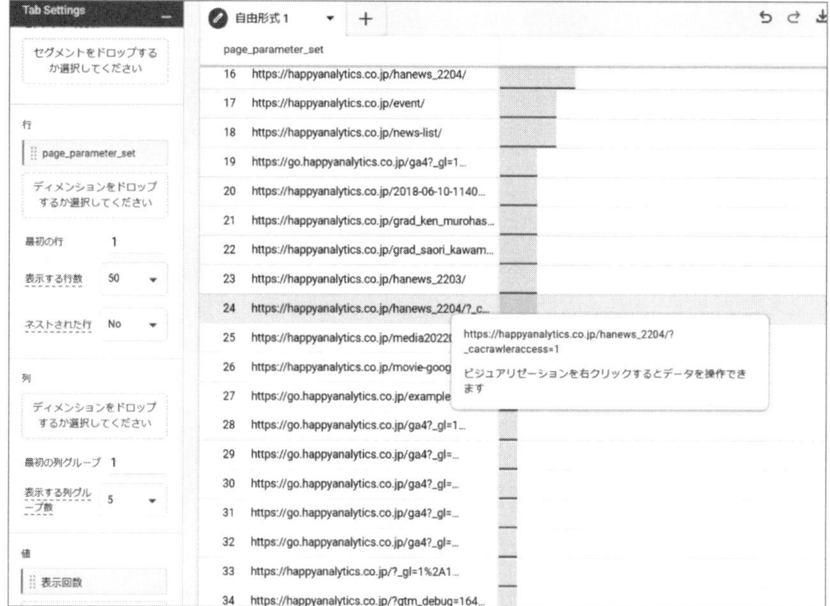

どの方法を利用するかは、それぞれの特徴を理解した上で方針を決めて実装を行いましょう。

分析の観点から、パラメータを除外（または一部除外）したURLを計測しておくことは便利なので、設定することをオススメします。

Section ユーザーの特定の行動を成果として登録したい！

5-9 コンバージョン

使用レポート ▶▶▶管理 ➡ プロパティ ➡ コンバージョン

GA4上でコンバージョンを設定することで、サイトでの目的の達成回数などを確認することができます。回数を確認するだけではなく、他のディメンションと掛け合わせることで流入元ごとやデバイスごとのコンバージョン数などを確認できるようになります。
コンバージョンはGA4上で登録が必要です。コンバージョンは計測している「イベント」を条件に設定を行います。ページの表示やファイルのダウンロード、特定時間以上のページ閲覧などイベントで取得さえしておけば、コンバージョン登録の対象となります。

コンバージョンの仕様

コンバージョンには以下の仕様が存在します。

- コンバージョンは最初から登録されている一部コンバージョンとは別に、**最大30個のコンバージョンをプロパティごとに設定**できます。
- 設定したコンバージョンは設定したタイミングからの計測となり、過去に遡っての計測は行われません。
- コンバージョンは設定してからレポート等に反映されるのに最大48時間かかります。ただしリアルタイムレポートでは該当コンバージョンが発生しているかを、設定した直後から確認できます。
- 1回の訪問で複数回コンバージョンを達成した場合は、その回数分だけカウントされます。

コンバージョンを設定する

GA4内でコンバージョンを設定する方法は、大きく分けて2つあります。

❶すでに取得しているイベントをコンバージョンとして設定する。

❷すでに取得しているイベント名やイベントパラメータを元に新しいイベントを作成して、それをコンバージョンとして登録する。

いずれの方法を利用するにしても、計測されている任意のイベントをコンバージョンとして登録するというプロセスは変わりません。それぞれの設定方法を確認してみましょう。

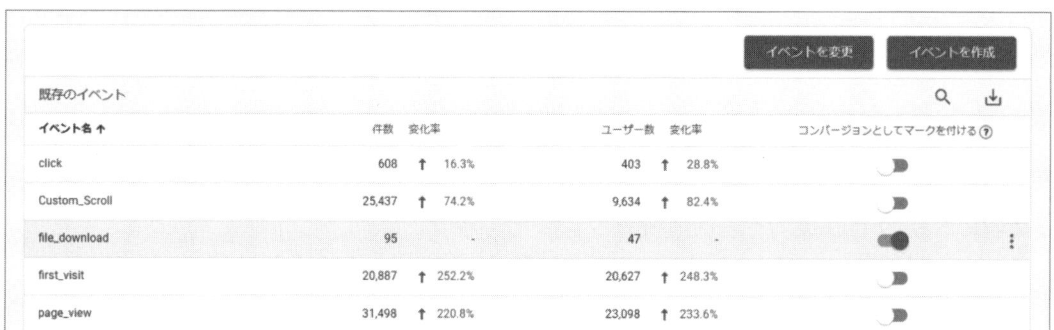

関連公式ヘルプ

https://support.google.com/analytics/answer/9267568?hl=ja

すでに取得しているイベントをコンバージョンとして設定する

GA4の「管理」➡「プロパティ」から「イベント」のメニューを選択します。

このリストで表示されているイベントでコンバージョンとして設定したいものがあれば、「コンバージョンとしてマークを付ける」をオンにします。上記の例では「file_download」のイベントをオンにしました。

コンバージョンに設定すると、そのイベントに紐付いているパラメータとは関係なく、該当イベントが発生した場合はすべてコンバージョンとみなします。つまり上記の例であれば、ファイルのダウンロードが発生すれば、どこでどのファイルをダウンロードしたかは関係なく、コンバージョンになります。

オンにしたイベントは、「管理」➡「プロパティ」から「コンバージョン」のメニューを見ることで確認ができます。

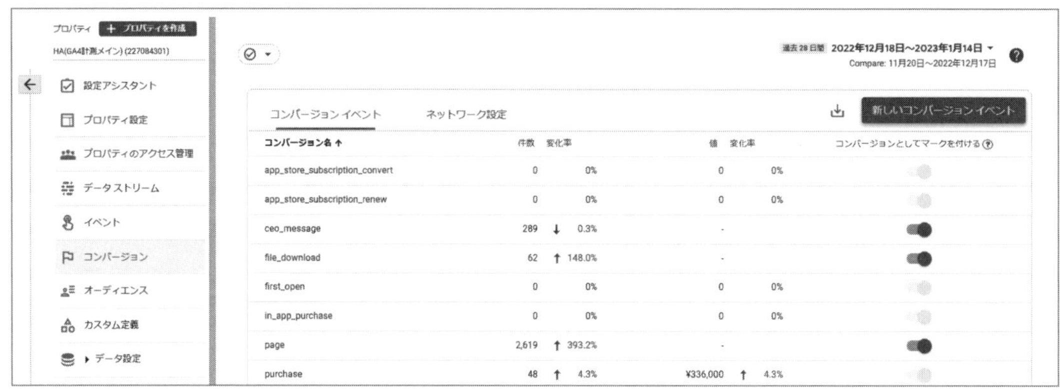

コンバージョンイベントの一覧に登録されていれば、コンバージョン設定は完了です。

右上にある「新しいコンバージョンイベント」をクリックして、イベント名を入力することでコンバージョンとして登録することもできます。

以下のイベントは最初からコンバージョンとして登録されており、コンバージョンから外すことはできません。

- **purchase（ウェブとアプリ）**
- **first_open（アプリのみ）**
- **in_app_purchase（アプリのみ）**
- **app_store_subscription_convert（アプリのみ）**
- **app_store_subscription_renew（アプリのみ）**

コンバージョンから外したい場合は、「コンバージョンとしてマークを付ける」をオフにしてください。

新たにイベントを作成してコンバージョンとして登録する

表示されるイベントの一覧にCVとして登録するべきイベントがない場合は、新たにイベントを作成してコンバージョンとして登録する必要があります。

Section 5-6のイベント作成方法を参考に、イベントを設定してみましょう。

● **イベント作成例**

カスタムイベントを作成し、それがイベントして計測されると、イベント一覧に表示されます。後は1つ前の説明と同様に、コンバージョン設定をオンにすると、コンバージョンとして計測されます。

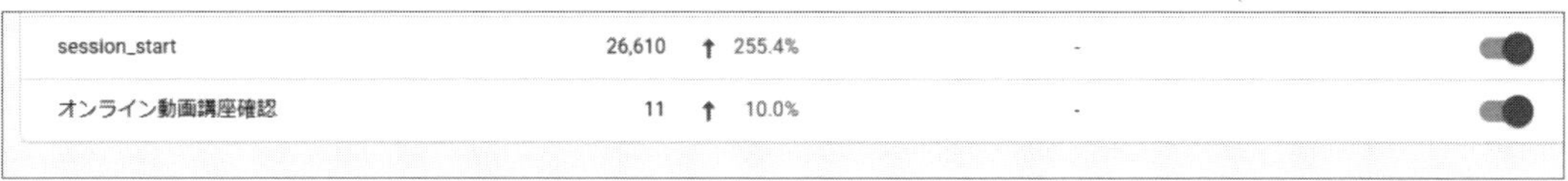

作成したコンバージョンはエンゲージメントのレポート内で確認でき、探索機能でも利用することができます。

コンバージョンに値を設定する

コンバージョンに対して「値」を設定することが可能です。これによりコンバージョンの数だけではなく、コンバージョンに重み付けを与えることができます。資料請求のコンバージョンは500円の価値、問合せは1,000円の価値といった具合です。

GA4のイベントの作成画面で「パラメータ設定」を追加することで実現できます。

currency：JPY（日本円の場合）
value：500（価値を示す値。任意の金額を指定）

イベントをGTMで設定している場合は、GTM側でcurrencyとvalueを設定できます。

タグの設定
タグの種類
Google アナリティクス: GA4 イベント
Google マーケティング プラットフォーム
設定タグ
GA4
イベント名
login
イベント パラメータ
パラメータ名
値
method
{{ログイン手法}}
currency
JPY
value
500
行を追加

■上級向け

valueの値は固定値にしていますが、変数を利用することも可能です。

● 例：正規表現の表を使って、Page Pathの条件ごとに値を指定する

イベントで値を取得しても、それはeコマースの収益等には反映されません。

探索レポートで「イベントの値」を追加することで利用したり、コンバージョンの一覧でイベントの値の合計が表示されます。

	イベント名	イベント収益	↓イベントの値
	合計	¥28,000 全体の 100.0%	35,380 全体の 100.0%
1	purchase	¥28,000	28,000
2	ファイルダウンロード	¥0	4,000
3	ページ閲覧	¥0	3,380

GTMを利用してイベントを作成し、コンバージョンを設定する

GA4画面で新しいイベントを作成する際に正規表現が利用できない、OR条件が指定できないといった制約から、GA4画面上でのイベント作成➡コンバージョン登録ができない場合があります。

このような詳細の条件でイベントを作成したい場合は、GTMのトリガーを活用して正規表現やOR条件を元にGTM上でイベントを作成しましょう。作成したイベント名を控えておき、GA4の「管理」➡「コンバージョン」➡「新しいコンバージョンイベント」と選択して、新しいイベント名の欄に入力して保存します。

これで、コンバージョンとして登録が可能となります。

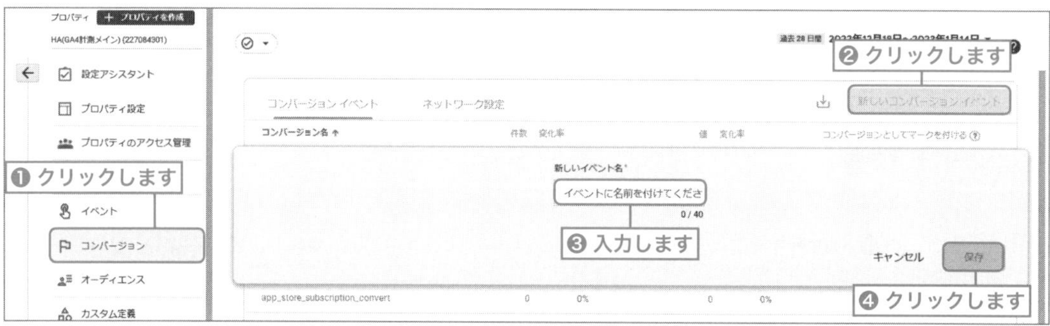

Section 特定の条件を満たしたユーザーをグルーピングして利用したい！

5-10 オーディエンス

使用レポート ▶▶▶ 管理 ➡ プロパティ ➡ オーディエンス

オーディエンスとはGA4で取得しているデータ（イベント名、イベントパラメータ等）を利用して条件を設定し、その条件を満たすユーザーをグループ化する機能です。そこに含まれるユーザーは常に更新され、条件を満たす場合は新たにユーザーとして登録され、条件を外れた場合は該当オーディエンスから除外されます。

オーディエンス機能でできること

オーディエンス機能を利用して該当条件を満たす人数を簡単にチェックできます。またGoogle広告とのリンクを行い、「パーソナライズド広告の有効化」を行うと、GA4で作成されたオーディエンスの情報がGoogle広告に取り込まれ、オーディエンスに対して広告を行うことができるようになります。

また、**作成したオーディエンスに対してイベント名を設定することが可能です。こちらの設定を行うと、該当イベントをコンバージョンとして登録することも可能**です。つまり、「3回以上訪問したユーザー」「特定のページと特定のページを見たユーザー」などもコンバージョンとして設定できます。

関連公式ヘルプ

https://support.google.com/analytics/answer/9267568?hl=ja

オーディエンスの作成方法

オーディエンスの作成方法は2種類あります。

❶オーディンスの設定画面から作成する
❷探索でセグメントを作成する際に、併せてオーディエンスを作成する

それぞれの方法を確認してみましょう。

- オーディエンスは、**プロパティあたり最大100件**作成できます。
- オーディエンス作成には、該当プロパティの「編集」権限が必要です。

オーディエンスの設定画面から作成

1. 「管理」➡「プロパティ」から「オーディエンス」を選択し、右上の青い「オーディエンス」ボタンをクリックします。

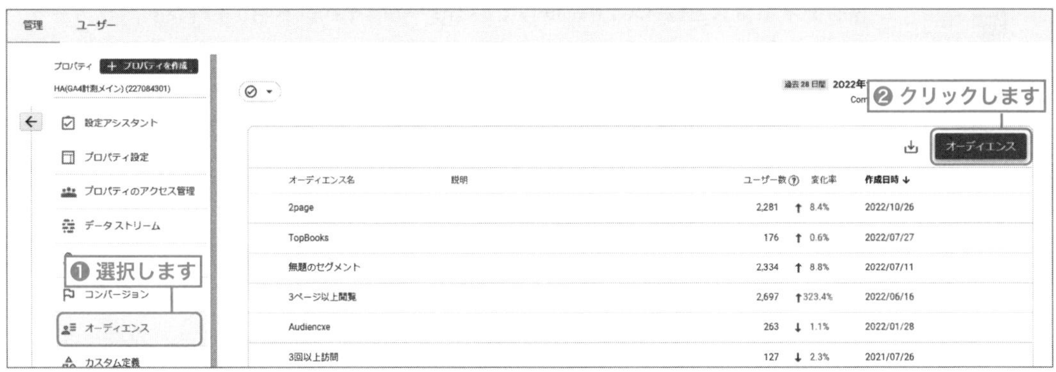

2. 新規作成の画面が表示されます。「ゼロから作成」あるいは「オーディエンスの候補」が表示されます。後者は、セグメント作成時と同じテンプレートが用意されています。「オーディエンスの候補」は、サイトの実装内容や状況によって選択肢が変わります。ゼロからオーディエンスを作成する場合は、「カスタムオーディエンスを作成する」を選びましょう。

3. 条件の設定方法は、Chapter 4で紹介したセグメントの作成方法と一緒になります。イベントやイベントパラメータを条件に指定しましょう。

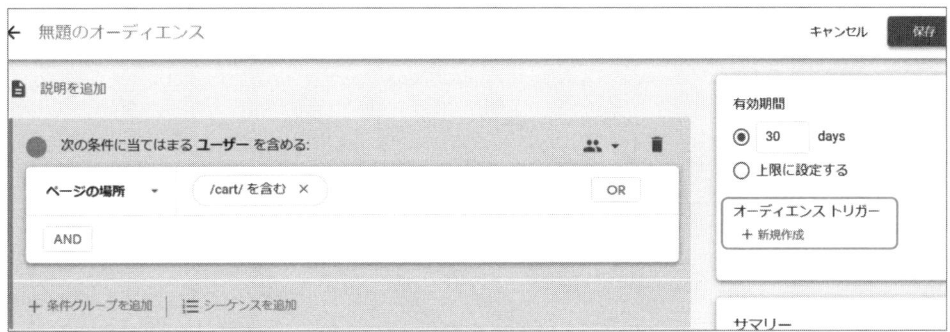

オーディエンスの作成画面には、「オーディエンス トリガー」という条件を設定できます。

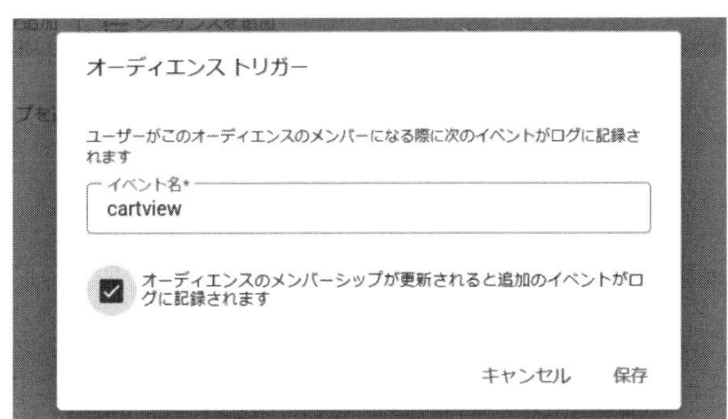

こちらで「新規作成」をクリックするとイベント名を入力する画面が出てきます。イベント名を登録すると、該当オーディエンスに含まれたタイミングで、イベント名のイベントが計測されます。今回だと「カートのページを閲覧した」ときにオーディエンスとして追加され、なおかつ「cartview」というイベントが計測され、「管理」➡「イベントの一覧」にも表示されます。

作成したイベントはコンバージョンとして登録することができます。つまり、特定の条件を満たしたユーザーをコンバージョンとして登録することができます。

「オーディンエンスのメンバーシップが更新されると追加のイベントがログに記録されます」をオンにすると、ユーザーが条件を満たすたびにイベントが計測されます。オフの場合は、最初の1回のみ計測されます。

● **[GA4] オーディエンス トリガー**
https://support.google.com/analytics/answer/9934109?hl=ja

また「有効期間」に関しては、**一度条件を満たしたユーザーが、そのオーディエンスに何日間「在籍」するかを設定**することができます。入力欄には1～450日の任意の期間を設定し、「上限に設定する」は一度入ったら外れない形になります。

条件を設定したら、保存しましょう。オーディエンスの一覧に追加されます。

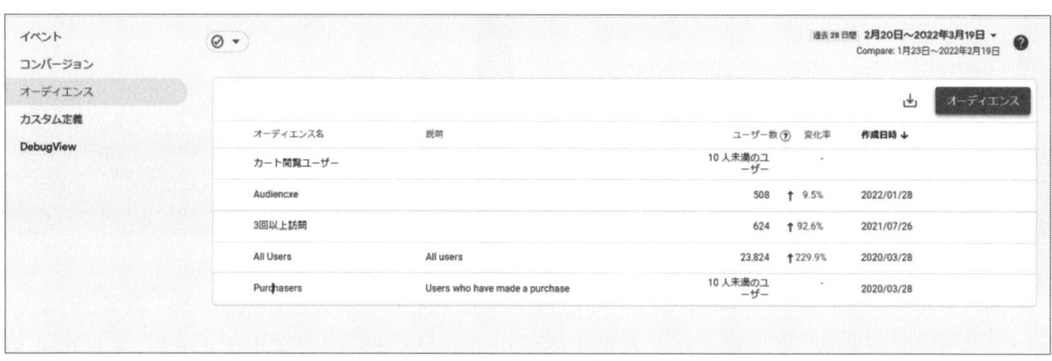

作成したオーディエンスにユーザーが反映されるまで24～48時間かかります。

作成したオーディエンスの行の右のオプション（縦に点が3つ並んでいる）をクリックすると、「編集」「重複」「アーカイブ」を選択することができます。アーカイブしたオーディエンスは、作成できる上限枠100には含まれません。

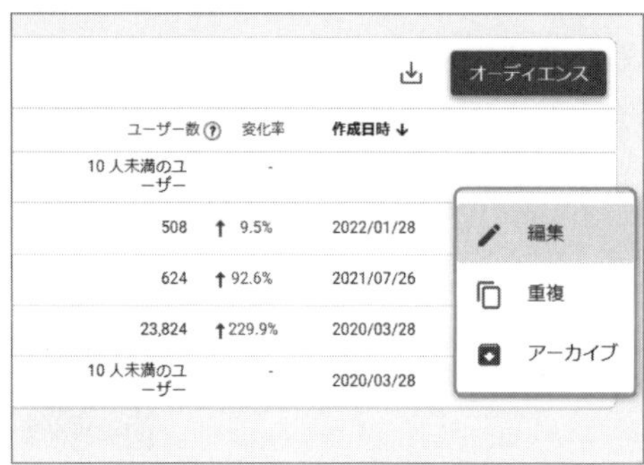

探索のセグメントから作成

オーディエンスはセグメント作成画面からも生成できます。

セグメント作成時に右上の「オーディエンスを作成する」を選ぶと、セグメント作成と同時にオーディエンスを作成することができます。

オーディエンスは**「ユーザー」のセグメントでしか作れません。**「セッション」のセグメントを選んで条件を設定した後、「オーディエンスを作成する」にチェックを入れると、自動で「次の条件に当てはまるセッション」から「次の条件に当てはまるユーザー」に変わるので注意してください。

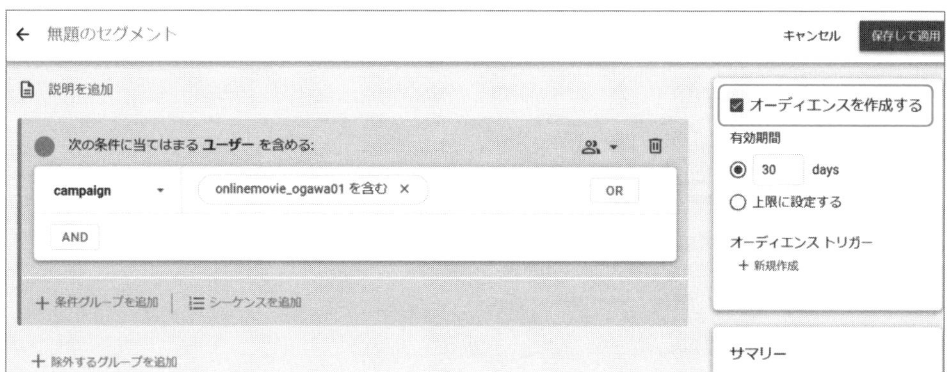

Section 取得したイベントパラメータを分析で利用したい！

5-11 カスタムディメンション

使用レポート ▶▶▶管理 ➡ プロパティ ➡ カスタム定義

イベントで取得したイベントパラメータから、カスタムディメンションや指標を作成することができます。カスタムディメンションやカスタム指標を登録することで、探索レポートで項目を選ぶことが可能になります。

利用するシチュエーション

カスタムディメンションや指標は、以下のようなシチュエーションで利用します。

- 会員IDを取得して分析に使いたい
- 購買時のユーザーの選択肢ごと（例：決済方法ごと）の数値を見たい
- メディアサイトで記事の著者やカテゴリを取得し集計したい
- ユーザーの最終購入日ごとにデータを見たい
- 1分以上かつ50%以上スクロール閲覧したページの数を見たい

上記のようなサイト固有の計測や要件があるときに、カスタムイベントでデータを取得し、そのイベントに紐付いているパラメータ名を登録しましょう。

自動収集イベント、拡張計測イベント、推奨イベントに関してはカスタムディメンションや指標の取得は必要ありません。自動で設定され各種レポートで利用できます。**カスタムイベントを作成した際に、そのパラメータ名を分析に利用したい場合に設定が必須**です。

それでは、カスタムディメンションや指標の設定方法を確認してみましょう。

カスタムディメンションや指標を設定する

カスタムディメンションの設定は、GA4の「管理」➡「プロパティ」内にある「カスタム定義」のメニューから行います。設定はGA4上で完結します。

カスタムディメンションや指標はイベントのパラメータを登録するため、事前にイベントパラメータが取得されていることが前提となります。カスタムイベントの実装を事前に行いましょう。

カスタムディメンションの設定方法

新しいカスタムディメンションを作成するために、右上にある「カスタムディメンションを作成」をクリックしましょう。

入力画面が表示されます。

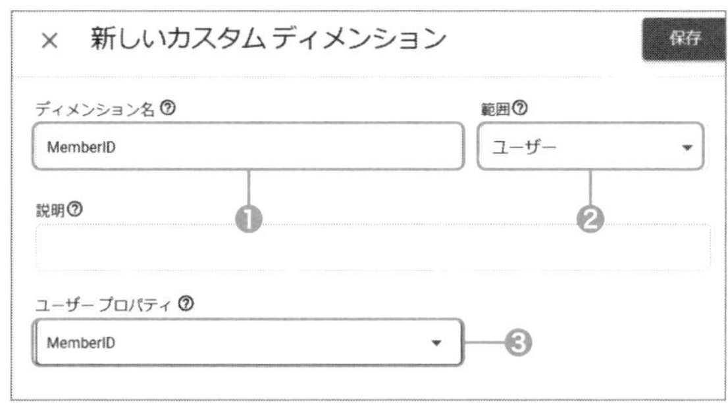

❶ディメンション名：画面上で表示される名称

❷範囲：「イベント」か「ユーザー」を選びます。イベントは、発生した該当イベントにだけ紐付きます。ユーザーはその人に対して情報が紐付きます。前者はユーザーがサイト内行動をする中で変化するもの（例：検索結果件数）、後者は会員IDなど静的（基本的には数値が変わらない）場合に選択をします。取得内容によって使い分けが必要です。

❸イベントパラメータ（範囲でイベントを選んだ場合）・ユーザープロパティ（範囲でユーザーを選んだ場合）：イベントのパラメータ名を入力します。

入力が完了したら、「保存」をクリックして登録完了です。

登録したカスタムディメンションは、該当パラメータに紐付いているイベントのレポートや、探索レポートで見ることができます。画面で表示されるまで最大24時間かかります。

● **探索レポートで登録したカスタムディメンションが選択可能**

× ディメンションの選択 5/201 件を選択中　ディメンションを検索

全年齢 201　事前定義 164　カスタム 37

ディメンション名

カスタム

author

campaign

content

contribution_type

debug_mode

engagement_time_msec

entrances

file_extension

カスタム指標の設定方法

カスタムディメンションの設定はGA4の「設定」内にある「カスタム定義」のメニューにアクセスし、「カスタム指標」に切り替えた後に、「カスタム指標を作成」を選択します。

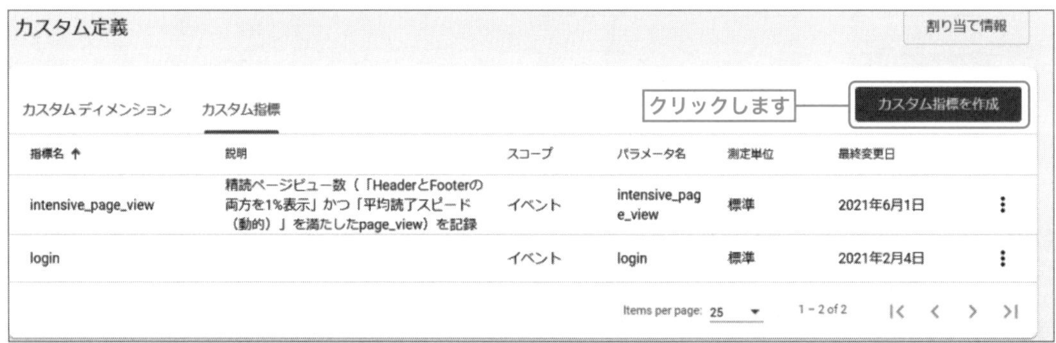

入力画面が表示されます。

❶指標名：画面上で表示される名称

❷範囲：カスタム指標ではイベントのみ選択可能

❸イベントパラメータ：パラメータ名を入力します

❹測定単位：標準・通貨・距離が用意されているので、該当するものを選択してください

× 新しいカスタム指標　保存

指標名 ❶　active_pageview

範囲 ❷　イベント

説明

イベントパラメータ ❸　active_pageview

測定単位 ❹　標準

入力が完了したら、「保存」をクリックして登録完了です。

登録した指標は、該当パラメータに紐付いているイベントのレポートや、探索レポートで見ることができます。画面で表示されるまで最大24時間かかります。

● **探索レポートで登録したカスタム指標が選択可能**

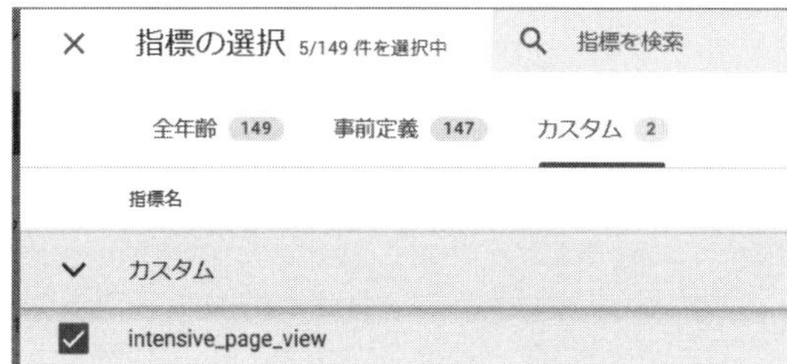

カスタムディメンションや指標の制限

カスタムディメンションや指標の利用件数には以下の制限があります。

- **イベントスコープのカスタムディメンション：50個まで**
- **ユーザースコープのカスタムディメンション：25個まで**
- **イベントスコープのカスタム指標：50個まで**

※ユーザースコープのカスタム指標は登録不可

関連公式ヘルプ

https://support.google.com/analytics/answer/10075209

カスタムディメンションや指標の実装方法

現在取得していないカスタムディメンションや指標を取得したい場合は、実装する必要があります。Section 5-8で紹介したカスタムイベントの実装に則って、イベントパラメータを取得することが可能です。

イベントを作成しないでパラメータだけを取得し、カスタムディメンションや指標として利用できます。

例として、ページを開いたときにdataLayerに記載されている値を取得する方法を紹介します。

代表的なものは、「会員IDの取得」「お問合せ時に情報取得」「検索結果件数」「お気に入りに入っている商品数」などが考えられます。ページ表示時にこれらデータを送ることで計測ができます。

ここでは、GTMでの設定方法を紹介します。

DataLayerで設定した値を取得する

例えばお問合せ完了ページにお問合せ情報を取得したい場合、以下のような記述を完了ページ内に（GTMの記述より前に）追加します。

```
<script>
  window.dataLayer = window.dataLayer || [];
  dataLayer.push({
    question_type: "資料請求",
    customer_age: "20代",
    customer_prefecture:"東京都"
  })
</script>
```

上記は記載の一例です。「資料請求」「20代」「東京都」と表示されるところは、ユーザー入力した内容に基づき、適切な変数を設定してください。そのまま記述すると、全員が「資料請求」「20代」「東京都」となってしまいます。

変数をGTMに登録します。「変数」のメニューからユーザー定義変数内にある「新規」ボタンをクリックしてください。

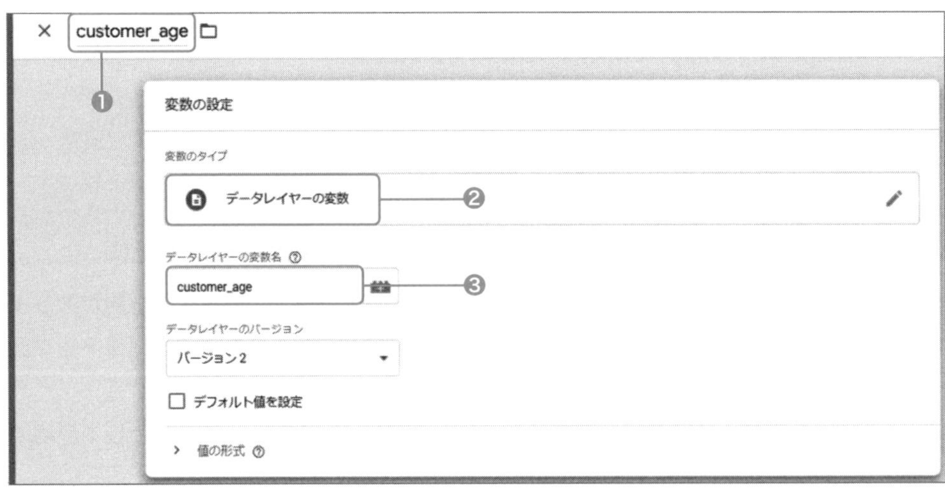

Chapter 5
計測の実装と設定

❶名称：任意（データレイヤーの変数名で同じでよいでしょう）
❷変数のタイプ：データレイヤーの変数
❸データレイヤーの変数名：dataLayerで利用した変数名。今回の場合はcustomer_age

次にGA4のタグ（GA4のイベントタグではなく）に変数を追加します。今回はページを表示したときにデータを送るので、今回取得するパラメータはpage_viewのイベントに紐付くパラメータとなります。

GA4の計測をすでに開始していれば、新たにGA4 設定のタグを作る必要はありません。既存のGA4設定タグに追記をしてください。新しいGA4 設定のタグを作ると二重計測となってしまいます。

❶設定フィールドのフィールド名：GA4上で計測される名称を設定
❷設定フィールドの値：作成した変数名を選択

計測確認できたら公開します。その後は、フィールド名をカスタムディメンションや指標の設定方法に則って、レポートや探索で利用できるようにしましょう。

関連公式ヘルプ

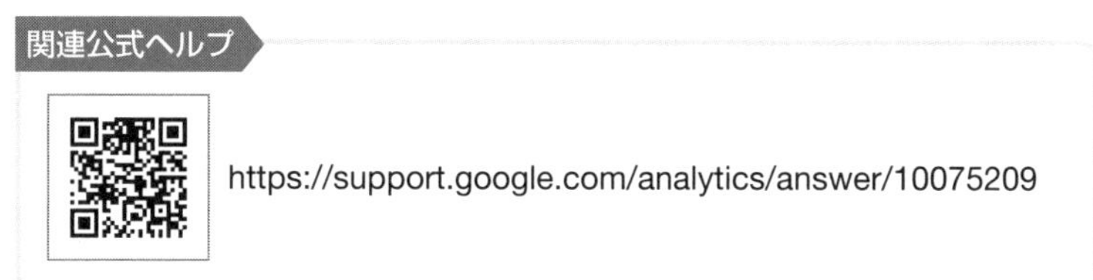

https://support.google.com/analytics/answer/10075209

Section ECサイトで商品のカート追加や売上を取得したい！

5-12 eコマース

使用レポート ▶▶▶レポート ➡ 収益化

ECサイト等で売上情報を取得する際にはeコマースの実装が必要となります。GA4のeコマースは購入完了ページ以外にも、商品の表示やカート、決済プロセスなど様々な箇所でeコマースの実装ができます。

eコマースを実装できる対象範囲

eコマースを実装できる対象範囲は以下のとおりです。

- 商品リスト / アイテムリストの表示回数とインプレッション
- 商品 / アイテムリストのクリック
- 商品 / アイテムの詳細表示回数
- カートからの追加または削除
- プロモーションの表示回数とインプレッション
- プロモーションのクリック
- 決済
- 購入
- 払い戻し

すべて利用する必要は無いため、サイトに応じて必要な箇所のeコマース実装を行いましょう。**優先順位が高いのは、「商品/アイテムの詳細表示」「カートの追加」「決済」「購入」**になります。

実装を行うためには、該当ページにdataLayer等での計測記述の追加が必要になります。

また、カートシステムによっては管理画面で対応している可能性もありますので、カートシステム側のヘルプなどをご確認ください。

eコマースの実装を行うことで、eコマース関連の様々なレポートがGA4で閲覧できるようになります。それでは、eコマースの実装方法を確認してみましょう。

関連公式ヘルプ

https://support.google.com/analytics/answer/12200568?hl=ja

eコマースの実装概要

eコマースの実装は、「dataLayerの記述の追加」➡「GTMでの設定」➡「計測確認」というプロセスで進めます。eコマースで取得できる以下の種類ごとに、それぞれ上記のプロセスが必要になります。1つずつ慎重に設定していきましょう。

種別	イベント名	取得タイミング
商品リストやアイテムリストの表示、インプレッション	view_item_list	ページ表示
商品/アイテムリストのクリック	select_item	クリック
商品/アイテムの詳細表示回数	view_item	ページ表示
カートの表示	view_cart	ページ表示
カートへの商品追加	add_to_cart	クリック
カートからの商品削除	remove_from_cart	クリック
プロモーションの表示	view_promotion	ページ表示
プロモーションのクリック	select_promotion	クリック
決済開始	begin_checkout	ページ表示
購入	purchase	ページ表示
払い戻し	refund	ページ表示

関連公式ヘルプ

https://developers.google.com/tag-manager/ecommerce-ga4?hl=ja

「購入」の実装方法

まずは、eコマースで実装が必須な購入についての手順を説明します。

購入完了ページにDataLayerの記述を追加する

以下の記述を、購入完了ページに追加します。

```
<script>

    window.dataLayer = window.dataLayer || [];
dataLayer.push({

  event: "purchase",
  ecommerce: {
      transaction_id: "202112_004",  // 決済ID【必須】
      affiliation: "Online Store",  // アフィリエーション
      value: "7000",  // 収益【必須】
      tax: "700",  // 税額
      shipping: "800",  // 配送料
      currency: "JPY",  // 通貨【必須】
      coupon: "ハピアナクーポン",  // 利用したクーポン
    items: [
     {
       item_name: "HAPPY ANALYTICS Tシャツ",        // 商品名【商品名あるいは商品ID
は必須】
       item_id: "10003",        // 商品ID(SKU)【商品名あるいは商品IDは必須】
       price: 1500,        // 値段
       item_brand: "HAPPY ANALYIOCS",        // ブランド名
       item_category: "Apparel",        // 商品カテゴリ1　カテゴリは5つまで設定可能
item_category2, item_category3等
       item_variant: "Gray",        // 商品の色
       quantity: 2        // 個数
     },
     {
       item_name: "HAPPY ANALYTICS Yシャツ",        // 商品名【商品名あるいは商品ID
は必須】
```

```
        item_id: "10009",         // 商品ID(SKU) 【商品名あるいは商品IDは必須】
        price: 4000,        // 値段
        item_brand: "HAPPY ANALYIOCS",        // ブランド名
        item_category: "Apparel",          // 商品カテゴリ1　カテゴリは5つまで設定可能
  item_category2, item_category3等
        item_variant: "Blue",        // 商品の色
        quantity: 1        // 個数
      }]
   }
});

</script>
```

dataLayerの記述例は、以下の公式URLからも確認いただけます。
https://developers.google.com/tag-manager/ecommerce-ga4?hl=ja

■実際の記述例（以下のページのソースをご覧ください）
https://happyanalytics.co.jp/test/purchase.html

購入の計測記述は、大きく3つに分かれています。

- **黒太字**の部分がイベントの種類を表しています。
- 水色文字部分が「購入」そのものに関する情報です。
- **濃い青色文字**部分が「購入した商品単位」に関する情報です。１回で複数種類の商品を購入した場合は、濃い青色の部分を複数記述しましょう（上記の例では2つの商品を購入しています）。
- 購入を完了したときに他にもデータを取得したい場合、イベントパラメータを追加することができます。

例：利用したポイント数などをused_pointsとして追加

その場合は、次のステップで変数を設定して、タグにパラメータを追加しましょう。

GTMの設定を行う

1. トリガーの設定を行います。トリガーの設定画面から新規に追加してください。

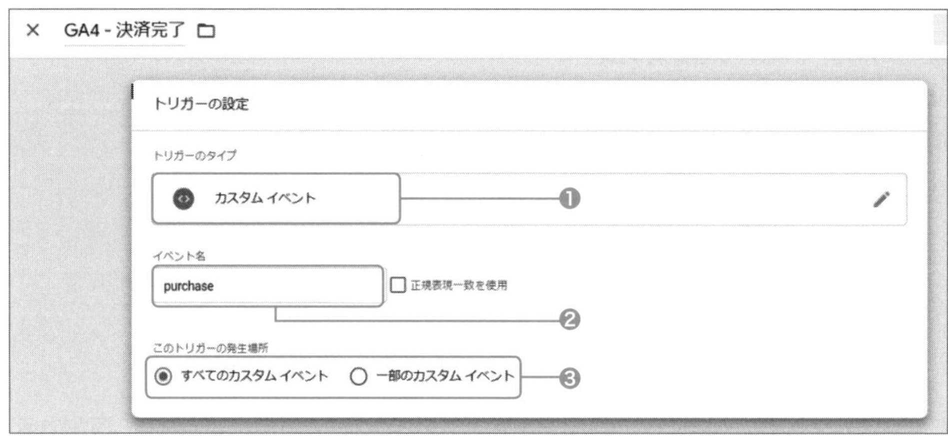

❶トリガーのタイプ：カスタムイベント
❷イベント名：purchase
❸トリガーの発生場所：すべてのカスタムイベント

2. タグの設定を行います。タグのメニューから「GA4 イベント」を新規追加してください。

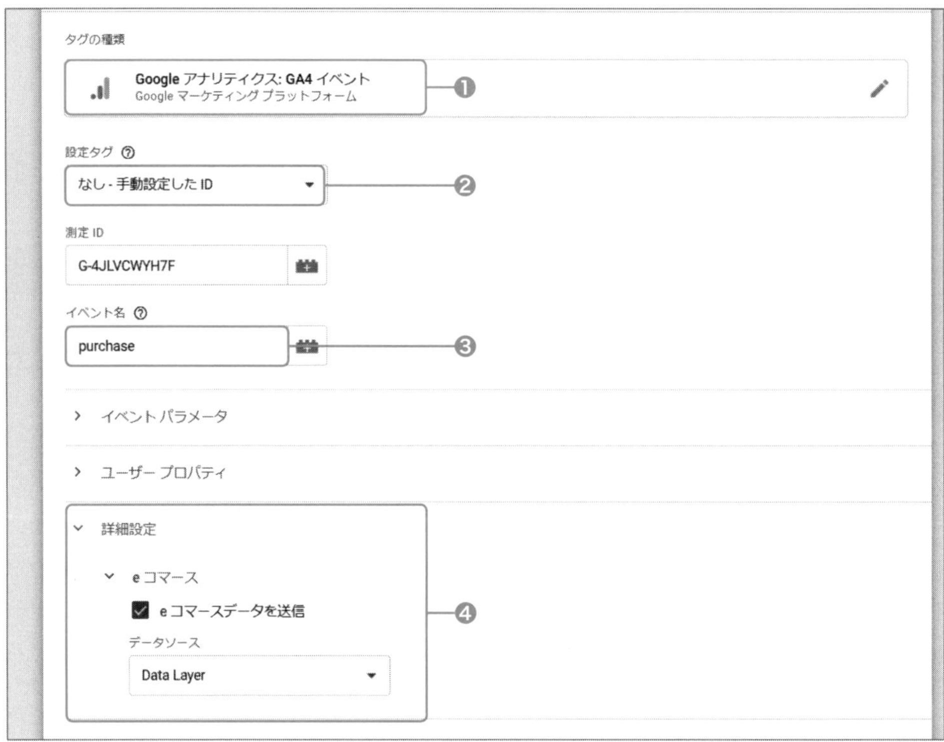

Chapter 5
計測の実装と設定

❶タグの種類：GA4 イベント
❷設定タグ：測定IDを変数として設定している場合は、変数名を選択します。
　設定していない場合は、測定IDを記入します
❸イベント名：purchase
❹詳細設定 - eコマース：「eコマースデータを送信」にチェックを追加して、
　データソースで「Data Layer」を選択します

トリガーにさきほど作成したトリガー「GA4 - 決済完了」を選択して保存します。

3. プレビューモードで計測できているか確認します。
購入完了ページにアクセス後、プレビューモードのタブに切り替えて、purchaseのイベントをクリックします。

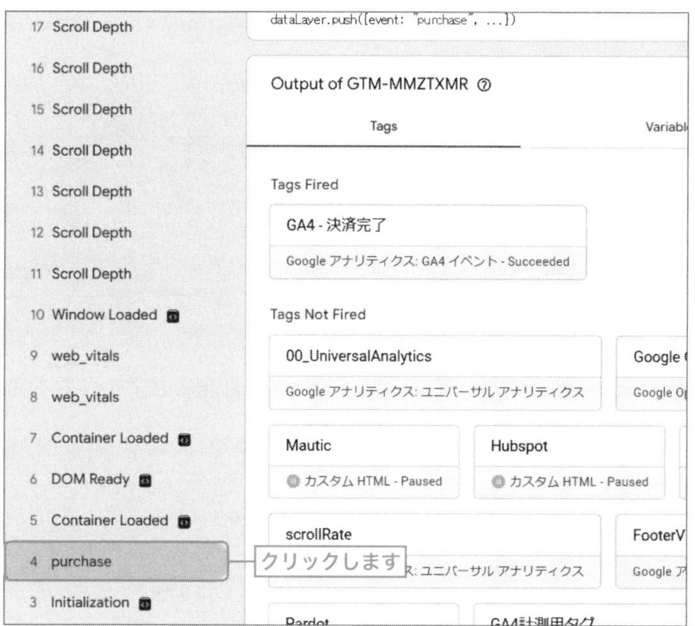

Tags Firedの中に「GA4-決済完了(設定したタグ名)」があるかを確認します。存在する場合は、タグは動作しています。
クリックしてイベントパラメータが設定されているかを確認しましょう。

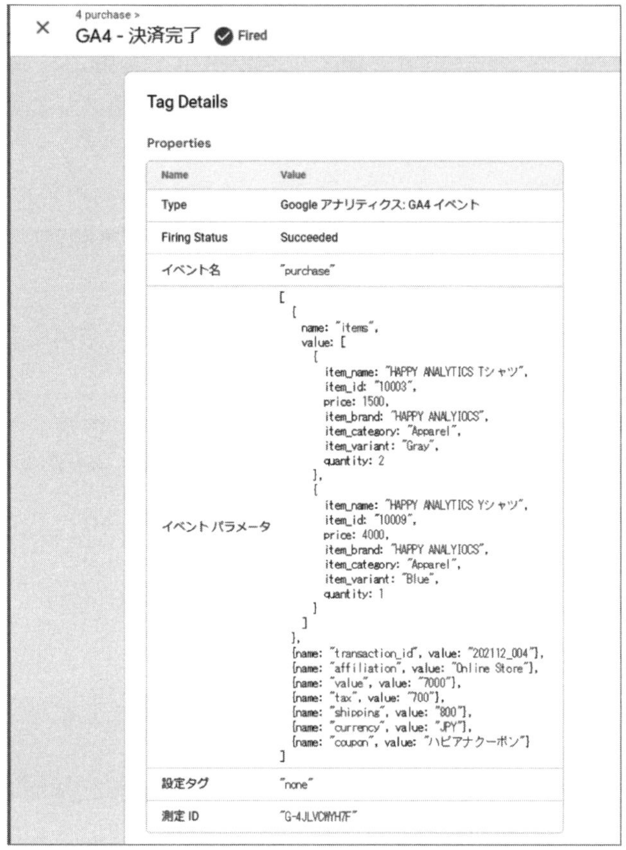

計測が確認できたら公開しましょう。GA4にデータが貯まるのを待って、計測できているかを確認します。

● **収益化のレポートで購入が発生していることを確認**

● HAPPY ANALYTICS Tシャツ ● HAPPY ANALYTICS Yシャツ

0 1 2 3 4 5
Eコマース購入数

検索...　　1ページあたりの行数: 10　1〜2/2

	アイテム名	アイテムの表示...	カートに追加	表示後カートに...	↓eコマース購入数	表示後購入され...
	合計	1 全体の 100%	2 全体の 100%	100% 平均との差 0%	4 全体の 100%	200% 平均との差 0%
1	HAPPY ANALYTICS Tシャツ	1	2	100%	4	200%
2	HAPPY ANALYTICS Yシャツ	0	0	0%	4	0%

「商品リストの表示」の実装方法

ここから先、各イベントの実装を説明するにあたり、「購入完了」について設定済みであることが前提になります。主に、購入との差分を中心に説明します。

商品がリストで表示されるページにDataLayerの記述を追加する

以下の記述を追加します。

```
<script>

    window.dataLayer = window.dataLayer || [];

dataLayer.push({

  event: "view_item_list",
  ecommerce: {
    items: [
     {
       item_name: "HAPPY ANALYTICS Tシャツ",       // 商品名
       item_id: "10003",        // 商品ID
       price: 1500,        // 値段
       item_brand: "HAPPY ANALYTICS",        // ブランド名
       item_category: "Apparel",        // 商品カテゴリ1
       item_category2: "Mens",        // 商品カテゴリ2
       item_category3: "Shirts",        // 商品カテゴリ3
       item_category4: "Tshirts",        // 商品カテゴリ4
       item_variant: "Gray",        // 商品の色
       item_list_name: "Search Results",        // リスト名
       item_list_id: "SR001",        // リストID
       index: 1,        // 掲載順位
       quantity: 1        // 個数
     },
     {
       item_name: "HAPPY ANALYTICS Yシャツ",        // 商品名
       item_id: "10009",        // 商品ID
       price: 4000,        // 値段
```

```
      item_brand: "HAPPY ANALYTICS",        // ブランド名
      item_category: "Apparel",        // 商品カテゴリ１
      item_category2: "Mens",        // 商品カテゴリ２
      item_category3: "Shirts",        // 商品カテゴリ３
      item_category4: "Yshirts",        // 商品カテゴリ４
      item_variant: "Blue",        // 商品の色
      item_list_name: "Search Results",        // リスト名
      item_list_id: "SR001",        // リストID
      index: 2,        // 掲載順位
      quantity: 1       // 個数
    }]
  }
});

</script>
```

dataLayerの記述例は、以下の公式URLからも確認いただけます。

https://developers.google.com/tag-manager/ecommerce-ga4?hl=ja

■**実際の記述例**（以下のページのソースをご覧ください）

https://happyanalytics.co.jp/test/itemlist.html

GTMの設定を行う

商品リスト用のトリガーを作成します。

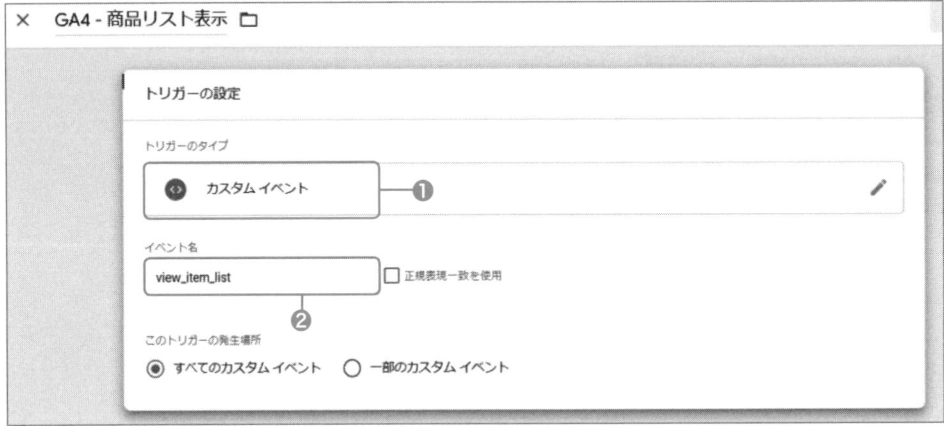

❶トリガーのタイプ：カスタム イベント
❷イベント名：view_item_list

商品リスト用のタグを作成します。

❶イベント名：view_item_list
❷詳細設定 - eコマース：「eコマースデータを送信」にチェックを追加して、
データソースで「Data Layer」を選択
❸トリガー：商品リスト表示用に作成したトリガー

「商品クリック」の実装方法

商品がクリックされたときにイベントを送信

リンクをクリックしたときに、以下のようなObjectが呼び出されるようにしましょう。

```
<script>

    window.dataLayer = window.dataLayer || [];

dataLayer.push({

  event: "select_item",
  ecommerce: {
    items: [
     {
       item_name: "HAPPY ANALYTICS Tシャツ",        // 商品名
       item_id: "10003",        // 商品ID
       price: 1500,        // 値段
       item_brand: "HAPPY ANALYTICS",        // ブランド名
       item_category: "Apparel",        // 商品カテゴリ1
       item_category2: "Mens",        // 商品カテゴリ2
       item_category3: "Shirts",        // 商品カテゴリ3
       item_category4: "Tshirts",        // 商品カテゴリ4
       item_variant: "Gray",        // 商品の色
       item_list_name: "Search Results",        // リスト名
       item_list_id: "SR001",        // リストID
       index: 1,        // 掲載順位
       quantity: 1        // 個数
     }]
  }
});

</script>
```

dataLayerの記述例は、以下の公式URLからも確認いただけます。

https://developers.google.com/tag-manager/ecommerce-ga4?hl=ja

GTMの設定を行う

商品クリック用のトリガーを作成します。

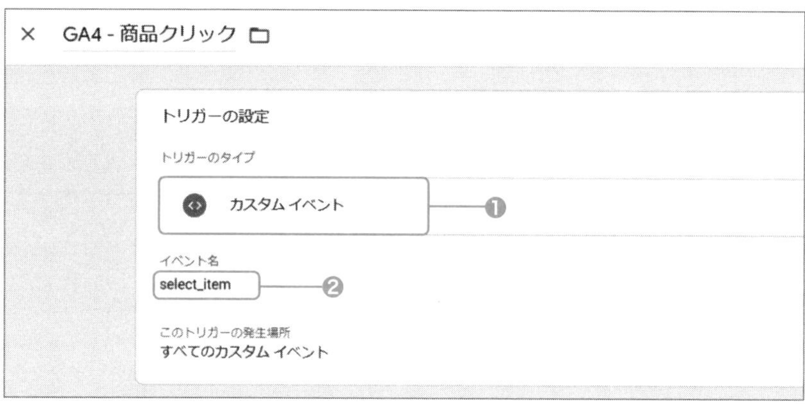

❶トリガーのタイプ：カスタム イベント
❷イベント名：select_item

商品クリック用のタグを作成します。

❶イベント名：select_item
❷詳細設定 - eコマース：「eコマースデータを送信」にチェックを追加して、
データソースで「Data Layer」を選択
❸トリガー：商品クリック用に作成したトリガー

「商品の詳細表示」の実装方法

商品の詳細が表示されるページにDataLayerの記述を追加する

以下の記述を追加します。

```
<script>

    window.dataLayer = window.dataLayer || [];

dataLayer.push({

  event: "view_item",
  ecommerce: {
    items: [
     {
       item_name: "HAPPY ANALYTICS Tシャツ",        // 商品名
       item_id: "10003",        // 商品ID
       price: 1500,        // 値段
       item_brand: "HAPPY ANALYTICS",        // ブランド名
       item_category: "Apparel",        // 商品カテゴリ1
       item_category2: "Mens",        // 商品カテゴリ2
       item_category3: "Shirts",        // 商品カテゴリ3
       item_category4: "Tshirts",        // 商品カテゴリ4
       item_variant: "Gray",        // 商品の色
       item_list_name: "Search Results",        // リスト名
       item_list_id: "SR001",        // リストID
       index: 1,        // 掲載順位
       quantity: 1        // 個数
     }]
  }
```

```
});

</script>
```

dataLayerの記述例は、以下の公式URLからも確認いただけます。

https://developers.google.com/tag-manager/ecommerce-ga4?hl=ja

■実際の記述例（以下のページのソースをご覧ください）

https://happyanalytics.co.jp/test/detail.html

GTMの設定を行う

商品表示用のトリガーを作成します。

❶トリガーのタイプ：カスタム イベント
❷イベント名：view_item

商品表示用のタグを作成します。

❶イベント名：view_item
❷詳細設定 - eコマース：「eコマースデータを送信」にチェックを追加して、
データソースで「Data Layer」を選択
❸トリガー：商品詳細表示用に作成したトリガー

「商品のカート追加」の実装方法

商品がカートに追加されたときにイベントを送信

商品をカートに追加したときに、以下のObjectが呼び出されるようにしましょう。

```
<script>

    window.dataLayer = window.dataLayer || [];

dataLayer.push({

  event: "add_to_cart",
  ecommerce: {
```

Chapter 5 計測の実装と設定

```
    items: [
     {
       item_name: "HAPPY ANALYTICS Tシャツ",        // 商品名
       item_id: "10003",        // 商品ID
       price: 1500,        // 値段
       item_brand: "HAPPY ANALYTICS",        // ブランド名
       item_category: "Apparel",        // 商品カテゴリ1
       item_category2: "Mens",        // 商品カテゴリ2
       item_category3: "Shirts",        // 商品カテゴリ3
       item_category4: "Tshirts",        // 商品カテゴリ4
       item_variant: "Gray",        // 商品の色
       item_list_name: "Search Results",        // リスト名
       item_list_id: "SR001",        // リストID
       index: 1,        // 掲載順位
       quantity: 1        // 個数
     }]
   }
});

</script>
```

dataLayerの記述例は、以下の公式URLからも確認いただけます。

https://developers.google.com/tag-manager/ecommerce-ga4?hl=ja

● GTMプレビューモードでの計測確認例

GTMの設定を行う

カート追加用のトリガーを作成します。

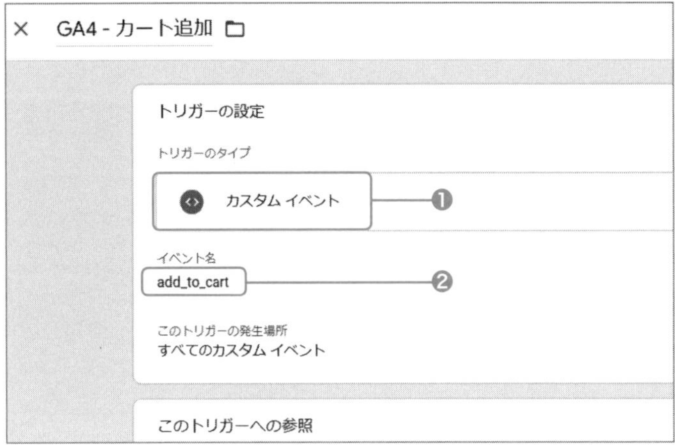

❶トリガーのタイプ：カスタム イベント
❷イベント名：add_to_cart

カート追加用のタグを作成します。

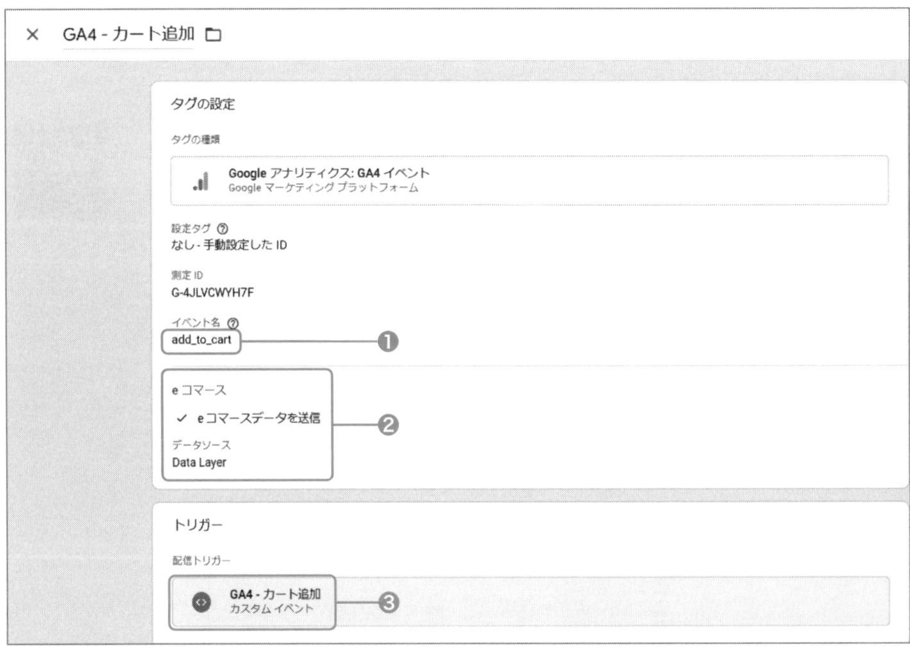

❶イベント名：add_to_cart

❷詳細設定 - eコマース：「eコマースデータを送信」にチェックを追加して、
データソースで「Data Layer」を選択
❸トリガー：商品カート追加用に作成したトリガー

「商品のカート削除」の実装方法

商品がカートから削除されたときにイベントを送信

商品をカートに追加したときに、以下のObjectが呼び出されるようにしましょう。

```
<script>

    window.dataLayer = window.dataLayer || [];

dataLayer.push({

  event: "remove_from_cart",
  ecommerce: {
    items: [
     {
       item_name: "HAPPY ANALYTICS Tシャツ",       // 商品名
       item_id: "10003",       // 商品ID
       price: 1500,       // 値段
       item_brand: "HAPPY ANALYTICS",       // ブランド名
       item_category: "Apparel",       // 商品カテゴリ1
       item_category2: "Mens",       // 商品カテゴリ2
       item_category3: "Shirts",       // 商品カテゴリ3
       item_category4: "Tshirts",       // 商品カテゴリ4
       item_variant: "Gray",       // 商品の色
       item_list_name: "Search Results",       // リスト名
       item_list_id: "SR001",       // リストID
       index: 1,       // 掲載順位
       quantity: 1       // 個数
     }]
  }
});

</script>
```

dataLayerの記述例は、以下の公式URLからも確認いただけます。

https://developers.google.com/tag-manager/ecommerce-ga4?hl=ja

● GTMプレビューモードでの計測確認例

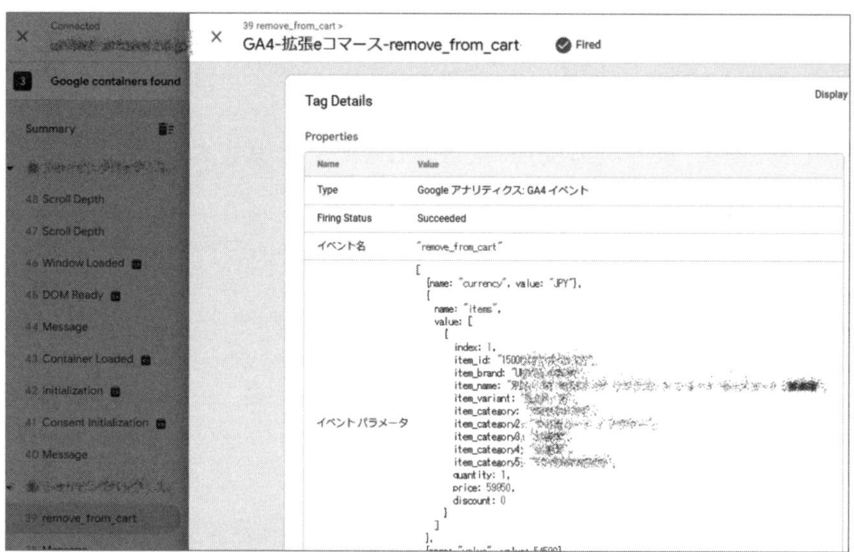

GTMの設定を行う

カート削除用のトリガーを作成します。

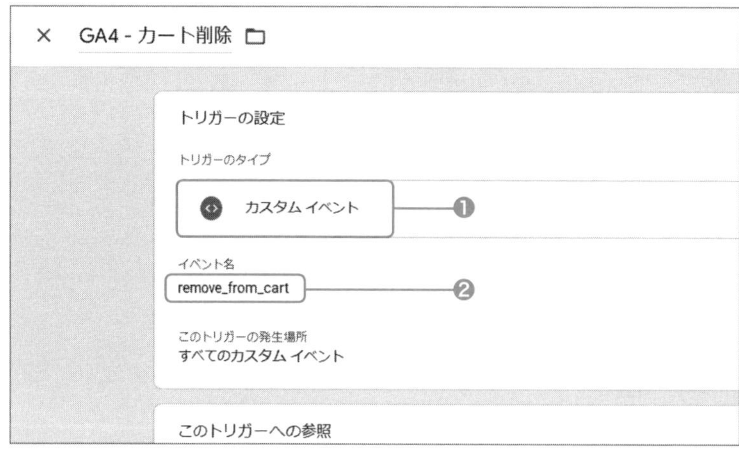

❶トリガーのタイプ：カスタム イベント
❷イベント名：remove_from_cart

カート削除用のタグを作成します。

❶イベント名：remove_from_cart
❷詳細設定 - eコマース：「eコマースデータを送信」にチェックを追加して、データソースで「Data Layer」を選択
❸トリガー：商品削除用に作成したトリガー

「プロモーションの表示」の実装方法

プロモーションで商品が表示されるページにDataLayerの記述を追加する

以下の記述を追加します。

```
<script>
  window.dataLayer = window.dataLayer || [];
```

```
dataLayer.push({

  event: "view_prpmotion",
  ecommerce: {
    items: [
     {
       item_name: "HAPPY ANALYTICS Tシャツ",          // 商品名
       item_id: "10003",       // 商品ID
       price: 1500,         // 値段
       item_brand: "HAPPY ANALYTICS",         // ブランド名
       item_category: "Apparel",         // 商品カテゴリ1
       item_category2: "Mens",         // 商品カテゴリ2
       item_category3: "Shirts",         // 商品カテゴリ3
       item_name: "HAPPY ANALYTICS クリスマスTシャツ",          // 商品名
       item_id: "10003",       // 商品ID
       price: 1500,         // 値段
       item_brand: "HAPPY ANALYTICS",         // ブランド名
       item_category: "Apparel",         // 商品カテゴリ1
       item_category2: "Mens",         // 商品カテゴリ2
       item_category3: "Shirts",         // 商品カテゴリ3
       item_category4: "Tshirts",         // 商品カテゴリ4
       item_variant: "Gray",         // 商品の色
       promotion_id: "abc123", // プロモーションID
       promotion_name: "summer_promo",  // プロモーション名
       creative_name: "instore_suummer", // クリエイティブ名
       creative_slot: "1",  // クリエイティブ番号
       location_id: "hero_banner",  // 掲載位置
       index: 1, // 掲載順位
       quantity: 1    // 個数
     }]
  }
});

</script>
```

dataLayerの記述例は、以下の公式URLからも確認いただけます。

https://developers.google.com/tag-manager/ecommerce-ga4?hl=ja

■ **実際の記述例**（以下のページのソースをご覧ください）

https://happyanalytics.co.jp/test/promotion.html

GTMの設定を行う

プロモーション表示用のトリガーを作成します。

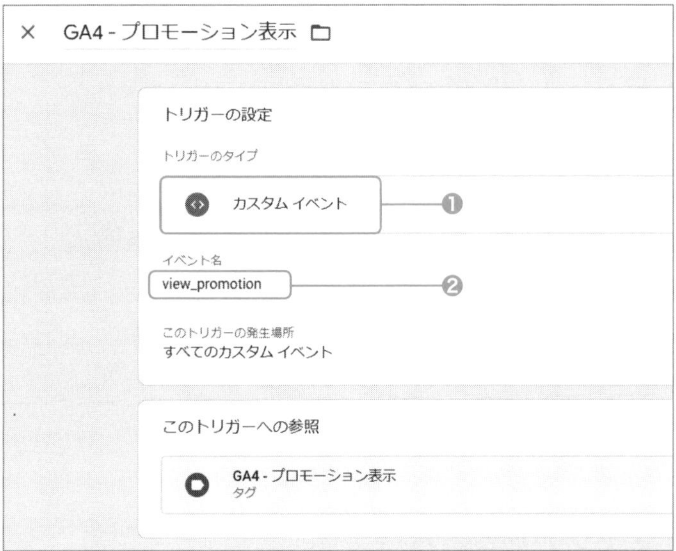

❶**トリガーのタイプ**：カスタム イベント

❷**イベント名**：view_promotion

プロモーション表示用のタグを作成します。

GA4 - プロモーション表示

保存

タグの設定

タグの種類

Google アナリティクス: GA4 イベント
Google マーケティング プラットフォーム

設定タグ
なし - 手動設定した ID

測定 ID
G-4JLVCWYH7F

イベント名
view_promotion ❶

e コマース
✓ e コマースデータを送信
データソース
Data Layer ❷

トリガー

配信トリガー

GA4 - プロモーション表示
カスタム イベント ❸

❶イベント名：view_promotion
❷詳細設定 - eコマース：「eコマースデータを送信」にチェックを追加して、
データソースで「Data Layer」を選択
❸トリガー：商品プロモーション表示用に作成したトリガー

「プロモーションの商品クリック」の実装方法

プロモーションページから商品がクリックされたときにイベントを送信

商品をカートに追加したときに、以下のObjectが呼び出されるようにしましょう。

```
<script>

    window.dataLayer = window.dataLayer || [];

dataLayer.push({

  event: "select_promotion",
  ecommerce: {
```

```
    items: [
     {
       item_name: "HAPPY ANALYTICS Tシャツ",       // 商品名
       item_id: "10003",        // 商品ID
       price: 1500,       // 値段
       item_brand: "HAPPY ANALYTICS",       // ブランド名
       item_category: "Apparel",       // 商品カテゴリ1
       item_category2: "Mens",       // 商品カテゴリ2
       item_category3: "Shirts",       // 商品カテゴリ3
       item_category4: "Tshirts",       // 商品カテゴリ4
       item_variant: "Gray",       // 商品の色
       promotion_id: "abc123", //プロモーションID
       promotion_name: "summer_promo", //プロモーション名
       creative_name: "instore_suummer", //クリエイティブ名
       creative_slot: "1", //クリエイティブ番号
       location_id: "hero_banner", //掲載位置
       index: 1, //掲載順位
       quantity: 1   //個数
     }]
  }
});

</script>
```

dataLayerの記述例は、以下の公式URLからも確認いただけます。

https://developers.google.com/tag-manager/ecommerce-ga4?hl=ja

GTMの設定を行う

プロモーションクリック用のトリガーを作成します。

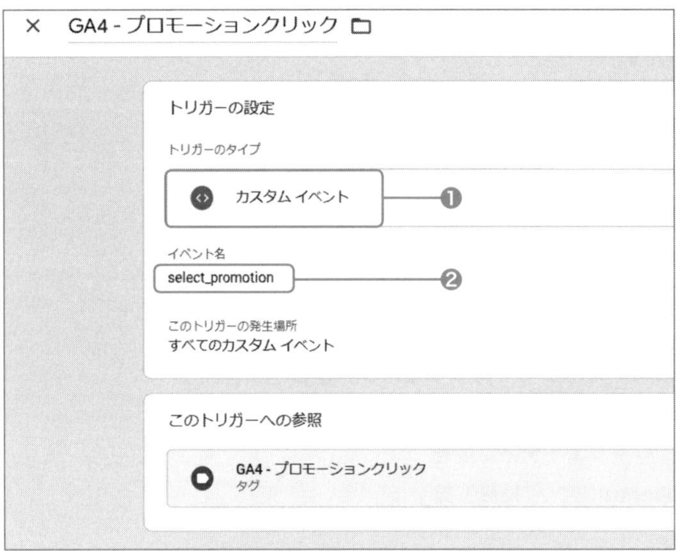

❶**トリガーのタイプ**：カスタム イベント

❷**イベント名**：select_promotion

プロモーションでのクリック用のタグを作成します。

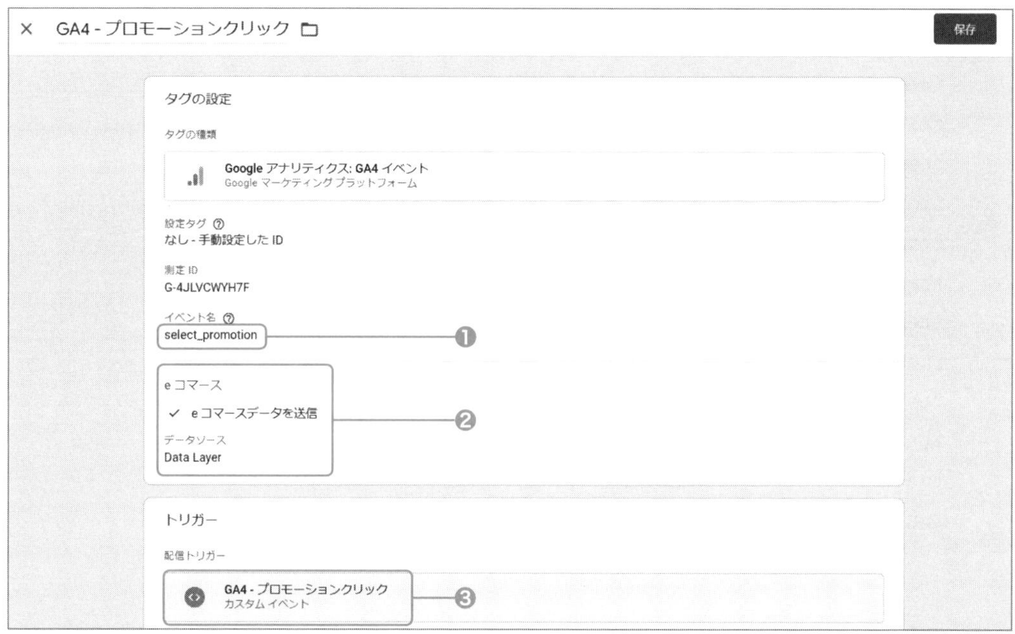

❶イベント名：select_promotion
❷詳細設定 - eコマース：「eコマースデータを送信」にチェックを追加して、
データソースで「Data Layer」を選択
❸トリガー：クリック用に作成したトリガー

「決済の開始」の実装方法

決済プロセスの最初のページ（例：住所入力等）にDataLayerの記述を追加する

以下の記述を追加します。

```
<script>

    window.dataLayer = window.dataLayer || [];

dataLayer.push({

  event: "begin_checkout",
  ecommerce: {
```

```
    items: [
     {
      item_name: "HAPPY ANALYTICS クリスマスTシャツ",       // 商品名
      item_id: "10003",       // 商品名
      price: 1500,       // 値段
      item_brand: "HAPPY ANALYIOCS",       // ブランド名
      item_category: "Apparel",       // 商品カテゴリ1
      item_category2: "Mens",       // 商品カテゴリ2
      item_category3: "Shirts",       // 商品カテゴリ3
      item_category4: "Tshirts",       // 商品カテゴリ4
      item_variant: "Gray",       // 商品の色
      item_list_name: "Search Results",       // リスト名
      item_list_id: "SR001",       // リストID
      index: 1,       // 掲載順位
      quantity: 1       // 個数
     }]
   }
});

</script>
```

dataLayerの記述例は、以下の公式URLからも確認いただけます。

https://developers.google.com/tag-manager/ecommerce-ga4?hl=ja

■ **実際の記述例**（以下のページのソースをご覧ください）

https://happyanalytics.co.jp/test/process.html

GTMの設定を行う

決済開始用のトリガーを作成します。

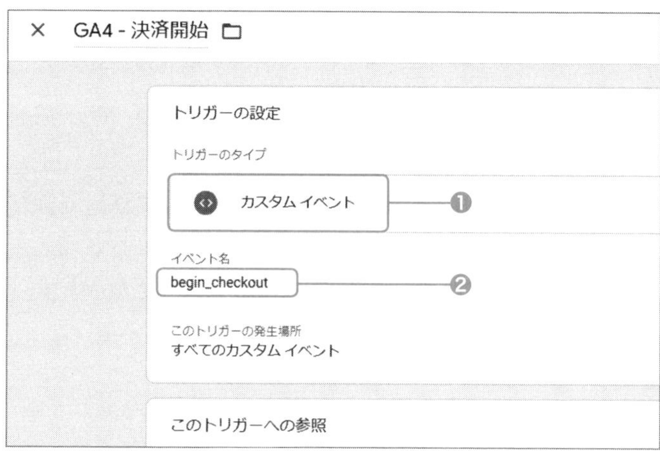

❶トリガーのタイプ：カスタム イベント
❷イベント名：begin_checkout

決済開始用のタグを作成します。

❶イベント名：begin_checkout
❷詳細設定 - eコマース：「eコマースデータを送信」にチェックを追加して、
データソースで「Data Layer」を選択
❸トリガー：決済開始用に作成したトリガー

「決済開始」後に複数の入力ステップがある場合は、「add_shipping_info（配送情報入力）」「add_payment_info（仕払情報入力）」というイベントを利用することが可能です。

パラメータとして「shopping_tier（商品の配送方法）」と「payment_type（支払い方法）」を追加で利用することが可能です。

それ以外の設定方法に関しては、イベント名が変わる以外は決済開始と同様の設定になります。

「払い戻し」の実装方法

払い戻し完了ページにdataLayerの記述を追加する

以下の記述を追加します。

■特定商品だけの払い戻しの場合

```
<script>

    window.dataLayer = window.dataLayer || [];

dataLayer.push({

  event: "refund",
  ecommerce: {
  transaction_id: "T12345", // 決済ID
    items: [
     {
       item_name: "HAPPY ANALYTICS クリスマスTシャツ",        // 商品名
       item_id: "10003",        // 商品名
       price: 1500,        // 値段
       item_brand: "HAPPY ANALYIOCS",        // ブランド名
       item_category: "Apparel",        // 商品カテゴリ1
       item_category2: "Mens",        // 商品カテゴリ2
```

```
        item_category3: "Shirts",          // 商品カテゴリ３
        item_category4: "Tshirts",          // 商品カテゴリ４
        item_variant: "Gray",          // 商品の色
        item_list_name: "Search Results",          // リスト名
        item_list_id: "SR001",          // リストID
        index: 1,          // 掲載順位
        quantity: 1          // 個数
      }]
   }
});

</script>
```

■決済そのものの払い戻しの場合

```
<script>

    window.dataLayer = window.dataLayer || [];

dataLayer.push({

  event: "refund",
  ecommerce: {
  transaction_id: "T12345", // 決済ID
}
});

</script>
```

dataLayerの記述例は、以下の公式URLからも確認いただけます。

https://developers.google.com/tag-manager/ecommerce-ga4?hl=ja

GTMの設定を行う

返金用のトリガーを作成します。

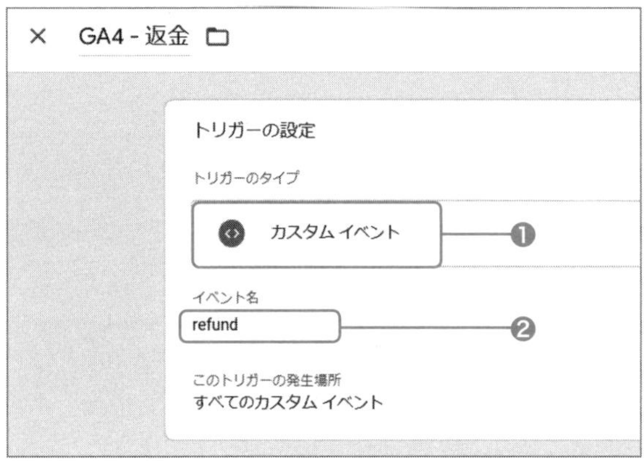

❶トリガーのタイプ：カスタム イベント
❷イベント名：refund

返金用のタグを作成します。

Chapter 5 計測の実装と設定

❶イベント名：refund
❷詳細設定 - eコマース：「eコマースデータを送信」にチェックを追加して、
データソースでData Layerを選択
❸トリガー：返金用に作成したトリガー

refundに関しては、GA4ではrefundイベントが発生した日の売上が減らされる形で計測されます。つまり、購入日と返金日が別日の場合は、購入日のデータは変わりません。また、購入情報そのものが消されるわけではないので、その決済の売上や購入商品などは表示され続けます。

取得したデータの確認場所

GA4のレポートでは、「収益化」の中で確認できます。また、計測されたイベントは設定画面内のイベントでも計測され、探索レポート内でも利用できます。

Google Analytics 4

Chapter 6

管理画面の利用方法

管理画面では、様々なデータ計測に関する設定を行えます。また、GA4とそれ以外のGoogle関連のプロダクトを紐付けることができます。
Chapter 6では、GA4の管理画面の各メニューと設定方法を紹介します。

Section 6-1 アカウントの基本情報を確認したい！ アカウントの設定

使用レポート ▶▶▶管理 ➡ アカウント

アカウント設定ではアカウントに関する基本的な内容を設定します。主にアカウント名・データ共有設定・ベンチマーク・データ処理規約などの内容が存在します。

アカウント設定

アカウントID・アカウント名

普段アカウントIDを意識することはないかと思いますが、該当アカウントに紐付いた数字になります。またアカウント名に関しては、画面上での表示名称となります。適宜、設定を行ってください。

データ共有設定

Googleへの情報共有などの設定となります。特に変える必要はありませんが、各説明を確認の上、必要に応じてオン／オフの設定を変更しましょう。

データ利用規約

データの利用規約に関しての設定です。ビジネス拠点がデータ保護規則がある国や米国の州に存在する場合は、データ処理規約に同意をする必要があります。同意をしていない場合は、以下の画面が表示されます。

● **同意前の画面**

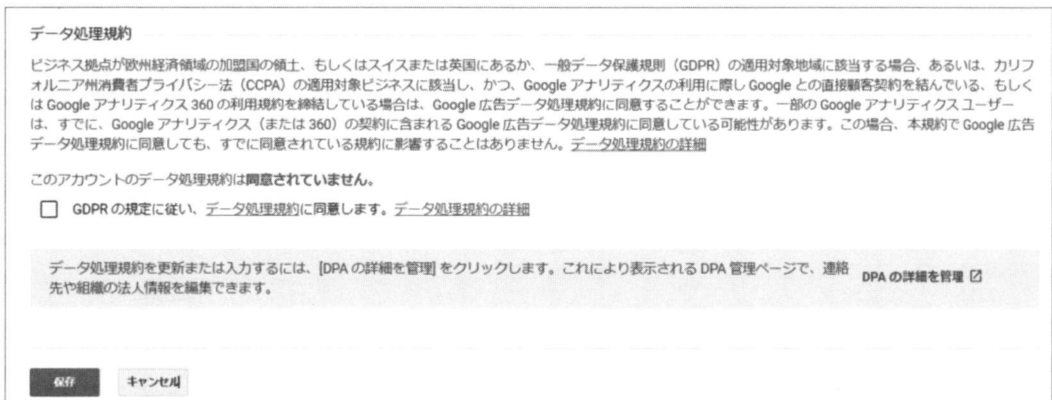

内容を確認して同意をする場合は、チェックボックスにチェックを入れます。以下の画面に変わります。

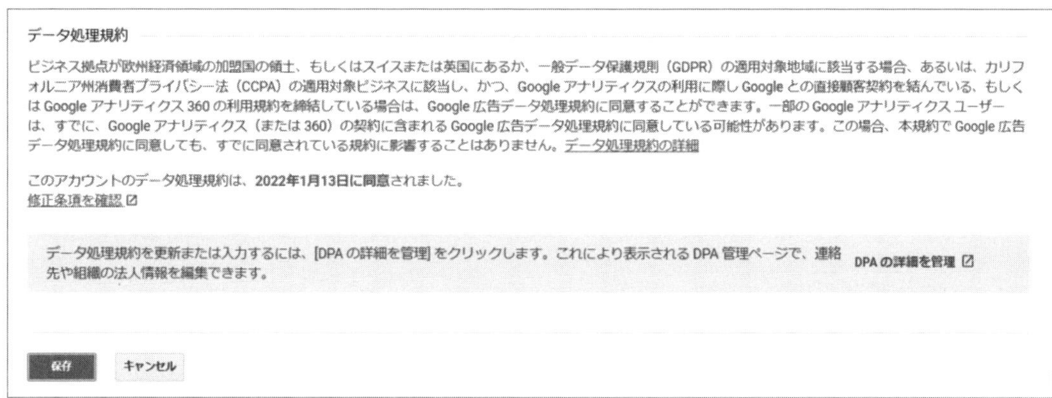

2022年9月現在、欧州の一部の国などを対象にGA4導入の中止の判決などが出ています。該当国のサイトへの導入があるか最新の情報を確認して、社内の法務とも連携して導入を判断しましょう。

アカウントのアクセス管理

「アカウントのアクセス管理」では、アカウントおよびその配下にあるプロパティに対して権限を付与することができます。

右上の⊕ボタンをクリックすると、ユーザーを追加することができます（ユーザーグループの追加もありますが、こちらは有償版のみの機能となります）。なお、ユーザーの追加はメールアドレス単位で行います。

権限の追加で、メールアドレスと役割を設定します。

権限ごとの違いは、以下の表を確認してください。

表6-1-1 権限名称と意味

項目名	意味
管理者	ユーザーの追加・権限変更・削除などが可能。アカウント単位の管理が可能。また「編集者」の権限を合わせ持ちます。
編集者	プロパティ内の設定および編集権限を持つ。ユーザーに関する権限はない。また「アナリスト」の権限を合わせ持ちます。
アナリスト	アトリビューションモデル・カスタムレポートなどのアセットを作成・編集・削除・共有可能。また「閲覧者」の権限を合わせ持ちます。設定の変更などは不可。
閲覧者	アナリストとほぼ同じだが、共有された内容に関しての編集権限は持たない。設定の変更などは不可。
なし	該当アカウントやプロパティに関しては閲覧権限がない（別のアカウントやプロパティでは持っている可能性あり）。
コスト指標なし	コストに関連する指標のみ、該当プロパティ内で見ることができません。
収益指標なし	収益に関連する指標のみ、該当プロパティ内で見ることができません。

● 権限に関しての注意点

- **アカウントで権限を付与すると、同じ権限がアカウント内のすべてのプロパティで付与**されます。
- より上位の権限が引き継がれます。アカウントで編集者を設定し、プロパティで閲覧者を設定した場合、プロパティの権限はより上位の「編集」権限になります。
- コスト指標と収益指標のみ上記の関係性は存在しません。アカウント単位で閲覧を禁止しても、プロパティ単位で閲覧権限の付与が可能です。

すべてのフィルタ

すべてのフィルタでは、アカウント配下のプロパティで設定しているすべてのフィルタ内容を一覧で確認することができます。しかし、本レポートは旧Google Analyticsのみ表示され、GA4のフィルタは表示されませんので、気にしなくて大丈夫です。

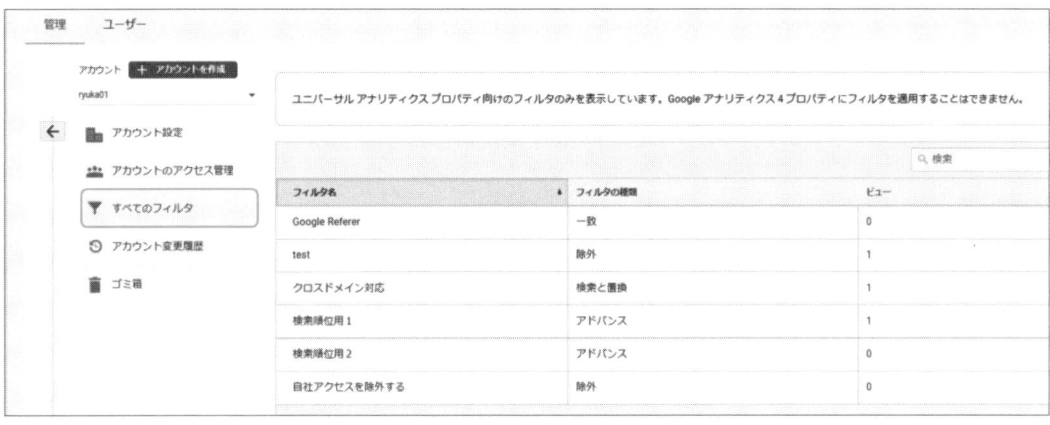

GA4のフィルタを見る場合は、このChapter 6で後述するプロパティ内にある各ストリームごとにフィルタを確認します。

アカウント変更履歴

アカウント内（プロパティ内含む）で設定を追加・変更した記録が残っています。
右のⓘアイコンをクリックすることで、変更の詳細を確認することができます。

ある日を境にデータが取得できなくなった、あるいは数値が大きく変わったなどが発生した際に、チェックすることで原因の特定に役立つかもしれません。

ゴミ箱

アカウント・プロパティ・ビュー（ユニバーサルアナリティクスのみ）の画面から「ゴミ箱」に移動した内容の一覧が確認できます。

削除日と最終削除日（削除日から35日後）が表示されます。元に戻したい場合は、該当行にチェックを入れて「元に戻す」を選択します。

- ゴミ箱に入っている間は、データ処理が行われません。ゴミ箱から復元した場合、そこから１時間以内にデータ計測が再開します。
- ゴミ箱から復元した場合、設定内容（コンバージョン・ユーザー権限等）はすべて復元されます。

Section 6-2 プロパティ設定

プロパティ単位で設定の確認や変更を行いたい！

使用レポート ▶▶▶管理 ➡ プロパティ

データ計測に関わるプロパティ単位の設定を行う箇所になります。内容は多岐に渡り、サイトによっては設定が不要なものもありますので、Chapter 2で紹介した初期設定表と、このSectionの内容を確認しつつ、設定の追加や変更が必要かを確認してください。

設定アシスタント

「設定アシスタント」はそこで何か新しい設定を行えるわけではなく、設定を行うためのリンク集になっています。そのため、このメニューをチェックするよりは、各メニューごとに設定していくことを推奨します。

プロパティ ＋ プロパティを作成
HA(GA4計測メイン) (227084301)
設定アシスタント
プロパティ設定
プロパティのアクセス管理
データストリーム
データ設定
データインポート
レポート用識別子
アトリビューション設定
プロパティ変更履歴
データ削除リクエスト
サービスとのリンク
Google 広告のリンク
アド マネージャーのリンク
BigQuery のリンク
ディスプレイ＆ビデオ 360 のリンク
Merchant Center

アシスタントの設定 Happy Analytics に接続しました

これらの機能を設定して、新しいプロパティを最大限に活用しましょう。よりスマートで高度なデータ分析をご利用いただけます。

設定アシスタントの詳細

新しい GA4 プロパティです。接続済みのユニバーサル アナリティクス プロパティに変更はありません。 接続済みのプロパティを開く

データの収集
ウェブサイトとアプリのデータを収集する
サイトに Google タグを追加して、イベントデータを収集しましょう。 データを送受信しています

プロパティ設定
Google シグナルを有効にする
広告のパーソナライズを有効にしている Google アカウント所有者からの集計データにアクセスします。 シグナル: 有効
コンバージョンを設定
ビジネスにとって最も重要なユーザー操作を見極めることができます。詳細 コンバージョン 11 件
オーディエンスを定義
ウェブサイト訪問者の中から関心の高いユーザーを特定し、分類して、リマーケティングを行いましょう 7 個のオーディエンス
ユーザーを管理
ユーザー、ユーザー グループ、権限を追加します。 5 人のユーザー

Google 広告

プロパティ設定

プロパティに関する基本情報の設定です。プロパティを別のアカウントに移行したり、「ゴミ箱」への移動ができます。

プロパティの詳細

以下の設定を行うことができます。

- **プロパティ名：**画面上で表示される名称を変更します
- **業種：**対象プロパティが属する業種（Googleがベンチマーク等で独自に利用）
- **レポートのタイムゾーン：**タイムゾーンの設定で、1日の定義をする上で重要です（初期作成時に設定するので変更はありません）
- **通貨の表示：**該当サイトやアプリで利用している通貨を設定します。レポートで表示される通貨に影響します

複数の通貨を扱うサイトの場合は、主たる通貨を設定してください。例えばドルを設定しておき、実際の決済がポンドで行われた場合、前日の通貨換算レートによりポンドからドルに変換されてレポート上に表示されます。

プロパティを移行

「プロパティを移行」をクリックすると、現在のプロパティを別のアカウントに移行することができます。

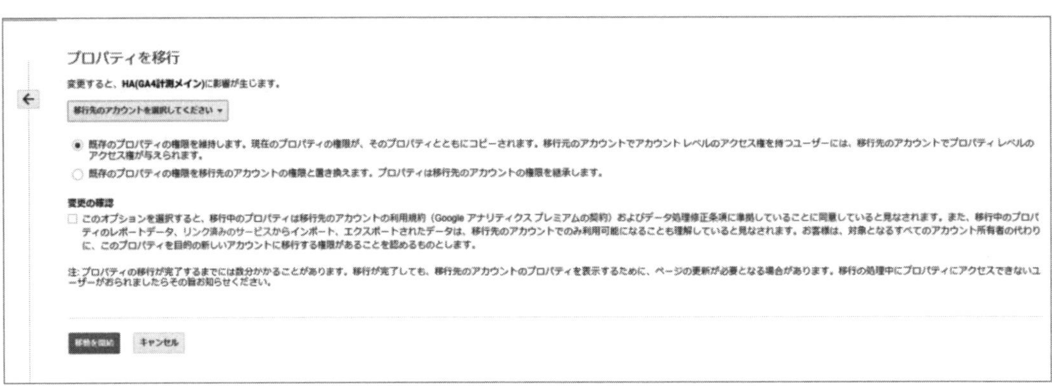

移行をする際には、移行元あるいは移動先のユーザー権限のどちらを利用するかを選択する必要があります。コピーではなく移行となるため、元のアカウント配下から該当プロパティは消えます。

プロパティをゴミ箱に入れる

プロパティを削除するために利用します。

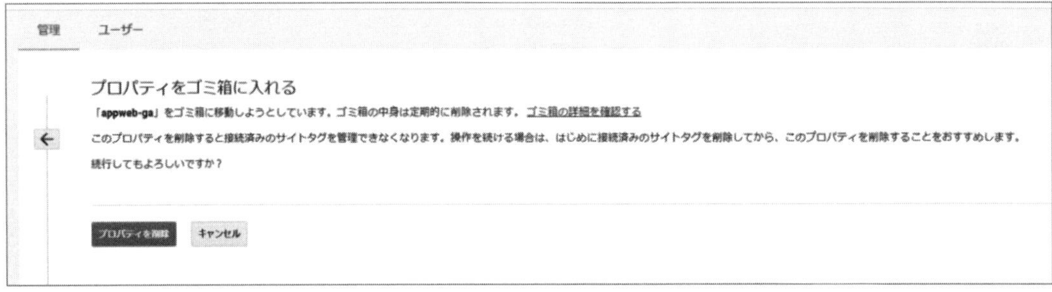

「ゴミ箱」に移動するという形になるため、ただちに削除されるわけではありません。**「ゴミ箱」に追加されてから35日後に完全削除**されます。「ゴミ箱」に追加したプロパティは、アカウントメニュー内の「ゴミ箱」から確認できます。

プロパティのアクセス管理

プロパティのアクセス管理では、プロパティに対して権限を付与することができます。

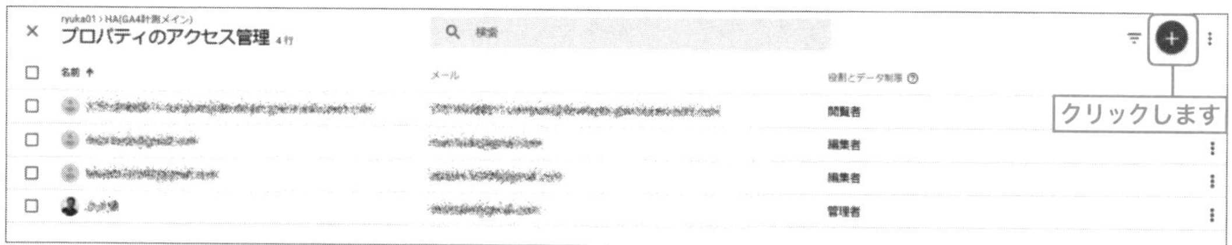

右上にある⊕ボタンをクリックして、ユーザーを追加できます（ユーザーグループの追加もありますが、こちらは有償版のみの機能となります）。なお、ユーザーの追加はメールアドレス単位で行います。

権限の追加では、メールアドレスと役割を設定します。

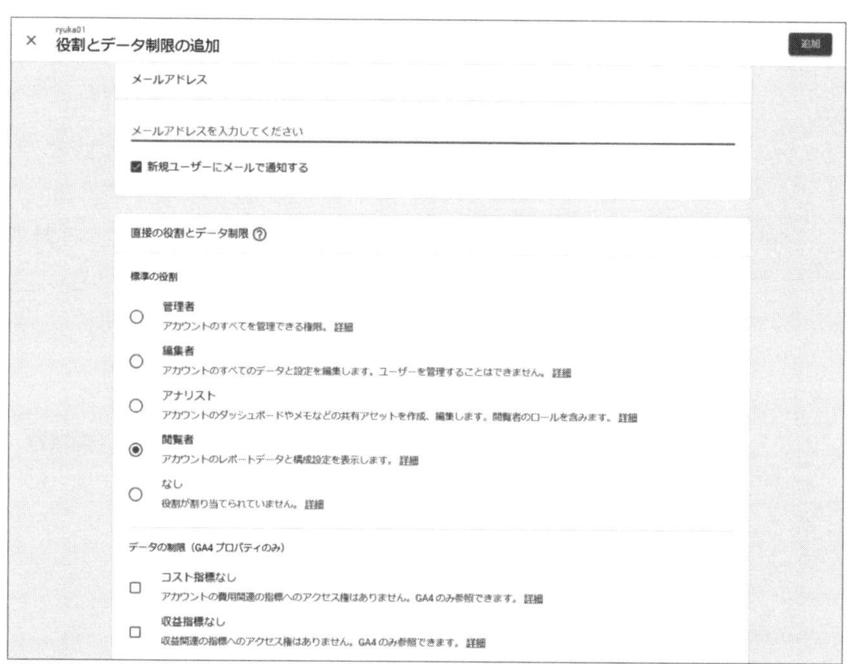

権限ごとの違いはアカウントと同一になりますが、以下の注意点を確認しておきましょう。

- **プロパティで権限を付与しても、その上位のアカウントに関する権限は変わりません。**
- より上位の権限が引き継がれます。アカウントで編集者を設定し、プロパティで閲覧者を設定した場合、プロパティの権限はより上位の「編集」権限になります。
- コスト指標と収益指標のみ上記の関係性は存在しません。アカウント単位で閲覧を禁止しても、プロパティ単位で閲覧権限の付与が可能です。

Section 6-3 計測しているウェブサイトやアプリの計測設定を変更したい！
データストリーム

使用レポート ▶▶▶管理 ➡ プロパティ ➡ データストリーム

1つのプロパティ内に複数の「ストリーム」を作成することができます。ストリームの意味と、その中で設定できる項目を確認していきましょう。

データストリームとは

データストリームとはプロパティ内で計測するデータの種類を意味し、ストリームは「ウェブ」「iOSアプリ」「Androidアプリ」のいずれかを登録することができます。

同じプロパティ内に複数のデータストリームを登録することで、それぞれの数値が合わさった状態でデータを確認できます。

アプリに関しては、1つのプロパティでiOSアプリが1つ、Androidアプリが1つまでしか登録できません。

それぞれのストリーム名をクリックすることで、詳細設定を行うことができます。ウェブサイトの場合は、以下の設定を行うことが可能です。

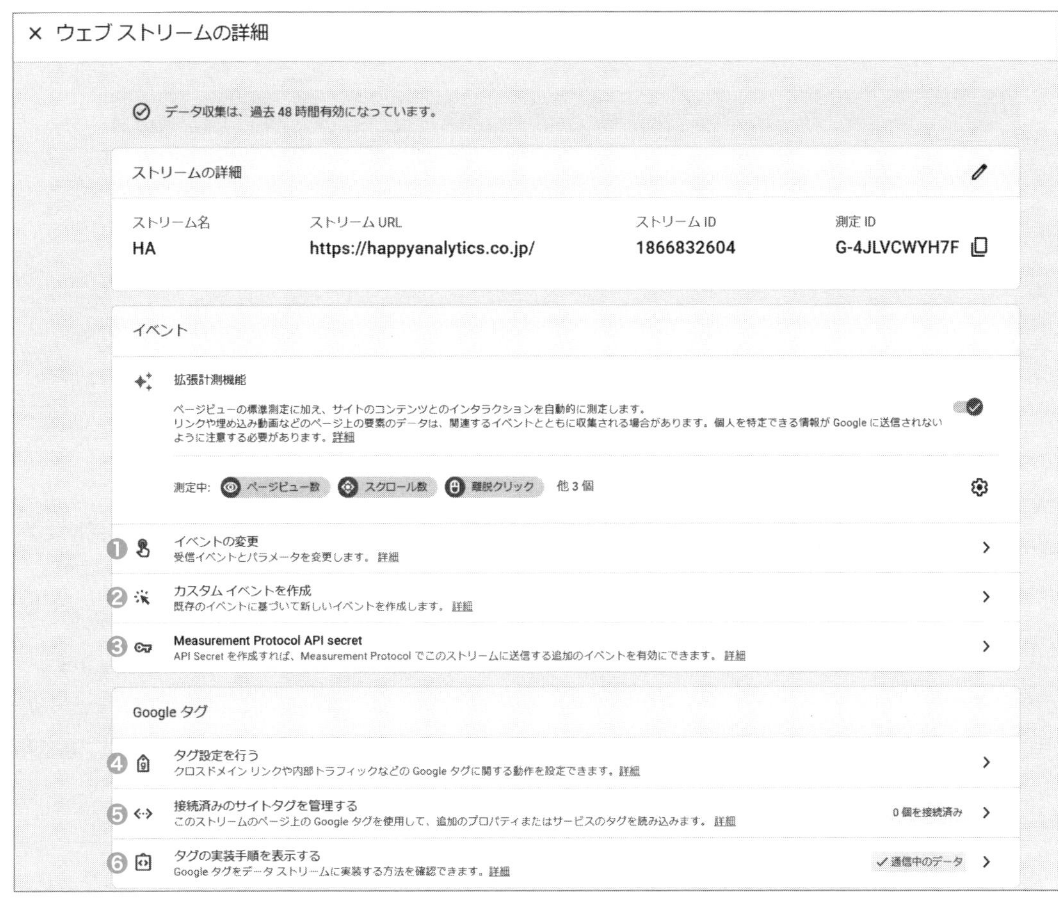

❶イベントの変更：取得済みのイベント名称とパラメータ名を別の名称に変更できます。「設定➡イベント」からもアクセスできます。Chapter 5で解説しています。

❷カスタムイベントを作成：新しいイベントを作成できます。「設定➡イベント」からもアクセスできます。Chapter 5で解説しています。

❸Measurement Protocol API secret：ベータ版のため本書では触れませんが、Measurement Protocol APIを利用する際の秘密鍵が発行できます。

❹タグ設定を行う：クロスドメイン設定をはじめとする各種設定を行うことができます。

❺接続済みのサイトタグを管理する：Googleタグ方式を利用している場合に、追加の設定を行うことができます。

❻タグの実装手順を表示する：主要なCMS用の実装方法や（海外のサービスがほとんどですが）、Googleタグ形式の計測記述を確認できます。

前ページの画面の❹「タグ設定を行う」をクリックすると、以下の設定が行なえます。

❶自動イベント検出を管理する：Googleタグで自動計測するイベントを設定できます（GTMで実装している場合は、この部分は反映されないので設定不要です）。

❷ドメインの設定：１つのプロパティで複数ドメインを利用している場合、ドメイン間で移動した際に別セッションになるため、それを回避するための設定です。計測対象ドメインを登録します。

❸自社のウェブサイトでユーザーから提供されたデータを含める：自動あるいは手動でユーザーが提供した情報（フォーム等で入力した情報）を利用するかの設定を行います。主にGoogle広告で利用されます。基本はオフでよいでしょう。

以下の項目は、「設定」内にある「すべて表示」をクリックすると追加で選択できるようになります。

- **ユニバーサルアナリティクス イベントの収集：**Google Analyticsでカスタムで実装していたイベント（例：ページ内のリンクをクリックしたときにイベントを送信する記述を入れていた）を計測するか否かの設定です。可能であればGA4用に実装を行い、オフのままがよいでしょう。
- **内部トラフィックの定義：**内部として定義するIPアドレスを設定できます。Section 6-4で後述する方法で計測対象除外などが可能です。
- **除外する参照のリスト：**流入元として計測したくないドメインを設定します。設定しても、流入によって発生したページビュー等のイベントは計測されます。
- **セッションのタイムアウトを調整する：**別セッションになるための「時間」を指定することができます。
- **Cookieの設定をオーバーライドする：**ユーザーを識別するためなどに利用されているCookieの有効期限を変更できます。初期設定は24ヶ月となっており、0（セッションが終わったら有効期限終了）、1時間、1日、1週間、1〜25ヶ月の1ヶ月単位で選択することできます。

それぞれの設定方法については、このChapter 6とSection 5-2〜5-5の該当セクションを参照してください。

Section データの収集に関する設定を変更したい！

6-4 データ設定

使用レポート ▶▶▶管理 ➡ プロパティ ➡ データ設定

データ設定内には3つのサブメニュー「データ収集」「データ保持」「データフィルタ」が存在します。それぞれのメニューで設定できる内容は、以下のとおりです。

データ収集（Googleシグナル）

データ収集に関する設定です。

「Googleシグナルのデータ収集」はデフォルトではオフになっていますが、こちらを設定することで以下の3つが実現できます。

1. **GA4内で作成したオーディエンスリストを連携しているGoogle広告で利用する**
2. **GA4内でデモグラフィックレポート（年代・性別・興味関心）を利用する**
3. **GoogleのログインIDを利用してユーザーを識別することが可能になる**

Googleシグナルを有効にすると、「広告のカスタマイズを許可する詳細設定」および「地域とデバイスに関する詳細なデータの収集」が利用できるようになります。この中では、リマーケティングキャンペーンの許可を国ごとに変更することが可能です。デフォルトではすべての国がオンになっています。

最後のユーザーデータ収集の確認に関しては、「サイト内の利用規約でユーザーからデータ取得の許可を得ていますよね？」という確認の設定になります。プロパティ作成時に選択しており、ここで設定を変更することはできません。

データ保持

データの保存期間を設定する部分になります。

データの保持期間は最初は2ヶ月で設定されています。この期間を2ヶ月あるいは14ヶ月に変更できます（有償版の場合は26ヶ月、38ヶ月、50ヶ月も選択可能）。

ここでの**設定はあくまでも「探索」レポートで利用できる直近のデータ期間になります。レポート内にある数値に関しては、設定した期間を超えても見ることができます。またChapter 8で紹介するLooker Studio、BigQuery等で表示できる期間も永続的に保持されます。**

違いがある理由として、レポートは集計された結果を利用しておりユーザー識別子などを直接もっていないためです。探索は都度集計してレポートを作成するため、ユーザー識別子などの情報を利用する必要があります。そのため保持期間が短くなっています。

年代・性別・興味関心（インタレストカテゴリ）に関しては、上記の設定に関係なく、2ヶ月の保持期間が適用されます。

データの削除は保持期間が終了すると、月単位で自動的に削除されます。削除作業は月1回しか行われないため、期間を短くした場合は翌月のタイミングで実行されます。保持期間を延長した場合は、過去に遡っての反映は行われず、設定を行った月から適用されます。

「新しいアクティビティのユーザーデータのリセット」は、ユーザーのデータ保持期間に影響を与えます。こちらはデフォルトではオンになっています。

オンとオフの違いは以下のとおりです。

> このオプションをオンにすると、**特定のユーザーからの新しいイベントが発生するたびにユーザー識別子の保持期間がリセットされます**（したがって、有効期限はイベント発生時刻から保持期間が経過した時点になります）。たとえば、データの保持期間を14か月に設定した場合、ユーザーが毎月新しいセッションを開始すると、そのユーザーの識別子は毎月更新され、14か月の有効期限に達することはありません。ユーザーが新しいセッションを開始しない場合、保持期間が経過するとそのユーザーのデータは削除されます。
>
> そのユーザーが新しいアクティビティを行ってもユーザー識別子の保持期間をリセットしない場合は、このオプションをオフにします。ユーザー識別子に関連付けられたデータは、保持期間の経過後に自動的に削除されます。

● **データの保持（引用元）**

https://support.google.com/analytics/answer/7667196?hl=ja

データフィルタ

該当プロパティのデータをフィルタするための条件を設定することができます。作成できるフィルタは「内部トラフィック」と「デベロッパートラフィック」の２種類です。

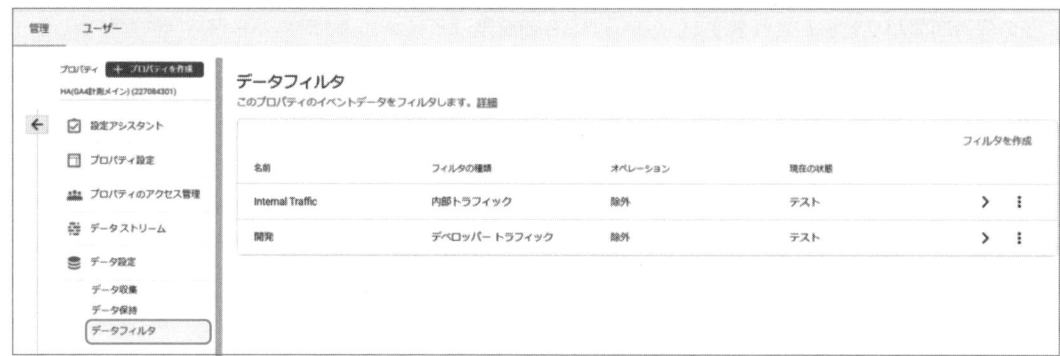

内部トラフィック

IPアドレスを利用して設定したフィルタに対しての扱いを決めます。

IPアドレスの設定自体は、データストリーム内にある内部トラフィック（204ページ参照）で設定します。ここでは設定したIPアドレスに対して、どう処理するかを設定します。

設定をするためには、内部トラフィックの行の › アイコンをクリックしてください。

ページ下部にある「テスト」「有効」「無効」の3種類があり、最初はテストが選ばれています。それぞれの意味は以下のとおりです。

表6-4-1 フィルタの状態

名称	意味
テスト	**【計測は行われる】** IPアドレスが一致した場合、データフィルタ名で設定した名称がディメンション名として設定されます。レポート等で利用できるため、ページビュー数等も確認できます。
有効	**【計測は行わない】** IPアドレスが一致した場合、データ集計から除外されます。画面上で表示されるレポートは除外した後のデータとなり、レポートでの利用はできません。
無効	**【計測は行われる】** フィルタ自体が動作しないで、IPアドレスが設定した条件に一致しても、そのまま集計されます。ディメンション名としても設定はされません。

テストを選んだ場合、traffic_typeのカスタムディメンションを新規に登録しましょう。

その上で、これらを含むあるいは除外した数値を見たい場合は、探索機能内でセグメントを作成してデータを絞り込みます。

● **内部トラフィックを除外する場合のセグメント作成例**

デベロッパートラフィック

サイトをアクセスした際にURLパラメータにdebug_mode=1またはdebug_event=1のパラメータが含まれている場合は、このフィルタに含まれます（例：https://ga4.guide/test.html?debug_mode=1）。

パラメータ条件は変更することができません。こちらも内部トラフィックと同様に、「テスト」「有効」「無効」の3種類を選ぶことができます。

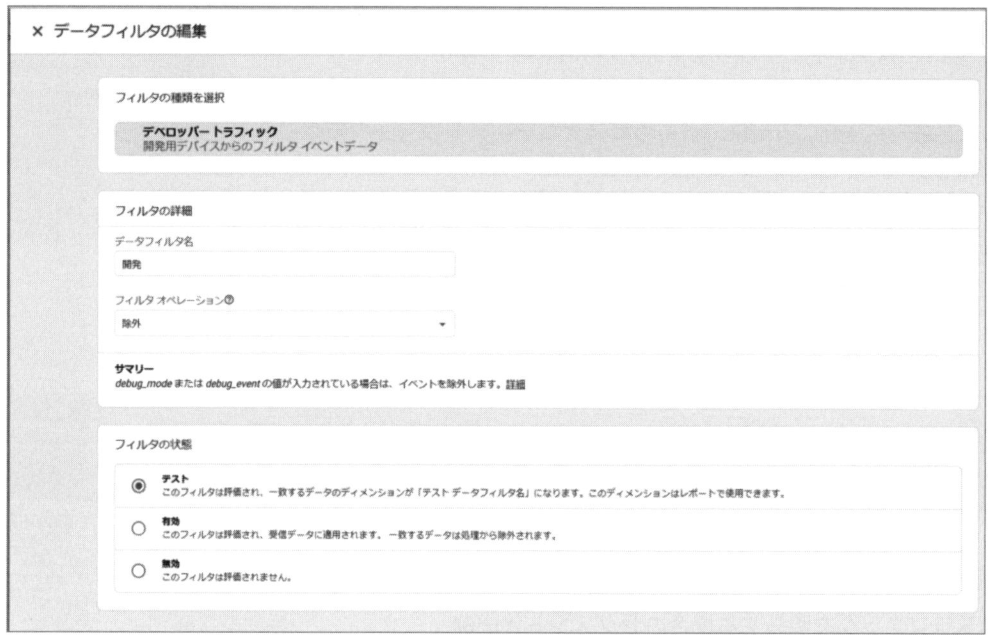

本フィルタを「有効」にしていても、DebugViewではデータを確認できます。開発環境での計測テストなどを行う際に便利です。

Section サイト外のデータをGA4に取り込みたい！

6-5 データインポート

使用レポート ▶▶▶管理 ➡ プロパティ ➡ データインポート

データインポートを活用すると、GA4のデータに自前のデータを結合して分析することができます。成約データや属性情報など付加情報を与える事により、精度が高い分析が行えるようになります。

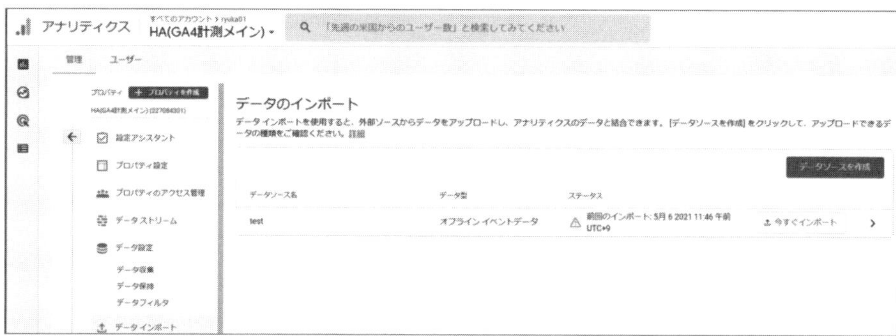

データのインポート手順

Step 1.「データソースを作成」をクリックすると、詳細画面が表示される

Step 2. 各項目を入力する

- **データソース名：** 画面上で表示される名称
- **データの種類：** どのようなデータをインポートしたいかを決めます。現在は5種類のデータが選べます。

表6-5-1 インポートできるデータの種類

データの種類名	利用用途	利用可能な項目
費用データ	リスティングなど広告の費用データを付与する	**必須：キャンペーンID(utm_id)、ソース(utm_source)、メディア(utm_medium)、日付(YYYY-MM-DD)、クリック数(clicks)、費用(impression)、インプレッション数(cost)のいずれか** 任意：キャンペーン名
アイテムデータ	ECサイトなどで商品IDに属性情報を付与する	**必須：商品ID** 任意：商品名・カテゴリ１～カテゴリ５・ブランド・パターン ※要eコマース実装
ユーザーID別のデータ	会員IDなどに属性情報を付与する	**必須：User-ID** 任意：GA4で設定済みのユーザープロパティ ※カスタムイベントでのUser-ID取得が必要
クライアントID別のデータ	クライアントID(GA側でCookieに付与されるID)に属性情報を付与する	**必須：Client-ID および ストリームID（データストリーム内で確認可能）** 任意：GA4で設定済みのユーザープロパティ ※カスタムイベントでのClient-ID取得が必要
オフラインイベントデータ	「イベント」のデータをアップロードする（例：特定のページを閲覧したことにするなど）	**必須：Client-ID および 測定ID（プロパティを特定するID。右記の形式 G-XXXXXX）** および 最低１つのイベント名 任意：設定されているすべてのイベントパラメータ名・ユーザープロパティ・アイテム名など

Step 3. 入力後に、アップロードを行うためのCSVファイルを作成する

表内にある各タイプに合ったテンプレートを活用してみましょう。
テンプレートは以下のURLからダウンロードできます。

- **費用データ**
  https://support.google.com/analytics/answer/10071305?hl=ja

- **アイテムデータ**
  https://support.google.com/analytics/answer/10071144?hl=ja

- **ユーザーID別のデータ（クライアントID別のデータと兼用）**
  https://support.google.com/analytics/answer/10071143?hl=ja

● **オフラインイベントデータ**

https://support.google.com/analytics/answer/10325025?hl=ja

各列には名称をつける必要があります。公式ヘルプにある各テンプレート例の1行目の名称は変更しないようにしましょう。主な列名称と意味は、以下の通りです。

表6-5-2 テンプレートファイル内の列名称とその意味

列名称	意味
client_id	ユーザーを識別するCookie ID
measurement_id	G-XXXXXXのプロパティを特定するID
event_name	イベント名
timestamp_micors	イベント発生時間（UNIX時間）
user_id	会員ID等のユーザー識別子
event_param.<name>	イベントのパラメータ名 （例：event_param.page_location パラメータ値は各行に記入）
user_property.<name>	ユーザープロパティ名 （例：user_property.login_type プロパティ値は各行に記入）
item<x>.<item_param>	EC用の商品パラメータ （例：item1.item_name）

● **オフラインイベントデータのテンプレート例**

	A	B	C	D	E	F	G	H	I	J	K	L	M	N	
1	measurement_id	client_id	user_id	event_name	event_param.country	event_param.page_hostname	event_param.page_path	event_param.page_referrer	event_param.page_title	event_param.page_location	event_param.user_agent	event_param.screen_resolution	event_param.customer_target	event_param.custom_category_preference	u p o
2	G-123TEST456	1E+10	1000001	pageview	US	https://www.example.com	https://www.example.com/home	https://www.USreferrer.com/path	Home Page	https://www.example.com/home?querystring=true	Mozilla/5.0 (X11; Linux x86_64) AppleWebKit/537.36 (KHTML, like Gecko) Chrome/76.0.3809.100 Safari/537.36	1920x1080			u
3	G-123TEST456	1E+10	1000001	item_view	US	https://www.example.com	https://www.example.com/details		Item Details	https://www.example.com/details	Mozilla/5.0 (X11; Linux x86_64) AppleWebKit/537.36 (KHTML, like Gecko) Chrome/76.0.3809.100 Safari/537.36	1920x1080	window shopper	electronics	u
4	G-123TEST456	1E+10	1000001	video_complete	US	https://www.example.com	https://www.example.com/details		Item Details	https://www.example.com/details	Mozilla/5.0 (X11; Linux x86_64) AppleWebKit/537.36 (KHTML, like Gecko) Chrome/76.0.3809.100 Safari/537.36	1920x1080	engaged window shopper	electronics	u
5	G-123TEST456	1E+10	1000001	form_submit	US	https://www.example.com	https://www.example.com/details		Item Details	https://www.example.com/details?querystring=true	Mozilla/5.0 (X11; Linux x86_64) AppleWebKit/537.36 (KHTML, like Gecko) Chrome/76.0.3809.100 Safari/537.36	1920x1080	prospect	electronics	p _

Step 4. CSVをアップロードすると、インポートが開始する

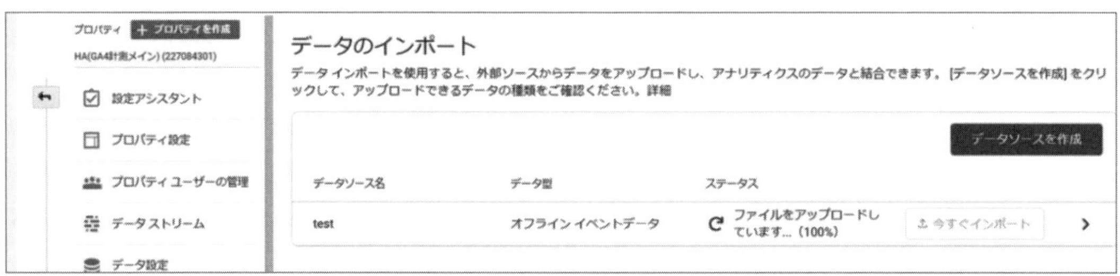

無事にインポートが完了すると、GAの探索レポート等で内容を確認できます。**任意のイベントパラメータ名を付けた場合は、「設定➡カスタムディメンション」での登録を忘れないようにしましょう。**

以下のようなエラーが出る場合は、クリックするとエラーメッセージを確認できるので、原因を特定してCSVファイルの再作成などを行いましょう。

データインポートの制限

データインポートには以下の制限があります。

- インポートできる合計のデータ量：10GB
- 1回でアップロードできるデータ量：1GB
- 1日にアップロードできる回数：最大24回
- 1日にアップロードできる最大のデータ量：10GB

Section ユーザー特定するために使うデータを設定したい！

6-6 レポート用識別子

使用レポート ▶▶▶ 管理 ➡ プロパティ ➡ レポート用識別子

GA4ではユーザー特定することで、サイト内の行動が同一ユーザーのものであることを判別します。どのようなデータが利用できるのか、またその設定方法について紹介します。

GA4で使えるID

レポート用識別子では、GA4が「ユーザー（人）」を特定するために使うIDとして、どのIDを使うかを選ぶことができます。

GA4では、3種類のIDを使うことができます。名称と意味は以下の通りです。

表6-6-1 ユーザーを識別するための識別子

ID名称	意味
User-ID	会員IDなどサイト側で発行されるIDをGA4で取得している場合に利用可能。
Googleシグナル	Googleが所持しているIDで、Googleアカウントを元に生成。データ設定でGoogleシグナルの利用をオンにし、十分量データがある場合に選択可能。
デバイスID	Googleが発行するファーストパーティCookieを利用。デバイス（またデバイスで利用しているブラウザ）ごとにIDが変わります。

設定画面では3種類から選ぶことができます。

レポート用識別子の画面でどの選択肢が利用できるかは、実装や設定で変わってきます。User-IDを実装していないと、User-IDは利用できません。また、Googleシグナルの設定をオンにしていない場合は、Googleシグナルは利用できません。

個別に特定する精度としてはUser-IDが最も高く、次にGoogleシグナル、そして最後にデバイスIDになります。ただ前者2つに関しては、全員分のデータが取得できているわけではありません。

どの項目を選ぶかは計測しているIDにもよりますが、ハイブリッドを利用するケースが一番多いかと思います。それぞれの違いは、以下のようになります。記載の順番通りの優先順位で、ユーザーを特定しようとします。

- **ハイブリッド**：ユーザーID、Googleシグナル、デバイスID、モニタリング
- **計測データ**：ユーザーID、Googleシグナル、デバイスID
- **デバイスベース**：デバイスIDのみ

ユーザーが特定できない（consent_mode利用時など、ユーザーがCookie等の計測を不許可にしている）場合は、モデリングをして紐付けるというオプションもあります。ただし、これはconsent_mode状態のユーザーが一定量いないと利用することができません。

条件などの詳細は、以下のヘルプをご覧ください。

- **[GA4] 同意モードの行動モデリング**
  https://support.google.com/analytics/answer/11161109?hl=ja

ユーザーを特定する条件として利用できる**「Google シグナル」ですが、データ量が少ないときにレポートや探索で数値が出てこないケースがあります（個人特定の観点から）**。つまり、テストでコンバージョンを計測して、それが1件しか無い場合などはコンバージョンのレポートに表示されない可能性があります。データが表示されない状態になっているかは、各レポートで「しきい値」が発生しているかで確認できます。

各レポートのレポート名称の横にあるアイコンをクリックして確認しましょう。探索機能のレポートでも同様にアイコンをクリックして確認できます。

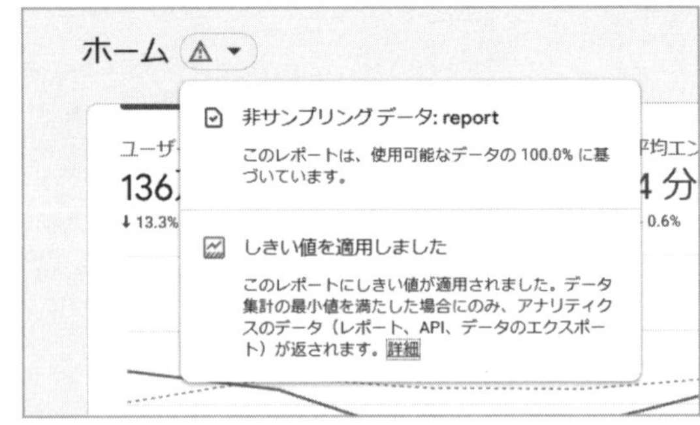

しきい値が出現する可能性を減らすためには、「デバイスベース」に切り替えた上で計測確認を行う必要があります。詳細はGoogle公式ヘルプの以下の部分をご覧ください。**特に開発環境でコンバージョンのテストを行うときには、デバイスベースにすることを推奨します。**

● [GA4] データしきい値
https://support.google.com/analytics/answer/9383630

ユーザー数が少ない

Google シグナルが有効で、指定した期間のユーザー数が少ない場合、レポートやデータ探索のデータが除外されることがあります。

Google シグナルが有効なプロパティに作成したカスタム イベントの動作確認を、データしきい値が適用された状態で行うには、Google にログインしたうえで、デバイスのみのレポートに切り替えます。デバイスのみのレポートを使用する場合、アナリティクスでは、クライアント ID（ファーストパーティの Cookie など）またはアプリ インスタンス ID（アプリ用）が使用されます。これらはいずれも、ユーザー数を含むレポートでデータしきい値の適用対象とはなりません。

こちらの「デバイスのみのレポート」に切り替えるという内容が、上記の「デバイスIDにのみ利用する」に対応します。ユーザー識別子の変更は過去に遡って反映されますので、必要に応じて適宜、設定を変えましょう。

Section 集客と成果を紐づけるルールを設定したい！

6-7 アトリビューション設定

使用レポート ▶▶▶管理 ➡ プロパティ ➡ アトリビューション設定

アトリビューション設定では、複数回訪問してコンバージョンに辿り着いた際に、コンバージョンの貢献をどのように流入元に紐付けるかを決めることができます。例えば、以下のようなときにどの流入元に成果を紐付けるかを設定できます。
【１回目の訪問】検索エンジンから流入→【２回目の訪問】広告から流入→【３回目の訪問】直接流入して成果に到達

レポート用のアトリビューション設定

アトリビューション設定内には「レポート用のアトリビューションモデル」と「ルックバックウィンドウ」の設定があります。それぞれの設定方法を紹介します。

プルダウンからモデルを選びます。

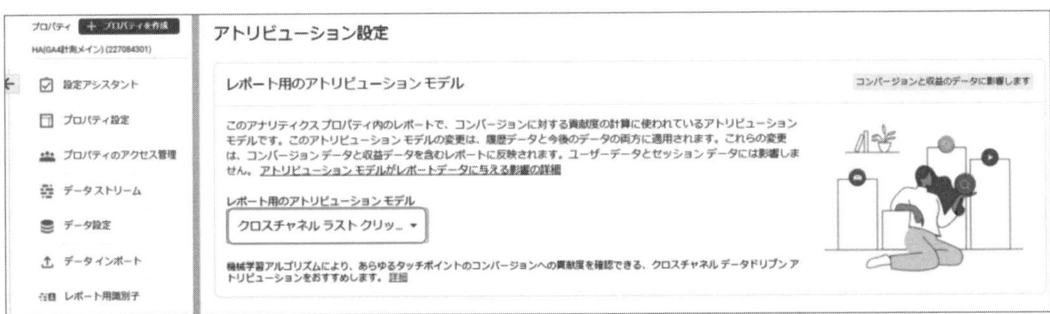

デフォルトでは「データドリブン」が選ばれており、機械学習に基づいてコンバージョンの貢献が割り当てられます。他には以下のモデルを選択することができます。**デフォルトがラストクリックになっていないことに注意しましょう。**

コンバージョンには、イベントで設定したコンバージョンだけではなく、eコマースで取得した購入回数・購入による収益や、広告収入合計などの指標も含みます。

表6-7-1 モデルの種類とその意味

モデル名称	意味
データドリブン（デフォルト）	機械学習を利用して、コンバージョンからの経過時間・デバイスの種類・広告インタラクション数や表示順序など様々な要素を元に分類を行います。コンバージョンしていないユーザーのデータも加味して、コンバージョン促進につながりそうな行動も加味されます。 モデルの詳細に関しては、公式ページをご確認ください。 https://support.google.com/analytics/answer/10596866
ラストクリック	ユーザーがコンバージョンに至った最後の流入元にコンバージョンをすべて割り当てます。最後の流入がノーリファラーの場合はノーリファラーではない直前の流入元が対象になります。コンバージョン時の流入元がすべてノーリファラーの場合はノーリファラーに割り当てられます。
ファーストクリック	ユーザーがコンバージョンに至る前に、最初にクリックしたチャネルにコンバージョンのすべてを割り当てます。初回流入がノーリファラーの場合は、次の流入元が対象になります。
線形	ユーザーがコンバージョンに至る前に、クリックしたすべてのチャネルに均等にコンバージョンの貢献を割り当てます。流入が3回でのコンバージョンの場合は、それぞれの流入元に1/3の貢献を与えます。 ※ノーリファラーの流入は計算から無視されます。
接点ベース	最初と最後の接点に40%ずつ、残り20%をその間の接点に均等に割り当てます。4回目の訪問でCVした場合、2回目・3回目の貢献割合は10%ずつになります。 ※ノーリファラーの流入は計算から無視されます。
減衰	コンバージョンが発生したタイミングから、時間的に近い流入元ほど貢献が大きくなります。貢献度は7日間の半減期を使います。つまりコンバージョン日の流入元貢献量の半分が８日前の流入元に割り当てられて、さらにその半分の貢献量が15日前の流入元に割り当てられます。 ※ノーリファラーの流入は計算から無視されます。
広告優先のラストクリック	ユーザーがコンバージョンに至る前に、最後のGoogle広告チャネルにコンバージョン値をすべて割り当てます。Google広告が発生しないコンバージョンの場合は「ラストクリック」のモデルが採用されます。

アトリビューションモデルの設定は設定時および変更時に、過去にも遡って反映されます。本設定の影響範囲は、コンバージョンや売上などが表示されるレポートすべて（探索機能含む）に反映されます。

なお成果を按分するため、**コンバージョン数が「小数点」になって出てくるケースもあります。これは1つの成果を複数の流入元に割り当てているため**です。

アトリビューションモデルは、以下のタイミングで導入されており、それより前の期間を選択した場合は、モデルは適用されません。

- **データドリブン**：2021年11月1日（2022年1月26日以降デフォルトに）
- **それ以外のルールベースモデル**：2021年6月14日

ルックバックウィンドウ

コンバージョンが発生したユーザーに対して、コンバージョン発生日から何日前までのデータを遡ってアトリビューションの貢献を割り当てるかを設定する箇所になります。

例えば、期間として30日を設定したユーザーが以下のような行動をしたとしましょう。

【訪問1】1月1日　　検索エンジン流入
【訪問2】1月15日　　広告流入
【訪問3】2月3日　　ソーシャル流入でコンバージョン

この場合、貢献割り当ての対象は【訪問2】と【訪問3】のみになります。【訪問1】はコンバージョンから30日以上経っているため、貢献割り当ての対象外となります。

ルックバックウィンドウは、2つの内容に対して日数を決めることができます。

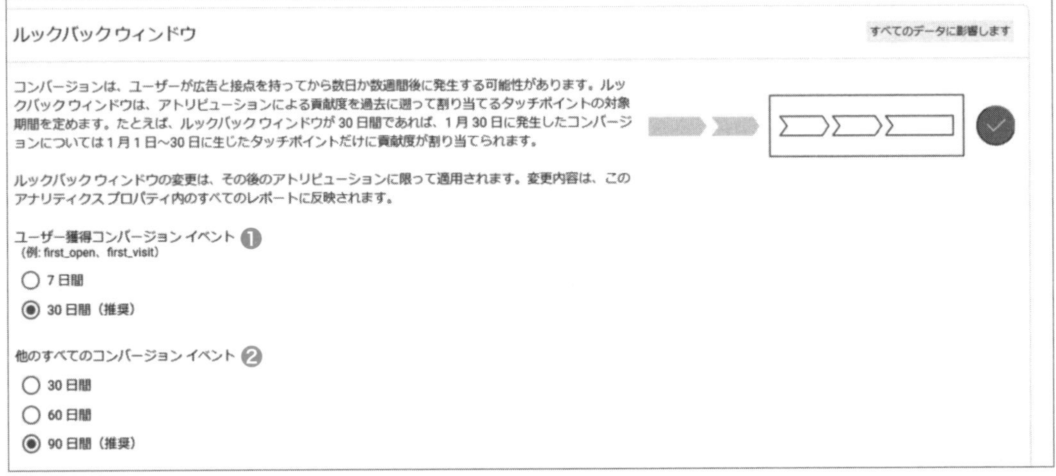

❶**ユーザー獲得コンバージョンイベント**：初回訪問という「コンバージョン」に関して何日前まで見るのか
❷**他のすべてのコンバージョンイベント**：自ら設定したコンバージョンやeコマース関連のコンバージョンしたユーザーに対して何日前まで遡って貢献を付与するのか

それぞれのデフォルトから変更する必要はありません。なお変更した場合は、変更した日以降の反映となり、過去に遡って再集計は行われません。

プロパティの変更履歴

プロパティ内で行われた変更を確認することができます。プロパティ内の細かい設定変更などは確認できず、プロパティそのものの作成や変更などが表示されます。

一番右の列にある ⓘ をクリックすると、変更の詳細を確認できます。変更の履歴は、過去2年間が表示されます。

データ削除のリクエスト

GA4内で計測されたデータを後から「削除」するための機能です。特定ユーザーや特定イベントのデータを消したいなど、柔軟な対応が可能です。

削除のリクエストは編集権限を持っているユーザーが可能です。

Step 1. 右上の「データ削除リクエストのスケジュールを設定」をクリックして、データ削除が設定できる

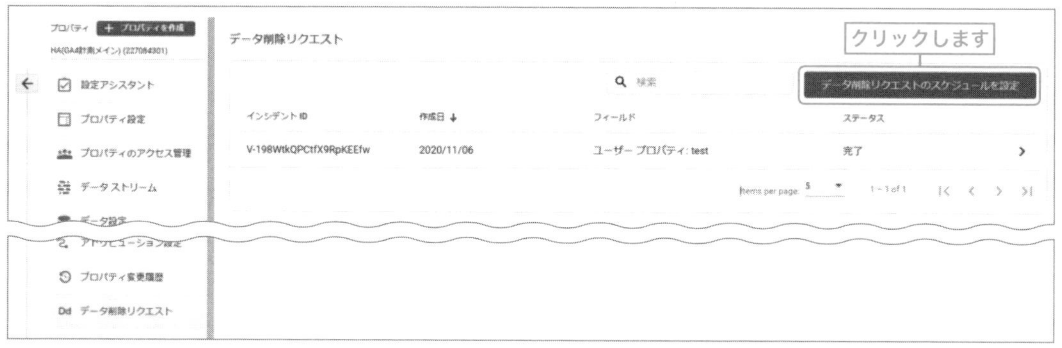

データを消してしまうため、本ページを最後まで読んだ後に作業を進めましょう。**データ削除のリクエストは、設定から7日後以降に削除**されます。

その間では、データ削除リクエストをキャンセルすることも可能です。

Step 2. 削除するデータの種類を選択する

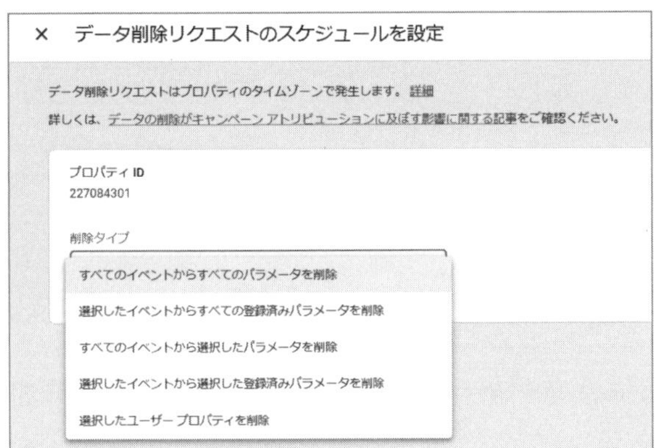

表6-7-2 データ削除の選択肢

種類	意味
すべてのイベントから すべてのパラメータを削除	すべてのイベントについて、登録済みのパラメータおよび自動で取得しているパラメータの削除を行います。
選択したイベントから すべての登録済みパラメータを削除	指定した一部のイベントについて、登録済みのパラメータを削除します（自動で取得しているパラメータは残ります）。
すべてのイベントから 選択したパラメータを削除	指定したパラメータがすべて削除されます。同パラメータを複数のイベントで利用している場合、それらすべてが削除されます。
選択したイベントから 選択した登録済みパラメータを削除	指定した一部イベントの指定したパラメータのみが削除されます。
選択したユーザープロパティを削除	指定したユーザープロパティのデータが削除されます。

Step 3. データ削除期間を設定し、選んだ削除タイプに合わせてイベント名やパラメータ名を指定する。指定後に「リクエストのスケジュールを設定」を選択する

× データ削除リクエストのスケジュールを設定　　リクエストのスケジュールを設定

データ削除リクエストはプロパティのタイムゾーンで発生します。詳細
詳しくは、データの削除がキャンペーン アトリビューションに及ぼす影響に関する記事をご確認ください。

プロパティ ID
227084301

削除タイプ
選択したイベントからすべての登録済みパラメータを削除

開始日（その日付を含む）
2022年1月1日

終了日（その日付を含む）
2022年1月7日

パラメータを削除するイベント
イベントを選択または入力してください
UserID

Step 4. 「データ削除リクエスト」の一覧に「プレビュー有効（猶予期間中）」として登録される

　該当行をクリックすることで、リクエストの詳細やリクエストのキャンセル（削除のキャンセルをクリックする）が可能です。

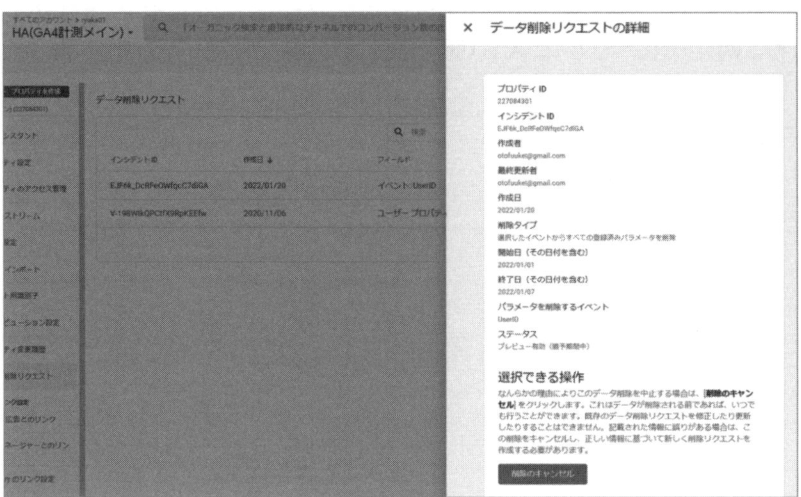

データ削除のリクエストは、最大25個まで同時に「猶予期間」状態にすることができます。それ以上のデータを削除したい場合は、データ削除が終わってから再度設定してください。

猶予期間中から削除完了するまでの間、該当パラメータやイベントはGA4のレポート等で表示されなくなります。「削除のキャンセル」をクリックした場合は、猶予期間のデータも含め復元されます。データ削除後の影響を確認するために猶予期間を活用しましょう。

データが削除された場合は、アトリビューションにも影響を及ぼします。削除された情報はアトリビューションに使用できなくなります。以降のコンバージョンの貢献は、削除後のデータを対象に割り当てられます。

個々のユーザーのデータ削除を行いたい場合は、「データ探索」内にある「ユーザーデータ探索」を利用して行うことが可能です。

Section 広告や検索など他のGoogle製品とGA4を連携したい！

6-8 Googleの他製品とのリンク

使用レポート ▶▶▶管理 ➡ プロパティ ➡ サービスとのリンク

GA4はGoogleの他のサービスと連携することで、より多くのデータをGA4内で見られたり、他サービスの機能を拡張することができます。このSectionで紹介するツールを利用している場合は、ぜひ接続してみましょう。

Google広告とのリンク

Google広告と連携することで、GA4内でGoogle広告関連の数値を確認できるようになります。具体的には以下のメリットがあります。

- 集客サマリーレポートで、Google広告キャンペーンのデータが表示される。
- ユーザー獲得レポートで、Google広告ディメンションが追加される。
- Google広告アカウントに、GA4で設定したコンバージョンデータのインポートが可能。
- **GA4で作成したオーディエンスを利用して、Google広告のリマーケティングが可能。**
- 広告レポート内で、Google広告キャンペーンのデータが表示される。

Google広告とリンクする

リンクの設定方法は、以下の通りとなります。

Step 1. 右上の「リンク」ボタンをクリックする

Step 2. Google広告アカウントを選択する

Google広告のリンクを設定するためには、GA4で該当プロパティの編集権限が必要です。また、Google広告でGA4と同じアカウントに管理者権限が付与されている必要があります。

Step 3. 構成を設定する

GA4のオーディエンスを利用してパーソナライズ広告を利用する場合は、「パーソナライズド広告を有効化」を選んでください（デフォルトでオンになっています）。また自動タグ設定に関しては記載の通り、「選択したGoogle広告アカウントの自動タグ設定を有効にする」を利用することを推奨します。取得できるデータ量が増えます（こちらもデフォルトでオンになっています）。

Step 4.「送信」ボタンをクリックして完了

アドマネージャーとのリンク

GA4とアドマネージャーネットワークをリンクするための設定箇所です。リンクを行うと、アドマネージャーネットワーク側でGA4のアプリに関するデータが表示されるようになります。

リンクの設定は、アドマネージャー側で行います。リンク方法は以下ページをご覧ください。

- **Googleアナリティクス 4 プロパティをアド マネージャーにリンクする（ベータ版）**
  https://support.google.com/admanager/answer/9681930

また、アドマネージャー側の収益データがGA4上で表示されるようになります。GA4では、収益化レポート内の「パブリッシャー広告レポート」の数値が反映されます。

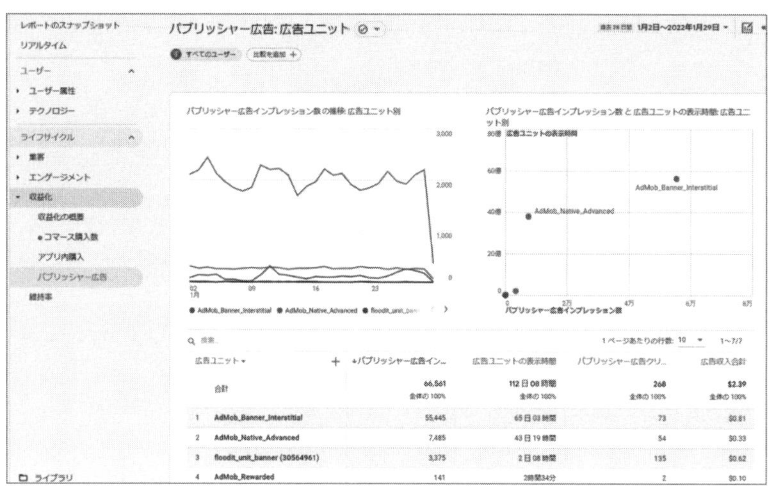

BigQueryとのリンク

BigQueryとのリンクについてはChapter 8で詳しく触れていますので、そちらをご参照ください。

ディスプレイ&ビデオ 360のリンク

画像や動画などの広告配信とクリエイティブ作成のための有償プラットフォーム「ディスプレイ&ビデオ 360」を利用している場合は、GA4との連携できます。連携を行うことでGoogle広告との連携と同様に、GA4で作成したオーディエンスに対して配信することが可能です。

Merchant Centerのリンク

Google Mechant Centerを利用している場合、GA4との連携が可能となります。リスティングした商品のコンバージョンの数値を確認できるようになります。

Merchant Centerを選択して、「リンク」をクリックしてください。

リンクするMerchant Centerアカウントを選択します。

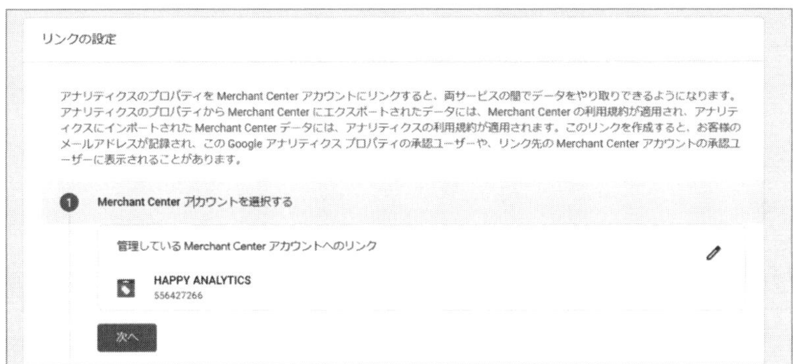

自動タグ設定が有効になっていない場合は、有効にすることでコンバージョンを含む詳細なデータがGA4側で確認できるようになります。

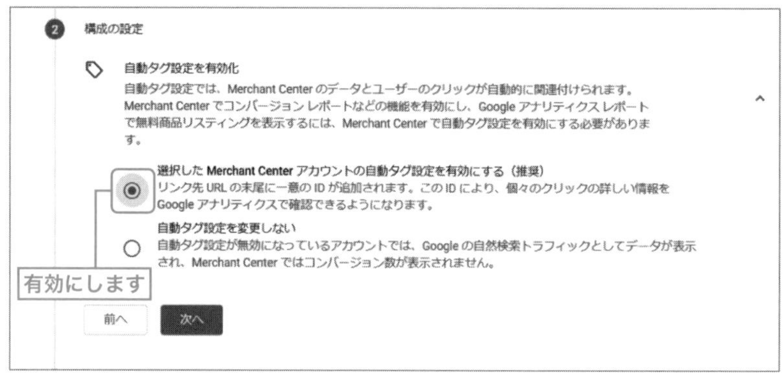

「送信」ボタンをクリックして、設定が完了となります。

オプティマイズのリンク

ABテストなどを実施するためのサービス「Googleオプティマイズ」を利用するには、GA4（あるいは旧GA）の利用が必須になります。Googleオプティマイズと連携することにより、詳細なデータをオプティマイズ側で確認したり、GA4で取得しているデータを条件にABテスト対象者を設定することができます。

Googleオプティマイズとの連携は、オプティマイズ側で実施します。詳細はChapter 8で解説しています。

Google Playリンク

Androidアプリの計測を行っている場合にのみ設定が可能です。リンクをすることでアプリ内購入や、定期購入のデータをGA4で確認することができます。この情報を利用して、GA4側でオーディエンスを作成したり、広告の効果測定などにも役立ちます。リンクすると「アプリ内購入」や「定期購入」関連の指標を利用することができ、収益化のレポートに表示されるようになります。

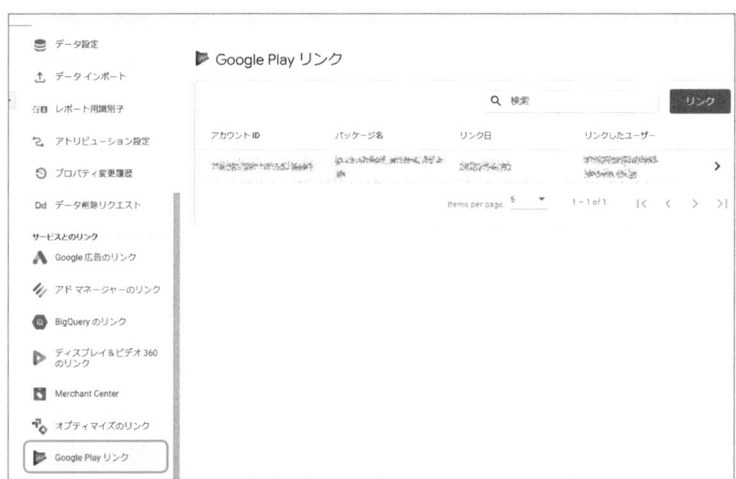

検索広告 360のリンク

Googleの検索広告配信サービスの有料版である「検索広告 360」を利用している場合にリンクを行うことが可能です。リンクをすることで「GA4で設定したコンバージョンが検索広告 360で利用可能」「キャンペーンと費用データがGA4で閲覧可能」になります。設定は、どちらのサービスからでも行うことが可能です。

詳細は以下のヘルプも併せてご覧ください。

● [GA4] アナリティクスと検索広告 360 の統合
https://support.google.com/analytics/answer/11085214?hl=ja

Search Consoleとのリンク

リンクを行うことで、サーチコンソールのデータをGA4で確認できるようになります。
リンクを設定すると、以下のメリットがあります。

- Googleオーガニック検索クエリレポートが利用可能になります。サーチコンソールで取得しているキーワード単位のデータをGA4内で確認できるようになります。
- Googleオーガニックトラフィックレポートが利用可能になります。サーチコンソールで取得しているランディングページ単位のデータをGA4内で確認できるようになります。

サーチコンソールとリンクする

GA4とサーチコンソールのデータが直接紐付くわけではありません。そのため、**「どのキーワードが成果につながったか？」などの新しいデータを見ることはできません。** あくまでもサーチコンソールのデータがGA4上で見れるようになったと理解しましょう。

リンクの設定方法は、以下の通りです。

Step 1. 右上の「リンク」ボタンをクリックする

Step 2. リンクしたいサーチコンソールプロパティを選択する

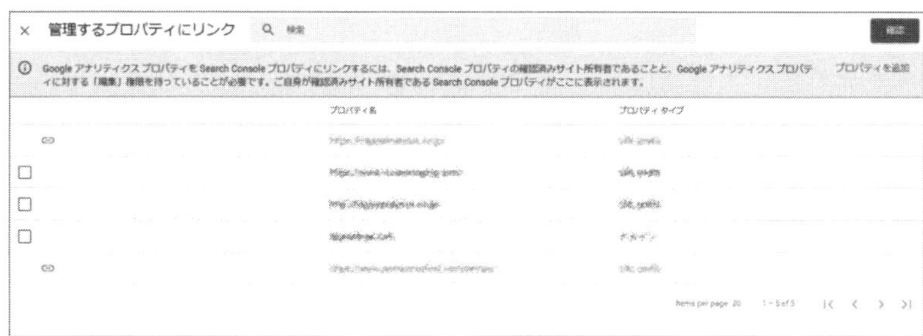

サーチコンソールとのリンクを設定するためには、GA4で該当プロパティの編集権限が必要です。また、サーチコンソールプロパティの確認済みサイト所有者である必要があります。

Step 3. サーチコンソールを連携したいGA4のウェブストリームを選択する

1つのウェブストリームには1つのサーチコンソールプロパティしか連携できません。また、連携したサーチコンソールプロパティは他のウェブストリームで利用することはできません。

Step 4. 内容を確認して「送信」ボタンをクリックすると、連携は完了する

リンクした後にレポートを表示するためには、「レポート」メニュー内の一番下の「ライブラリ」に移動します。

コレクション内に「Search Console」という項目があるので、右上の⋮をクリックして「公開」を選択します。レポート内に「Search Console」のメニューが追加され、レポートを見ることができるようになります。

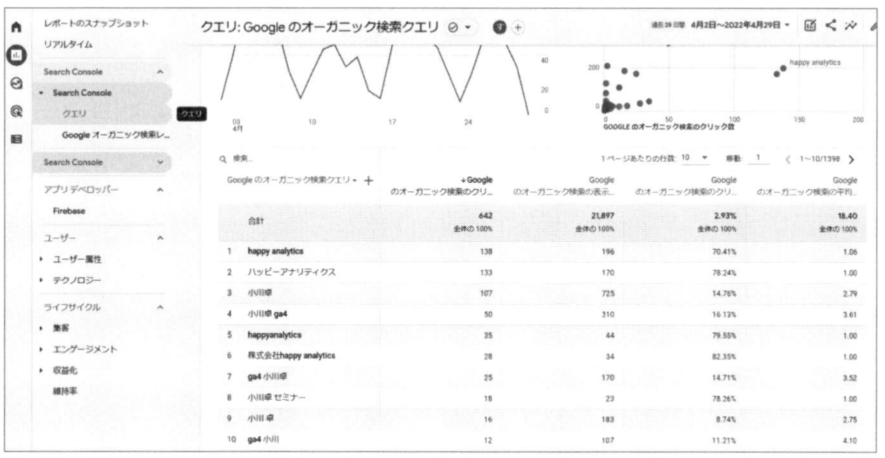

Firebaseのリンク

アプリ版のデータストリームを作成時にのみ表示される設定項目です。

設定できる内容は、「最大のユーザーアクセス」と「拡張オーディエンスの統合」の2つです。

最大のユーザーアクセスでは、以下の権限を選択することができます。

- 編集（リンク管理を含む）※デフォルト設定
- 編集（リンク管理を除く）
- 表示と分析
- 権限なし

編集権限があることによって、Firebase向けアナリティクスでオーディエンスの作成、コンバージョンイベントの設定、GA4プロパティとGoogle広告とのリンクなどの編集ができるようになります。

拡張オーディエンスの統合（デフォルトではオン）は、GA4からFirebaseに対してオーディエンスデータの自動入力や予測オーディエンスの機能などが利用できるようになります。

両方とも特段の事情がなければ、デフォルト設定で問題ありません。

FirebaseとGA4の連携は、Firebase側から行います。Firebaseの管理画面から「プロジェクトの概要」を選択します。

統合メニュー内にあるGoogle Analyticsを選択して、連携させたいGA4のストリームを選択します。双方のサービスの編集者権限以上が必要です。

アナリティクスインテリジェンスの検索履歴

GA4画面の上部にある検索ボックスで検索した履歴を確認することができます。

チェックボックスにチェックを入れて削除することも可能です。あくまでも履歴表示と削除のみのメニューで、結果が再確認できるわけではありません。

Google Analytics 4

Chapter 7

GA4を活用した分析手法

GA4のレポートや機能などを紹介してきましたが、Chapter 7ではGA4を利用してどのようにウェブサイトの分析を行うべきか、その流れやポイントなどを紹介していきます。
まずオススメしたいのは、定期的に見るべきレポートを作成しておくことです。例えば「レポートのスナップショット」で見る項目をカスタマイズしたり、よく利用しそうな探索レポートを用意しておくことです。それらを健康診断の項目として使い、施策実施前後や数値の変化があったときにチェックしてPDCAを回していくという考え方です。

Section GA4でチェックしておくべきカスタムレポートを作成したい！

7-1 レポートのスナップショット作成例

使用レポート ▶▶▶レポート ➡ レポートのスナップショット

最初にオススメの「レポートのスナップショット」カスタマイズ例や、作成しておくべき探索レポートを紹介します。「実際にどのような数値を見ればよいのか？」ということで、ECサイトとBtoBサイトの例を作成してみました。

ECサイトの場合

以下の10個のカートを追加して、レポートを作成します。

- eコマースの収益
- 購入者数（合計／初回）
- 購入者の構成（前回の購入日別）
- eコマース購入数
- 合計収益（参照元／メディア）
- イベント数、他3個
（イベント数・ユーザーの合計数・ユーザーあたりのイベント数・イベントの収益）
- Googleのオーガニック検索クエリ
- セッション（デフォルトチャネルグループ）
- コンバージョン（デフォルトチャネルグループ）
- ユーザーエンゲージメント

ECサイトということで、最初の5つはお金に関連することを中心に掲載し、その次にサイト全体の数値と流入に関する数値、最後にユーザーのサイトとの接触頻度で「ユーザーエンゲージメント」を入れました。

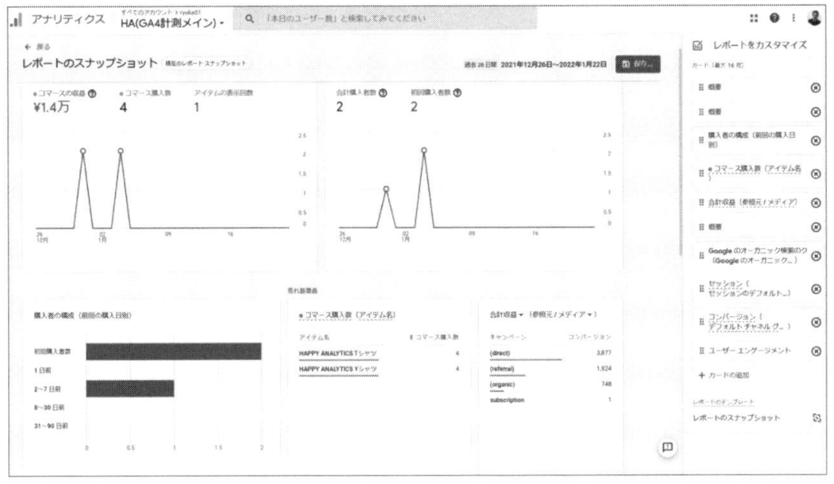

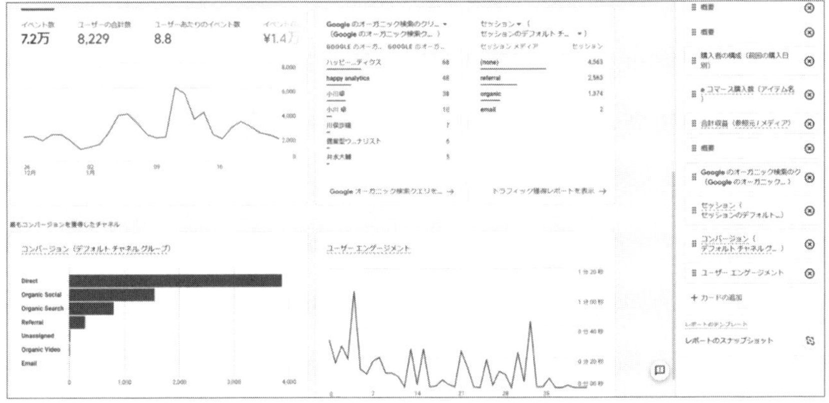

BtoBサイトの場合

以下の8個からレポートを作成します。

- Insights
- コンバージョン（イベント名）
- 表示回数（ページタイトルとスクリーンクラス）
- ユーザー数、他3個（ユーザー・イベント数・コンバージョン・合計収益）
- ユーザーのアクティビティの推移
- 新しいユーザー（最初のユーザーの参照元／メディア）
- セッション（デフォルトチャネルグループ）
- Googleのオーガニック検索クエリ
  ※設定でGoogleサーチコンソールの連携をしておく必要があります

変化が起きたときにすぐ気づくためのInsightsを最初に表示して、その後コンバージョンの数やサイトの閲覧状況を把握します。

次にサイト全体の推移に関するレポートを2つ追加しました。ユーザーのアクティビティの推移は継続利用を把握するのにも便利なレポートです。

最後に、初回獲得につながった流入元、セッションデータの流入元、そして流入キーワードの流入元関連の3つです。

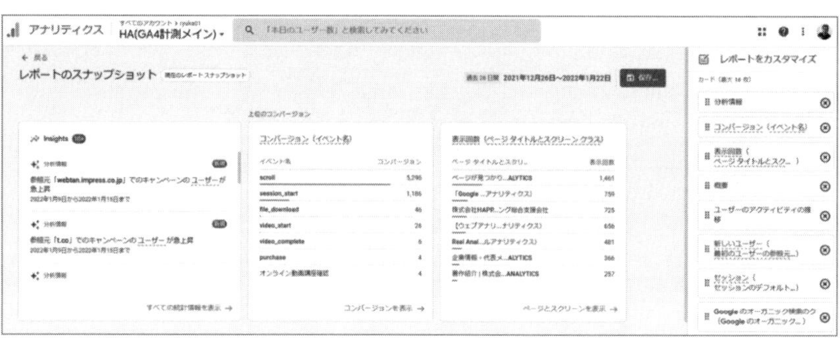

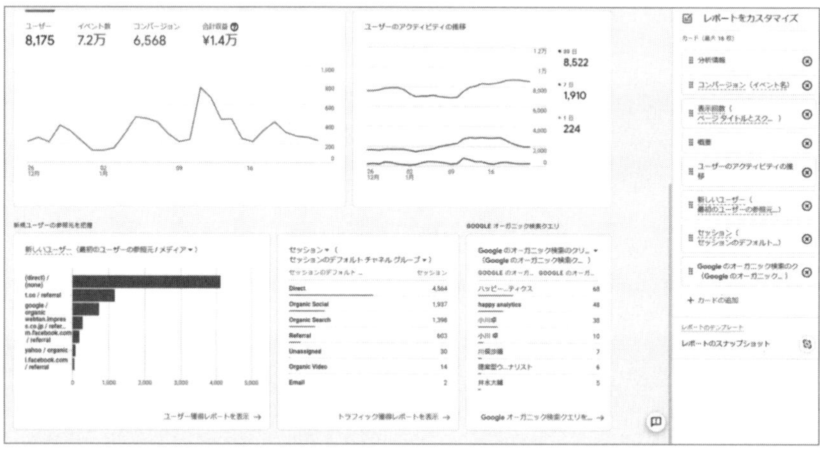

見るべき項目を整理して作成することで、レポートの有用度を上げることができます。細かい編集や見せ方の変更はできないので、ちゃんとしたダッシュボードを作成したい場合は、Chapter 8で紹介するデータポータルを利用して定期的にチェックするという形でもよいでしょう。

それでは次に、Chapter 4で紹介した探索レポートで筆者が各サイトで作成している探索レポート12選を紹介します。

Section サイトを分析するためにに役立つレポートを作成しておきたい！

7-2 オススメの探索レポート設定例12選

使用レポート ▶▶▶ 探索レポート

探索レポートで作成をオススメしたい12個のレポート例を紹介します。GA4を導入したときに、最初に作成しておくとよいでしょう。各レポートで追加するべきディメンションや指標を紹介していますので、みなさんの探索レポート内で再現を行ってください。

レポート1 時系列レポート

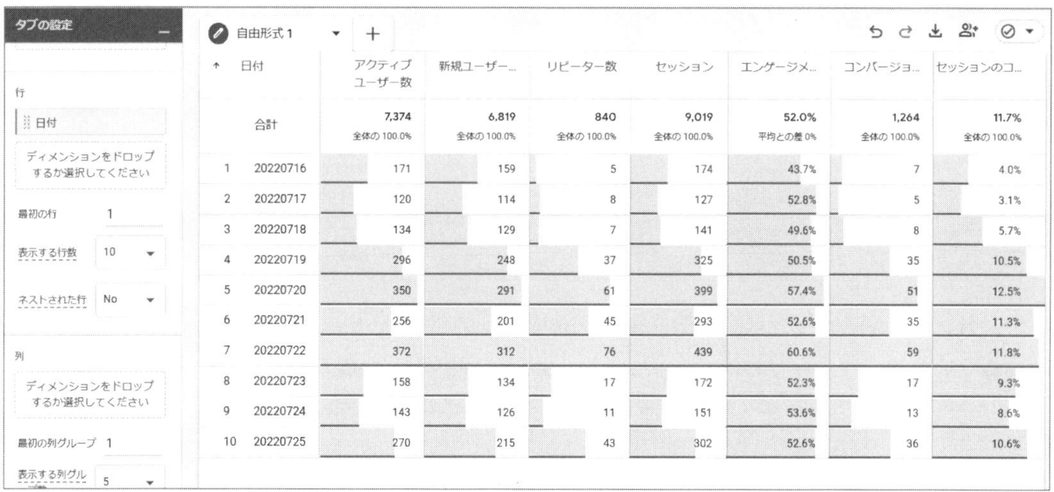

	日付	アクティブユーザー数	新規ユーザー...	リピーター数	セッション	エンゲージメ...	コンバージョ...	セッションのコ...
	合計	7,374 全体の 100.0%	6,819 全体の 100.0%	840 全体の 100.0%	9,019 全体の 100.0%	52.0% 平均との差 0%	1,264 全体の 100.0%	11.7% 全体の 100.0%
1	20220716	171	159	5	174	43.7%	7	4.0%
2	20220717	120	114	8	127	52.8%	5	3.1%
3	20220718	134	129	7	141	49.6%	8	5.7%
4	20220719	296	248	37	325	50.5%	35	10.5%
5	20220720	350	291	61	399	57.4%	51	12.5%
6	20220721	256	201	45	293	52.6%	35	11.3%
7	20220722	372	312	76	439	60.6%	59	11.8%
8	20220723	158	134	17	172	52.3%	17	9.3%
9	20220724	143	126	11	151	53.6%	13	8.6%
10	20220725	270	215	43	302	52.6%	36	10.6%

- **ディメンション**：日付
- **指標**：アクティブユーザー数・新規ユーザー・リピーター数・セッション・エンゲージメント率・コンバージョン数・セッションのコンバージョン率（サイト種別に合わせて取捨選択してください）

用途

・時系列で数値の変化を見つける
・全指標が変化しているのか、特定指標が変化しているのか
・変化の原因を特定するためさらにディメンションを追加して深掘りも可能

レポート2 集客レポート

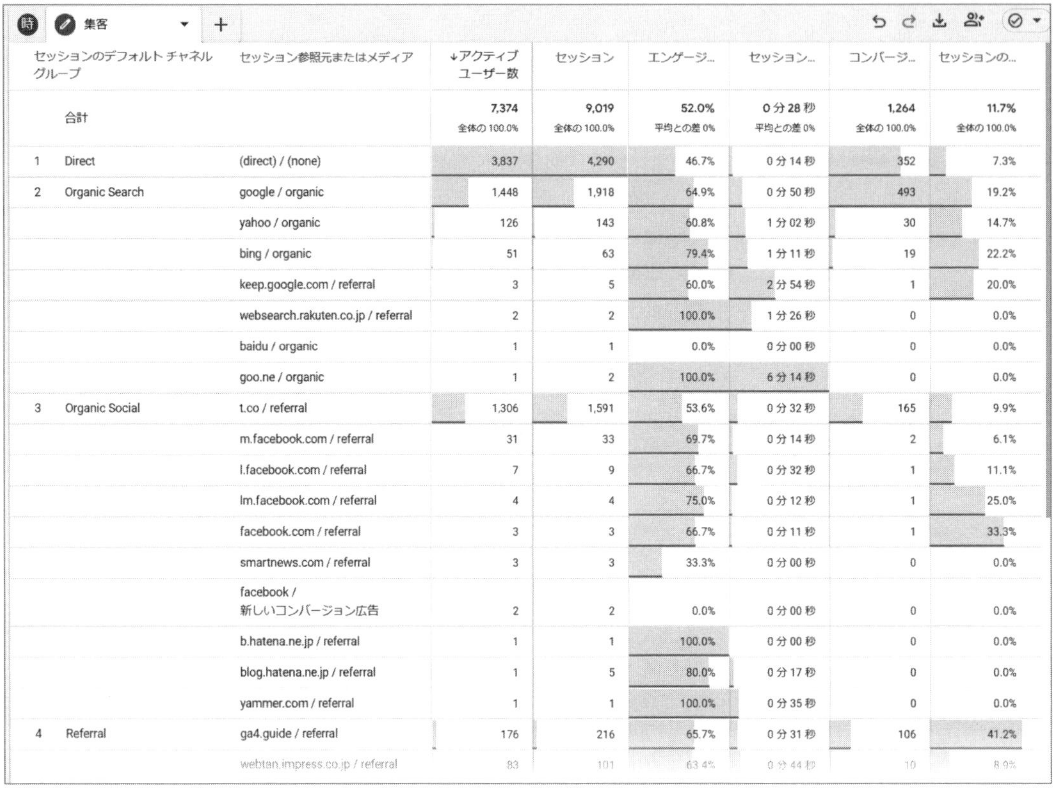

セッションのデフォルト チャネル グループ	セッション参照元またはメディア	↓アクティブ ユーザー数	セッション	エンゲージ...	セッション...	コンバージ...	セッションの...
合計		7,374 全体の 100.0%	9,019 全体の 100.0%	52.0% 平均との差 0%	0 分 28 秒 平均との差 0%	1,264 全体の 100.0%	11.7% 全体の 100.0%
1 Direct	(direct) / (none)	3,837	4,290	46.7%	0 分 14 秒	352	7.3%
2 Organic Search	google / organic	1,448	1,918	64.9%	0 分 50 秒	493	19.2%
	yahoo / organic	126	143	60.8%	1 分 02 秒	30	14.7%
	bing / organic	51	63	79.4%	1 分 11 秒	19	22.2%
	keep.google.com / referral	3	5	60.0%	2 分 54 秒	1	20.0%
	websearch.rakuten.co.jp / referral	2	2	100.0%	1 分 26 秒	0	0.0%
	baidu / organic	1	1	0.0%	0 分 00 秒	0	0.0%
	goo.ne / organic	1	2	100.0%	6 分 14 秒	0	0.0%
3 Organic Social	t.co / referral	1,306	1,591	53.6%	0 分 32 秒	165	9.9%
	m.facebook.com / referral	31	33	69.7%	0 分 14 秒	2	6.1%
	l.facebook.com / referral	7	9	66.7%	0 分 32 秒	1	11.1%
	lm.facebook.com / referral	4	4	75.0%	0 分 12 秒	1	25.0%
	facebook.com / referral	3	3	66.7%	0 分 11 秒	1	33.3%
	smartnews.com / referral	3	3	33.3%	0 分 00 秒	0	0.0%
	facebook / 新しいコンバージョン広告	2	2	0.0%	0 分 00 秒	0	0.0%
	b.hatena.ne.jp / referral	1	1	100.0%	0 分 00 秒	0	0.0%
	blog.hatena.ne.jp / referral	1	5	80.0%	0 分 17 秒	0	0.0%
	yammer.com / referral	1	1	100.0%	0 分 35 秒	0	0.0%
4 Referral	ga4.guide / referral	176	216	65.7%	0 分 31 秒	106	41.2%
	webtan.impress.co.jp / referral	83	101	63.4%	0 分 44 秒	10	8.9%

- **ディメンション**：セッションのデフォルトチャネルグループ、セッション参照元またはメディア
- **指標**：アクティブユーザー数、セッション、エンゲージメント率、セッションあたりのエンゲージメント、コンバージョン、セッションのコンバージョン率
- ネストされた行＝Yes

用途

・流入元の特徴を発見する
・エンゲージメント率やセッションあたりのエンゲージメントが高い「回遊」につながっている流入元を特定する
・日付のディメンションを追加して、数値の変化を見つける

レポート3 初回獲得エンゲージメントレポート

	ユーザーの最初のデフォルト チャネル グループ	ユーザーの最初の参照元 / メディア	↓アクティブ ユーザー数	リピーター数	ユーザーあたり...	エンゲージメン...	コンバージョン	ユーザー コンバージョン率
	合計		7,374 全体の 100.0%	840 全体の 100.0%	1.22 平均との差 0%	52.0% 平均との差 0%	1,264 全体の 100.0%	13.6% 全体の 100.0%
1	Direct	(direct) / (none)	4,009	255	1.16	45.4%	417	9.0%
2	Organic Search	google / organic	1,405	296	1.34	64.9%	459	23.1%
		yahoo / organic	127	17	1.15	61.6%	30	16.5%
		bing / organic	47	7	1.15	81.5%	17	25.5%
		keep.google.com / referral	2	1	1.5	100.0%	1	50.0%
		websearch.rakuten.co.jp / referral	2	0	1	100.0%	0	0.0%
		baidu / organic	1	0	1	0.0%	0	0.0%
		goo.ne / organic	1	1	2	100.0%	0	0.0%
3	Organic Social	t.co / referral	1,252	172	1.21	52.7%	156	11.1%
		m.facebook.com / referral	31	0	1	71.0%	1	3.2%
		l.facebook.com / referral	6	1	1.33	75.0%	1	16.7%
		facebook.com / referral	3	0	1	66.7%	1	33.3%
		lm.facebook.com / referral	3	1	1	66.7%	1	33.3%
		smartnews.com / referral	3	0	1	33.3%	0	0.0%
		facebook / 新しいコンバージョン広告	2	0	1	0.0%	0	0.0%
		b.hatena.ne.jp / referral	1	0	1	100.0%	0	0.0%
		yammer.com / referral	1	0	1	100.0%	0	0.0%
4	Referral	ga4.guide / referral	147	29	1.35	67.7%	104	57.8%
		webtan.impress.co.jp / referral	81	13	1.23	63.0%	10	9.9%
		schoo.jp / referral	49	11	1.41	66.7%	10	20.4%

- ディメンション：最初のユーザーのデフォルトチャネルグループ、最初のユーザーの参照元／メディア
- 指標：アクティブユーザー数、リピーター数、ユーザーあたりのセッション数、エンゲージメント率、コンバージョン、ユーザーコンバージョン率
- ネストされた行=Yes

用途

・新規獲得につながった流入元、またそこからリピート訪問につながった流入元を特定
・ユーザーエンゲージメントはユーザー数と別途割り算して１人あたりの滞在時間を出す（CSVダウンロード）
・初回流入元とCVの関係性を見る

レポート4 訪問回数レポート

ga_session_number[session_start]		↓アクティブユーザー数	エンゲージメント…	セッションあたり…	コンバージョン	セッションのコンバ…
合計		7,374 全体の 100.0%	52.0% 平均との差 0%	0 分 28 秒 平均との差 0%	1,264 全体の 100.0%	11.7% 全体の 100.0%
1	1	7,059	56.5%	0 分 29 秒	996	11.4%
2	2	796	33.5%	0 分 20 秒	128	14.0%
3	3	249	45.3%	0 分 34 秒	78	24.1%
4	4	144	42.0%	0 分 25 秒	27	14.0%
5	5	81	44.7%	0 分 33 秒	13	12.8%
6	6	48	49.1%	0 分 26 秒	10	14.5%
7	7	36	36.8%	0 分 35 秒	2	5.3%
8	8	32	47.2%	0 分 50 秒	2	5.6%
9	10	21	36.4%	0 分 08 秒	1	4.5%
10	9	21	41.7%	0 分 15 秒	0	0.0%

- **ディメンション**：ga_session_number（ga_session_numberをカスタムディメンションとして事前に登録をしておく。Chapter 5を参照）
- **指標**：アクティブユーザー数、エンゲージメント率、セッションあたりのエンゲージメント時間、コンバージョン、セッションのコンバージョン率

用途

・訪問回数ごとの分布を確認
・訪問回数が増えることで、ユーザー行動に変化はあるのか？
・訪問回数ごとのCV率を見て、再訪を促すか判断（ダウンロードしてCVとユーザー数を割り算）

レポート5 ランディングページレポート

	ランディングページ	↓セッション	エンゲージメント率	セッションあたり…	コンバージョン	セッションのコンバ…
	合計	9,019 全体の 100.0%	52.0% 平均との差 0%	0 分 28 秒 平均との差 0%	1,264 全体の 100.0%	11.7% 全体の 100.0%
1	(not set)	3,804	1.9%	0 分 00 秒	1,126	27.3%
2	/ga4	1,789	64.3%	0 分 28 秒	5	0.1%
3	/	1,232	63.7%	0 分 38 秒	78	2.4%
4	/ceo_message/	291	57.4%	0 分 32 秒	4	1.0%
5	/books/	183	67.8%	0 分 14 秒	0	0.0%
6	/entry/2017/07/04/193954	166	63.3%	1 分 26 秒	0	0.0%
7	/business/consluting	165	55.8%	0 分 08 秒	0	0.0%
8	/business/writing	164	57.3%	0 分 07 秒	0	0.0%
9	/business/seminar	161	60.9%	0 分 07 秒	0	0.0%
10	/business_article/	161	18.6%	0 分 07 秒	0	0.0%

- **ディメンション**：ランディングページ、ページタイトル
- **指標**：セッション、エンゲージメント率、セッションあたりのエンゲージメント、コンバージョン、セッションのコンバージョン率

用途

・一番最初に見られている「第一印象」を決めている上位ページの把握
・エンゲージメントが低いランディングページが改善優先順位が高いページ
・離脱しなかった訪問は、滞在やコンバージョンにつながっているかどうかを探る

レポート6 入口・出口レポート

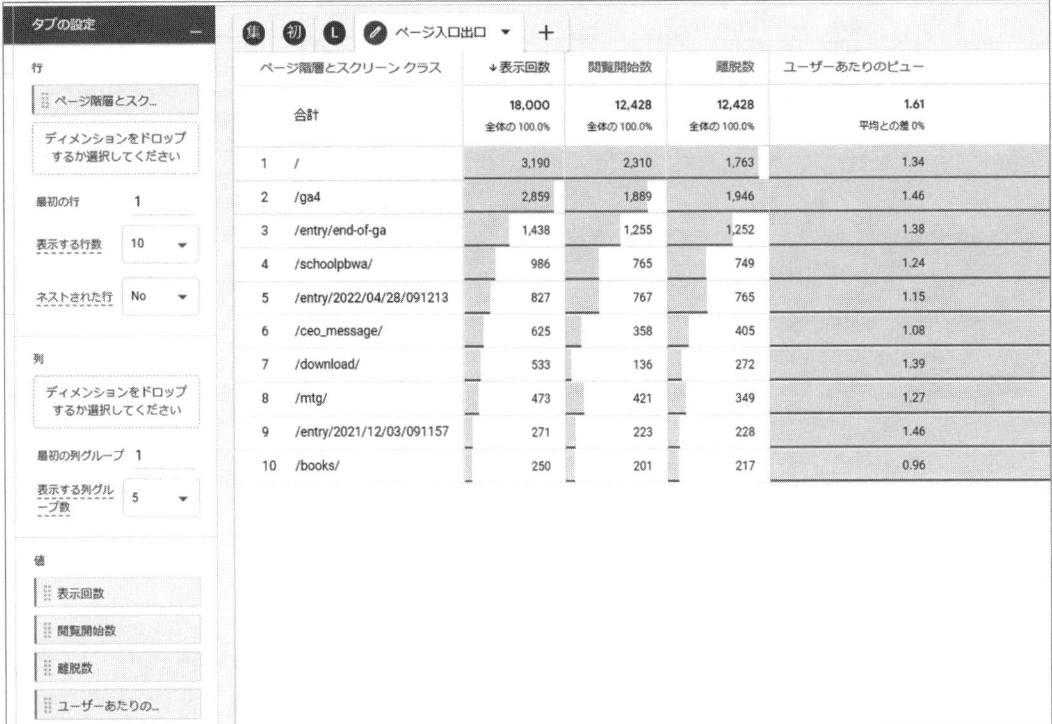

	ページ階層とスクリーン クラス	↓表示回数	閲覧開始数	離脱数	ユーザーあたりのビュー
	合計	18,000 全体の 100.0%	12,428 全体の 100.0%	12,428 全体の 100.0%	1.61 平均との差 0%
1	/	3,190	2,310	1,763	1.34
2	/ga4	2,859	1,889	1,946	1.46
3	/entry/end-of-ga	1,438	1,255	1,252	1.38
4	/schoolpbwa/	986	765	749	1.24
5	/entry/2022/04/28/091213	827	767	765	1.15
6	/ceo_message/	625	358	405	1.08
7	/download/	533	136	272	1.39
8	/mtg/	473	421	349	1.27
9	/entry/2021/12/03/091157	271	223	228	1.46
10	/books/	250	201	217	0.96

- **ディメンション**：ページ階層とスクリーンクラス
- **指標**：表示回数・閲覧開始数・離脱数・ユーザーあたりのビュー
- セグメントでCVユーザー等で絞り込む

用途

・「入口＜出口」となっているページは、出口となっても問題ないページかどうかを探る
・「閲覧開始数÷表示回数」で閲覧開始率を見る
・「離脱数÷表示回数」で離脱率を見る

レポート7 コンボージョンレポート

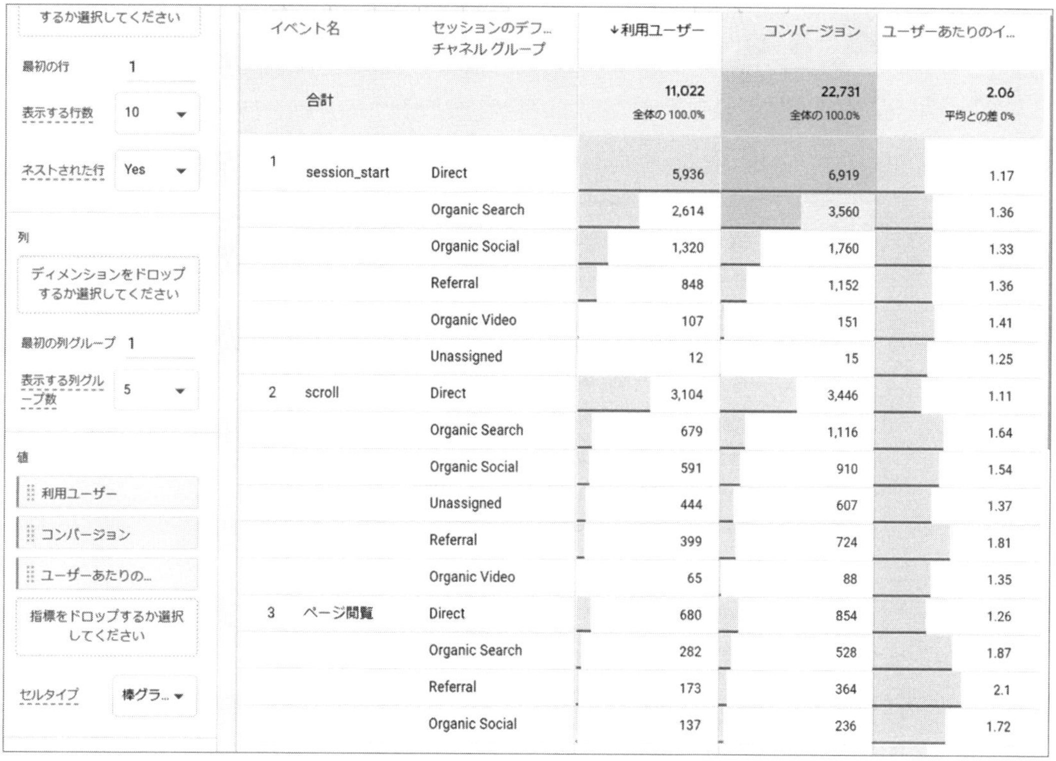

	イベント名	セッションのデフ… チャネル グループ	↓利用ユーザー	コンバージョン	ユーザーあたりのイ…
	合計		11,022 全体の 100.0%	22,731 全体の 100.0%	2.06 平均との差 0%
1	session_start	Direct	5,936	6,919	1.17
		Organic Search	2,614	3,560	1.36
		Organic Social	1,320	1,760	1.33
		Referral	848	1,152	1.36
		Organic Video	107	151	1.41
		Unassigned	12	15	1.25
2	scroll	Direct	3,104	3,446	1.11
		Organic Search	679	1,116	1.64
		Organic Social	591	910	1.54
		Unassigned	444	607	1.37
		Referral	399	724	1.81
		Organic Video	65	88	1.35
3	ページ閲覧	Direct	680	854	1.26
		Organic Search	282	528	1.87
		Referral	173	364	2.1
		Organic Social	137	236	1.72

するか選択してください
最初の行 1
表示する行数 10
ネストされた行 Yes
列
ディメンションをドロップするか選択してください
最初の列グループ 1
表示する列グループ数 5
値
利用ユーザー
コンバージョン
ユーザーあたりの…
指標をドロップするか選択してください
セルタイプ 棒グラ…

●**ディメンション**：イベント名、セッションのデフォルトチャネルグループ

●**指標**：利用ユーザー、コンバージョン、ユーザーあたりのイベント数

●**フィルタ**：コンバージョンイベント=true（ディメンション選択時に「コンバージョンイベント」を追加するとフィルタで利用できます）

用途

・それぞれのコンバージョンの発生回数を確認

・流入元などと掛け合わせて内訳や特徴を発見していく

・１ユーザーあたりのコンバージョン発生回数が多いイベントはあるかどうかを探る

レポート8 外部リンククリックレポート

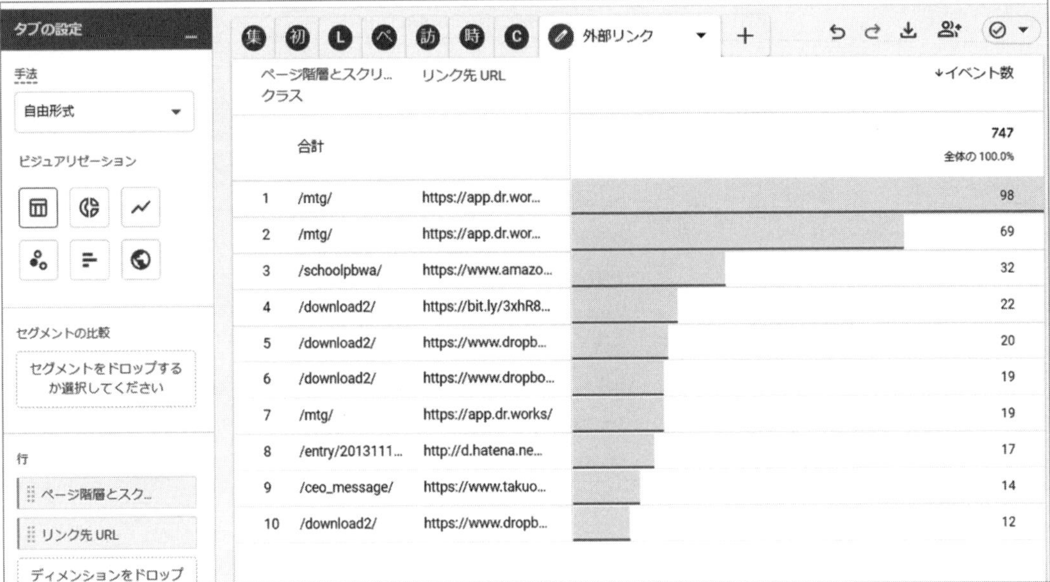

	ページ階層とスクリーンクラス	リンク先 URL	↓イベント数
	合計		747 全体の 100.0%
1	/mtg/	https://app.dr.wor...	98
2	/mtg/	https://app.dr.wor...	69
3	/schoolpbwa/	https://www.amazo...	32
4	/download2/	https://bit.ly/3xhR8...	22
5	/download2/	https://www.dropb...	20
6	/download2/	https://www.dropbo...	19
7	/mtg/	https://app.dr.works/	19
8	/entry/2013111...	http://d.hatena.ne...	17
9	/ceo_message/	https://www.takuo...	14
10	/download2/	https://www.dropb...	12

- **ディメンション**：ページ階層とスクリーンクラス、リンク先URL
- **指標**：イベント数
- **フィルタ**：イベント名＝click

用途

・どのページから外部リンクに遷移しているのかを探る
・外部リンクの飛び先として多いリンク先はどこかを探る
・ページビュー数と割り算してクリック率を計算する

レポート9 ファイルダウンロードレポート

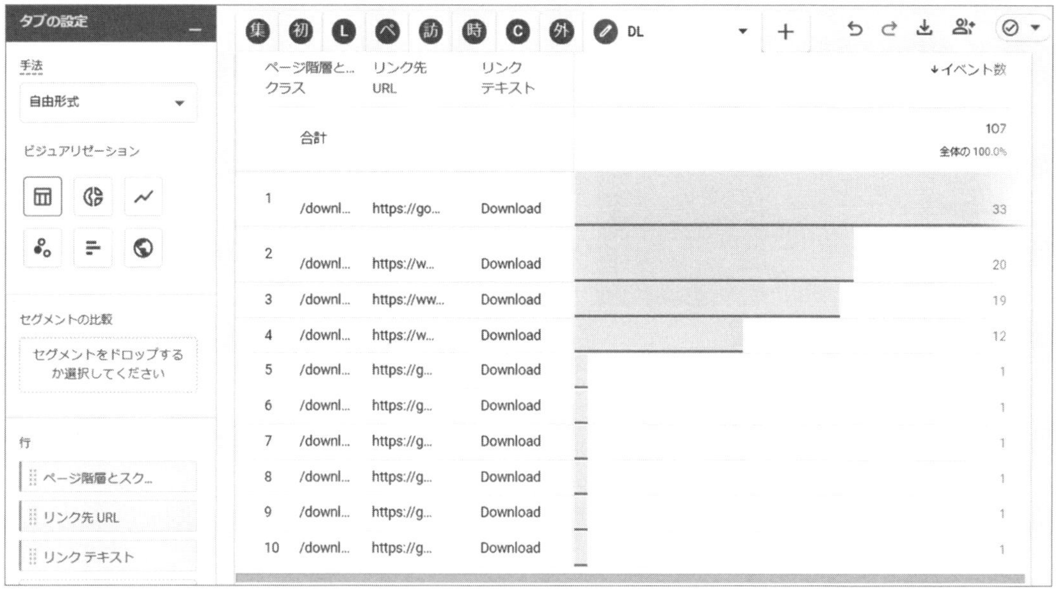

- **ディメンション**：ページ階層とスクリーンクラス、リンク先URL、リンクテキスト
- **指標**：イベント数
- **フィルタ**：イベント名＝file_download

用途

・どのページからファイルダウンロードしているのかを探る
・人気が高いファイルはどれかを探る
・ページビュー数と割り算してクリック率を計算する

レポート10 主要動線の遷移

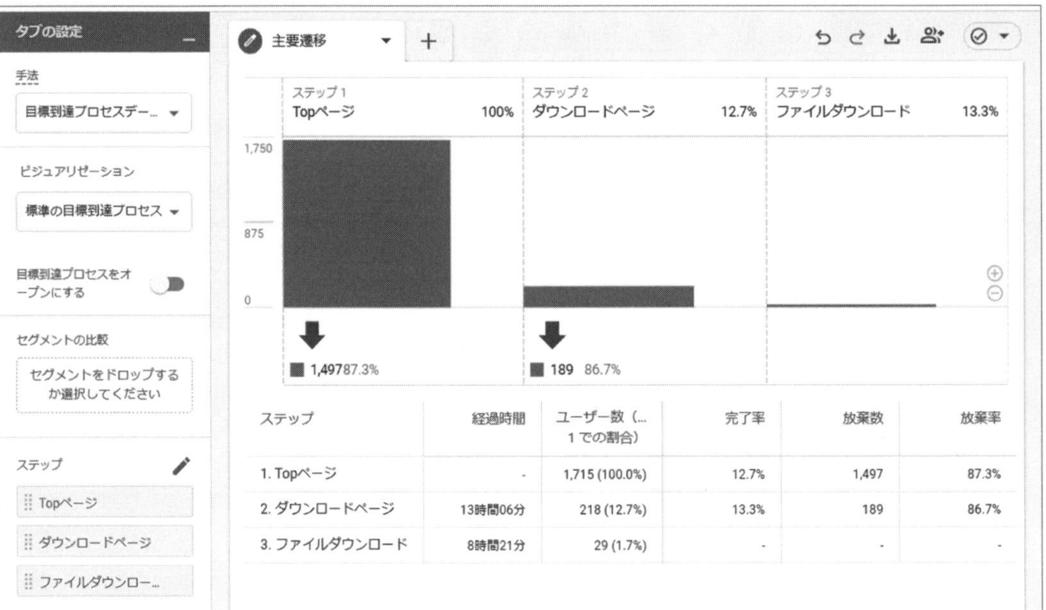

目標到達プロセスレポート

●**ステップ：**サイトでユーザーに辿ってほしいアクションを設定
（例：特定ページ閲覧、ファイルダウンロードなど）

●**内訳：**デバイスやチャネルグループなど、必要な分析に応じて任意に設定

用途

・主要導線の母数と落ちているポイントを把握する

・内訳（デバイス・流入元など）を見て内訳ごとに遷移率に違いがないかを確認する

・施策を行った日付の前後で遷移への影響を確認する

レポート11 複数コンバージョン重複レポート

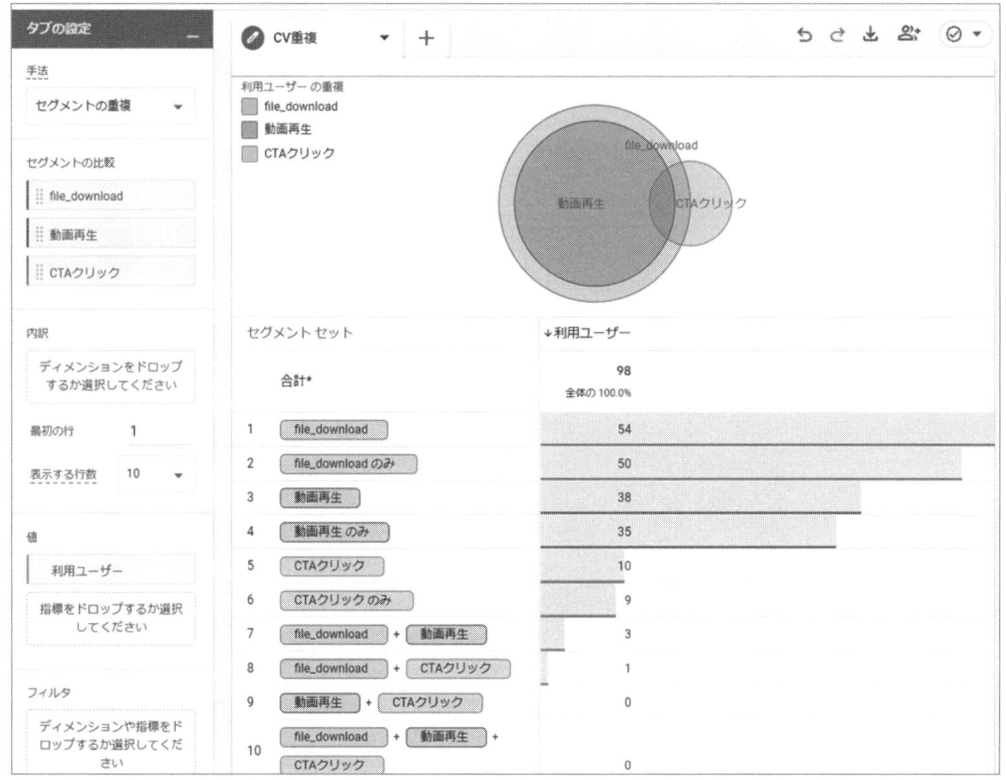

コンバージョンごとにセグメントを作成し、その重複具合を確認する

用途

・特定の行動を実行しているユーザー数を把握する

・重複がどれくらい発生しているかを確認する

・デバイス等でさらに内訳をみて重複率に変化がないかを確認する

レポート12 コンバージョン直前ページ逆引きレポート

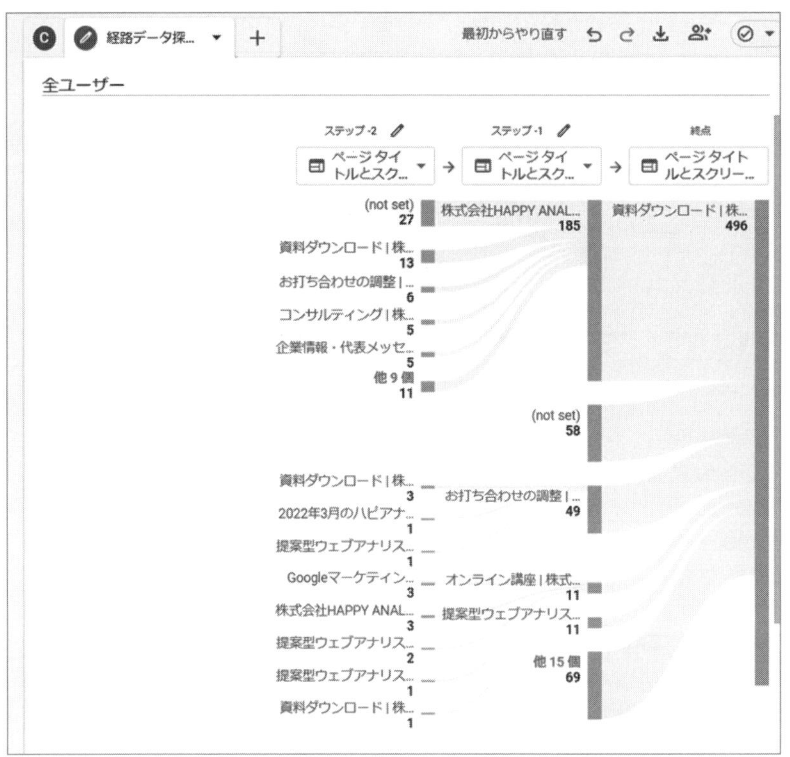

CVの入口（入力フォーム等）を終点として設定し、その手前の動きを見ていく

用途

- 終点（CVへの入口）や始点（トップや特定LP）を指定する
- どこから来ているか、どこに向かっているか上位の順位を確認する
- どの遷移を強めるかを決めて、施策を実施した後に比較して評価を行う

Section 数値の変化を特定するための分析方法を知りたい！

7-3 GA4レポートと探索を活用した分析例

使用レポート ▶▶▶レポート ➡ レポートのスナップショット

GA4を利用してウェブサイトを分析する手順を見てみましょう。ここでは、「数値変化の理由を特定する」「施策を振り返る」「サイト全体の課題を抽出する」「ECサイトの分析をする」「BtoBサイトの分析をする」「オウンドメディアの分析をする」の6つの分析方法を紹介します。ぜひ自社サイトの分析改善にお役立てください。

GA4データを活用した分析例 1 数値の変化を特定する

2022年4月の日別のユーザー数を確認したところ、ユーザー数が４月７日に大きく伸びていました。

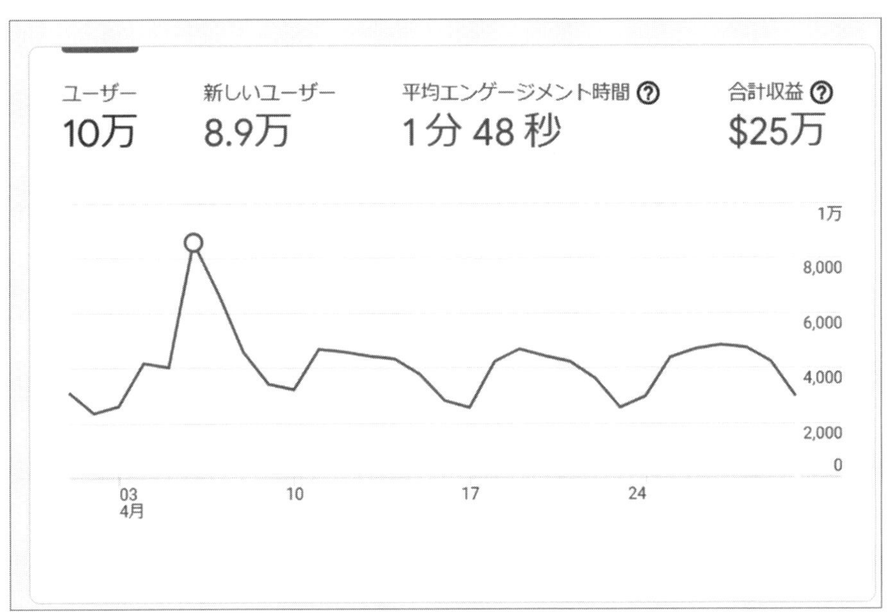

どの流入元から流入が伸びているのかを確認するために、集客のトラフィックレポートを確認してみました。そうすると「検索流入（Oragnic Search）」が特に伸びていることがわかりました。

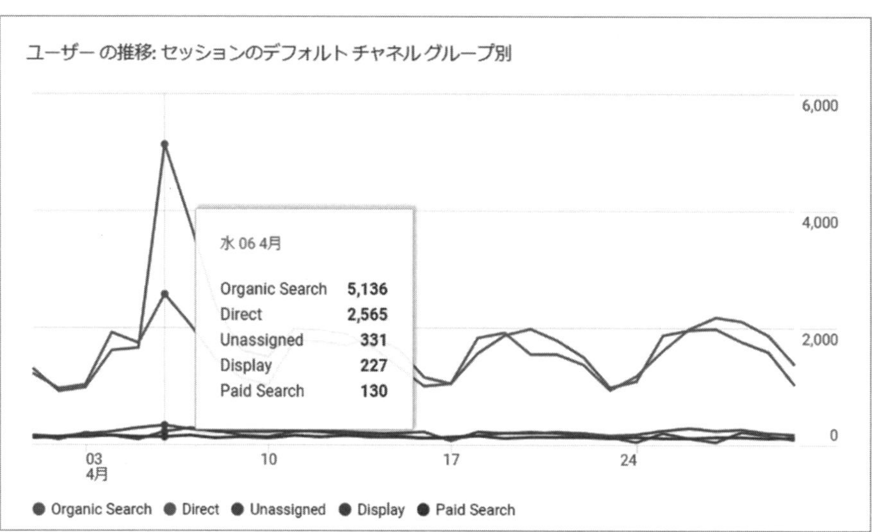

では、検索エンジンからどのページに流入していたのでしょうか？　こちらを探索レポートで作成したランディングページのレポートで前後３日間の変化を見てみました。

自由形式 1　+

ランディング ページ	日付の比較	↓表示回数
	4月3日～2022年4月5日	48,559 全体の 100%
1　/	変化率	43.72%
	4月6日～2022年4月8日	44,733
	4月3日～2022年4月5日	31,125
2　/Google+Redesign/Acces...	変化率	14,217.47%
	4月6日～2022年4月8日	23,767
	4月3日～2022年4月5日	166
3　/Google+Redesign/Lifes...	変化率	16,318.52%
	4月6日～2022年4月8日	4,433
	4月3日～2022年4月5日	27
4　/basket.html	変化率	26.62%
	4月6日～2022年4月8日	1,660
	4月3日～2022年4月5日	1,311
5　/Chrome+Dino	変化率	12,063.64%
	4月6日～2022年4月8日	2,676
	4月3日～2022年4月5日	22
6　/Google+Redesign/Shop...	変化率	11.91%
	4月6日～2022年4月8日	1,400
	4月3日～2022年4月5日	1,251
7　/Google+Redesign/Appar...	変化率	66.81%

変化率が特に高かったのが2位、3位、5位のページでした。AccesoryとLifestyleのページが増えており、さらに商品単位で見ると、Chrome+Dinoというページは前の3日間では22件の表示に対して、直近3日間では2,676件の表示と大きく伸びています。

実際にどのページかを確認してみましょう。以下の商品ページでした。

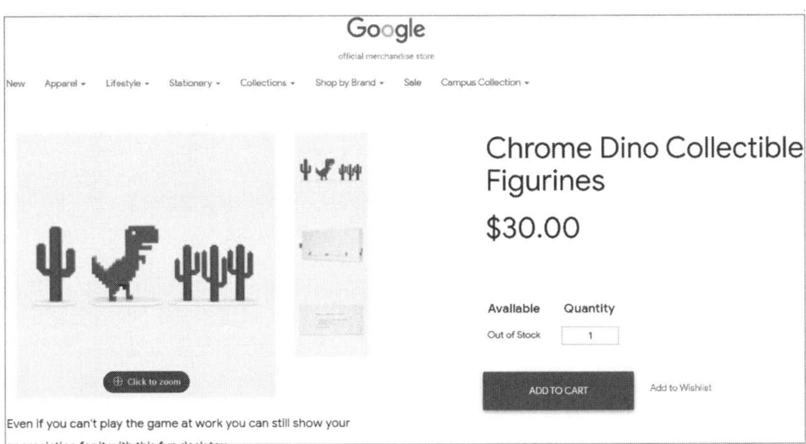

デモアカウントではSearch Consoleが連携されていないため、流入キーワードは確認できませんでしたが、少し調べてみたところ、数値が増えた日に以下の内容がGoogle公式Blogで紹介されていて、そこに本ページへのリンクがありました。

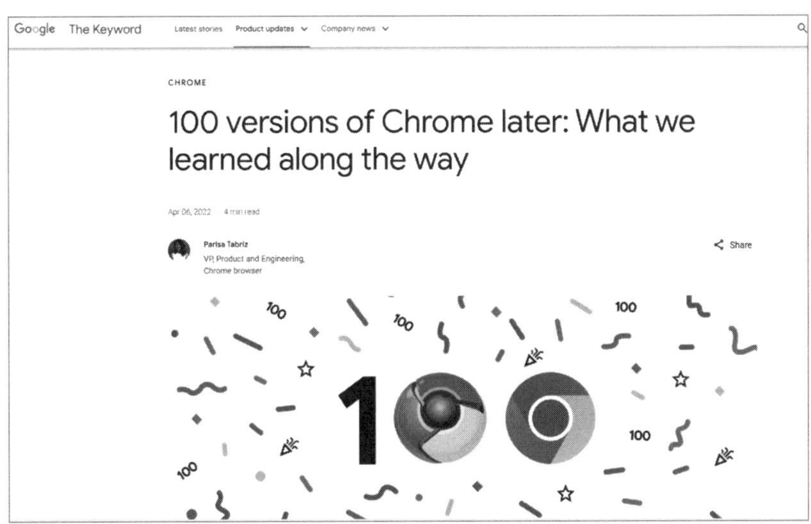

ブラウザであるChromeがバージョン100になったことを記念しての記事でした。

この記事から該当商品ページへのリンクがありました。Google公式ブログからの流入ということで、Organic Searchに分類されているようです。

それでは、この流入は実際に売上アップにつながったのか？　収益化のレポートを確認してみましょう。まずは日別の売上ですが、4月6日は売上が少し増えています（4月19日に大きく伸びているところではなく、小さな青い点の日付になります）。

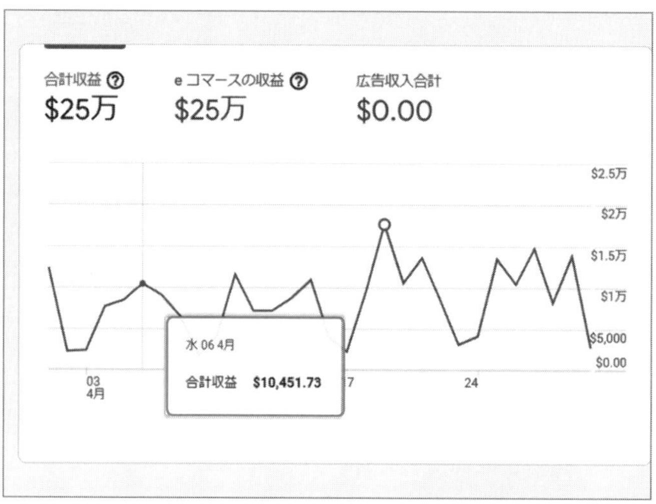

では、この商品の売上はどうだったのか？　チェックしてみましょう。

Dino Collectible　　1ページあたりの行数: 10　1～1/1

アイテム名	アイテムの表...	カートに追加	表示後カート...	eコマース購入数	表示後購入さ...	商品の購入数量	アイテムの収益
合計	7,978 89 との比較 ↑ 8,864.04%	755 10 との比較 ↑ 7,450%	12.74% 13.85% との比較 ↓ 8%	49 2 との比較 ↑ 2,350%	0.89% 3.08% との比較 ↓ 71.15%	51 2 との比較 ↑ 2,450%	$1,530.00 $54.00 との比較 ↑ 2,733.33%
1 Chrome Dino Collectible Figurines							
4月6日～2022年4月8日	7,978	755	12.74%	49	0.89%	51	$1,530.00
4月3日～2022年4月5日	89	10	13.85%	2	3.08%	2	$54.00
変化率	8,864.04%	7,450%	-8%	2,350%	-71.15%	2,450%	2,733.33%

前後3日間で見ると、eコマース購入数が2件から49件と大きく増えており、売上も1,500ドルほど増えています。アイテムの表示回数やカート追加数も増えており、売上アップに貢献できたと言えそうです。

GA4データを活用した分析例 2 実行した施策を振り返る

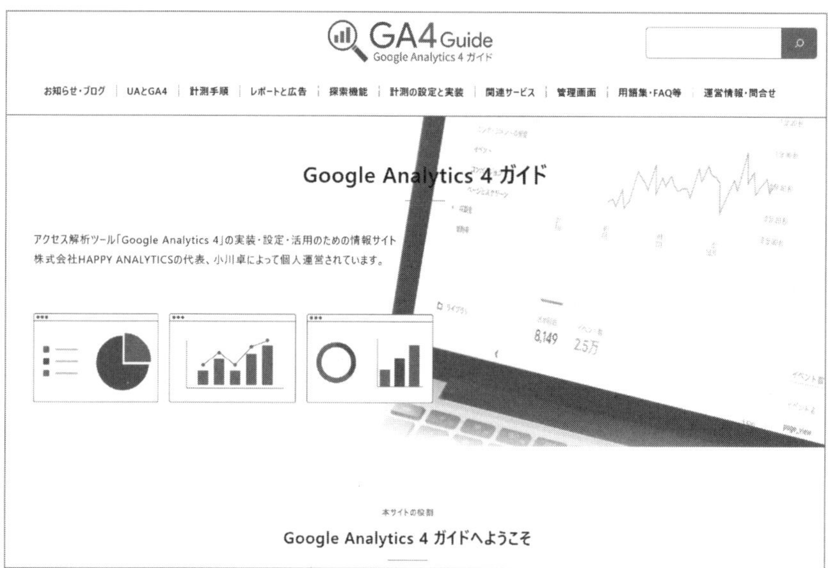

筆者が作成しているGA4情報サイト「GA4 Guide」のトップページの改修を2022年5月22日に行いました。ページ表示に時間がかかるということで、「画像を減らす」「情報をスリム化する（ページ中央部以下のリンク一覧など）」「どんなサイトなのかを文章で最初に提示する」という変更を行いました。

このようなサイト内で行った施策を評価する上でもGA4は便利です。

早速、結果を見るために探索レポートを作成してみました。

自由形式 1

ページ タイトル	日付の比較	↓表示回数	セッションあたり…	離脱数	エンゲージメント率
合計	変化率	52.75%	10.52%	42.14%	7.23%
	5月22日～2022年6月18日	12,183 全体の 100%	0 分 19 秒 平均との差 0%	5,124 全体の 100%	57.18% 平均との差 0%
	4月24日～2022年5月21日	7,976 全体の 100%	0 分 18 秒 平均との差 0%	3,605 全体の 100%	53.33% 平均との差 0%
1 Google Analytics 4 ガイド – アクセス解析ツール「Go... Analytics 4」の実装・設定・活...	変化率	52.75%	10.52%	42.14%	7.23%
	5月22日～2022年6月18日	12,183	0 分 19 秒	5,124	57.18%
	4月24日～2022年5月21日	7,976	0 分 18 秒	3,605	53.33%

変化率を見るために、施策実施後の四週間分の結果を確認しました。表示回数は増えていますが、これは今回の施策とは関係ないため無視します。

セッションあたりの滞在時間はほぼ変わらずですね。変化があったのが離脱とエンゲージメント率です。離脱は離脱率を計算してみると、実施後(5124/12183=42.0%)と実施前(3605/7976=45.2%)とわずかに改善しています。同じくエンゲージメント率は実施後に57%となり、実施前の53%より改善しました。

どうやらこの施策は成功と言えそうです。

このように、施策を実施した上で評価を行うためにも、GA4の利活用は欠かせません。サイト内外で施策を行った際には、どのレポートを見るかを決めて、数値をチェックすることを忘れないようにしましょう。

GA4データを活用した分析例 3 サイト全体を分析して課題を抽出する

数値変化の原因特定や施策の振り返りではなく、サイト全体を分析して課題を発見したい場合は、以下の手順で分析をしてみましょう。これは、筆者がいつも使っている方法になります。

Step1. 分析の目的と範囲を整理する

まず、**「なんのために分析を行うのか」を改めて言語化しましょう。**多くの分析の目的は「サイトを改善すること(＝コンバージョンを増やすこと)」になります。そのためサイトのどの部分を分析するのかをまず整理します。この時に大切なのが、「分析して出てきた施策が実行可能なのか？」を最初に把握しておくことです。

集客施策であれば、SEO・広告・ソーシャルメディア・メールマガジン等になりますし、サイト内であればページ種別ごと(例：Topページ、ランディングページ、一覧ページ、詳細ページ)にどういった施策なら実行可能なのかを最初に考えておかないといけません。

いくら改善案を出しても、その施策が実行されなければ分析は無意味になってしまいます。

制作会社・社内のエンジニア・利用している施策実行ツールの制限および社内のリソースから施策が実行できるところを分析対象としましょう。施策は一人だけでできることはほぼありません。社内あるいはクライアントに確認を取って、リソースの確保を調整しましょう。

今回は、弊社のウェブサイト「HAPPY ANALYTICS」を例にとって説明します。

● https://happyanalytics.co.jp/

コンサルティングや勉強会などのお問い合わせを増やすことをゴールとし、施策に関してはサイト内で行える内容であれば、いったん制限無しで考えてみます。

Step2. 分析するための「仮説」を洗い出す

何を分析するかを分析する前に決めましょう。そのためには**「仮説」を出すことが大切です**。ここで重要なのは「仮説が正しいのか？」ということではありません。それは、この後の分析で検証することになります。

大切なのは、どういった仮説を立て、何を分析して、そこからどういう改善施策につながりそうかを考えることです。仮説を出す方法はいくつかあります。サイトの基本データ（Chapter 7で前述した12個の探索レポート）から気づきを発見して仮説に落とし込むのもよいでしょう。しかし筆者がオススメしたいのは、サイトを自分あるいは関係者に利用してもらい、そこから気づきを出してもらう方法になります。

1ユーザーのサイト平均滞在時間を目安でサイトを使ってもらい、「どのような操作を行ったのか？」「その時間で何が理解できたのか？」「何がわかりにくかったのか？」を終わった後にヒアリングをしてみましょう。平均滞在時間は「エンゲージメントの概要」レポートで確認できます。弊社サイトの場合は1分52秒になるので、約2分使ってもらう想定です。

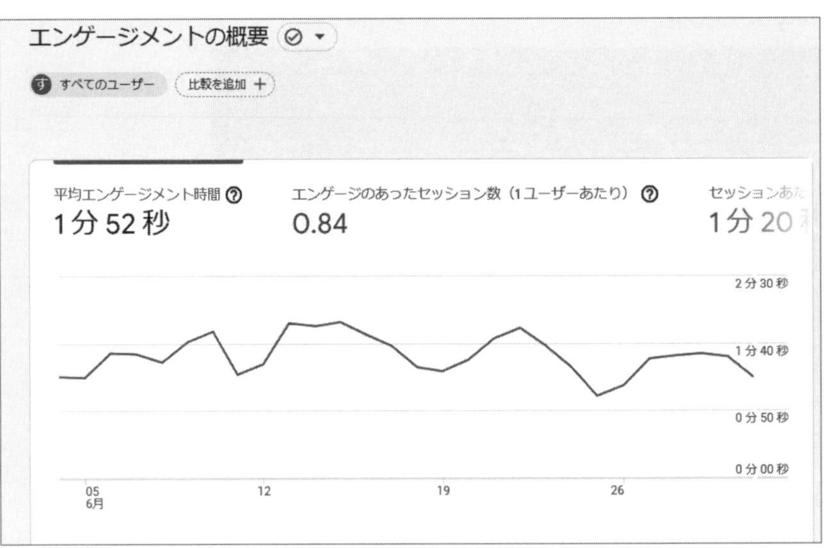

2分サイトを使ってもらい、その後にその人が感じたことや取った行動を元に仮説を整理していきましょう。なお、使ってもらう場合はデバイス比率が高いデバイスで見るのがよいでしょう（弊社の場合はPCでした）。数人に使ってもらったところ、3つのページに関して以下の気づきがありました。

■ Topページ

https://happyanalytics.co.jp/

- 上のヘッダーメニューは誰も使っていなかった
- ページ上部にあるメッセージ等は誰も読んでいない
- サービスの所で、とりあえずコンサルティングを見る方が多かった
- 会社概要に関してはしっかり見ている傾向があった（ここまでスクロールして、その後に上に戻ってサービスの中を１つ選んでいる）

■ コンサルティングのページ

https://happyanalytics.co.jp/business_consulting/

- 下までスクロールして見てくれていた
- ただその後に、Topに戻っていたり、次に何を見ればよいか戸惑っていた
- もう少しコンサルの事例や情報がほしいというフィードバックがあった
- その中で資料ダウンロードに移動しているケースも数件見られた

■資料ダウンロードページ

https://happyanalytics.co.jp/download/

- 一番最初に育成講座の募集要項資料があるが、この説明ページを見ていないのでスルーされていた
- 勉強会内容や料金表の資料はあるが、コンサルティングに関する資料がなく、何もダウンロードしないで離脱されていた
- それ以外の資料に関しては興味関心がなさそうだった

このように意見を集めることが難しい場合は、コンバージョンしたユーザーでセグメントしたユーザーエクスプローラーレポート（Chapter 4参照）や、ユーザーごとの行動をリプレイできるツールを導入するとよいでしょう。

例えばMicrosoftが出しているClarityは無料で導入でき、ヒートマップやユーザー行動のリプレイ機能があります。

● **Microsoft Clarity（https://clarity.microsoft.com/）**

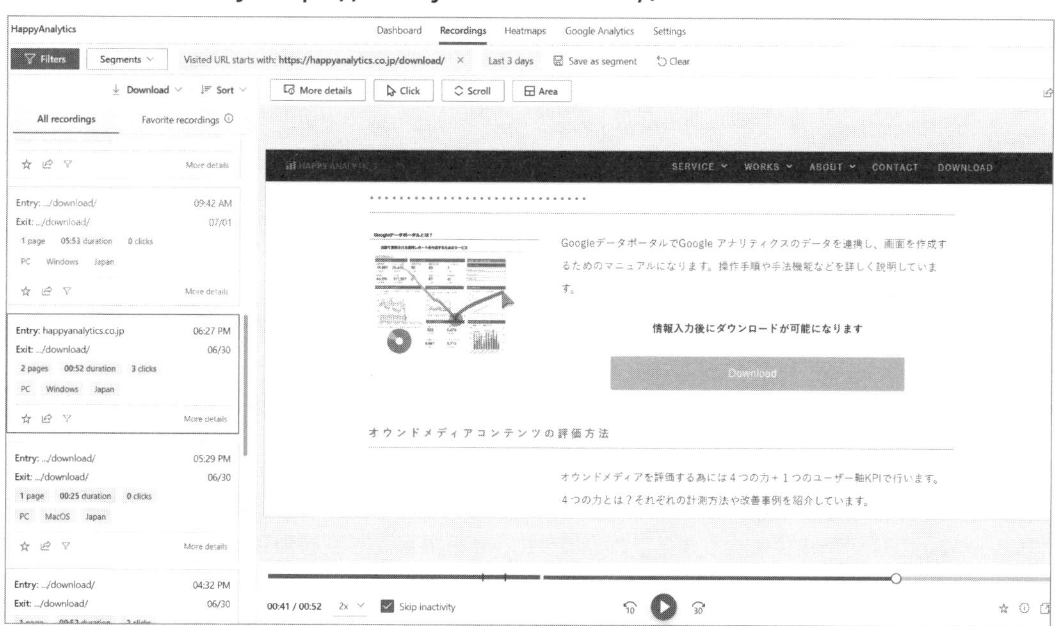

ユーザーの実際の動きを見ることで、新たな仮説が生まれる可能性があります。例えば、上記の例では資料ダウンロードのところで画像をクリックしていますが、こちらをクリックしても何も起きません。おそらく、この人は拡大した画像を見たかったのでしょう。それを見ることができず、結局資料をダウンロードしないで離脱してしまいました。

Step 3. 仮説、検証、改善のシートを作成する

さて、いくつかの仮説を出すことができたので、これらを整理するためのシートを作成します。私はここで**3K（仮説、検証、改善）のシートを作成することをオススメ**します。弊社の例を元に、作成したものをご覧ください。今回見つかった仮説を一部ピックアップして記載しています。

表7-3-1 3K（仮説、検証、改善）のシート例

仮説	検証	改善
Topページのヘッダーメニューが使われていないのでは？	ヘッダーメニュー部分のクリック率を確認し、ページ内にあるメニューとのクリック率と比較をする	利用されていない場合は気づいていない可能性が高いので、目立たせるあるいはヘッダーメニューの内容をすべてTopページにも入れる
サービスではコンサルティングに関するニーズが一番高そう	Topページからの遷移率および各ページの表示回数を確認する。また新規/リピートのセグメントで分けてみる	クリック率や表示回数に大きな差がある場合は、Topページでの順番や見せ方を変える
	サイト内のどのコンテンツがCV（問い合わせ）に効いているかを確認する	貢献が高いページがあれば、それに併せてTopページの見せ方や他ページから該当ページへの誘導を強める
コンサルティングページを最後まで見ている人が多かった	ページの読了率を他ページと比較する	読了率が高い場合は見てもらえていることになる。低い場合はどこで離脱しているかをスクロール率やヒートマップで確認する
コンサルティングページを見た後に迷っている	コンサルティングページを見た後の遷移先を分析し、「戻り」や「離脱」が起きていないかを確認する。ページの読了率を他ページと比較する	次に見てほしいコンテンツを明確にする。また離脱が高い場合は内容が足りていない可能性もあるので、新たなコンテンツ作成（既存事例の詳細追加など）検討
資料ダウンロードページでコンサルに関する資料がない	資料ダウンロードページでの各資料ダウンロード率を確認する。また離脱率を確認し課題がないかをチェック	ダウンロード率が低く、離脱率が高い場合はコンテンツを見直すあるいは追加する必要があり。ダウンロードされていないコンテンツは外す事を検討

このように仮説に対して、GA4（あるいは他のツール）で何を見れば、この**仮説をデータで検証できるかを整理**します。またこのステップを行うことで、GA4でどういったデータを取得するべきか？　計測するべきデータに関しての洗い出しを行うことができます。

今回の例であれば、「Topページのヘッダーのクリック率」「資料のダウンロード率」「読了率やスクロール率」の計測が必要になります。このように、分析項目から実装項目を考えていく上でも本手法は有効です。

最後に分析をして何かしらの発見があった場合、どのような**改善施策を行えそうかを事前に検討しておきます**。このタイミングで改善施策のアイデアや方向性が出てこない場合は、分析をしなくてもよいです。

もちろん「知る」ための分析も大切ですが、今回の目的はサイト改善につなげることです。そのために、改善につながりにくい分析は優先順位を下げましょう。

Step 4. GA4を使って分析を行う

いよいよ、これで分析を開始できます。仮説・検証・改善を最初に整理しておくことで、GA4のどのレポートを利用すればよいかが明確になります。このプロセスを手前で行わないと、GA4で何を見ればよいかわからず、なんとなく上からレポートを見てしまったり、探索レポートを開いて固まってしまいます。これは時間の無駄になるばかりではなく、なんの気付きも得られません。

それでは、いくつかの仮説を分析してみましょう。

表7-3-2 仮説、検証、改善を企てる

仮説	検証	改善
Topページのヘッダーメニューが使われていないのでは？	ヘッダーメニュー部分のクリック率を確認し、ページ内にあるメニューとのクリック率と比較をする	利用されていない場合は気づいていない可能性が高いので、目立たせるあるいはヘッダーメニューの内容をすべてTopページにも入れる
サービスではコンサルティングに関するニーズが一番高そう	Topページからの遷移率および各ページの表示回数を確認する。また新規/リピートのセグメントで分けてみる	クリック率や表示回数に大きな差がある場合は、Topページでの順番や見せ方を変える

Topページからの遷移先を探索レポートで出してみました（データ期間は、2022年3月1日～7月1日。以下同様）。

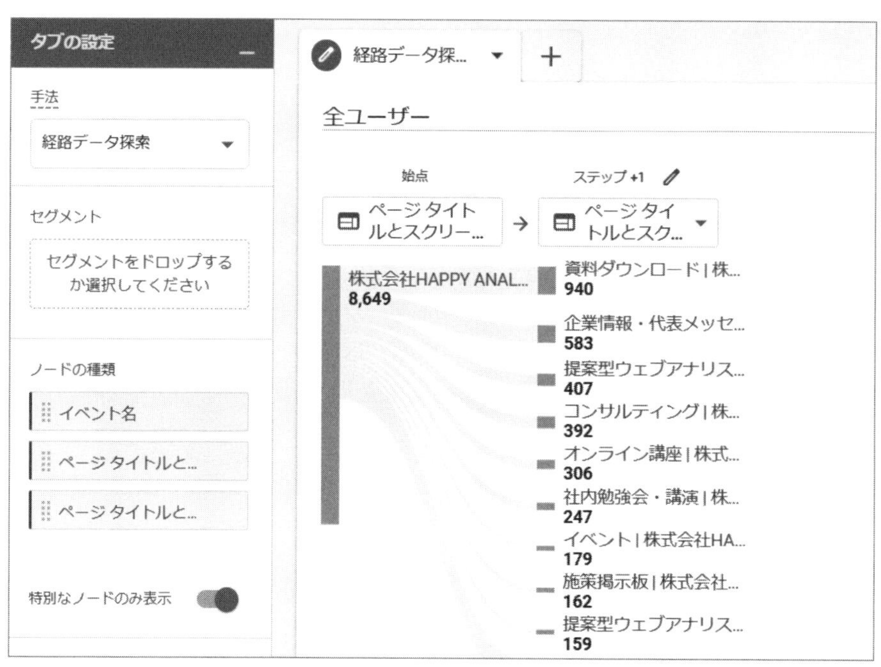

想像していた仮説とは違い、もっとも遷移先が多いのは「資料ダウンロード」ということになり、続いて「企業情報・代表メッセージ」となりました。コンサルティングは4位でした。

1位の「資料ダウンロード」に関してはたしかにTopページ内にリンクはあるのですが、いきなり押されているのは意外でした。「すでになんとなく弊社や筆者のことを知っていただいており、どういった情報が得られるのか？」というニーズがありそうですね。これは資料ダウンロードページが重要であることがわかります。

また2位の「企業情報・代表メッセージ」へのリンクはヘッダーメニューあるいは、トップの一番上にある「私たちについて」のリンクのいずれかしかありません。現在ヘッダーメニューのみのリンクを計測する実装をしていないので、こちらは今後入れて内訳を確認したいところです。

ヒートマップで確認したところ「私たちについて」はほぼ押されておらず、ABOUT内にあるヘッダーメニューからの遷移が多そうです。

このリンクをクリックしてくれたユーザーはサイトに初めて来た方で、まず弊社や私について知りたいということかと推測されます。

さらに深掘りするために、新規セッションでセグメントしたデータも見てみましょう。

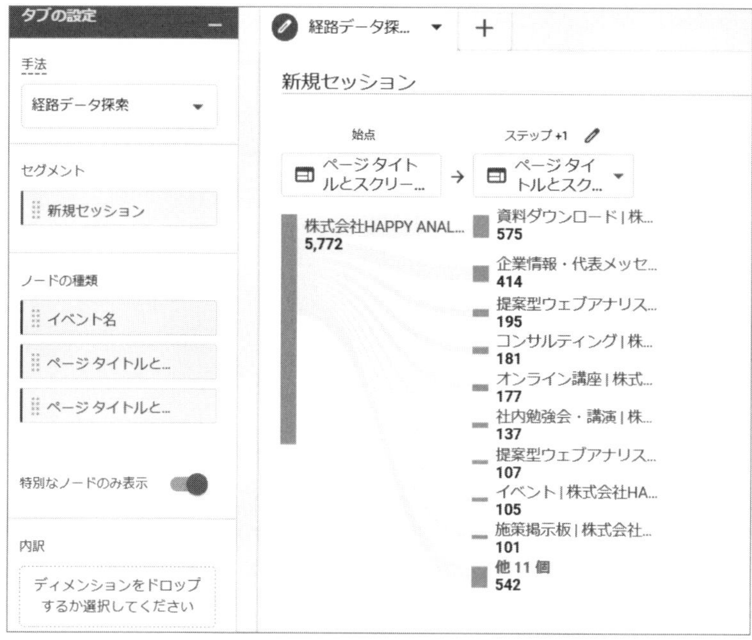

新規で絞り込んでも順位は変わりませんでしたが、企業情報ページへの遷移率はわずかに上がっていました。ただし、統計的な優位差が出るほどではありませんでした。

全体：583/8649=6.7%
新規：414/5772=7.2%

ここでは**違いは見つかりませんでしたが、このように深掘りして確認しておくことも大切です。**

表7-3-3 深掘りして確認

仮説	検証	改善
コンサルティングページを最後まで見ている人が多かった	ページの読了率を他ページと比較する	読了率が高い場合は、見てもらえていることになる。読了率が低い場合は、どこで離脱しているかをスクロール率やヒートマップで確認する
コンサルティングページを見た後に迷っている	コンサルティングページを見た後の遷移先を分析し、「戻り」や「離脱」が起きていないかを確認する。ページの読了率を他ページと比較する	次に見てほしいコンテンツを明確にする。また、離脱が高い場合は内容が足りていない可能性もあるので、新たなコンテンツ作成（既存事例の詳細追加など）を検討する

次にコンサルのページを確認してみましょう。ここでは、まず「しっかり読んでもらえているのか？」ということで拡張機能で取得できるスクロール（90%までスクロール）で見てみました。探索の自由形式で、行にページタイトル、列にイベント名（フィルタでpage_viewとscrollに絞り込み）、

値にイベント数を入れました。その結果が以下のとおりです。

自由形式 1			
イベント名	page_view	scroll	合計
ページ タイトル	イベント数	イベント数	↓イベント数
合計	30,203 全体の 76.8%	9,123 全体の 23.2%	39,326 全体の 100.0%
1 株式会社HAPPY ANALYTICS | デジタルマーケティング総合支援会社	7,308	1,928	9,236
2 企業情報・代表メッセージ | 株式会社HAPPY ANALYTICS	2,174	1,062	3,236
3 提案型ウェブアナリスト育成講座 | 株式会社HAPPY ANALYTICS	2,103	217	2,320
4 資料ダウンロード | 株式会社HAPPY ANALYTICS	1,778	288	2,066
5 連載・執筆 | 株式会社HAPPY ANALYTICS	854	672	1,526
6 オンライン講座 | 株式会社HAPPY ANALYTICS	603	186	789
7 コンサルティング | 株式会社HAPPY ANALYTICS	469	229	698
8 STAFF | 株式会社HAPPY ANALYTICS	458	146	604
9 施策掲示板 | 株式会社HAPPY ANALYTICS	420	107	527
10 社内勉強会・講演 | 株式会社HAPPY ANALYTICS	366	143	509

　このデータをダウンロードし読了率（scroll÷pagview）を計算したところ、

イベント名	page_view	scroll	合計
ページ タイトル	イベント数	イベント数	スクロール率
サイト全体	30593	9533	31%
株式会社HAPPY ANALYTICS｜デジタルマーケティング総合支援会社	7308	1928	26%
企業情報・代表メッセージ｜株式会社HAPPY ANALYTICS	2174	1062	49%
提案型ウェブアナリスト育成講座｜株式会社HAPPY ANALYTICS	2103	217	10%
資料ダウンロード｜株式会社HAPPY ANALYTICS	1778	288	16%
連載・執筆｜株式会社HAPPY ANALYTICS	854	672	79%
オンライン講座｜株式会社HAPPY ANALYTICS	603	186	31%
コンサルティング｜株式会社HAPPY ANALYTICS	**469**	**229**	**49%**
STAFF｜株式会社HAPPY ANALYTICS	458	146	32%
施策掲示板｜株式会社HAPPY ANALYTICS	420	107	25%
社内勉強会・講演｜株式会社HAPPY ANALYTICS	366	143	39%

　上位10ページの中では２番目に高く、サイト平均よりも高いことがわかり、約半数は最後まで読んでくれていることがわかりました。それでは、このページからの動きも確認しておきましょう。

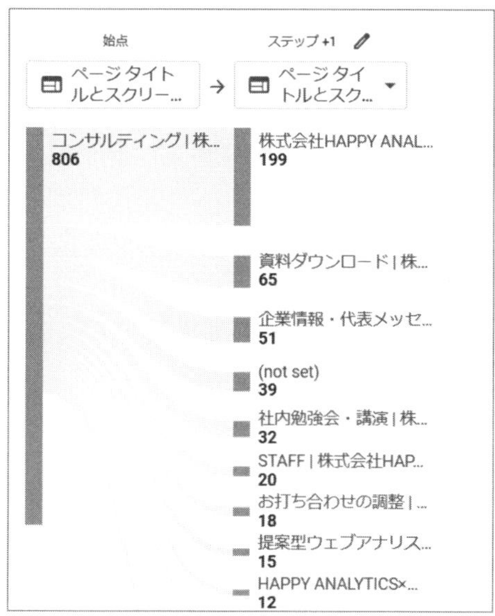

Topページに戻る割合が25%と高く、これは良い動きとは言えなさそうです。2位や3位のページに関しては問題ないですが、できればこの割合を増やしたり、さらなる情報をおくことで、コンバージョンへの貢献も増やしたいところです。

それでは、コンバージョンに貢献しているページがどのページなのかを確認してみましょう。

表7-3-4 コンバージョンに貢献しているページを確認する

仮説	検証	改善
サービスではコンサルティングに関するニーズが一番高そう	サイト内のどのコンテンツがCV(問い合わせ)に効いているかを確認する	貢献が高いページがあれば、それに併せてTopページの見せ方や他ページから該当ページへの誘導を強める

こちらを調査するために、CVしたユーザー(ここでは件数を担保するために「お問い合わせページに遷移したユーザー」)でセグメントを行い、そのユーザーが見ていたページの比率を洗い出します。このデータを全体と比べて特徴的なページがないかを見つけてみましょう。

セグメント機能を利用してデータを出してみました。

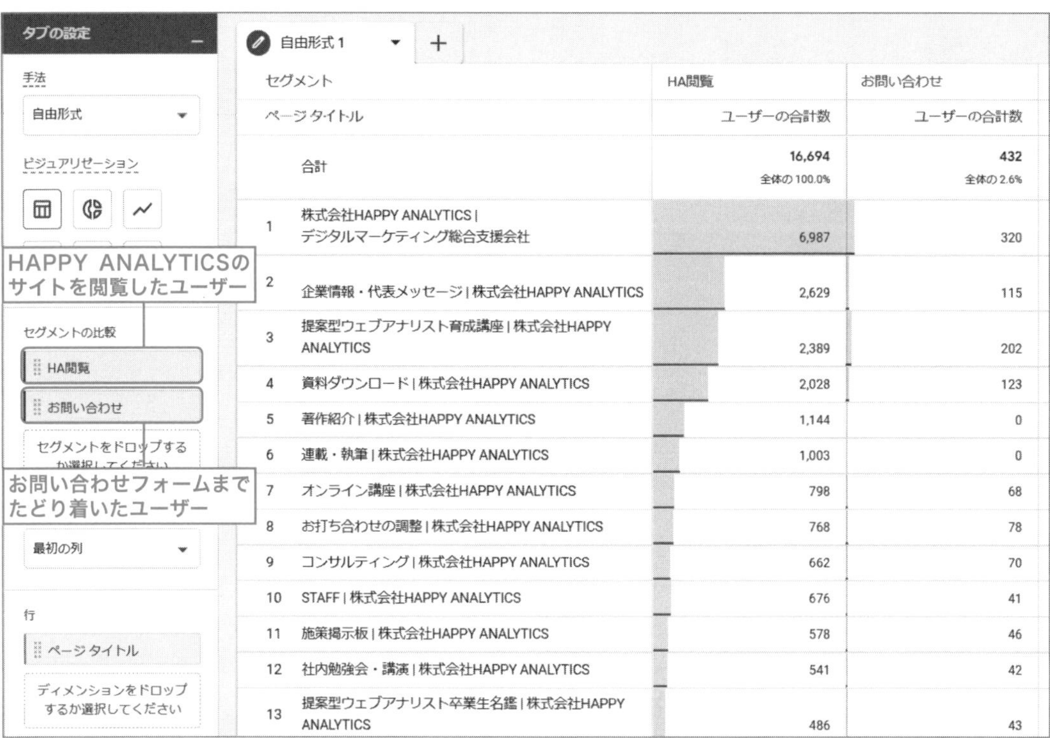

この2つの数値を割り算することで、CV貢献率が高いページを出すことができます。結果は以下の通りでした。

セグメント	HA閲覧	お問い合わせ	
ページ タイトル	ユーザーの合計数	ユーザーの合計数	CVR貢献
全体	16694	432	2.6%
株式会社HAPPY ANALYTICS｜デジタルマーケティング総合支援会社	6987	320	4.6%
企業情報・代表メッセージ｜株式会社HAPPY ANALYTICS	2629	115	4.4%
提案型ウェブアナリスト育成講座｜株式会社HAPPY ANALYTICS	2389	202	8.5%
資料ダウンロード｜株式会社HAPPY ANALYTICS	2028	123	6.1%
著作紹介｜株式会社HAPPY ANALYTICS	1144	0	0.0%
連載・執筆｜株式会社HAPPY ANALYTICS	1003	0	0.0%
オンライン講座｜株式会社HAPPY ANALYTICS	798	68	8.5%
お打ち合わせの調整｜株式会社HAPPY ANALYTICS	**768**	**78**	**10.2%**
コンサルティング｜株式会社HAPPY ANALYTICS	**662**	**70**	**10.6%**
STAFF｜株式会社HAPPY ANALYTICS	676	41	6.1%
施策掲示板｜株式会社HAPPY ANALYTICS	578	46	8.0%
社内勉強会・講演｜株式会社HAPPY ANALYTICS	541	42	7.8%
提案型ウェプアナリスト卒業生名鑑｜株式会社HAPPY ANALYTICS	486	43	8.8%

ユーザー数が多い上位のページでは、「お打ち合わせの調整」と「コンサルティング」が10%を超えていることがわかります。前者はお問い合わせいただいた人の中で、打ち合わせ調整が必要な場合にメールで個別に案内しているので、ここでは無視して大丈夫なページです。

そうすると、やはりコンサルティングのページが重要であることがわかります。逆に著作紹介、連載・執筆が全く貢献していないところも特徴的ですね（しきい値やサンプリングは発生していないのでデータは正しいはず）。検索流入も多かったので、単純に私の著書や連載を調べたくて来ているという状況のようです。

この結果からも、コンサルティングのページはコンバージョンにとって重要なページであることがわかります。

Step 5. 分析結果を元に改善施策を考える

今回の分析で得られた気づきから、Topページとコンサルティングページの改善案を考えてみましょう。

■Topページ

まずは企業情報を知りたいというニーズがあるものが、「私たちについて」は押されておらず、ヘッダー経由となっています。この「私たちについて」という文言がわかりにくい可能性があるので、例えば「弊社の紹介」というような名称にして、もう少し目立たせてみるのがよさそうです。

次に資料ダウンロードのニーズも高く、CVへの貢献も悪くないので、現在のシンプルな「資料ダウンロード」だけではなく、どういった資料がダウンロードできるかを明記したボタンにして、遷移率を上げてもよさそうです。

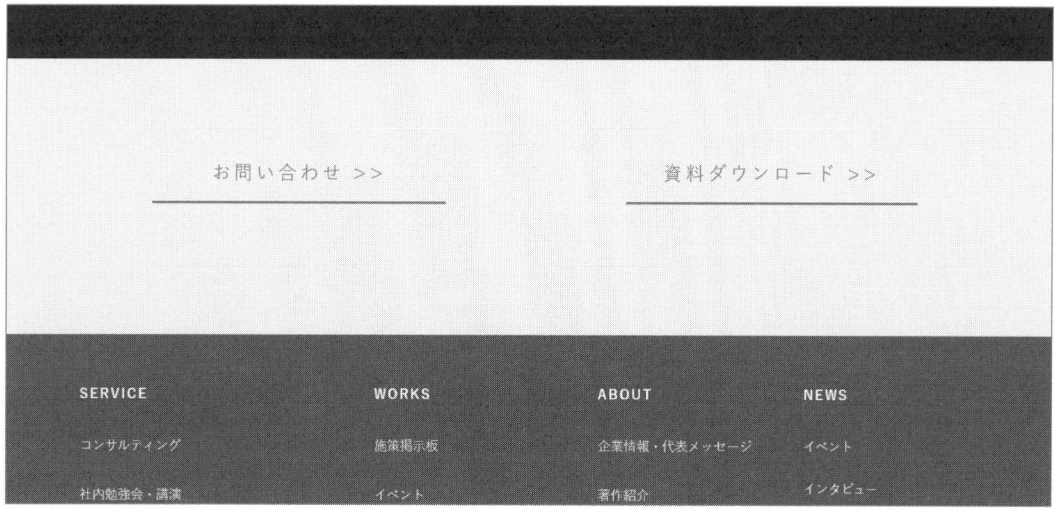

また、コンサルティングのニーズや貢献が高いことから、やはりコンサルティングに関する何かしらの資料を用意してもよいかもしれません（その分、お問い合わせは減るかもしれないので、要検討ですが…）。

■コンサルティングページ

ニーズが高く、しっかり読了されていますが、そこからTopに戻ってしまう傾向があるので、次のいずれかの施策で戻る動きではなく、進む方向のユーザーを動かします。

1. さらに情報を追加して、ここからお問い合わせをしてもらう
2. 別ページに情報を追加して、そちらのページに遷移してもらう

具体的にどういったコンテンツが必要かは検討が必要ですが、ヒートマップのクリックを見ると、過去案件例の所がリンクがないも関わらず結構クリックされているので、この辺りを充実させる（具体的に実施した内容の説明、クライアントさんから声をいただく）のがよいかもしれません。

Step 6. 施策の評価項目を事前に決めておく

施策を決めたら、それぞれの施策に対してどの数値を見て評価するかを決めておく必要があります。改善したかを見るために、どの数値を見ればよいのか。今回の施策の場合は、以下のように整理してみました。

■Topページ

・離脱率を減らす
・企業情報ページ、コンサルティングページ、資料ダウンロードページへの遷移率改善
・また、上記に伴うお問い合わせ件数やお問い合わせCVRの改善

■コンサルティングページ

・ページの平均エンゲージメント時間を延ばす
・Topページへの戻り率を下げ、コンサルティング詳細ページ（別ページを作る場合）への遷移率を上げる
・コンサルティングページ経由のお問い合わせ件数やお問い合わせCVRの改善

これらの指標を施策を実施してから、一定期間経った後に見てみましょう。施策を実施する際には、ABテストをしてみてもよいかもしれません。

ABテストに便利なGoogle OptimizeとGA4の活用方法ついては、Chapter 8で紹介します。

GA4データを活用した分析例 4 ECサイトの分析

Chapter 5で紹介したGA4でeコマース計測の実装を行った場合、ECサイトで分析できる内容は飛躍的に増えます。**ECサイトの特徴としては、ユーザーがある程度順番を持ってサイト内を進んでいく**ということです。具体的には、「商品一覧」➡「詳細」➡「カート」➡「決済開始」➡「決済完了」というプロセスになります。

決済完了をより増やすためには、以下の2点がアクセス解析を通じた分析では重要になります。

1. **商品一覧や詳細への訪問数をサイト内外から増やす**
2. **詳細から決済完了までの各STEPの遷移率を上げる**

上記を実現するために、いくつか見るべきレポートが存在します。ここでは、それぞれの確認と活用方法を紹介します。

1. 全体の導線をチェックする

最初に探索レポートの「目標到達プロセスデータ探索」を利用して、主要ステップを設定します。

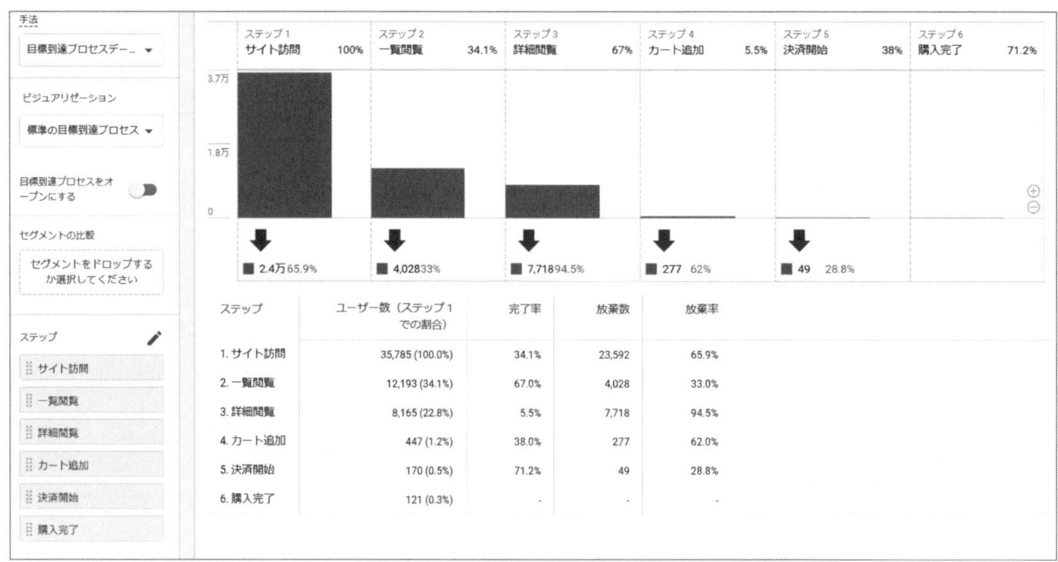

ステップ	ユーザー数（ステップ1での割合）	完了率	放棄数	放棄率
1. サイト訪問	35,785 (100.0%)	34.1%	23,592	65.9%
2. 一覧閲覧	12,193 (34.1%)	67.0%	4,028	33.0%
3. 詳細閲覧	8,165 (22.8%)	5.5%	7,718	94.5%
4. カート追加	447 (1.2%)	38.0%	277	62.0%
5. 決済開始	170 (0.5%)	71.2%	49	28.8%
6. 購入完了	121 (0.3%)	-	-	-

ここでは、

- サイト訪問：session_startが存在する
- 一覧閲覧：eコマースのイベントのview_item_listが発生
- 詳細閲覧：eコマースイベントのview_itemが発生
- カート追加：eコマースイベントのadd_to_cartが発生
- 決済開始：eコマースイベントのbegin_checkoutが発生
- 購入完了：eコマースイベントのpurchaseが発生

という内容で、各STEPを設定しています。

まずは、この図を見ながらサイトの全体感と、どこでユーザーが落ちているのかをチェックしましょう。完了率や放棄率を見ることで判断できます。例えば、このサイトでは「一覧閲覧から詳細閲覧に進む人が67%」「商品詳細からカート追加しない人が94.5%」の2点が課題になりそうです。

また、サイトを訪れた人の1/3しか一覧を閲覧していないことがわかります（サイト訪問から一覧閲覧の完了率が34.1%のため）。

サイトとしては各STEPの数と遷移率を改善することで、より多くの購入を目指すことが理想です。さらに分析していきましょう。

2. 一覧への訪問はどこから行われているのか？

まず、一覧への訪問を増やすことが大切です。それでは、一覧ページを閲覧している人はどこから来ているのでしょうか？

考えられるのは、「❶サイト外からの直接流入」と「❷サイト内からの遷移」の2つです。

まずは、❶を実行しているユーザー数を確認してみましょう。ランディングページが一覧であるということを指定するためのセグメントを作成します。ランディングページでの指定となるため、eコマースイベントのview_item_listは利用できないので、ページで指定を行います。本サイトの場合は、以下の指定を行いました。

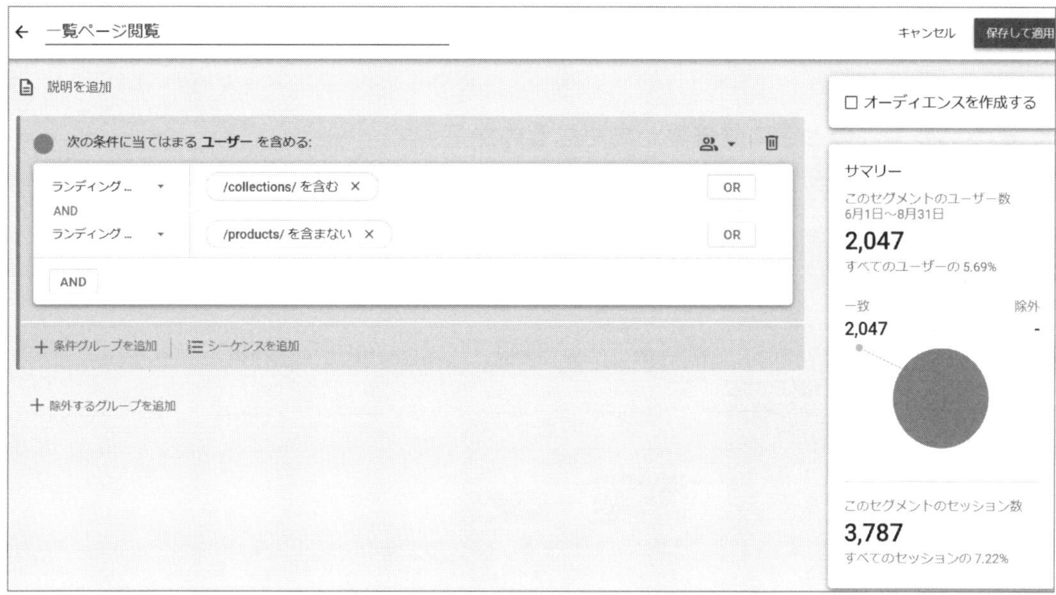

右側の円グラフに出ている通り、2,047人がサイト外から直接一覧ページへの流入を行っています。合計で12,193人でしたので、サイト外から直接入ってくる人は全体の1/6と少なさそうです。そのため、主にサイト内からの遷移となります。

それでは、❷のサイト内からの遷移では、どこからが多いのでしょうか？

一覧ページが複数あるため、それぞれ見る必要があるのですが、今回はその中から代表的な１ページをピックアップしてみました。経路の探索レポートを利用して、前のページを見ることが可能です。

「シリーズ」を無視すると、上位2件は「ヒップシートキャリア」と「BABY&Me(トップページ)」からの遷移が多そうです。ここからの遷移を増やすために、上記2つのページをチェックして、さらに遷移を促すような誘導ができないかを考えてみるのが良いでしょう。

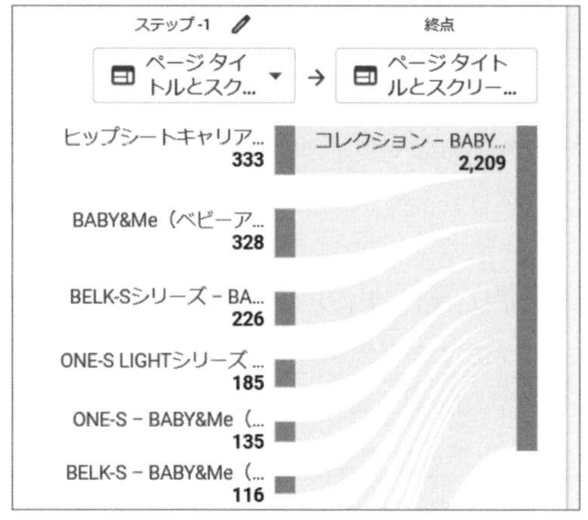

※ステップ-1に「シリーズ」と入っているものは、他の絞られた一覧ページになります。

3. どういう条件のときに遷移率が高くなるのか？

ウェブサイトを訪れる人を分類し、どういう条件の人が遷移率が高いかを確認してみましょう。

確認するためには「目標到達プロセス」に対して「内訳」を追加していきます。今回は「デバイスカテゴリ」を内訳として入れてみました。

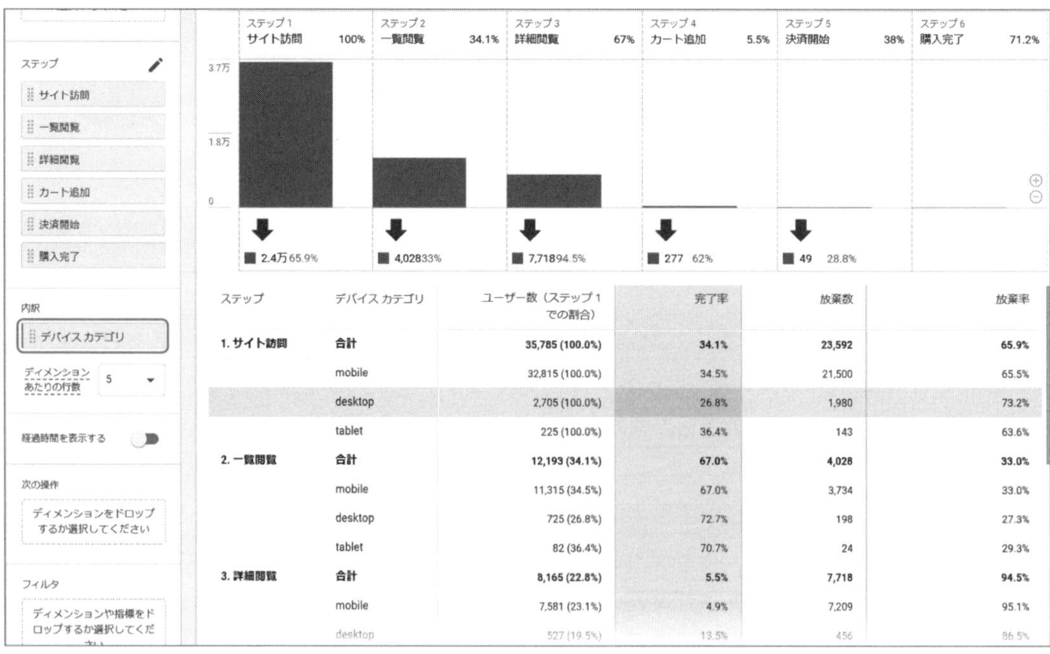

「ステップ1 サイト訪問」から「ステップ2 一覧閲覧の完了率」を見ると、デスクトップが「26.8%(グレーでハイライトした部分)」とモバイル(34.5%)やタブレット(36.4%)より低くなっていま

す。デスクトップ側で、遷移が多い2つの上位2件は「ヒップシートキャリア」と「BABY&Me（トップページ)」からさらに誘導を強化できるポイントがないかをチェックしてみましょう。

次に、「ステップ3 詳細閲覧」から「ステップ4 カート追加の完了」を見てみましょう。

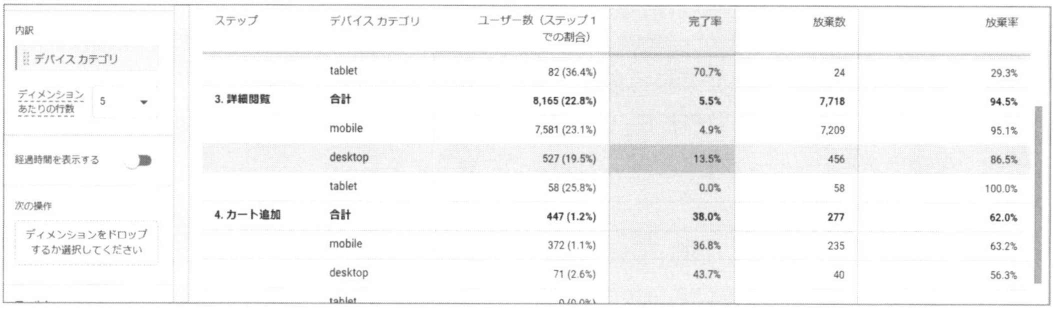

内訳
デバイス カテゴリ
ディメンションあたりの行数 5
経過時間を表示する
次の操作
ディメンションをドロップするか選択してください

ステップ	デバイス カテゴリ	ユーザー数（ステップ1での割合）	完了率	放棄数	放棄率
	tablet	82 (36.4%)	70.7%	24	29.3%
3. 詳細閲覧	**合計**	**8,165 (22.8%)**	**5.5%**	**7,718**	**94.5%**
	mobile	7,581 (23.1%)	4.9%	7,209	95.1%
	desktop	527 (19.5%)	13.5%	456	86.5%
	tablet	58 (25.8%)	0.0%	58	100.0%
4. カート追加	**合計**	**447 (1.2%)**	**38.0%**	**277**	**62.0%**
	mobile	372 (1.1%)	36.8%	235	63.2%
	desktop	71 (2.6%)	43.7%	40	56.3%
	tablet	0 (0.0%)			

ここでは完了率に大きな違いが出ています。mobileが4.9%と低く、desktopは13.5%と3倍近くの差があります（tabletに関しては0%）。そこでデバイスごとに詳細ページをチェックしてみました。デスクトップのほうはクチコミがより上位に表示されており、モバイルはページ最下部にありました。モバイルでもクチコミをページの上部に持ってくるというテストをしてみてもよいかもしれません。

モバイルでは情報収集だけしているという層もいるかと思うので、デスクトップほどの数値にまだ持っていくのは難しいかもしれませんが、テストしてみる価値はありそうです。

この例ではデバイスで分けてみましたが、Googleシグナルをオンにしていれば年代・性別での内訳を確認できますし、流入元や商品カテゴリごとに内訳を見てもよいでしょう。内訳の中で差分が発生していれば、改善のヒントを見つけることが可能です。

まとめ

ECサイトでコンバージョンを上げるためのポイントは、次のステップに進んでもらうことになります。そのために**次のステップに進みやすい、あるいは進みにくい条件を見つけて改善していくということが大切**です。

今回紹介した分析以外にも、一覧に辿り着く方法（Topから直接、サイト内検索、特集など）ごとの遷移率や、絞り込み条件やお気に入り機能の利用がどのようにCVアップにつながっているのか、あるいはつながっていないのかをセグメント機能を使って分析してみるのもよいでしょう。

しかし、ウェブサイト分析ではECサイトに関しては改善できる限界があります。商品そのものの魅力や種類、そして値段、在庫などマーチャンダイジングに依存する部分も多いです。

ウェブサイト改善以外にできることもたくさんありますので、これらの点に関しても併せて改善可能かを考えていきましょう。

GA4データを活用した分析例 5 BtoBサイトの分析

BtoBサイトの目的は訪れた企業に特定の行動をしてもらうことになります。サイトによってその目的は変わりますが、「お問い合わせ」「資料請求ダウンロード」「電話ボタンのクリック」などサイト内で取得できるアクションを増やすことが大切になります。

BtoBサイトの特徴としては、**複数回訪れた検討を重ねたり、同業他社などもチェックして迷いながら判断していく**という点が挙げられます。またサイトの規模にもよりますが、ECサイトやBtoCサイトと比較してコンバージョン数が少ないという傾向もあります。例えば特定の業種だけに向けたシステム導入であれば、お問い合わせは月10件未満ということもあります。

では、どのような分析をして改善を行っていけばよいのか、見るべきレポートや考え方を紹介していきます。

1. コンバージョンする人としていない人の閲覧ページの差を知る

BtoBサイトでは、会社概要やサービスの説明、事例など様々なページが存在します。これらのページの中で**コンバージョンにより貢献しやすいページを発見し、それらのページの閲覧数を増やす**ことが大切になります。

そこで、「コンバージョンしたユーザー」「コンバージョンしていないユーザー」のセグメントを作成し、閲覧したページのランキングを確認することをオススメします。以下の画像では２つのセグメントを反映し、行にページパス、列にそれぞれのセグメント、値としてはアクティブユーザーを追加しました。

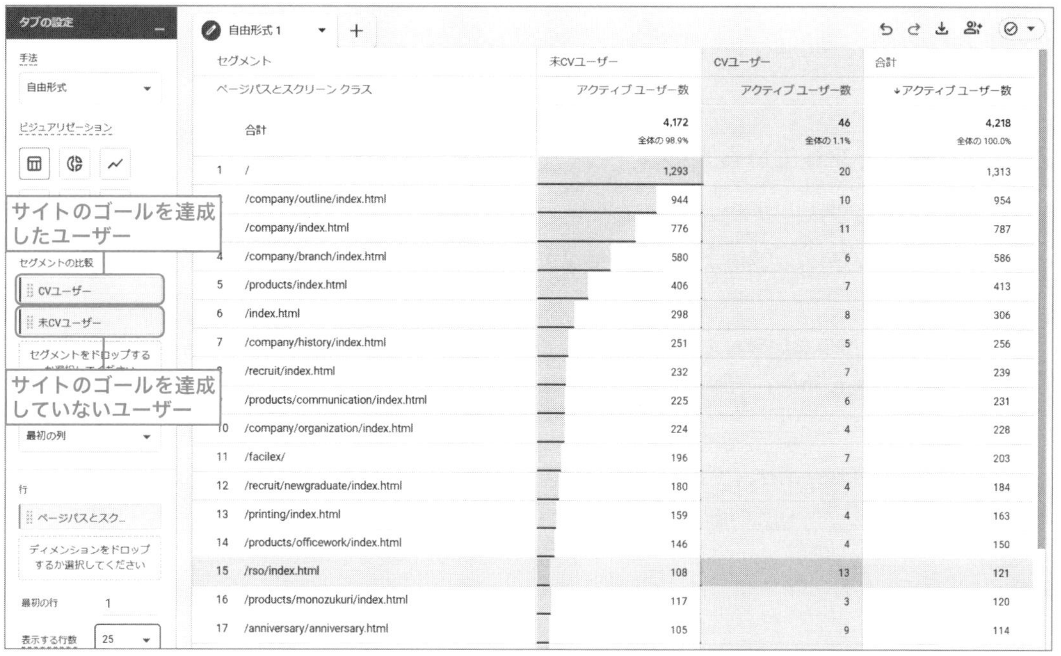

こちらのデータをダウンロードして各ページのユーザー数と合計ユーザー数を割り算すると、各セグメントの何パーセントがそのページを見ていたのかがわかります。

E	F	G
ページパスとスクリーン クラス	未CV閲覧率	CV閲覧率
/	31.0%	43.5%
/rso/index.html	2.6%	**28.3%**
/company/index.html	18.6%	**23.9%**
/design/index.html	1.3%	**23.9%**
/company/csr/index.html	1.2%	**21.7%**
/company/outline/index.html	22.6%	21.7%
/anniversary/anniversary.html	2.5%	**19.6%**
/doc/thankyou_d.html	0.1%	19.6%
/doc/download.html	0.4%	17.4%
/index.html	7.1%	17.4%
/products/monozukuri/management/prc	0.4%	17.4%
/rso/thankyou_d.html	0.3%	17.4%
/facilex/	4.7%	15.2%
/products/index.html	9.7%	15.2%
/recruit/index.html	5.6%	15.2%
/rso/privacy_policy.html	0.8%	15.2%
/company/branch/index.html	13.9%	13.0%

CV閲覧率と未CV閲覧率の数値を比較したときに、よりCVした人が見ていた比率が高いページを発見しましょう。これらのページにどういう傾向があるのかを元に、どういうコンテンツを求められているかがわかります。

そのようなコンテンツを増やしたり、これらのページへの誘導を増やすためのサイト内の導線改善を行うことが鍵になります。

2. コンバージョンしている人のユーザー行動を1つずつ見ていく

BtoBサイトはコンバージョン数が少ないという事を本セクションの最初にお伝えしました。そのため数件のコンバージョンによって、結果が大きく変わってしまうということもあります。

コンバージョンが少ないサイトの場合は、よりユーザーの行動を理解するために1人ひとりの動きを見て、その行動を想像して定性的な改善案を出していく形になります。

探索機能の「ユーザーエクスプローラー」を利用しましょう。CVユーザーでセグメントして、それぞれのユーザー1人ひとりの行動をチェックして、気づきをメモしましょう。

「ユーザーエクスプローラー」の操作方法については、Chapter 4を参照してください。

3. 複数回訪問がコンバージョンにつながるのか確認する

BtoBサイトの場合は、複数回訪問による行動の違いを見ることも大切です。最初は情報収集しつつ何度か訪れて、コンバージョンするときには一直線でお問い合わせフォームに移動するという行動をするという傾向もあります。

そのため、訪問回数ごとの行動の違いを見るとよいでしょう。Chapter 7で紹介している「レポート4 訪問回数レポート」で全体の傾向をつかんでみましょう。

その上で、訪問回数別のセグメントを作成し、見ているページや流入元などを分析して訪問回数ごとの気づきを発見しましょう。その上で集客や再訪施策の必要性を考えてみましょう。

4. お問い合わせフォームなどの重要ページの１つ前のページを確認する

BtoBの場合、コンバージョンの多くはフォームを伴うものになります。そのためフォームページに来ていただくことが重要となります。フォームの１つ前のページのリストは、ユーザーの気持ちが高まって「CVしてみよう！」と思った重要な情報になります。

こちらに関しても、Chapter 7で紹介した「レポート12 コンバージョン直前ページ逆引きレポート」を使って重要なページを発見しましょう。

まとめ

BtoBサイトでコンバージョンを上げるためのポイントは、コンバージョンに貢献しているユーザーを分析することで、どういったコンテンツが必要とされているかを把握することです。その上で該当コンテンツを作成したり、既存コンテンツへの誘導を強めるという事になります。

コンバージョン件数が少ないからこそ、ぜひコンバージョンしたユーザー（あるいはコンバージョン直前まで来たユーザー）の動きをしっかり分析して、気づきを発見してください。

GA4データを活用した分析例 6 オウンドメディアの分析

オウンドメディアの目的はいかに**集客をしてそこから回遊をしてもらうか**という形になります。集客に関しては主にSEOの領域になりますので、GA4を活用しての分析・改善は主にサイト来訪後に以下のコンテンツを読んでもらい、回遊・成果につなげるかということになります。

1. 記事ごとの基本データを確認する

オウンドメディアの場合、記事への流入の大半は外部からの流入になります。特に検索エンジンやソーシャル、広告などから直接記事を見にくるケースが多いでしょう。

まずはランディングページを確認して、どのページへの流入が多いのか、そしてページ内での行動を確認しましょう。

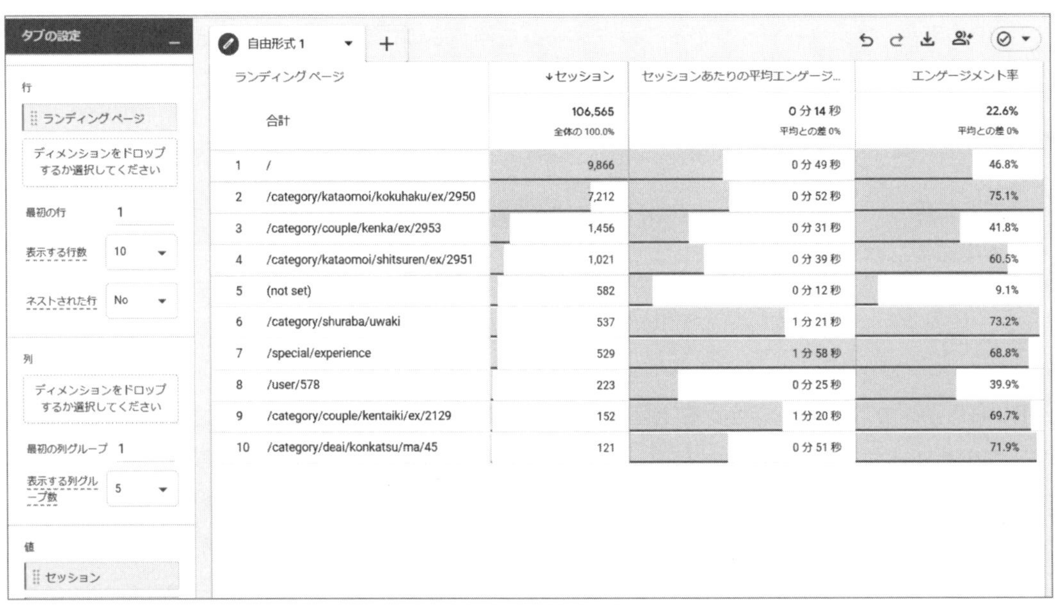

	ランディングページ	↓セッション	セッションあたりの平均エンゲージ…	エンゲージメント率
	合計	106,565 全体の 100.0%	0 分 14 秒 平均との差 0%	22.6% 平均との差 0%
1	/	9,866	0 分 49 秒	46.8%
2	/category/kataomoi/kokuhaku/ex/2950	7,212	0 分 52 秒	75.1%
3	/category/couple/kenka/ex/2953	1,456	0 分 31 秒	41.8%
4	/category/kataomoi/shitsuren/ex/2951	1,021	0 分 39 秒	60.5%
5	(not set)	582	0 分 12 秒	9.1%
6	/category/shuraba/uwaki	537	1 分 21 秒	73.2%
7	/special/experience	529	1 分 58 秒	68.8%
8	/user/578	223	0 分 25 秒	39.9%
9	/category/couple/kentaiki/ex/2129	152	1 分 20 秒	69.7%
10	/category/deai/konkatsu/ma/45	121	0 分 51 秒	71.9%

上記の例では、**記事によってエンゲージメント率が大きく違う**ことがわかります。例えば2～4位のページを見ると、2位のページはエンゲージメント率が75%と高く、3位のページは42%と差がかなり大きくなっています。また滞在時間も記事ごとに違うことがわかります。

流入量が多い記事、閲覧されやすい／されにくい記事の特徴を発見して、何か共通項がないかを確認しましょう。テーマかもしれませんし、文章の長さやレイアウトなどの共通項が見つかったら、それを他の記事にも反映して数値に影響があるかを確認するといったPDCAを回していきましょう。

2. 記事ごとの流入元を見る

各記事がどこから見られているのか？をチェックするために記事ごとの流入元をチェックしてみましょう。ソーシャルからの流入が多い記事もあれば、検索からの流入が多い記事もあります。それらの特徴を発見して集客戦略を考えるのに役立てましょう。

ランディングページと流入元を掛け合わせることで、探索レポートを見ることができます。

2	/category/kataomoi...	t.co / referral	6,386	0 分 52 秒	76.1%
		(direct) / (none)	784	0 分 39 秒	65.6%
		l.instagram.com / referral	34	0 分 48 秒	52.9%
		instagram.com / referral	14	2 分 19 秒	57.1%
		google / organic	13	2 分 09 秒	76.9%
		google / cpc	8	4 分 31 秒	87.5%
		social / instagram	8	1 分 20 秒	37.5%
		social / tiktok	6	0 分 01 秒	50.0%
		(not set) / (not set)	4	1 分 07 秒	0.0%
		tiktok / social	4	1 分 21 秒	100.0%
3	/category/couple/k...	t.co / referral	1,057	0 分 29 秒	44.5%
		(direct) / (none)	318	0 分 24 秒	30.8%
		l.instagram.com / referral	41	0 分 33 秒	43.9%
		instagram.com / referral	20	1 分 13 秒	45.0%
		google / cpc	5	0 分 40 秒	100.0%
		google / organic	4	2 分 02 秒	75.0%
		social / twitter	4	5 分 55 秒	50.0%
		(not set) / (not set)	3	4 分 07 秒	33.3%
		social / tiktok	3	2 分 04 秒	33.3%

また、Chapter 8で紹介するデータポータルで表現するということもできますので、併せて確認してみてください。

3. 成果への貢献を見る

オウンドメディアのゴールは流入数やページビュー数を増やすだけでなく、そこから成果につなげるということが大切です。そのために、「どの記事が成果に貢献したのか？」を併せて分析しましょう。

分析方法は、Chapter 7で紹介したBtoBサイトの分析の「1：コンバージョンする人としていない人の閲覧ページの差を知る」と同じ方法で確認ができるので、参考にしてみてください。

まとめ

オウンドメディアの分析は、「集客」➡「閲覧」➡「誘導」➡「成果」という形で改善していく必要があります。4つの数値をチェックしながら、改善活動を進めてください。

オウンドメディアのユーザーインタフェースに関しては、特にABテストやPDCAを回しやすいかと思いますので、積極的にチャレンジしましょう。

最後に

Chapter 7ではGA4を活用して分析を行う上で作成するべきレポートや、分析から改善のプロセスに関して詳しく説明してきました。繰り返しにはなりますが、サイト分析の目的はサイト改善にあります。是非、**GA4の使い方を覚えるだけではなく、分析と改善にチャレンジしてみましょう。データを元にした改善施策は、思い付きの改善施策より圧倒的に成功率が高いです。**

なぜなら、サイトを利用しているユーザーの素直な気持ちがデータに現れているからです。ぜひ、そのデータを紐解き、自社にとってもユーザーにとっても価値があるサイト作りにチャレンジしてみてください。

Chapter 8

他ツールとの連携

GA4のデータは他のツールと連携してさらなる真価を発揮します。Chapter 8では、GA4のデータを他ツールで活用する際の設定やポイントを紹介します。取り上げるツールは、「Google Optimize」「Looker Studio」「Google BigQuery」「Googleスプレッドシート」の4つになります。

Section GA4のデータを活用してABテストを行いたい！

8-1 Google Optimizeとは

Google OptimizeはABテストを実施するためのサービスで、無料で利用できます。Google OptimizeはGAの利用が必須です。GA4とGoogle Optimizeを連携することで、ABテストの実施や結果の分析が可能となります。サイト改善を行う上で欠かせないツールのため、設定方法から結果画面の確認方法まで紹介します。
Google OptimizeとGA4の連携は、Google Optimize側から行います。すでにGoogle Optimizeを導入済みの場合は、「Google OptimizeとGA4の連携」(423ページ)までスキップしてください。

Google Optimizeの初期設定

Google Optimizeのサイトにアクセスして、まだアカウントを作成していない場合はアカウントを作成しましょう。アカウントの作成からアカウント名を入力し、規約に同意した上で「次へ」ボタンをクリックします。

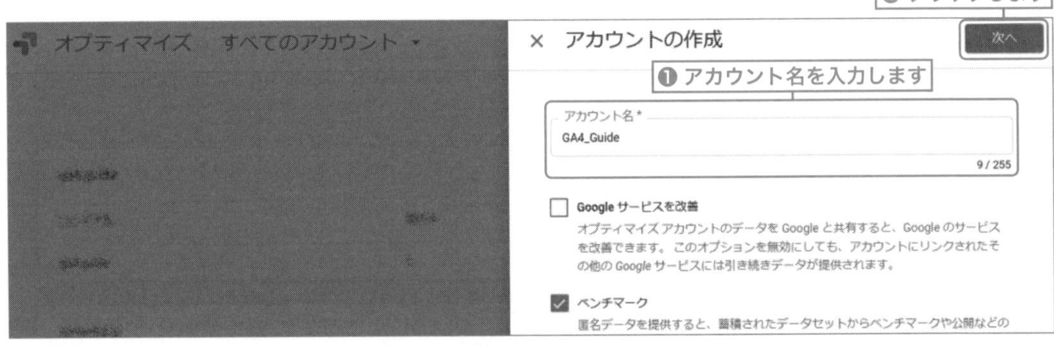

テストを行うための箱である「コンテナ」を作成します。名称（サイト名など）を指定して、「作成」ボタンをクリックします。

← コンテナの追加
作成
❷ クリックします
コンテナ名 *
ga4.guide
9 / 255
注: 他のアカウント管理者もこのコンテナにアクセスできます。
❶ 名称を指定します

次に「開始」ではなく、右上の「設定」をクリックしてください。

Google Optimizeタグの追加

コンテナの設定内にある設定の手順を確認します。

オプティマイズスニペットをインストールすることで、スニペットが入っているページでテストを行うことができるようになります。実装する方法は、以下の2つのいずれかになります。

❶ **画像の記載の通りのスニペットを各ページに導入する**
❷ **GTMのタグを設定する**

❶に関しては、記述を追加するだけです。GTMを利用している場合は、GTM内で新しいタグを作成します。

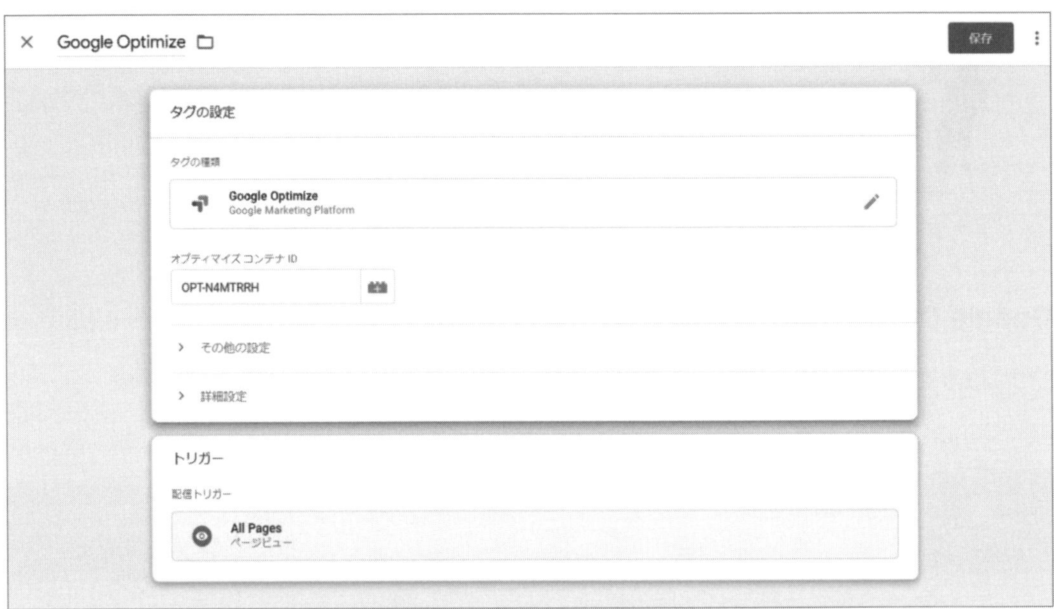

GTMのタグ設定画面
- **タグの種類：**Google Optimize
- **オプティマイズ コンテナID：**Google OptimizeのコンテナID（OPT-XXXXXX　という形式）
- **トリガー：**All Pages

上記を設定して、公開しましょう。

Chromeの拡張機能をインストールする

Google Optimizeの拡張機能をインストールすることで、ブラウザ上でデザインやレイアウトの変更が可能になります。

Chromeの拡張機能を導入していない場合は、インストールしましょう。

https://chrome.google.com/webstore/detail/google-optimize/bhdplaindhdkiflmbfbciehdccfhegci

Google OptimizeとGA4の連携

コンテナ設定内にある「アナリティクスへリンクする」ボタンをクリックします。

× コンテナ設定
コンテナの詳細
名前 ga4.guide
ID OPT-N4MTRRH
測定
データを集めるには、オプティマイズ アカウントをアナリティクス プロパティにリンクする必要があります。詳細
アナリティクスへリンクする
クリックします

どのプロパティとリンクするかを選ぶことができます。GA4のプロパティを選択しましょう。

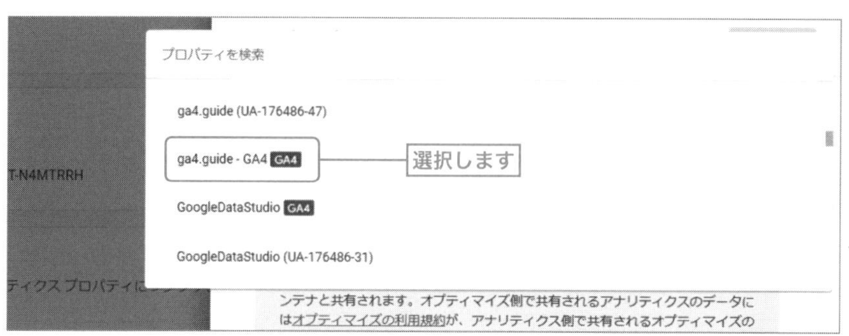

Google Optimizeにログインしているアカウントで、閲覧権限があるGAあるいはGA4のプロパティのみ表示されます。

さらに、ストリーム名を選びましょう。ウェブサイトでのみGA4を導入している場合は、1個しか出てきません。選択したら、「リンク」をクリックして設定を完了します。

クリックします
× プロパティのリンク
リンク
Google アナリティクス 4 プロパティとのリンク設定は、現在ベータ版リリースでご利用いただけます。Google アナリティクス 4 プロパティとリンクしているコンテナでは、ご利用いただけない機能もあります。ベータ版リリースの詳細
Google アナリティクスのプロパティ
GoogleDataStudio
ストリーム
GoogleDataStudio (G-CBB055R3DK)

それでは、次にGoogle Optimizeでテストを作成するためのGA4関連の設定を見てみましょう。連携が終わったら、いよいよテストパターンを作成します。

テストパターンの作成

テストパターンの作成はブラウザ上から行うことができます。「エクスペリエンスを作成」ボタンをクリックして、基本情報を入力しましょう。

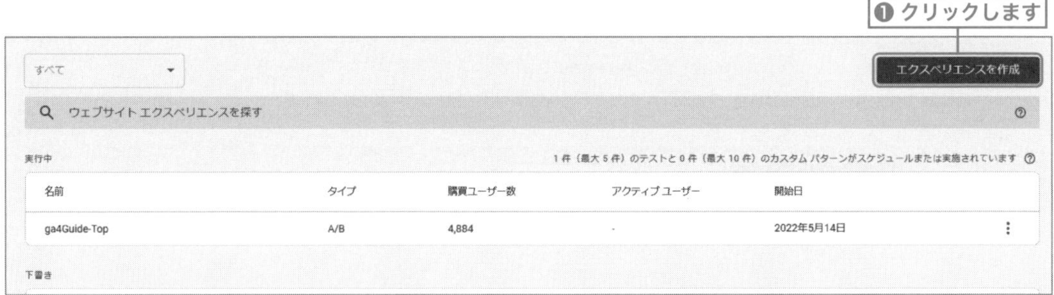

表8-1-1 テストのタイプ

名称	意味
A/Bテスト	複数のパターンのページを作成し、それらの効果を比較する
多変量テスト	ページ内の複数箇所を変えて、その組み合わせ最適なパターンを見つける (例：バナー3種類とキャッチコピー3種類の中で最適な組み合わせを発見)
リダイレクトテスト	一部のテスト対象者を全く違うURLに転送してテストを行う。 ページのデザインや機能を大きく変えたいときに利用
カスタマイズ	特定ターゲットにだけ違うデザインを表示する (厳密にはABテストではない)
バナーテンプレート	ページの上部に通知バナーを表示する機能(厳密にはABテストではない)

テストの基本設定を行ったら、「テストパターン」を作成します。
「パターンを追加」をクリックして、名称を決定します。

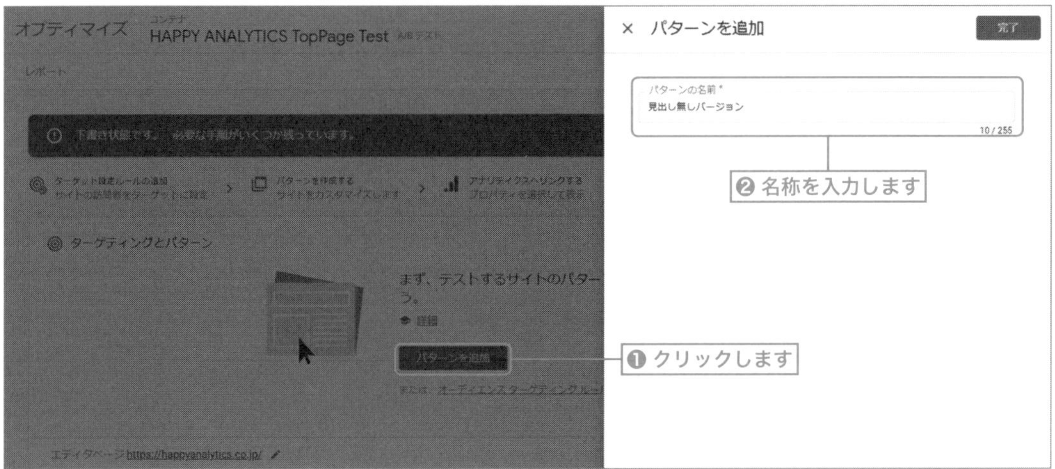

2つのパターン(オリジナルと新たなパターン)が登録され、新たなパターンのデザインをウェブブラウザ上で編集できます。青い「編集」ボタンをクリックして、編集画面に移動しましょう。

初めて編集を行う際には、Chromeの拡張機能の追加を促されます（Chromeでしかブラウザ上でのレイアウト編集はできません）。

編集画面は以下のとおりです。

編集したい要素（画像や文章など）を選択すると、要素の編集が可能になります。

ここでは様々な編集ができます。代表的な例としては、以下のようなものがあります。

- 文字の追加・編集・削除
- 画像の追加・編集・削除
- レイアウトの変更（要素の位置の移動）
- JavaScriptの追加
- スタイルシートの変更

一通りのレイアウト変更が終わったら、「保存」ボタンをクリックするとボタンの名称が「完了」に変わるので、Google Optimizeの管理画面に戻ることができます。

それでは、次に配信対象や評価指標を決めましょう。

オーディエンスターゲティング設定

ABテストを実施するにあたって配信ターゲットを決めることは大切です。全てのユーザーに対してテストを行ってもよいのですが、GA4で取得しているデータを元にテスト対象を絞り込むことができます。

テスト作成画面の中央部にある「オーディエンスターゲティング」内にある「カスタマイズ」をクリックすると、ルールタイプの一覧が表示されるので、配信対象を設定しましょう。

表形式で設定できる内容をまとめてみました。

表8-1-2 表形式で設定できる内容

ルールタイプ	設定できる内容
Googleアナリティクスのユーザー	GA4で作成したオーディエンスを利用することができます
Google広告	Google広告のアカウント・キャンペーン・広告グループ・キーワードを条件にターゲットができます。GA4とGoogle 広告の連携も必要です
UTMパラメータ	utm_camapignを条件に指定できます。それ以外のUTMパラメータを使いたい場合は、「Googleアナリティクスのユーザー」の利用を推奨します
デバイスカテゴリ	desktop、tablet、mobileから指定できます
行動	最初の到着からの時間：初回訪問から一定期間達成した後、ページの参照URL：テスト対象ページの1つ前のページのURL条件を利用できます
地域	国・大都市圏・地域（都道府県）・都市での絞り込みが可能です
テクノロジー	ブラウザ・オペレーティングシステム・モバイルデバイス情報から絞り込みが可能です
クエリパラメータ	URLについているパラメータ名と値から絞り込みが可能です
データレイヤー変数	データレイヤーで取得している変数を利用することが可能です（例：ログインユーザーにのみテストを配信するなど）
JavaScript変数	JavaScriptで取得した変数を元に絞り込みが可能です
ファーストパーティのCookie	自社でCookieを取得していれば、取得した値を条件に絞り込みが可能です
カスタムJavaScript	カスタムJavaScriptで作成した値を利用できます（例：タイムスタンプ）

GA4では「オーディエンス」を利用できるため、GA4で取得しているすべてのデータを元に配信対象者を決めることが可能になりました。ぜひ積極的に利用してみてください。**ABテスト用途だけではなく、特定の層にコンテンツを配信するという活用方法もあります。**

目標設定

ABテストを評価するため、Google Optimizeは1つのメイン目標と2つの副目標を設定できます。「目標」の中にある「テスト目標を追加」ボタンをクリックします。

選べる目標一覧が表示されます。

設定できる目標は、3種類に分かれています。

- **eコマースの「購入」「購入による収益」**
- **コンバージョン**
  最初から設定されている「purchaseを最大化」とGA4にプロパティで任意に設定したコンバージョン（ここでは、「運営情報_問合せを最大化」）
- **その他**
  ユーザーあたりの平均閲覧「ページビュー数」

ABテストを行う上で目標設定は必須になりますので、必ず1つ選びましょう。

これでテストの準備は完了です。最終確認のため、ページ下部にある「インストールを確認」をクリックして正しくテストができるかを確認しましょう。

特に問題がなければ、「オプティマイズは正しくインストールされています」という案内が表示されます。

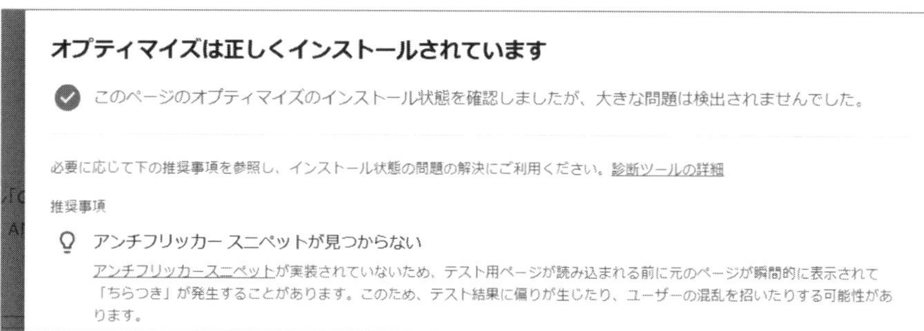

いよいよテストの開始です。右上にある「開始」ボタンをクリックしてテストを開始しましょう。

テスト結果を確認する

テスト中のステータス

テスト中は、「テストを続けてください」という内容が表示されます。まだ2週間以上経過していない、あるいは有意差が出ていない場合は、このような画面が表示されます。

テストが2週間経過していない場合、結果に明らかな差があっても上記の表示になります。しかし、明らかに数値が良い・悪い場合は、テストを止めても問題ありません。テストが2週間以上経過して勝者が決まった場合は、次の図のようになります。

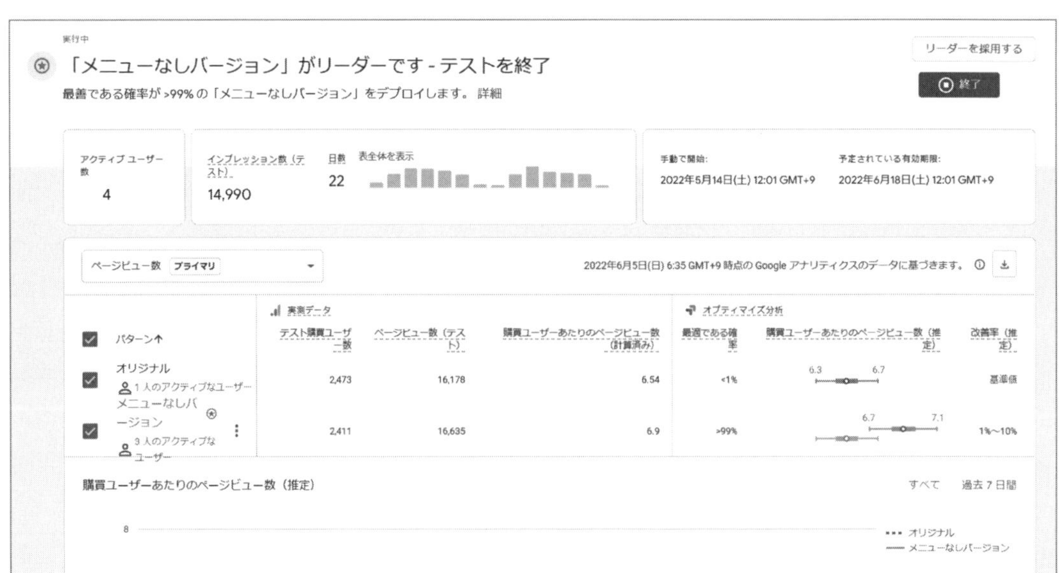

Google Optimizeでのデータの見方

Google OptimizeとGA4を連携している場合、以下のレポートがGoogle Optimize上で表示されます。

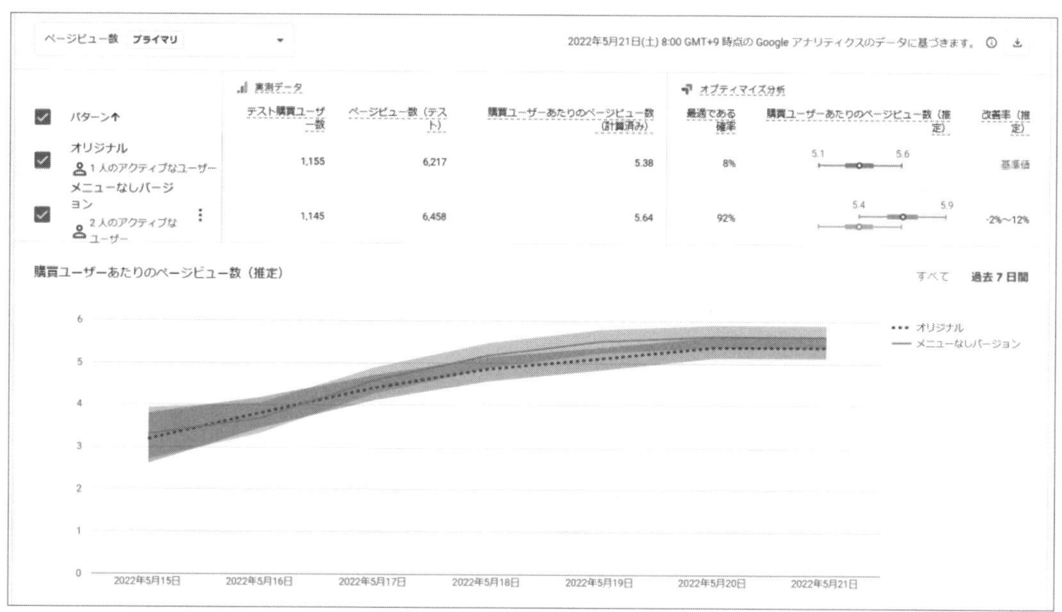

実測データ（GA4から取得）

- テスト購買ユーザー数：テスト対象の人数　※「購買ユーザー数」は誤訳です
- ページビュー数（テスト）：テストの評価として設定した目標によって名称が変わります。左上のプルダウンメニューで切り替えてください
- 購買ユーザーあたりのページビュー数：ページビュー数÷テスト対象人数

オプティマイズ分析（オプティマイズで算出）

- 最適である確率：このパターンが本番リリースされたときに他パターンと比べて勝つ確率
- 購買ユーザーあたりのページビュー数：中央値、中央値50%、中央値95%を表示
- 改善率：オリジナルに比べて目標が何パーセント改善するかをレンジで表示

ページ下部には日ごとの推移が確認できます。折れ線が実数値、塗られている部分が中央値95%となります。

Google Analytics 4での確認方法

GA4と連携すると、experiment_impressionというイベントが自動で新規に作成され、「設定➡イベント」内に記録されます。

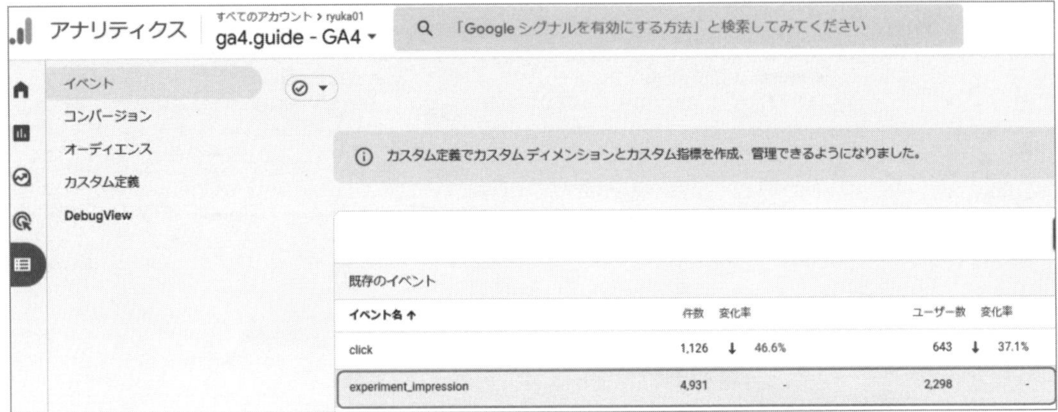

このイベントはABテストがユーザーに対して発生するたびにカウントされます。上記の例では2,298人に対してテストページ(オリジナル含む)が4,931回表示されたことを意味しています。

またこのイベントに関しては、2つのイベントパラメータが生成されます。

experiment_id

Google Optimizeで生成したテストのテストIDです。以下、画像を参照してください。

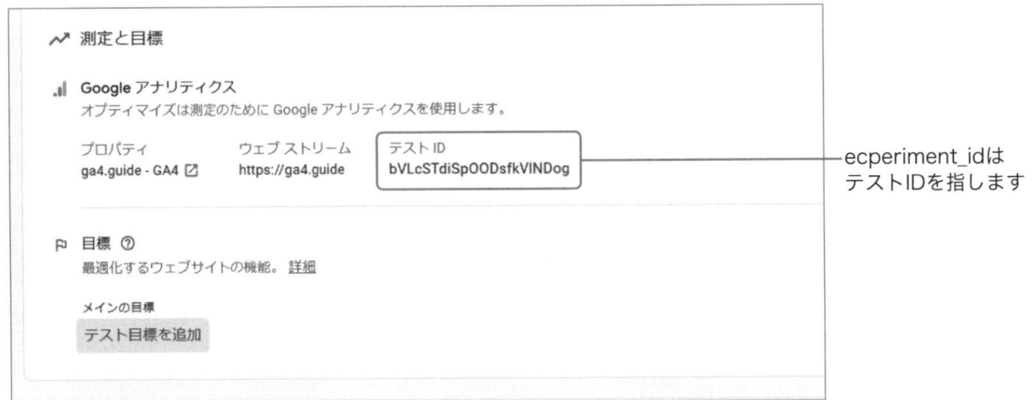

variant_id

テストID.バリエーション。テストIDの後に番号が割り当てられます。オリジナル=0、1つ目のテストパターン=1といった具合です。

これら**2つのイベントパラメータを利用するには、カスタムディメンションへの登録が必要です。**GA4管理画面のカスタム定義から、2つのパラメータを登録しましょう。 カスタムディメンションを登録することで、探索レポートでイベントパラメータが利用できるようになります。

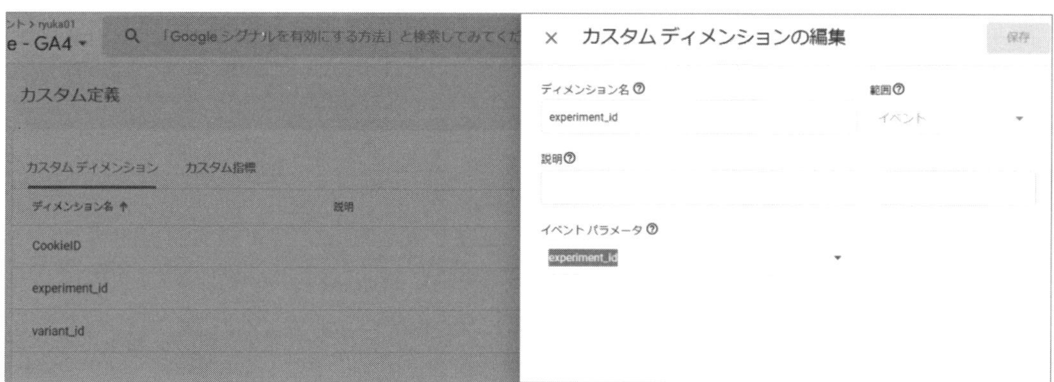

探索レポートでは自由形式を使って表示を行います。作成したexperiment_idやvariant_idをディメンションとして利用しましょう。

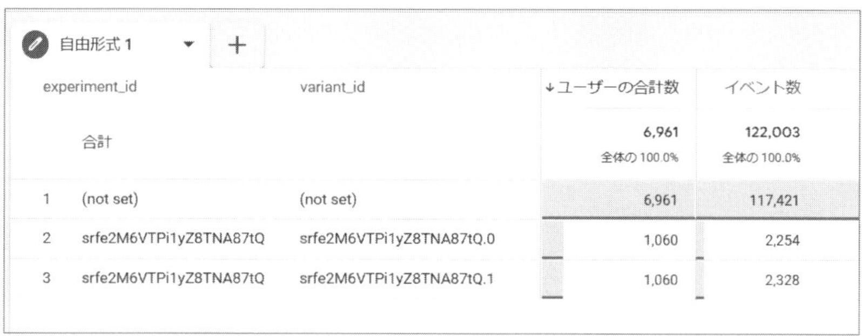

自由形式 1

	experiment_id	variant_id	↓ユーザーの合計数	イベント数
	合計		6,961 全体の 100.0%	122,003 全体の 100.0%
1	(not set)	(not set)	6,961	117,421
2	srfe2M6VTPi1yZ8TNA87tQ	srfe2M6VTPi1yZ8TNA87tQ.0	1,060	2,254
3	srfe2M6VTPi1yZ8TNA87tQ	srfe2M6VTPi1yZ8TNA87tQ.1	1,060	2,328

数値確認の用途であれば上記だけでよいのですが、分析に活用する場合は「セグメント」としてそれぞれのテストパターンを登録するとよいでしょう。

variant_idをディメンションを利用してセグメントを作成します。

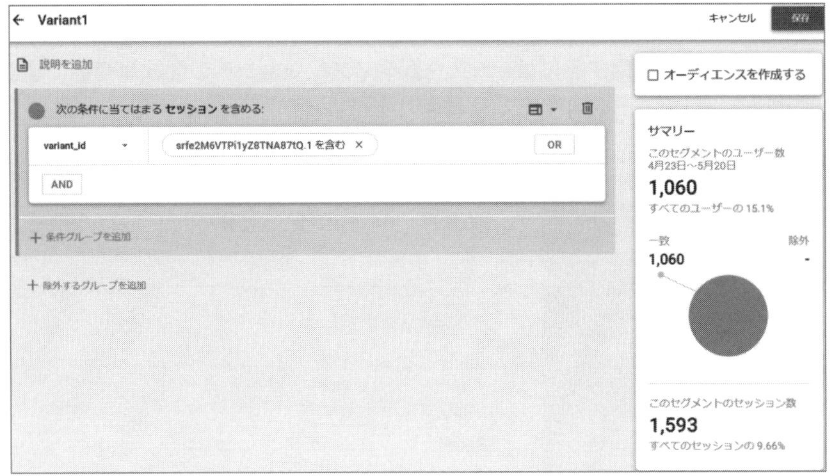

利用例としては、それぞれのテストパターンに対してのファネルを見たい場合は「目標到達プロセスデータ探索」を利用してセグメントを追加すると、テストパターンごとの遷移率が見れます。

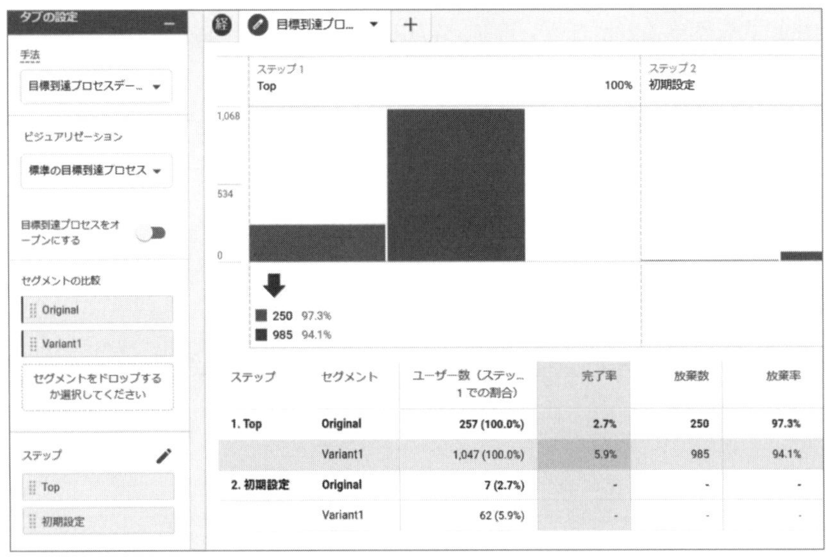

ステップ	セグメント	ユーザー数（ステッ... 1での割合）	完了率	放棄数	放棄率
1. Top	Original	257 (100.0%)	2.7%	250	97.3%
	Variant1	1,047 (100.0%)	5.9%	985	94.1%
2. 初期設定	Original	7 (2.7%)	-	-	-
	Variant1	62 (5.9%)	-	-	-

2：8のテスト配信比率のため、ユーザー数はかなり違います。見るべきポイントは「完了率」になります。

Google Optimizeでは結果しか表示されませんが、GA4とセットで利用することにより深掘りを行うことができます。

Section GA4を利用して自動更新レポートを作成したい！

8-2 Looker Studioとは

Looker Studioは、様々なデータを１箇所にまとめて自由にレポートを作成できるサービスです。GA4のデータも、Looker Studioと連携してレポートを作成できます。レポートや探索機能では作成できない表現方法も多数あるので、運用レポートなどを作成したい場合にオススメのサービスです。

Looker Studioの主な特徴

ブラウザ上で様々な外部データを読み込んでレポートを作成するためのダッシュボードツールで、無料で利用できます。ここでは、GA4との連携やレポート作成例について詳しく触れます。

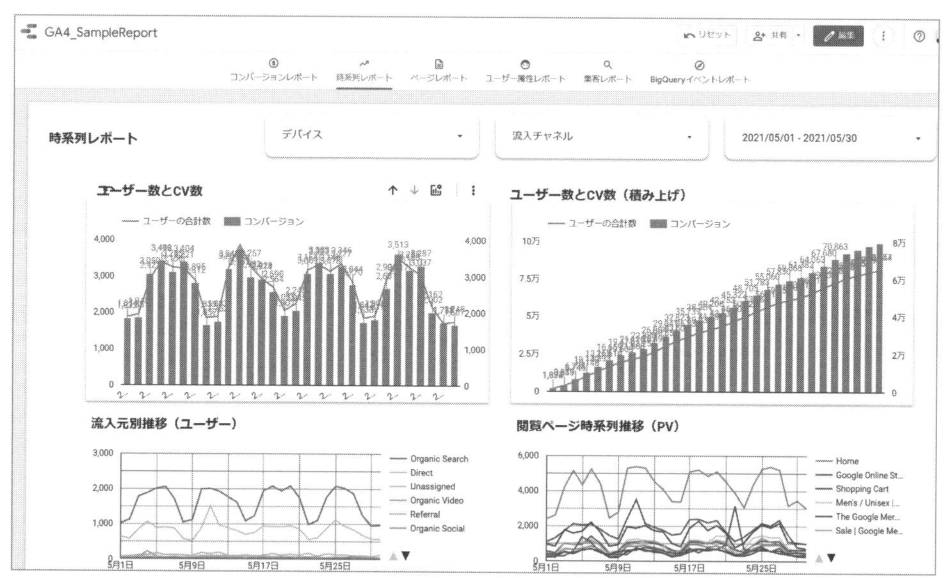

- 自由にレイアウトできる（表・グラフ・画像・テキスト・デザイン等）
- レポートは自動で更新
- 見る側が期間を変えたり、絞り込むことができる
- 必要な情報をわかりやすく伝えられる
- データソースの閲覧権限を渡さなくても見てもらえる
- 多種多様なデータを取り込むことができる（サーチコンソール・YouTube・ソーシャル・スプレッドシート・DB）
- 「無料」で利用できる

Looker Studio利用のための3つのステップ

Step 1. データを取り込む
Step 2. 表現方法を決めてレポートを作成する
Step 3. 共有して活用する

Step 1. データを取り込む

Looker Studioのサイトにアクセスしログインをする

https://cloud.google.com/looker-studio?hl=ja

ホーム画面が表示されますので、「空のレポート」を選択します。

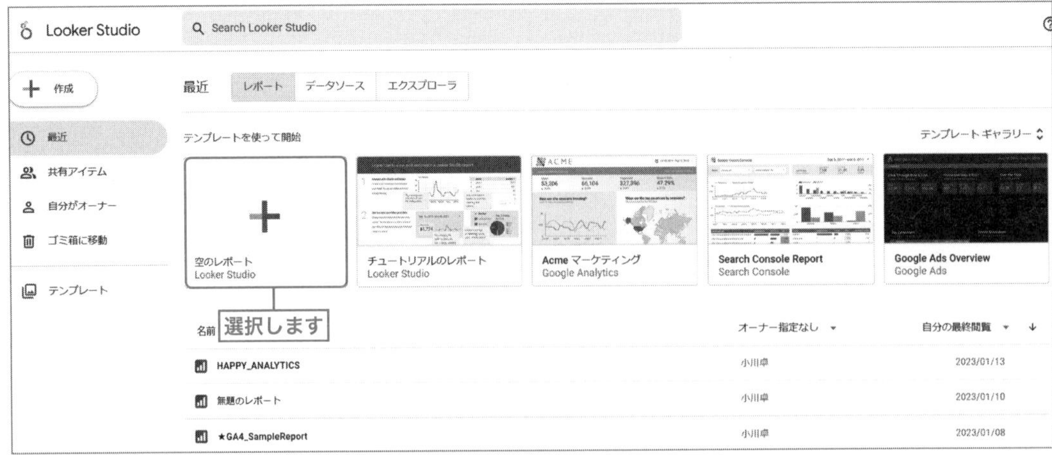

初回利用時のみ利用規約等に同意をしてください。すでにデータポータルを導入済みの場合は、この画面は表示されません。

取り込みたいデータを選択します。本書ではGA4のデータの取り込み方法について紹介しますので、左上にある「Googleアナリティクス」を選択してください。

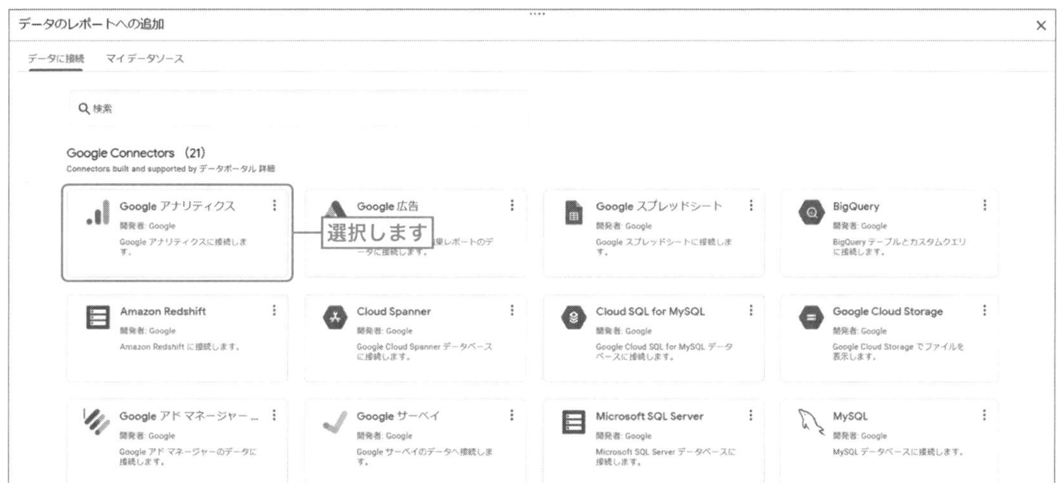

「アカウント」➡「プロパティ」と辿り、追加したいGA4のプロパティを選びます。GA4のプロパティは「GA4」が先頭に付いています。該当するGA4プロパティが出てこない場合は、現在Looker Studioにログインしている Googleアカウントで該当プロパティの権限がない可能性が高いので、権限付与されているかを確認しましょう。

取り込みを行う際、右上に以下の設定ができます。

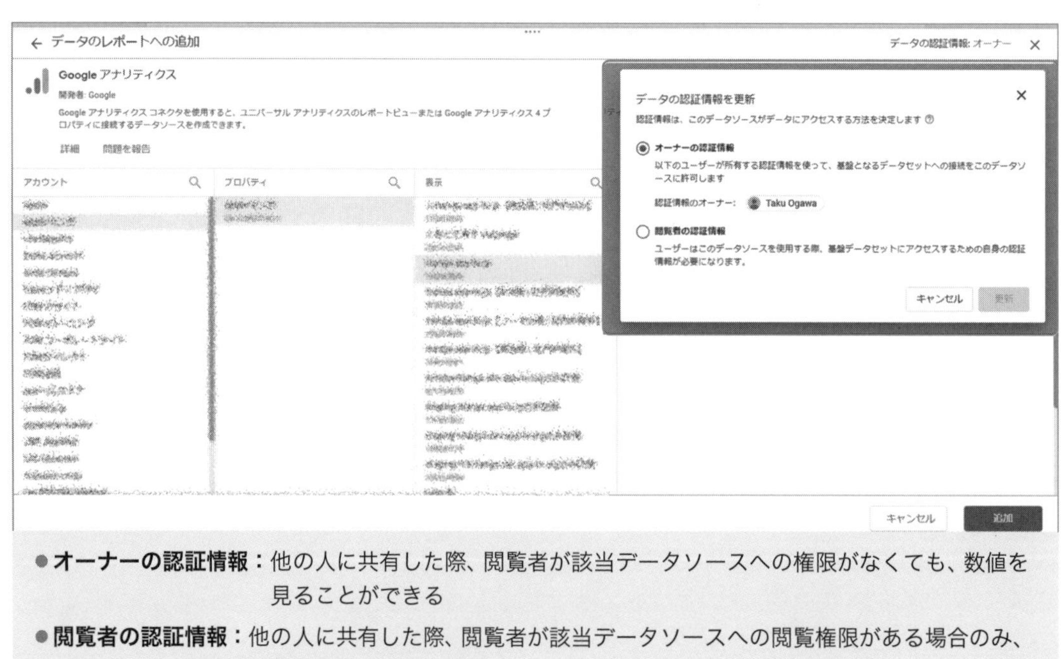

- **オーナーの認証情報：**他の人に共有した際、閲覧者が該当データソースへの権限がなくても、数値を見ることができる
- **閲覧者の認証情報：**他の人に共有した際、閲覧者が該当データソースへの閲覧権限がある場合のみ、数値を見ることができる

初期設定は「オーナーの認証情報」となっているため、確認してから「追加」ボタンをクリックしてください。

Step 2. 表現方法を決めてレポートを作成する

追加を行うと、キャンバス画面が表示されます。ここでレポートの作成を行っていきます。

キャンバス画面には、2つのモードがあります。右下の図の状態のときが「編集」モードで、表やグラフなどを追加できます。「表示」ボタンをクリックすると「表示」モードに切り替わり、作成したレポートの閲覧や共有ができるようになります。

「編集」モードでは、以下のような操作が可能です。

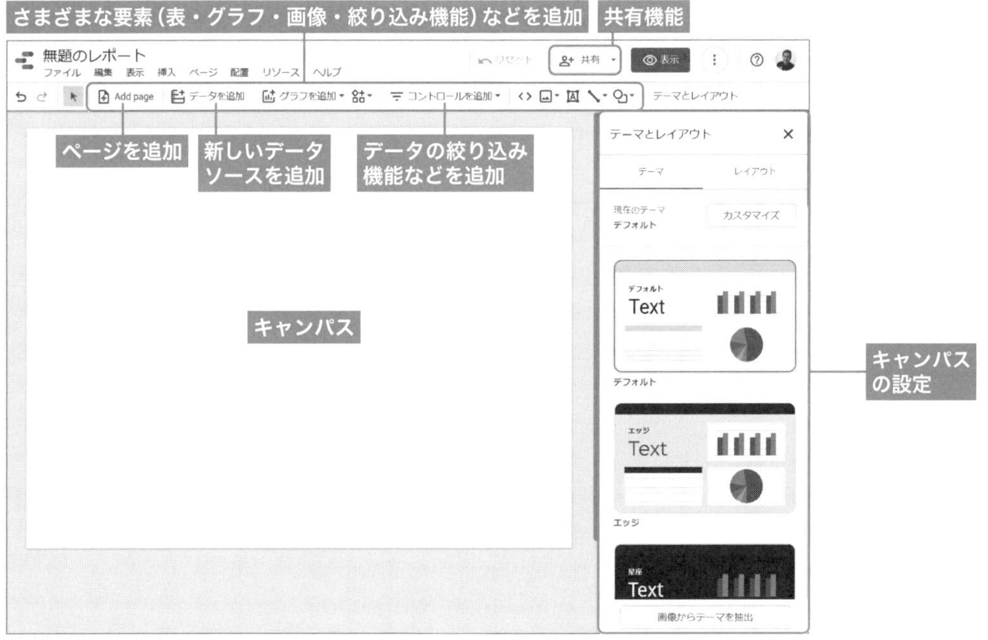

レイアウト設定とページ設定

まずはレイアウトやデザインを変更してみましょう。

右側にある「テーマ」を選択すると、最初からいくつかテーマが用意されています。「カスタマイズ」ボタンをクリックすると、フォントサイズなどの細かい設定も変更できます。

隣にある「レイアウト」タブでは、縦横のサイズなども変更できます。ダウンロード機能が用意されているので、A4サイズにきれいに収めたい場合や、縦の長さを伸ばして1ページにすべてレポートをまとめたい場合に利用するとよいでしょう。

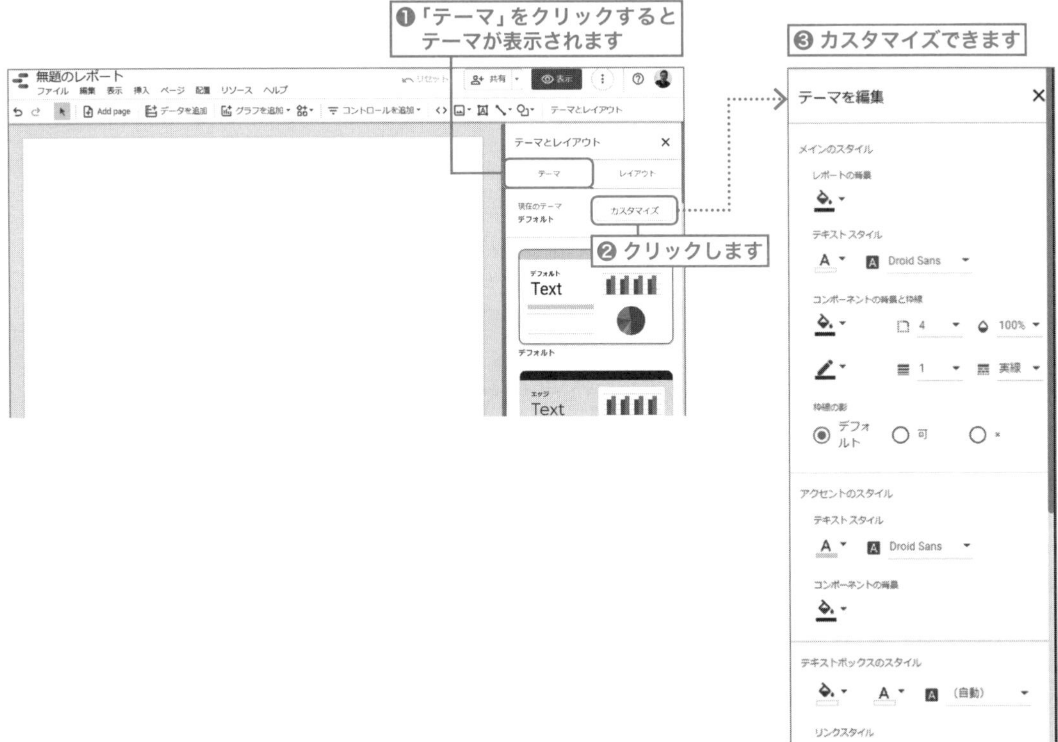

左上にある「Add Page」ボタンをクリックするとページを追加することができます。ページ編集画面に移りますので、ページを追加したり、順番を入れ替えたりしましょう。

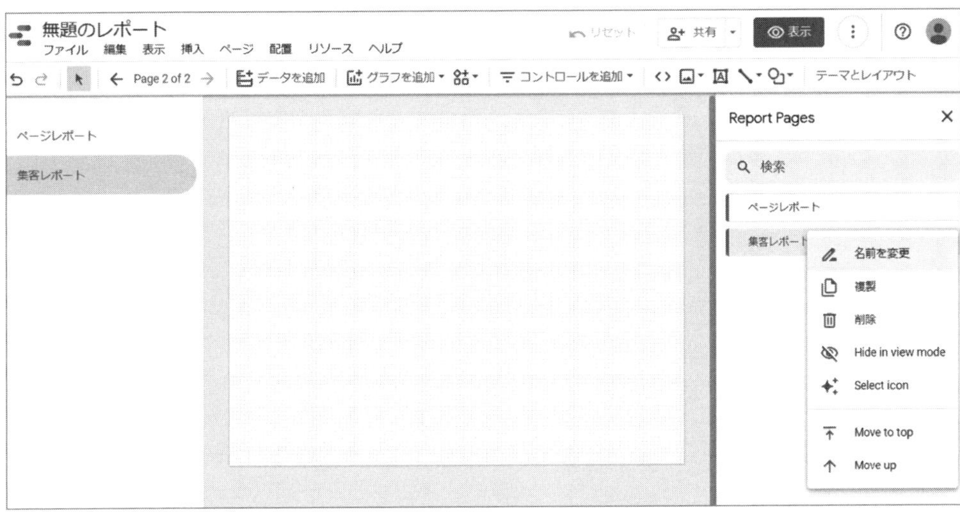

ページ以外にもセクションとしてまとめたり、アイコンを付けるなどのカスタマイズが可能です。

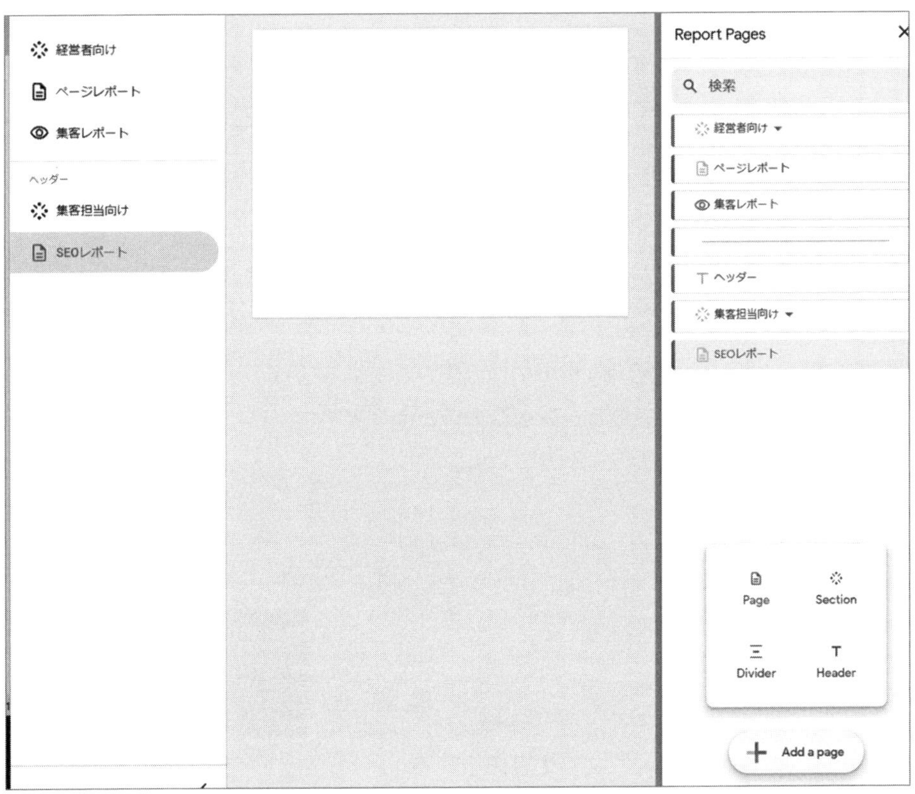

さて、ここからGA4のデータを追加していくのですが、やみくもに作成するのではなく、まずはどういったレポートを作成するかを決めましょう。

■「データポータルを使って何を見ていきたいのか？」あるいは「誰が見るのか？」

必要なデータ一覧を箇条書きで書き出して、その上で表現方法の草案も考えてみましょう。データポータル上に仮配置をするという方法がオススメです。

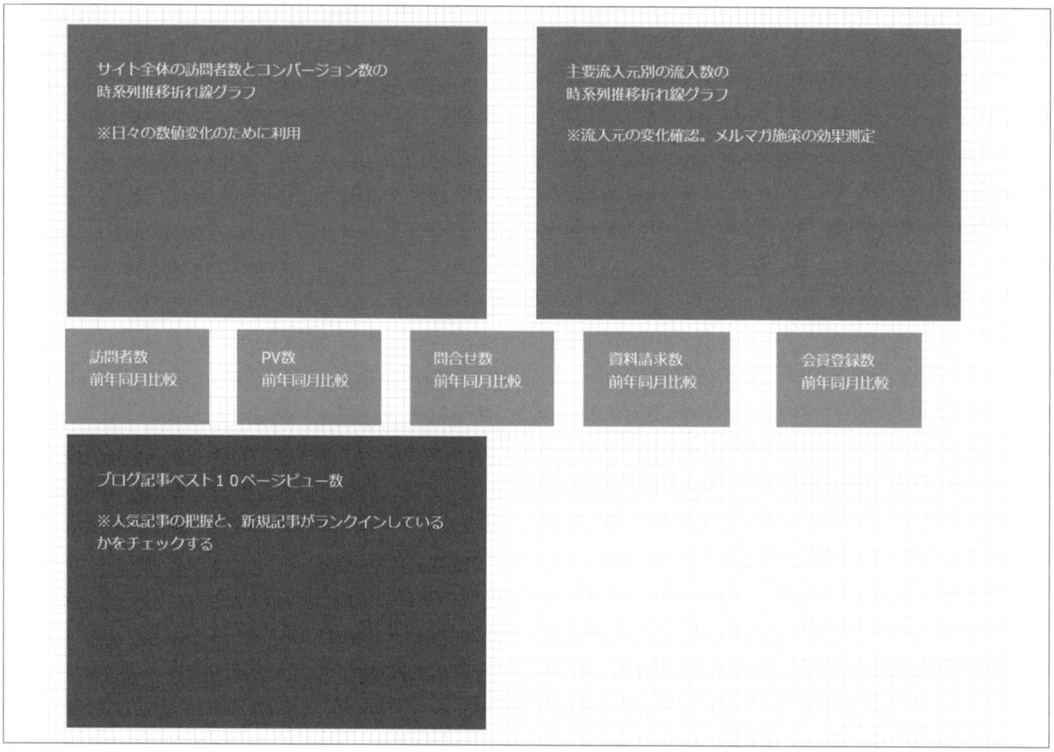

サイト全体の訪問者数とコンバージョン数の
時系列推移折れ線グラフ
※日々の数値変化のために利用
主要流入元別の流入数の
時系列推移折れ線グラフ
※流入元の変化確認。メルマガ施策の効果測定
訪問者数
前年同月比較
PV数
前年同月比較
問合せ数
前年同月比較
資料請求数
前年同月比較
会員登録数
前年同月比較
ブログ記事ベスト１０ページビュー数
※人気記事の把握と、新規記事がランクインしている
かをチェックする

もし良いアイデアが思いつかない場合は、世の中に公開されているGA4のテンプレートを利用してみてもよいかもしれません。無償・有償さまざまなものがありますが、まずはGoogle公式が用意してくれた5つの無償テンプレートを使ってみるのもよいでしょう。

データポータルのTopページに戻って、右上にある「テンプレートギャラリー」をクリックしてください。

クリックします
テンプレート ギャラリー
Search Console Report
Search Console
Google Ads Overview
Google Ads

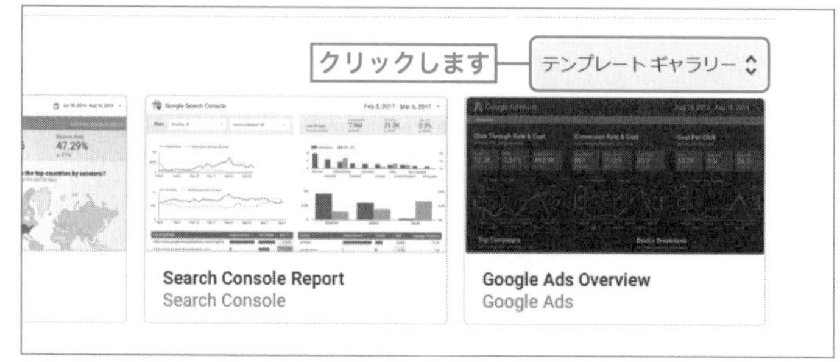

この中にGA4のレポートが5つあります。

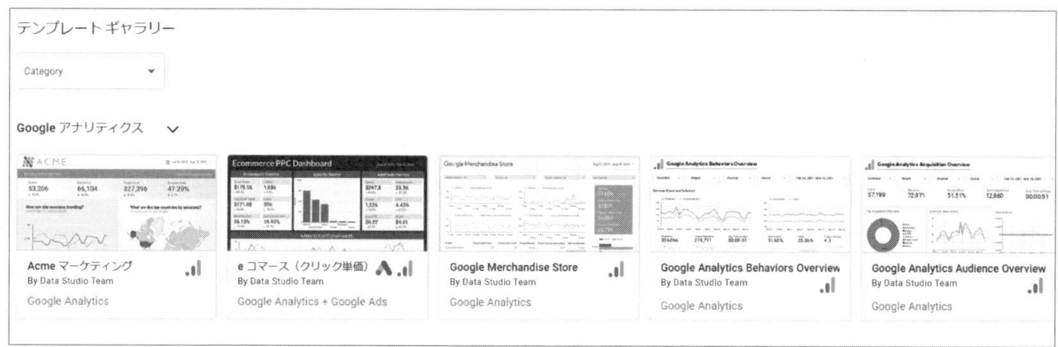

eコマース（クリック単価）だけは広告データを紐付ける必要があるので、まずはそれ以外の4つを試してみるとよいでしょう。

いずれかを選択すると、レポートが表示されます。右上にある「自分のデータを使用」を選択すると、データを選択する画面が表示されます。Chapter 8の最初で紹介した方法を参考にしてGA4のデータを選んで反映すれば、自社データが入ったレポートを作成することができます。

これらのレポートは、すべて編集することができます。

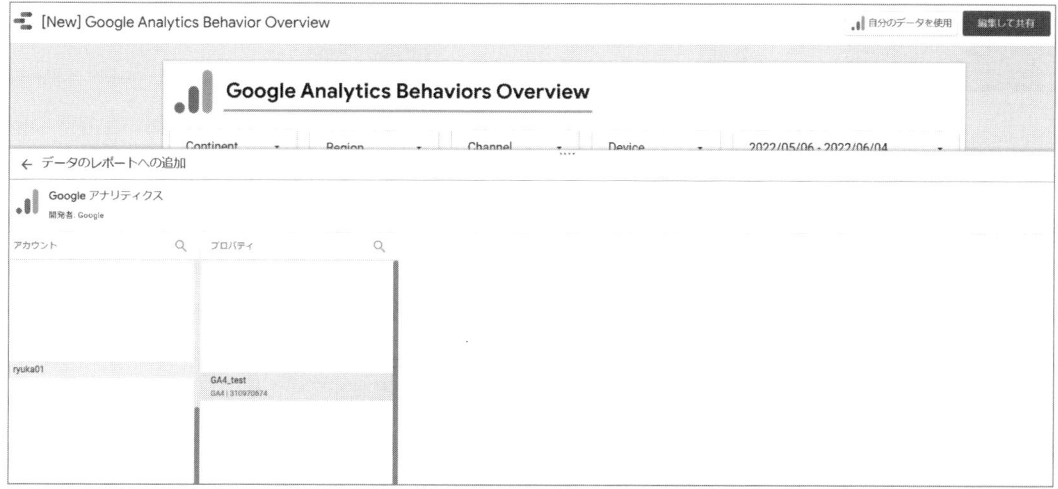

表やグラフを作成する

「編集」モードで「グラフを追加」をクリックすると、様々なレポートを選択することができます。

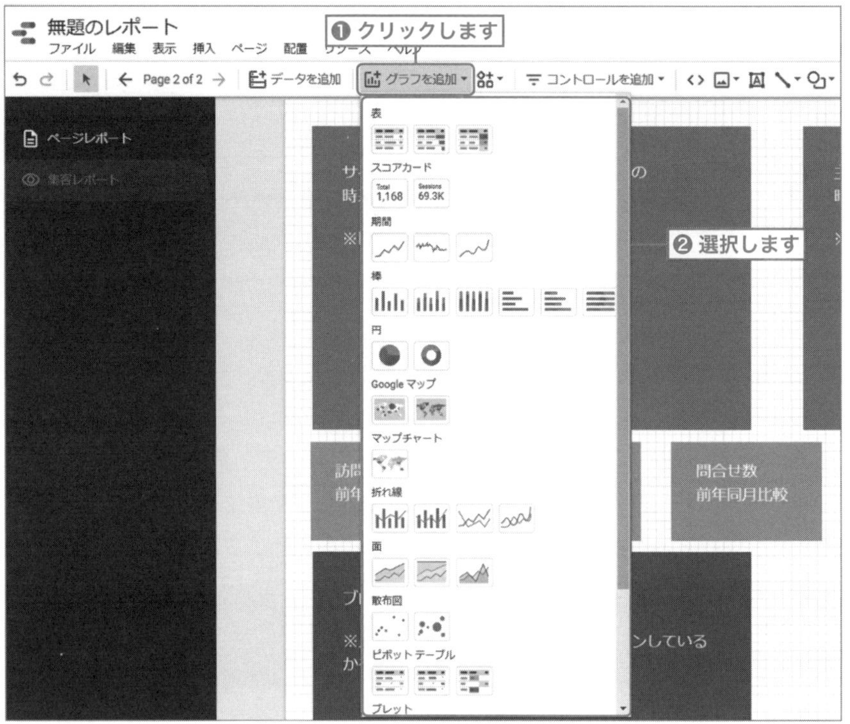

用意されているグラフの一覧は、以下のとおりです。

表8-2-1 用意されているグラフ

名称	用途
表	1つのディメンション（要素）に対して複数の指標を表示
スコアカード	単体の指標を表示
期間	時系列で複数の指標を表示
棒	時系列あるいはそれ以外の軸で単一の指標を表示
Googleマップ	エリアに基づいたディメンションに対して指標を表示
マップチャート	同上
折れ線	時系列で複数の指標を表示（複合グラフもこちら）
面	時系列でのシェアや割合の変化を表示
散布図	2または3のディメンションに対して指標の相関性を確認
ピボットテーブル	2つのディメンションに対して単一の指標を表示
ブレット	目標や進捗確認のために目印を設定して評価
ツリーマップ	単一の指標を面積を使ってシェアを表示
ゲージ	目標や進捗確認のために目印を設定して評価

ここでは、期間グラフを選択してみましょう。以下のようなグラフが自動で生成されます。

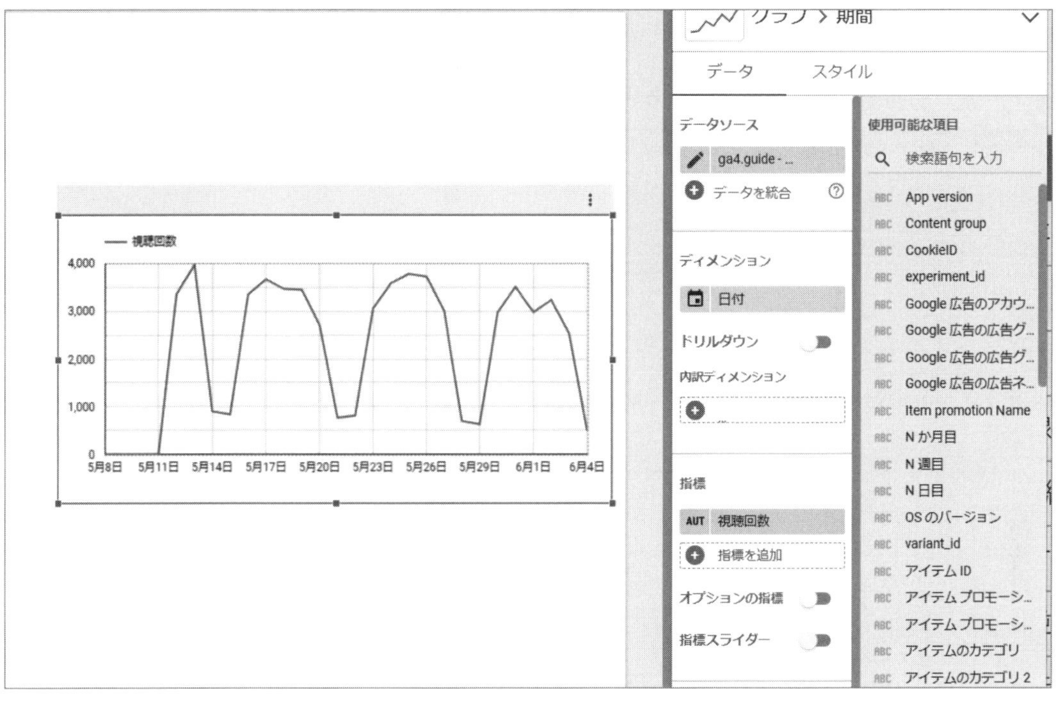

右側にある「データ」のタブ内でグラフの設定を変更することができます。折れ線グラフでは、ディメンションと指標を利用します。

追加したいディメンションや指標を右側の一覧からドラッグ＆ドロップして追加すると、グラフの内容を変更することができます。

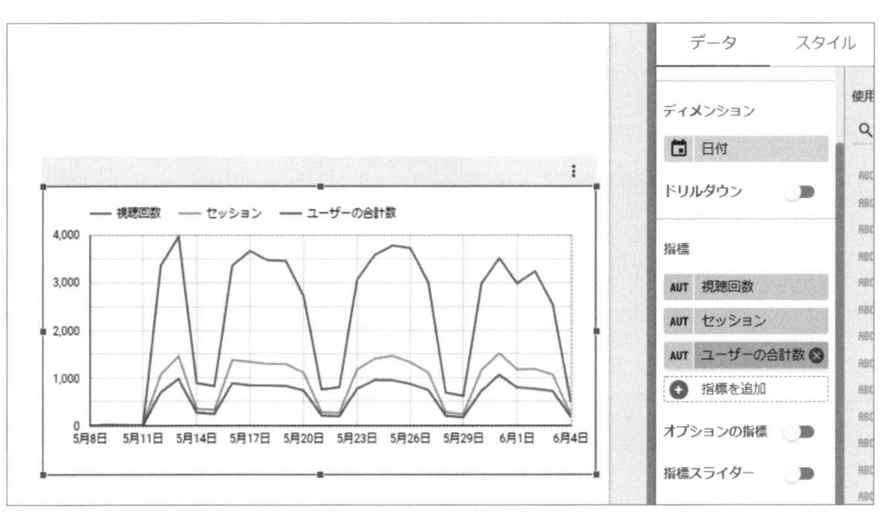

ここでは、「視聴回数（ページビューのこと）」「セッション」「ユーザーの合計数」を追加してみました。

データの期間やデータの絞り込みも可能です。それぞれ確認してみましょう。

デフォルトの日付範囲で「カスタム」を選択すると、任意に期間を設定できます。

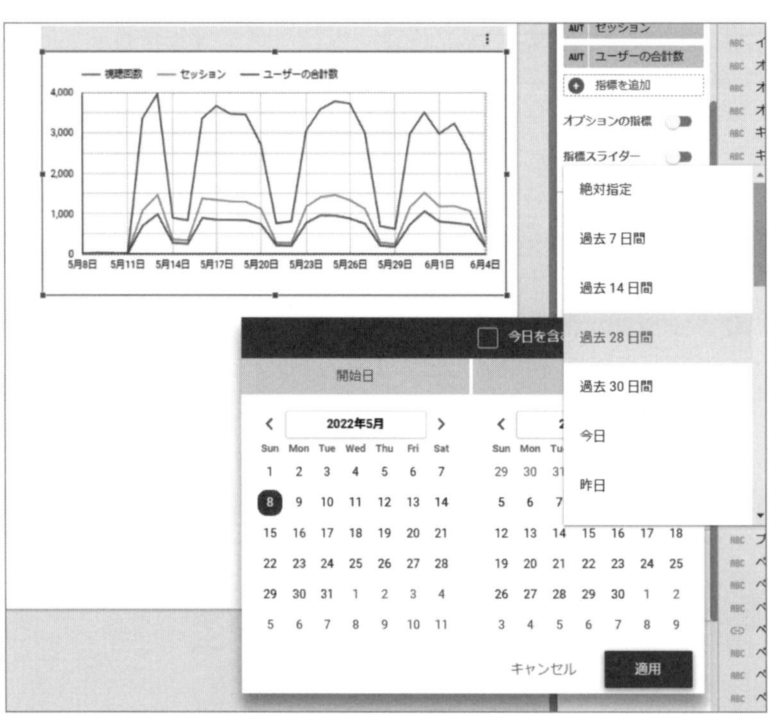

「自動」は後述しますが、データポータルの利用者が任意に期間を変更する機能があり、こちらの機能に併せて期間が変わる設定となっています。

フィルタでは特定の条件を満たしたデータ、あるいは特定の条件を満たしていないデータで絞り込みが可能です。例えば、URLに特定の文字列を含むページを見たユーザーに絞り込みたい場合は、以下のような設定を行います。

この辺りは、GA4の探索レポート内にあった「フィルタ」と同じように設定できます。

また、グラフのデザインやレイアウトなどは「スタイル」のタブ内で変更ができます。ここでは、変更例を紹介します。

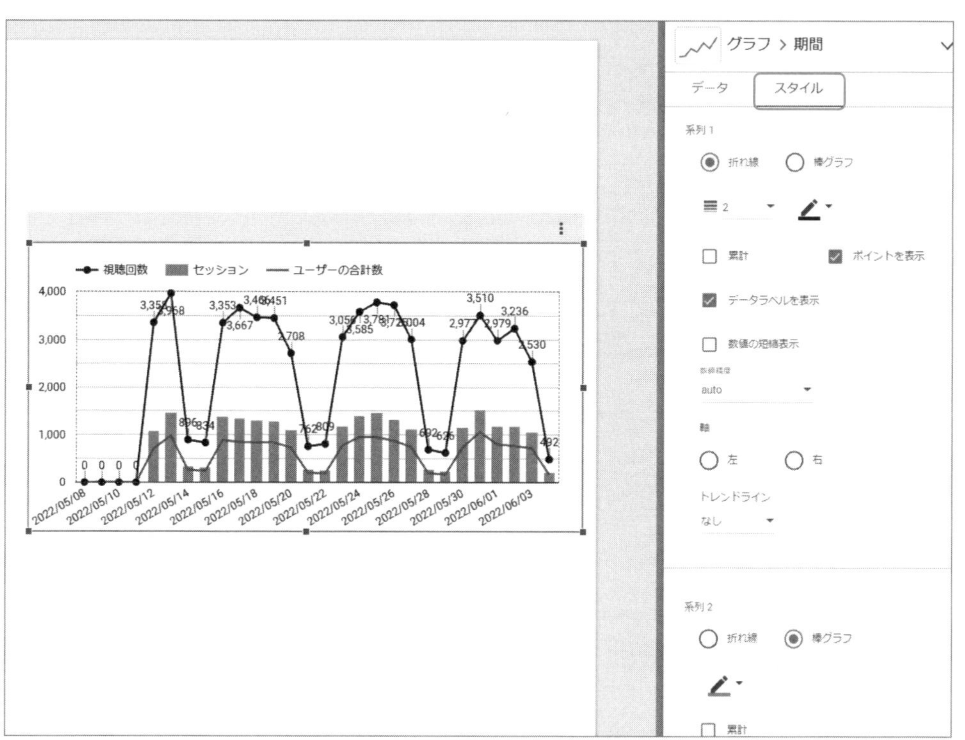

折れ線グラフで変更できる主な見せ方は、以下のとおりです。

表8-2-2 折れ線グラフで変更できるスタイル

名称	用途
累計	期間ごとの数値ではなく累計積み上げに変更
ポイントを表示	日・週・月単位で「●」を表示
データラベルを表示	数値を折れ線に表示
トレンドライン	線形・指数・多項式のいずれかで近似線を記載
リファレンス行	基準線（例：500ユーザーのところに横線）を追加
欠落データ	該当日に数値がないときの表現（ゼロにする、空白にするなど）
軸	最小最大値の設定、対数目盛り、軸を逆に変更、指定して目盛り間隔を設定
凡例	掲載場所（無し・右・下・上）、最大行数の設定など
ヘッダー	ヘッダー表示の有無

次に表も作成してみましょう。「挿入」のメニューから「表」を選択します。

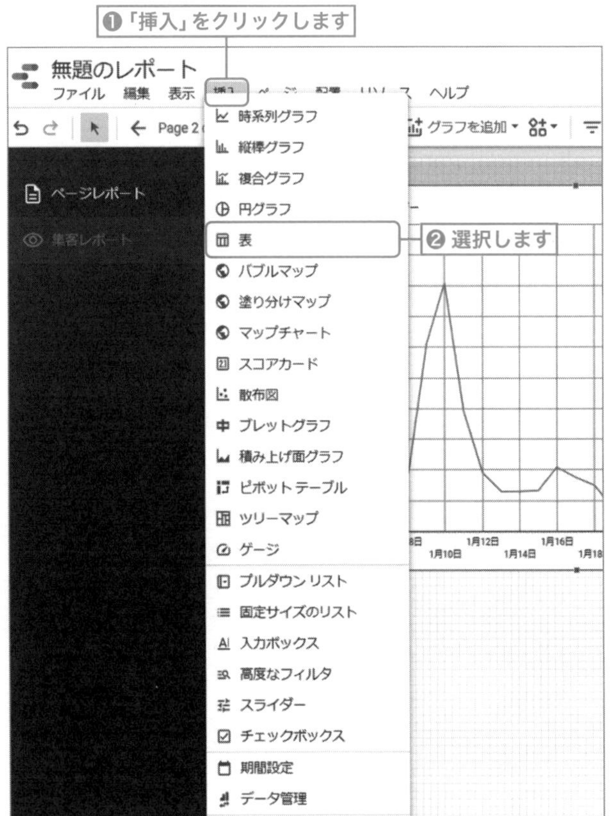

様々な項目がありますが、「表」を選択すると次ページのような表が最初に作成されます。

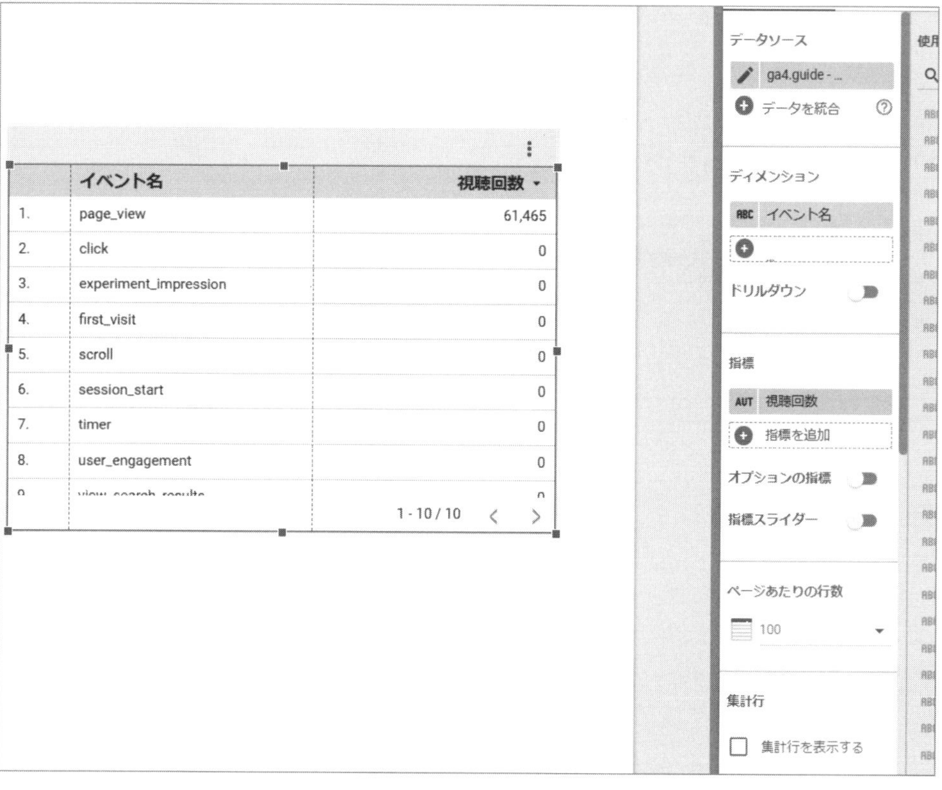

ここでも、ディメンションや指標を自由に変更することができます。
表の固有の機能として、以下のようなものが用意されています。

- ページあたりの行数（何行表示するか。それを超える場合はページ送りが表示される）
- 集計業を表示する（各指標の合計を表の下部に出す）

また、表でも様々なスタイルが用意されており、以下の項目を変更できます。

表8-2-3　表で変更できるスタイル

名称	用途
条件付き書式	特定の条件に基づいて表の背景色を変更
表の色	奇数行・偶数行ごとの色設定も可能
行番号の表示	何行目か（1・2・3以下略）を表示
ページ設定を表示	行数が収まらない場合、行数表示と前後への移動機能を追加
データが欠落時の表現	該当ディメンションにデータがない場合の表現（例：空白・データ無し）
指標	数値・ヒートマップ・棒グラフ（セル内に棒グラフ表示）の表現
数値精度	小数何桁までにするか
ヘッダー	ヘッダー表示の有無

表やグラフには、様々な形式のものが用意されています。
ここでは、便利なレポートをいくつか紹介します。

● 棒グラフで「内訳ディメンション」を追加した例

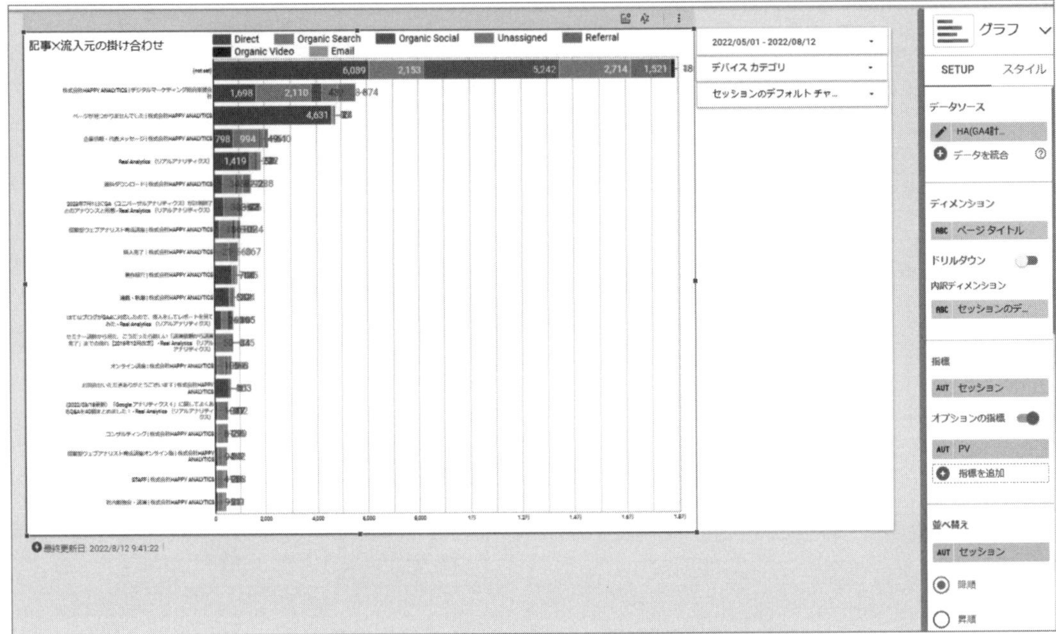

● 折れ線グラフの「累計」を利用した、今月と先月のページビュー進捗推移

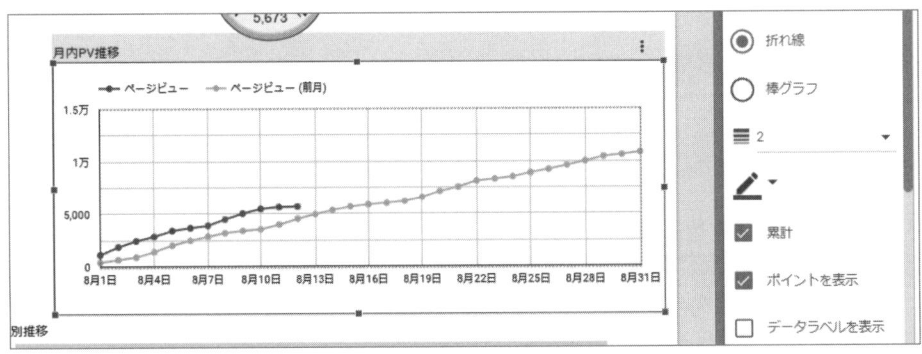

● ブレットグラフを利用して先月の数値や目標の数値を設定

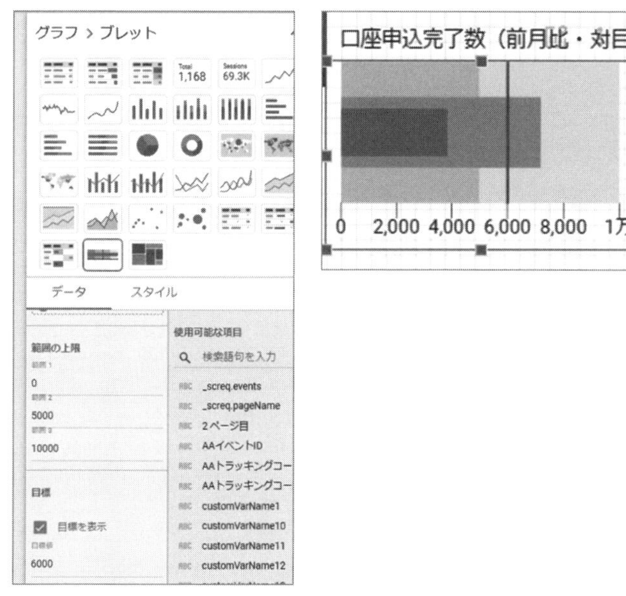

表やグラフ以外の項目を追加する

Looker Studioでは、表やグラフ以外にも様々な要素を追加できます。
ここでは、代表例をいくつか紹介します。

■ URLの埋め込み

URLを指定すると、そのページ内容を表示できます。ランディングページやトップページなど、特定ページのデータのポータルレポートを作成する際にページが確認できるので、便利です。

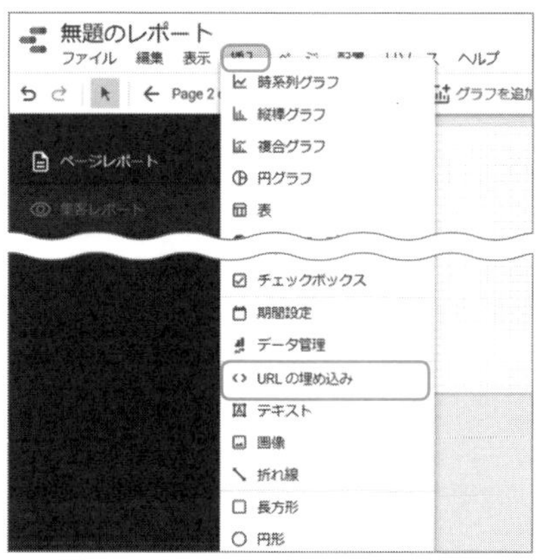

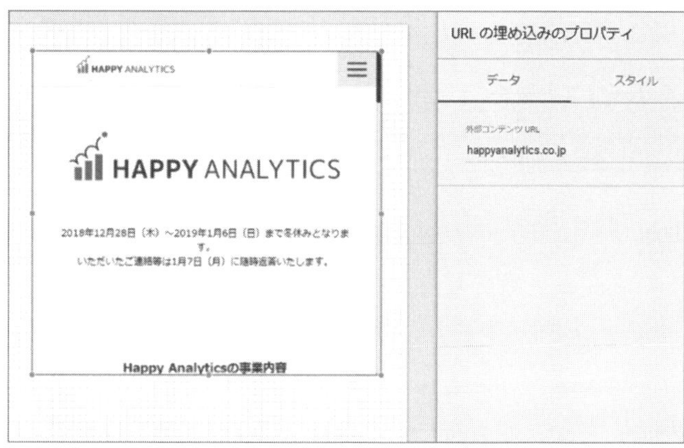

■スコアカード

単一の指標を設定できます。サイトの訪問数・コンバージョン数・売上など重要な数値を表すのに便利です。

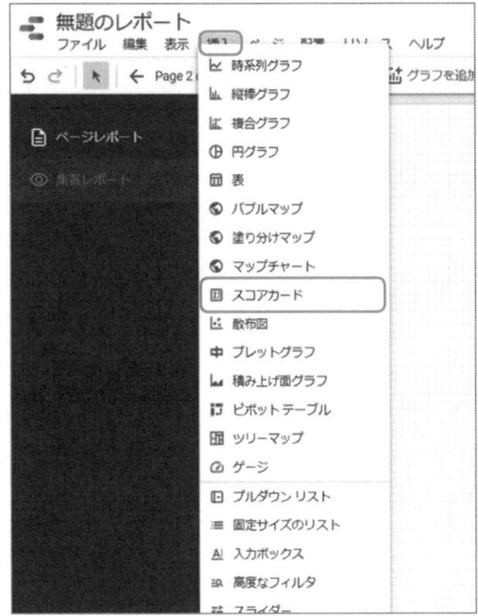

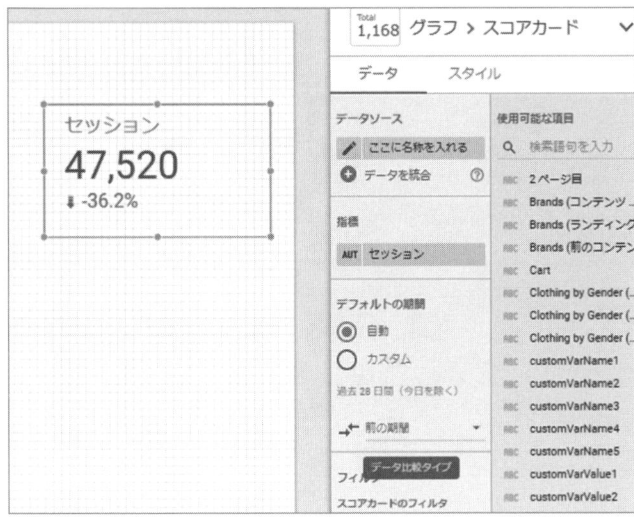

■テキスト

メモや気付きなどを追加できます。

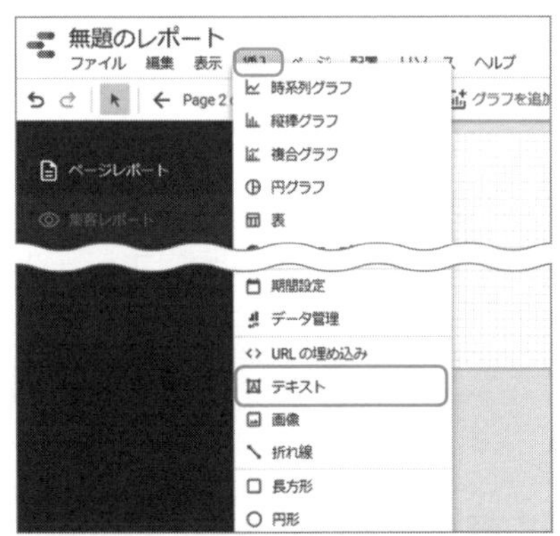

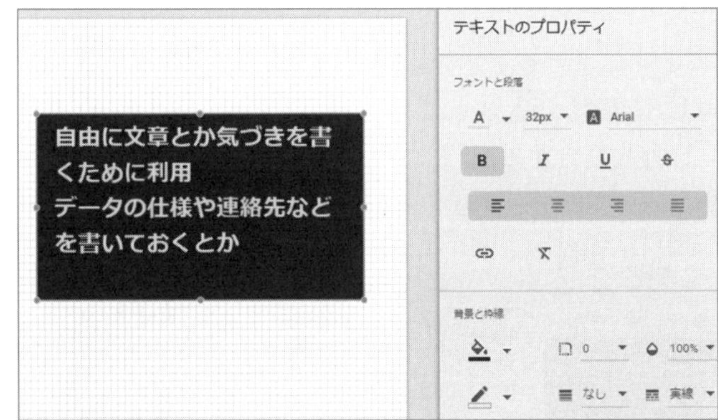

■画像

ロゴ等の追加に活用できます。

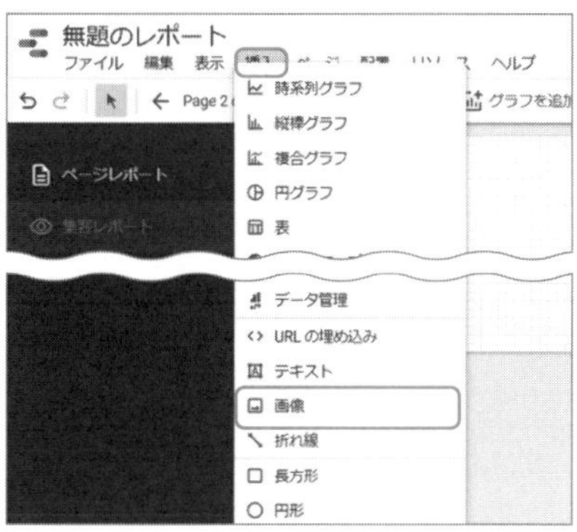

■期間設定

閲覧者が任意で期間を変更できるようになる機能です。

右上が「編集」モードの状態、右下が「閲覧」モードの状態を表しています。

●「編集」モード

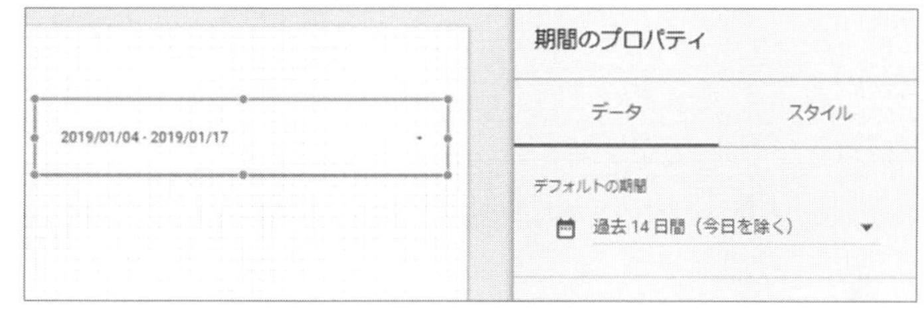

●「閲覧」モード

■プルダウンリスト

指定したディメンションで閲覧者が絞り込みを行えます。右上が「編集」モードの状態、右下が「閲覧」モードの状態を表しています。

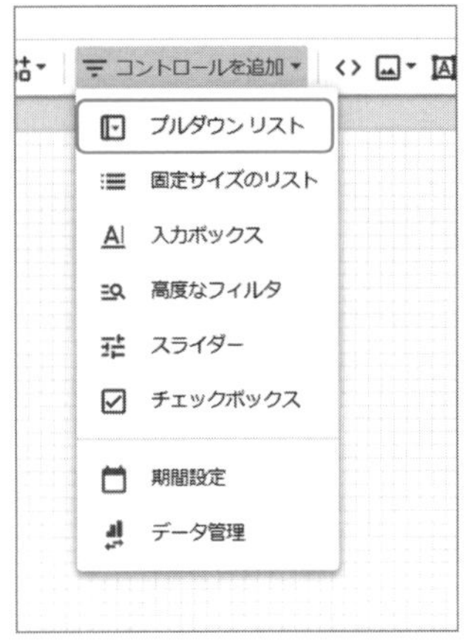

●「編集」モード

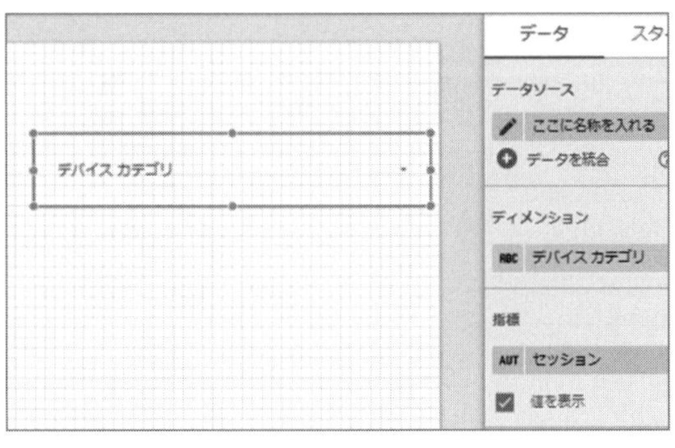

●「閲覧」モード

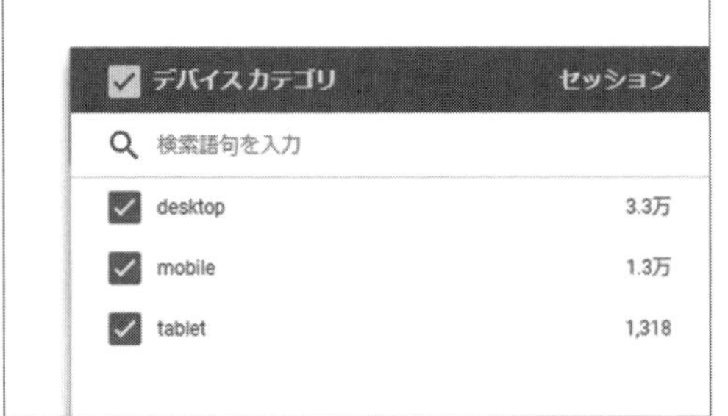

Step 3. 共有して活用する

Looker Studioが完成したら、他の人に利用してもらうために共有を行いましょう。

共有を行う方法はいくつかあります。

「編集」モードで右上にある「共有」ボタンをクリックしましょう。

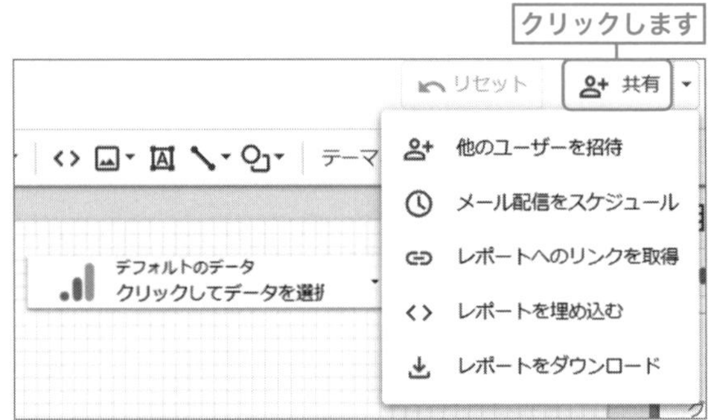

「他のユーザーを招待」を選択すると、メールアドレスを指定して権限（編集者または閲覧者）を付与することができます。

編集者はChapter 8で紹介したように、データを利用したグラフの作成・変更・削除などが可能です。閲覧者は、作成されたレポートを見るだけの権限となります。

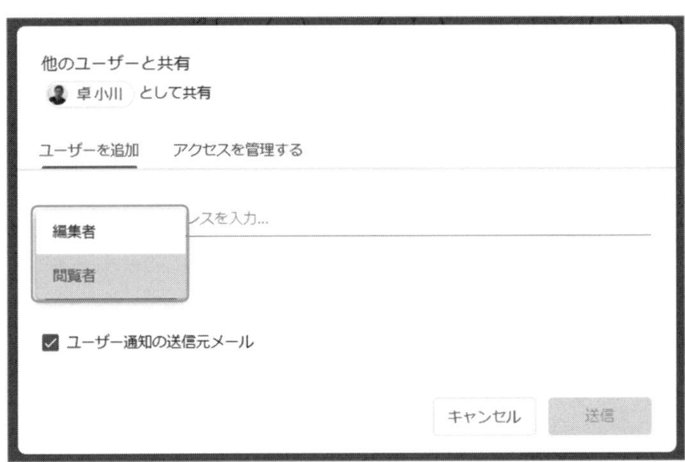

「アクセスを管理する」のタブをクリックすると、詳細を設定できます。

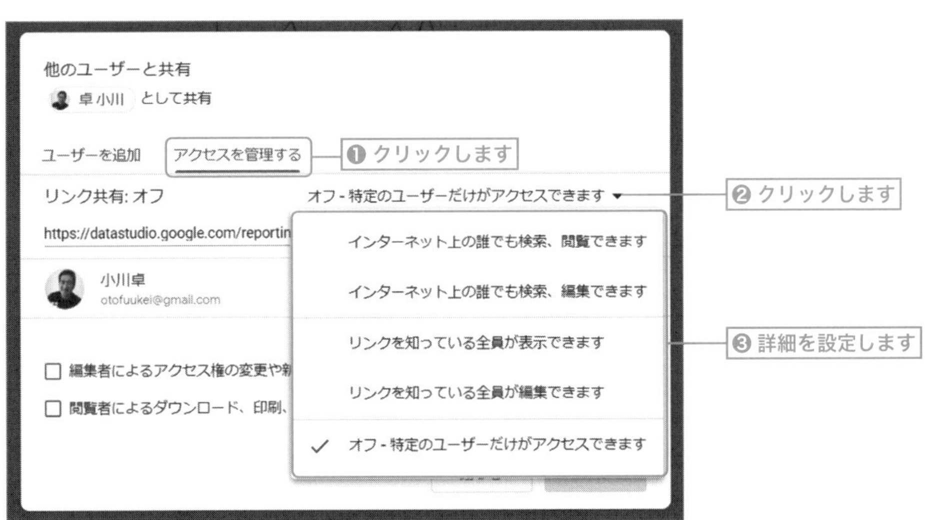

ここでは共有用のURLを発行することが可能なので、一括で共有することも可能です。プルダウンメニューから適切なオプションを選んでください。

「インターネット上の誰でも〜」については、検索エンジン等でも検索結果に表示されてしまうので、使わないことをオススメします。

レポートのダウンロードを選択するとPDF形式でダウンロードできます。いくつかオプションがあるので、必要に応じて選択してダウンロードを実行しましょう。

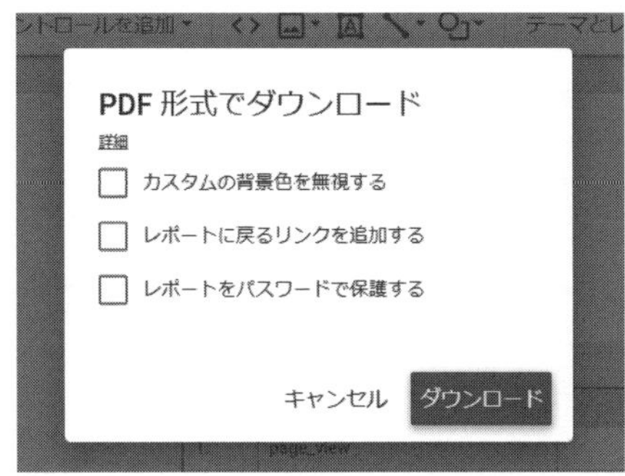

Looker Studioと探索機能の違い

Looker StudioとGA4内の探索機能は似ているため、どちらを利用すればよいかわからないというケースもあるかと思います。基本的な違いは、Looker Studioは決まったフォーマットのレポートを作成し大勢に「共有」することが目的です。探索レポートは、データを掛け合わせてデータを「分析」するための機能です。

日々の運用では両方とも使うケースが多いですが、主な違いを以下にまとめました。

- Looker StudioはGA4の権限がない人にもレポートを簡単に共有できるが、探索機能は同じプロパティ内の権限を持っている人にしか共有できない
- 探索機能では「セグメント」を利用できるが、Looker Studioでは「セグメント」機能は用意されていない
- 探索機能には「目標到達プロセス」や「経路分析」などの独自のレポートが用意されている。逆にLooker Studioでは、様々なグラフを自由にデザインを含めて作成できる
- 探索機能ではレポートのデザインは変えることができないが、Looker Studioではデザインやレイアウトを大きく変更することができる
- 探索機能はGA4のみのデータを取り扱うが、Looker StudioではGA4以外の様々なデータを取り込むことが可能

Section GA4のローデータを活用して集計・分析がしたい！

8-3 Google BigQueryとは

GA4やデータポータルでは集計されたデータが表やグラフになって表示されます。そのため、決まった組み合わせでのデータしか見ることができません。Google BigQueryとはGoogle Cloud Platform上で提供されているプロダクトで、集計前のGA4データを収集・加工・取得することができます。アクセス解析のような大量データの分析と相性がとても良いです。

「Google BigQuery」は一部有料

GA4でGoogleのサーバーに送られているデータとは別に、同様のデータをGoogleのクラウド上に保存するためのサービスです。こちらを利用することで、集計前のデータを取得することができます。BigQueryで取得したデータはさらに他の分析ツールと連携したり、SQLというコードを書くことでデータ取得を行うことができます。

BigQueryは有償ツールですが無償枠も用意されており、大規模サイトではない限り無料の範囲に収まることが多いです。詳しくは料金表のページをご覧ください。

https://cloud.google.com/bigquery/pricing?hl=ja

GA4のデータをBigQueryに送るためには、BigQuery側の設定とGA4側の双方の設定が必要となります。

BigQuery利用開始までの手順

Google Cloudのアカウントを作成

Google Cloudのサイトにアクセスします。

https://cloud.google.com/

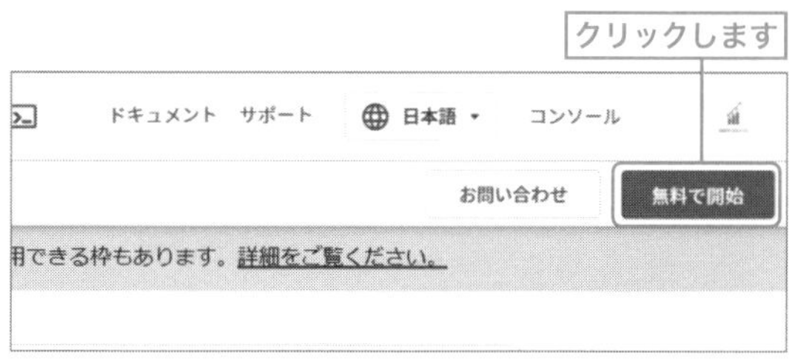

「無料で開始」をクリックします。

アカウント情報を入力し、続行をクリックします。

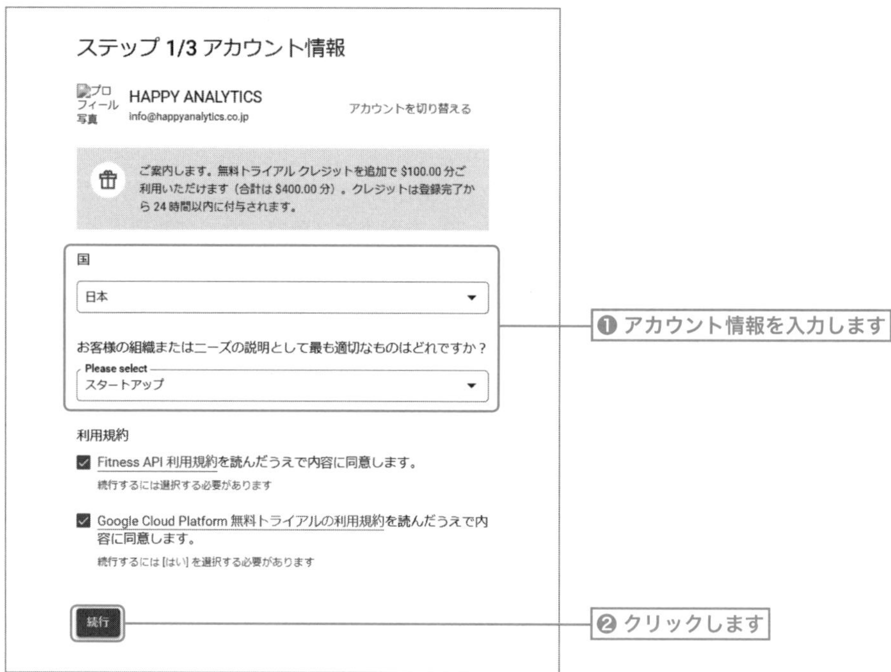

電話番号を入力し、コードを送信します。

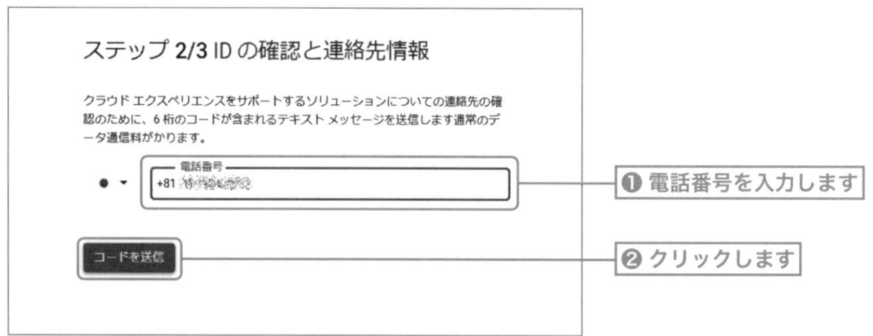

メッセージが届きますので、コードを入力して次に進んでください。

支払い情報などを入力して、無料トライアルを開始してください。

Google Cloud Platformにログインできれば、アカウント作成は完了です。

BigQueryのプロジェクトを作成する

左側のメニューから「BigQuery」を選択してください。

上部にある「My First Project」をクリックした後に表示される画面で、「新しいプロジェクト」をクリックします。

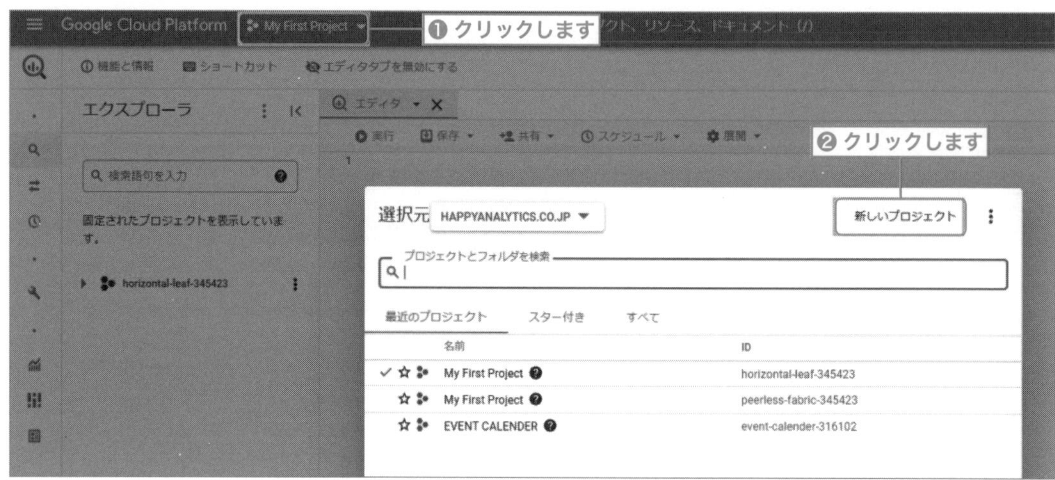

プロジェクト名を入力し「作成」をクリックします。プロジェクト名は後ほどGA4と連携するときに必要となります。

これでGoogle Cloud Platform側の設定は完了です。
次にGA4とBigQueryの連携を行います。

BigQueryとGA4の連携

GA4の管理画面の連携をしたいプロパティを選択し、「BigQueryのリンク」をクリックします。

「リンク」をクリックすると、どのBigQueryと連携をするかを選ぶことができます。

「アクセス権があるBigQueryプロジェクトへのリンク」からさきほど作成したプロジェクトを選択して、右上にある「確認」ボタンをクリックします。

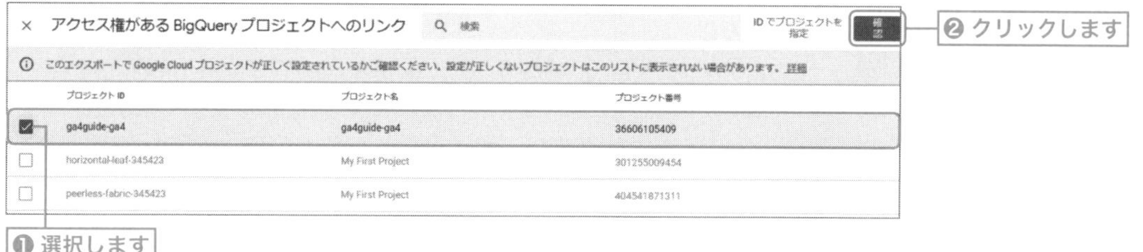

データのロケーションを選択します。

日本の場合は、「東京(asia-northeast1)」か「大阪(asia-northeast2)」を選びましょう。

「次へ」をクリックして、構成の設定を入力します。

頻度に関しては、「毎日」は1日が終わったらその日のデータセットが作成されます。ストリーミングは随時更新されますが、当日のファイルは常に更新されるので、利用するタイミングによって入っているデータが変わります。また、ストリーミング形式の場合は利用料金が発生します（200MBあたり$0.010）。当日の分析をリアルタイムで行う必要がある状況でない限り、「毎日」を選択しましょう。

内容を確認したら「送信」をクリックして連携完了です。データが貯まるのを待ちましょう。

毎日の場合は翌日に前日のデータが作成されますが、遅れることもあるので、最大48時間使用してみましょう。

データが貯まると、該当プロジェクト配下にテーブルが作成されるようになります。「プロジェクト名」➡「analytics_XXXXXX（Xはランダムな数値）」とたどっていきます。

events_は集計が終わった前日以降のデータ、events_intraday_は集計途中の本日のデータです（ストリーミングを選んだ場合にのみ作成されます）。

BigQueryを利用してデータを取得する

BigQueryではどのようにデータが取得されているのか？　まずは構造を見てみましょう。events_をクリックすると、右側の画面に「スキーマ」が表示されます。

これは、どういったデータをどのような形式で取得しているかを表している、いわば設計書のようなものです。

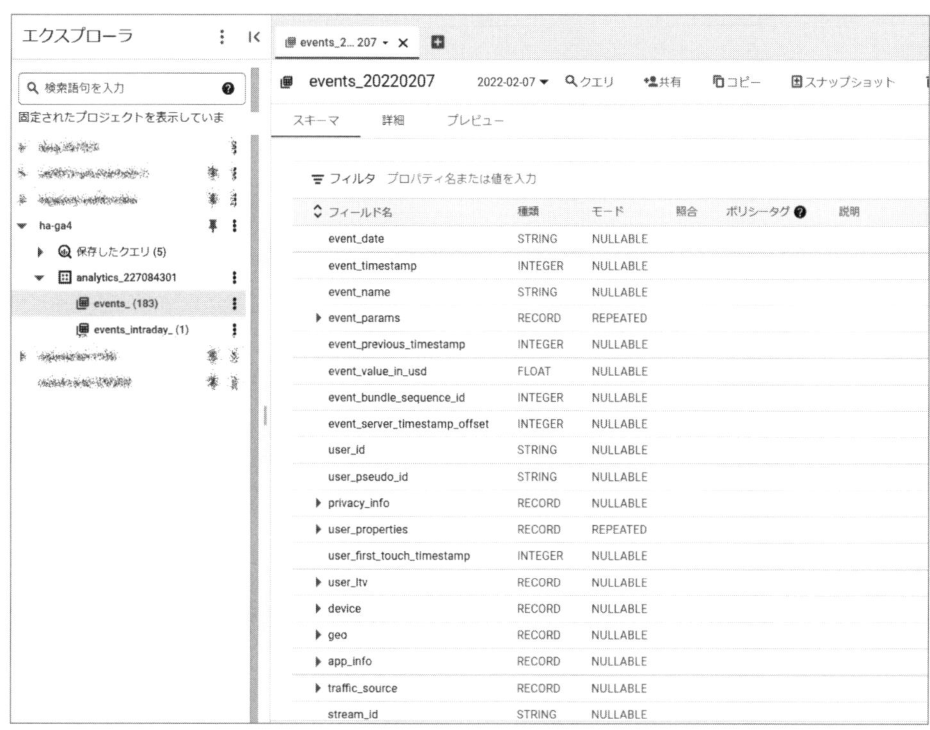

主な取得フィールドは以下のとおりです。

表8-3-1 主な取得フィールド

フィールド名	取得データ
device	デバイス情報
device.advertising_id	広告IDまたはIDFA
user_first_touch_timestamp	初回接触時にタイムスタンプ
user_id	設定している場合は会員ID
user_pseudo_id	ユーザーのCookie ID(基本はこれを使ってユーザーを特定)
user_properties.value	ユーザーのプロパティ値
user_ltv	ユーザーのライフタイムバリューに関する情報
traffic_source	トラフィックのソースに関する情報
geo.country	国情報
event_timestamp	イベント発生時にタイムスタンプ
event_previous_timestamp	直前のイベントタイムスタンプ
event_name	イベントの名称
event_params	イベントのパラメータ値
ecommerce	Eコマース関連の情報
Items	商品関連の情報
web_info	ホスト名・ブラウザ等の情報

「プレビュー」のタブをクリックすると、実際に計測されているデータを事前確認できます。

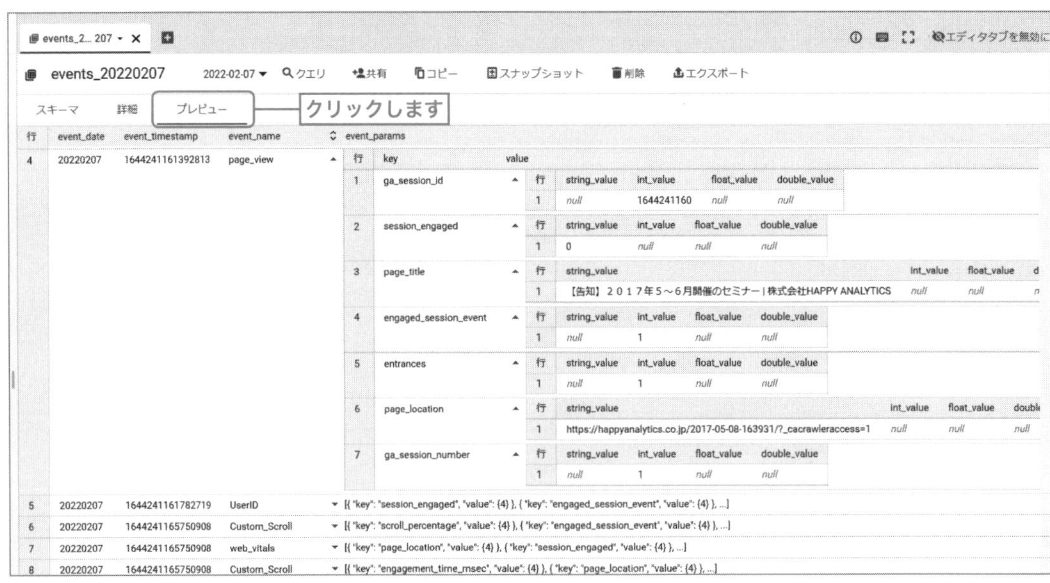

例えば、こちらの4行目では「2022年2月7日（1列目）」の「UNIX形式で1644241161392813マイクロ秒（2列目）」に発生した「page_viewのイベント（3列目）」と、それに紐付く「イベントパラメータ（4列目）」が記録されていることがわかります。このような形で1つひとつのイベントが記録されています。

これらデータを集計・取得するための方法は2つあります。

1つは「クエリエディタ」で「SQL（Structured Query Language）」を書いてどういうデータを出したいかを指示する方法です。SQLを書いてデータ取得依頼することを「クエリを書く」という言い方もします。SQLは非常に奥が深く、それだけで本1冊分になります。本書ではいくつかの例を紹介し、リファレンス情報も併せて案内します。

もう1つの方法は、他のツールと連携して、そこから直接取得する方法です。

すでに紹介したLooker Studio（データソースとして「BigQuery」を選択）や、この後に紹介するGoogle Spreadsheetなどは連携が簡単にでき、SQLを書かなくてもデータを取得することが可能です。

クエリを書くための方法

ここからは、GA4のデモデータが貯まっているデータを活用します。

以下のURLからヘルプにアクセスして、追加することが可能です。

- **Googleアナリティクス 4 eコマースウェブ実装向けのBigQueryサンプルデータセット**
  https://developers.google.com/analytics/bigquery/web-ecommerce-demo-dataset?hl=ja

こちらの「ga4_obfuscated_sample_ecommerce」のリンクをクリックします。

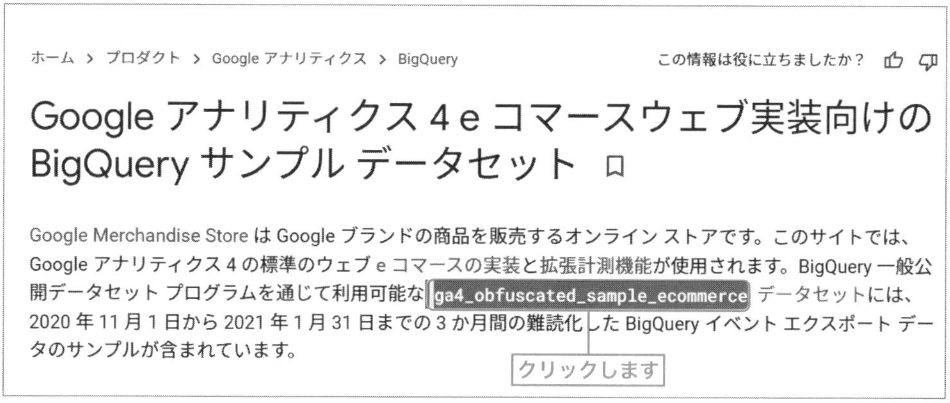

ホーム > プロダクト > Google アナリティクス > BigQuery　　この情報は役に立ちましたか？

Google アナリティクス 4 e コマースウェブ実装向けの BigQuery サンプル データセット

Google Merchandise Store は Google ブランドの商品を販売するオンライン ストアです。このサイトでは、Google アナリティクス 4 の標準のウェブ e コマースの実装と拡張計測機能が使用されます。BigQuery 一般公開データセット プログラムを通じて利用可能な ga4_obfuscated_sample_ecommerce データセットには、2020 年 11 月 1 日から 2021 年 1 月 31 日までの 3 か月間の難読化した BigQuery イベント エクスポート データのサンプルが含まれています。

クリックします

BigQueryの画面に移動するので、左側の「bigquery-public-data」内にある「ga4_obfuscated_sample_ecommerce」を選択すると、GA4のサンプルデータを利用することが可能になります。

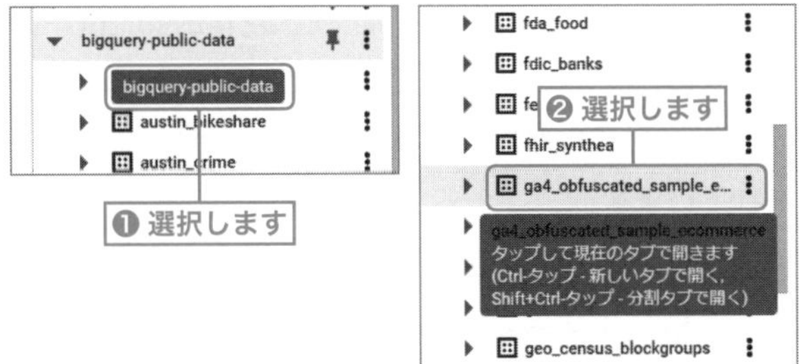

こちらを利用してクエリを書いてみます。ページ上部にある「クエリを新規作成」ボタン をクリックすると、クエリ作成画面が表示されます。

上部でSQLを記載して「実行」をクリックすると、その結果が下半分に表示されます。ここではシンプルに、日ごとのセッション数を出しています。

利用したSQLは以下のとおりです。

```
select
  date(timestamp_micros(event_timestamp),"Asia/Tokyo") as event_date,
-- イベントの発生日付を選択
    count(event_name) as sessions  -- 後ほど指定するイベント名の列の見出しを
「sessions」にする
from
`ha-ga4.analytics_227084301.events_*`   -- データの選択範囲。ここでは全期間とし、
whereの部分で日付を指定する
where
    event_name = 'session_start'   -- イベント名がsession_startに合致するものだけを抽出
    and _table_suffix between '20220201' and '20220207'  -- データの取得期間を指定
group by
  event_date   -- 日付ごとに集計する
order by
  event_date   -- 昇順で並び替える。降順で並び替えたい場合は  event_date desc と記載する
```

● 実行結果

クエリに関しては、本書ですべて触れるには量が多いため、よく利用するクエリをまとめたページを用意しました。

こちらには約40個のクエリが用意されており、すぐに利用することができます。

https://www.ga4.guide/related-service/big-query/query-writing/

他ツールとの連携

抽出したクエリ結果は、Looker StudioやGoogle Spreadsheetにエクスポートすることが可能です。

「シートを使って調べる」を選択すると、Google Spreadsheetで加工ができるようになります。

加工する方法については、Section 8-4「GoogleスプレッドシートとのGA4連携」(472ページ)を参照してください。

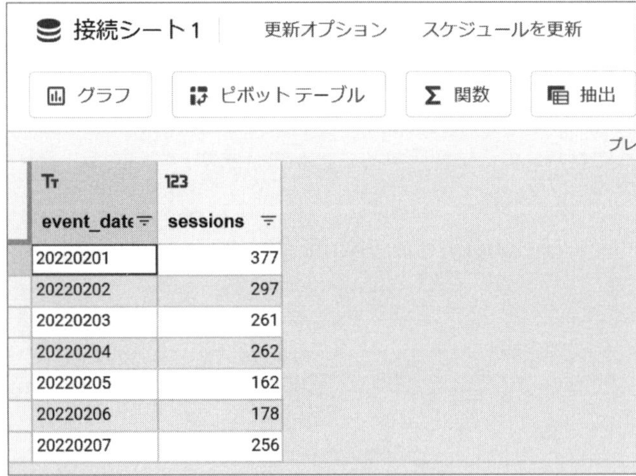

「データポータルで調べる」を選択すると、データポータルへの出力ができます。

Looker Studioでの見せ方は、Section 8-2（437ページ）ですでに紹介していますので、参考にしてください。

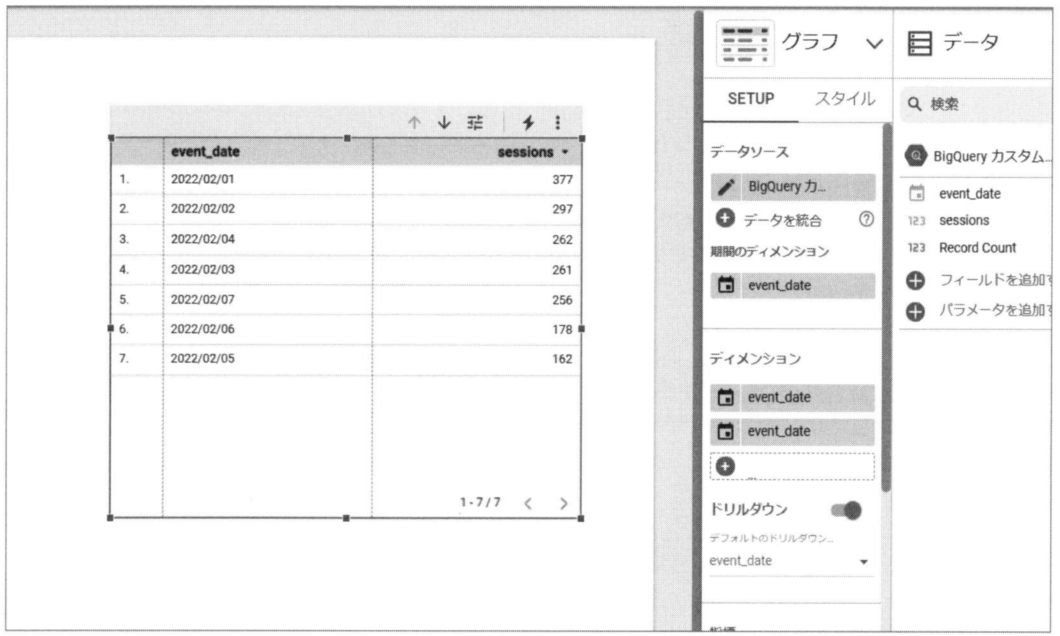

8-4 GoogleスプレッドシートとのGA4連携

BigQueryを設定した後は、GoogleスプレッドシートからGA4のデータを取得することができます。こちらを利用することで、SQLを書かなくてもデータを取得して、表やグラフなどを作成できます。SQLに慣れていない方は、こちらを利用するとよいでしょう。データ取得に関しては無償枠を超えると、コストがかかるので注意が必要です。

Google Spreadsheetへのデータ取り込み

Google Spreadsheetを開いて、「データ」➡「データコネクタ」➡「BigQueryに接続」を選択します。

利用するプロジェクトを選択します。

その後に、「カスタムクエリを作成」を選択します。

クエリ入力画面では、以下のように入力します。

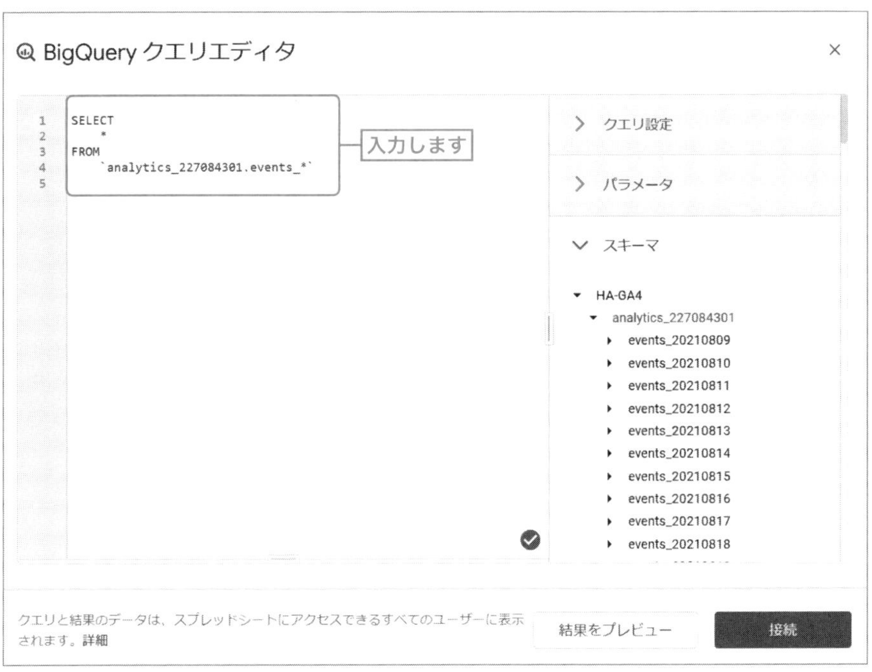

```
SELECT
    *
FROM
    `analytics_227084301.events_*`
```

入力した内容は、「SELECT * は格納されているデータのすべての列を取得してくる」という意味になります。
FROMの後は、「プロジェクト名（それぞれ異なります）.events_*」としています。

この指定は、全期間のデータを取得してくるようになります。例えば特定の月に絞りたい場合は、

```
`analytics_227084301.events_202203*`
```

（2022年3月に絞る）といった形にします。

直近◯日を指定したい場合には、以下のようなクエリに変更して「150」の箇所を調整します。

```
SELECT
    *
FROM
    `analytics_227084301.events_*`
WHERE
      (_TABLE_SUFFIX between
                format_date("%Y%m%d", date_add(current_date(), INTERVAL
-150 DAY))
                AND
                format_date("%Y%m%d", current_date()))
```

「接続」をクリックするとデータの取得が開始され、該当サイトのサンプルデータがスプレッドシートで表示されます。行に1つずつイベントが入り、列にはタイムスタンプ、イベント名、そして各種イベントパラメータやユーザーに紐付くパラメータが記録されています。

行数を少なくするため一部データのみ表示されますが、ここから表やグラフなどを作成するときは、指定した期間のすべてのデータを利用することができます。

Google SpreadsheetでGA4データのグラフや表を作成する

データの取得ができたので、ページ上部にある「グラフ」や「ピボットテーブル」を利用してグラフや表を作成してみましょう。

グラフのボタンをクリックすると、別のシートで設定画面が表示されます。

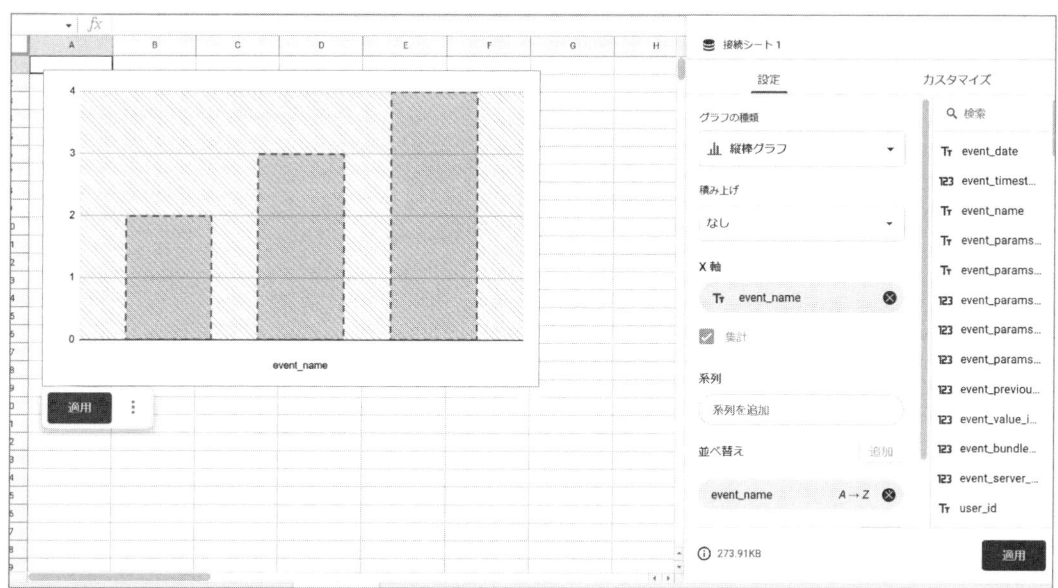

まずは、上部で「グラフの種類」を選択しましょう。その後に、グラフに合わせて右側の列から表示したい項目を「X軸」や「系列」にドラッグしたり、並び替えを選んだり、条件を設定して「適用」ボタンをクリックすると、データを取得して結果が表示されます。

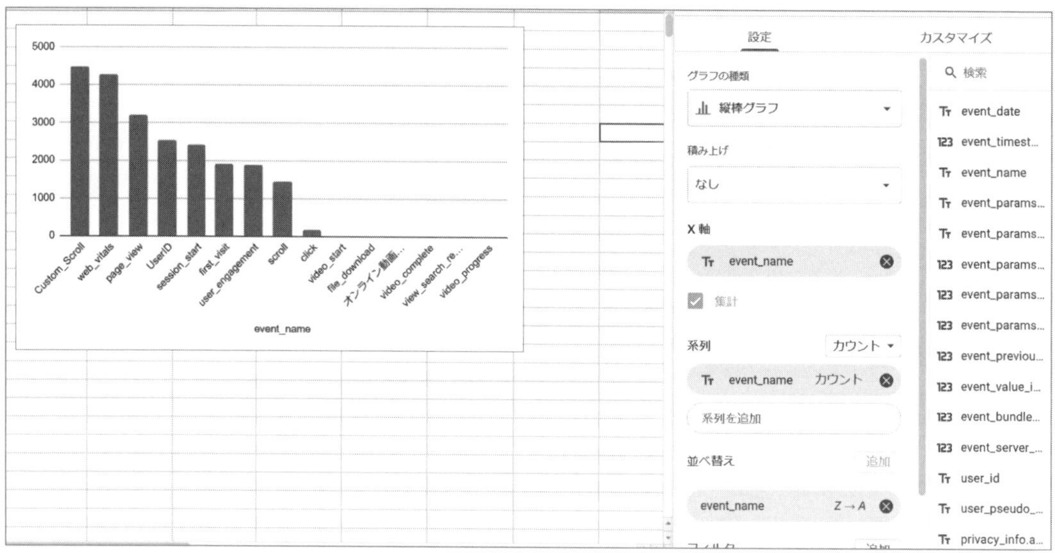

カスタマイズのタブで見た目等の変更が可能です。

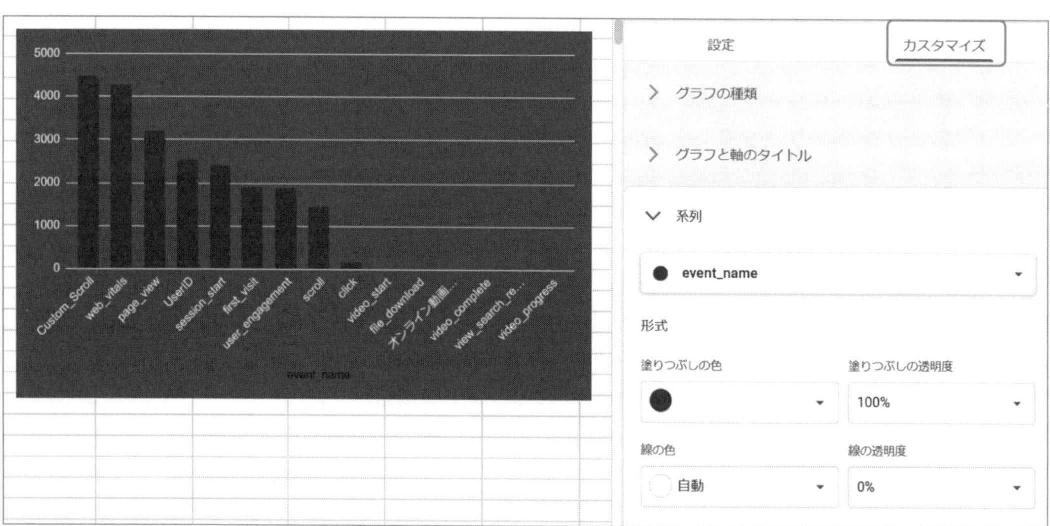

それでは、表も作成してみましょう。

「グラフ」の横にある「ピボットテーブルを挿入」を選択すると、作成画面が表示されます。

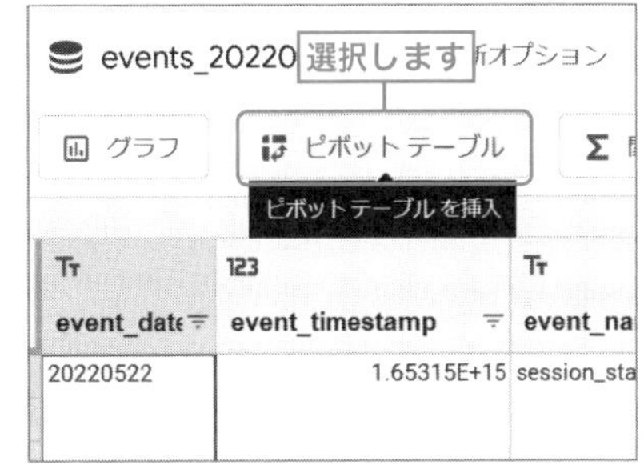

グラフと同様に、行や列などを選んでいきます。

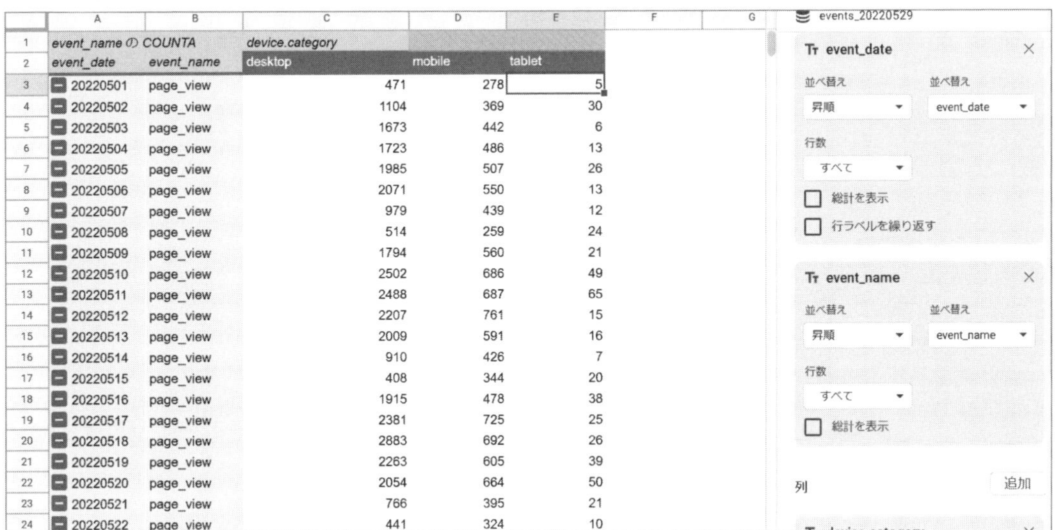

event_name の COUNTA		device.category		
event_date	event_name	desktop	mobile	tablet
20220501	page_view	471	278	5
20220502	page_view	1104	369	30
20220503	page_view	1673	442	6
20220504	page_view	1723	486	13
20220505	page_view	1985	507	26
20220506	page_view	2071	550	13
20220507	page_view	979	439	12
20220508	page_view	514	259	24
20220509	page_view	1794	560	21
20220510	page_view	2502	686	49
20220511	page_view	2488	687	65
20220512	page_view	2207	761	15
20220513	page_view	2009	591	16
20220514	page_view	910	426	7
20220515	page_view	408	344	20
20220516	page_view	1915	478	38
20220517	page_view	2381	725	25
20220518	page_view	2883	692	26
20220519	page_view	2263	605	39
20220520	page_view	2054	664	50
20220521	page_view	766	395	21
20220522	page_view	441	324	10

上記では、日ごとにデバイスカテゴリ別のページビューを表示しました。設定は以下の通りです。

行	event date および event name
列	device.category
値	集計（COUNTA）表示方法（デフォルト）
フィルタ	event_nameにpage_viewを含む

関連機能

本仕組みを利用する上で、いくつかの機能を紹介します。

更新オプション

データの更新頻度を設定できます。ページ上部にある「更新オプション」あるいはその横で設定されている「編集」ボタンをクリックすると、データの取得頻度を変えることが可能です。

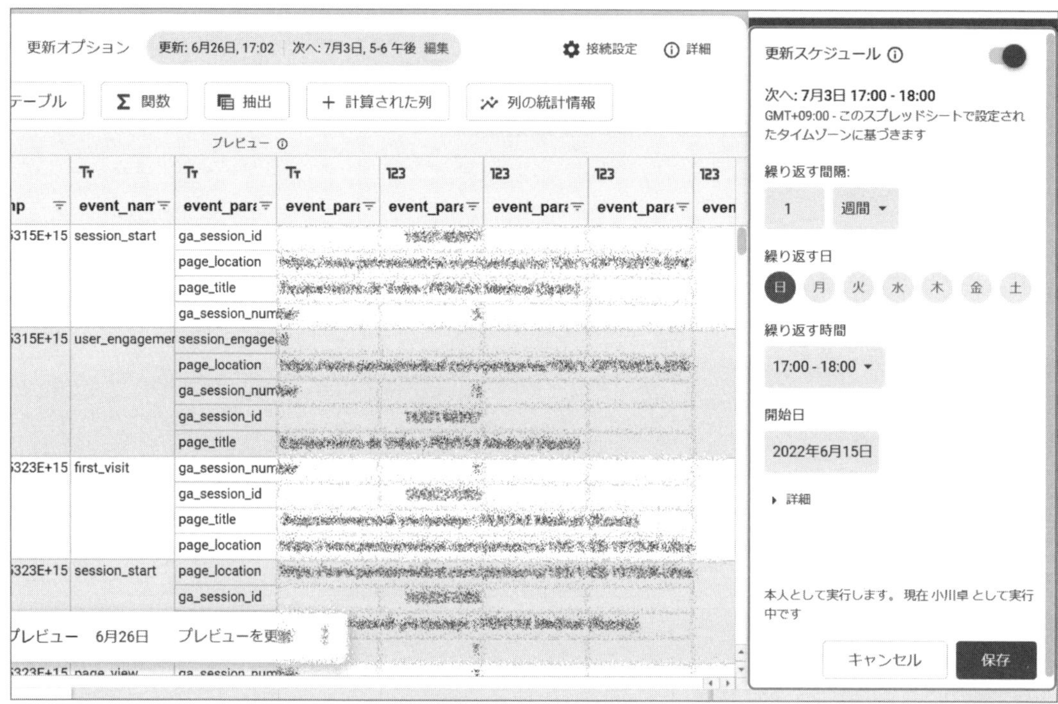

1時間、日、週、月から選択して、詳細を設定することができます。前述の通り、**BigQueryからデータを直接取得するため、取得頻度が細かすぎると無償枠を超える可能性がある**ので、注意しましょう。

列の統計情報

取得している列単位での情報を集計してくれます。「列の統計情報」を選択して、その後にプルダウンメニューからチェックしたい列を選択します。

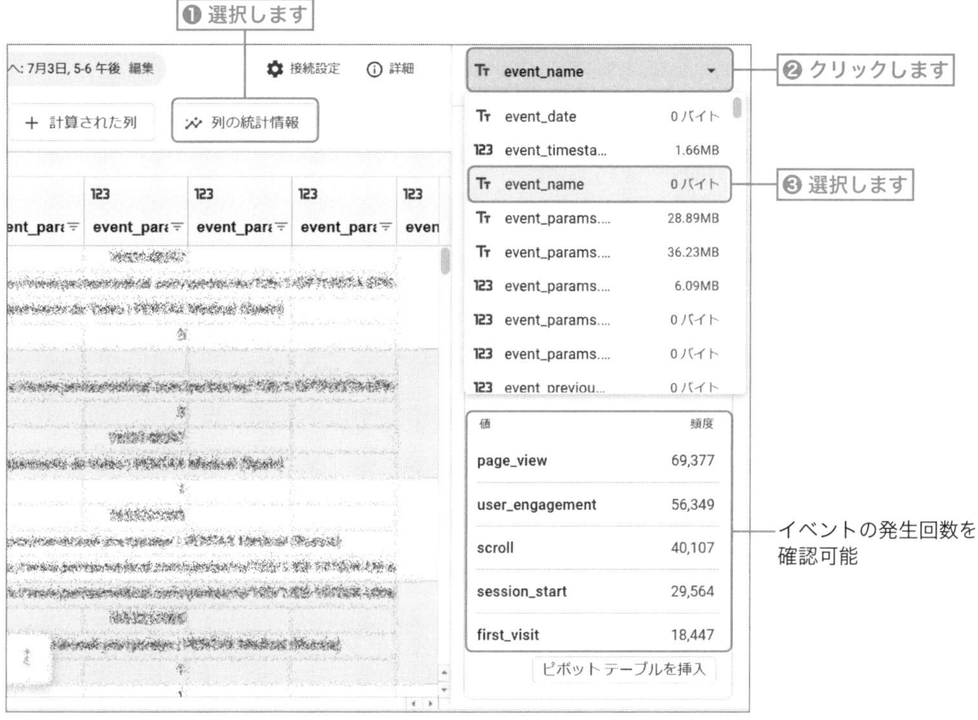

選択を行うと、値ごとの発生回数の表やグラフなどを作成して、それを新たなピボットテーブルやグラフとして作成も可能です（上記の例では、「ピボットテーブルを挿入」ボタンをクリック）。

特定のイベントやパラメータなどの単純集計を行いたいときや、データが正しく取れているかを検証するのに便利です。

実データの抽出

最初にBigQueryと接続してデータを取得すると、表示されるのはプレビューということで最初の70行程度が表示されます。しかしサンプルではなく、より多くのデータを取得したいというケースもあります。この場合は、「抽出」ボタンを使って設定を行います。

「抽出」ボタンをクリックすると別シートが作成され、条件を設定することが可能になります。

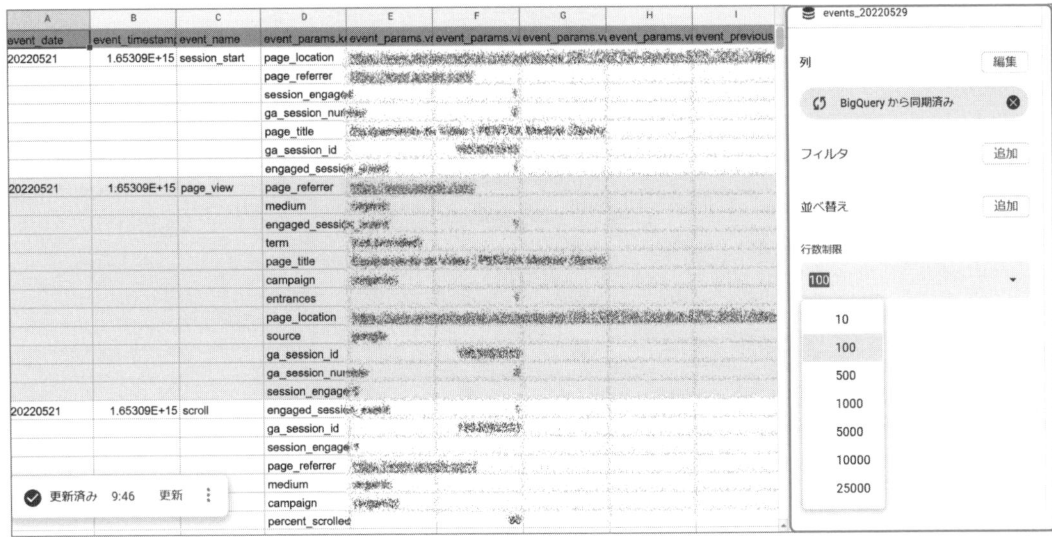

列は、変更しなければすべての列が対象になります。「編集」ボタンをクリックすることで項目単位での選択も可能です。またフィルタや並び替えも必要に応じて設定しましょう。最後に行数ですが、**出力できるのは最大25,000行**なので注意が必要です。

これ以上のデータを抽出したい場合は、BigQuery側でのSQLを記述して取得する形になるので、その辺りは使い分けという形になりそうです。

まとめ

GA4のデータはGA4のレポート画面内だけにとどまらず、様々なツールと連携して利用することができます。本書では紹介していませんが、他のBIツールや仕組みとの連携も今後増えていくことは間違いないでしょう。
「社内でどのようなツールを利用しているのか」あるいは「GA4画面で実現できない何を行いたいのか」という視点を大切にして、「どのツールをどんな目的で利用するのか」を改めて整理することをオススメします。

特にBigQueryに関しては、SQLを書ける人がいれば、GA4画面では取得できない様々な集計を行ってデータを取得することができます。すべての企業でBigQueryが利用されることは想定されませんが（私の予測では、GA4利用者の数パーセントぐらいかなと思っています）、使えるようになれば、より高度な分析にチャレンジできるようになります。

Appendix

付 録

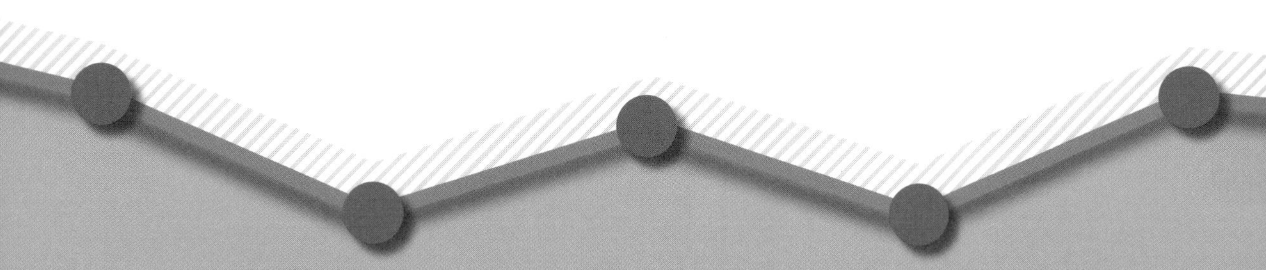

ここでは、付録としてGTMの初期設定の方法や計測精度を上げるためのサーバーサイドタギングについて紹介しています。
また、GA4で利用できるディメンションや指標の一覧（合計300個以上）や、さらなる情報収集のために参考にすべき公式サイトやGA4のFAQなどを用意しましたので、必要に応じてご利用ください。

Appendix Google Tag Managerが未導入なので、設定を行いたい

1 Google Tag Managerの初期設定

Google Tag Manager（以下GTM）を未導入で、GA4を実装するにあたってGTMを導入する方式を選んだ場合、まずはGTMのアカウントを作成する必要があります。GTMのアカウント作成方法について、以下の手順で進めていきましょう。

GTM用のタグを発行する

まずはGTMのサイトにアクセスします。

https://tagmanager.google.com/

どのアカウントで利用するかを求められるので、Googleアカウントを選択しましょう。必ずしもGA4の権限を持っているアカウントと同一である必要はありません。

Google

アカウントの選択

小川卓 ログアウトしました
otofuukei@gmail.com

Taku Ogawa ログアウトしました
ogawa@happyanalytics.co.jp

選択します

ログインを行うとアカウント作成画面が表示されるので、「アカウントを作成」をクリックします。新しいアカウントの追加で以下の情報を入力します。

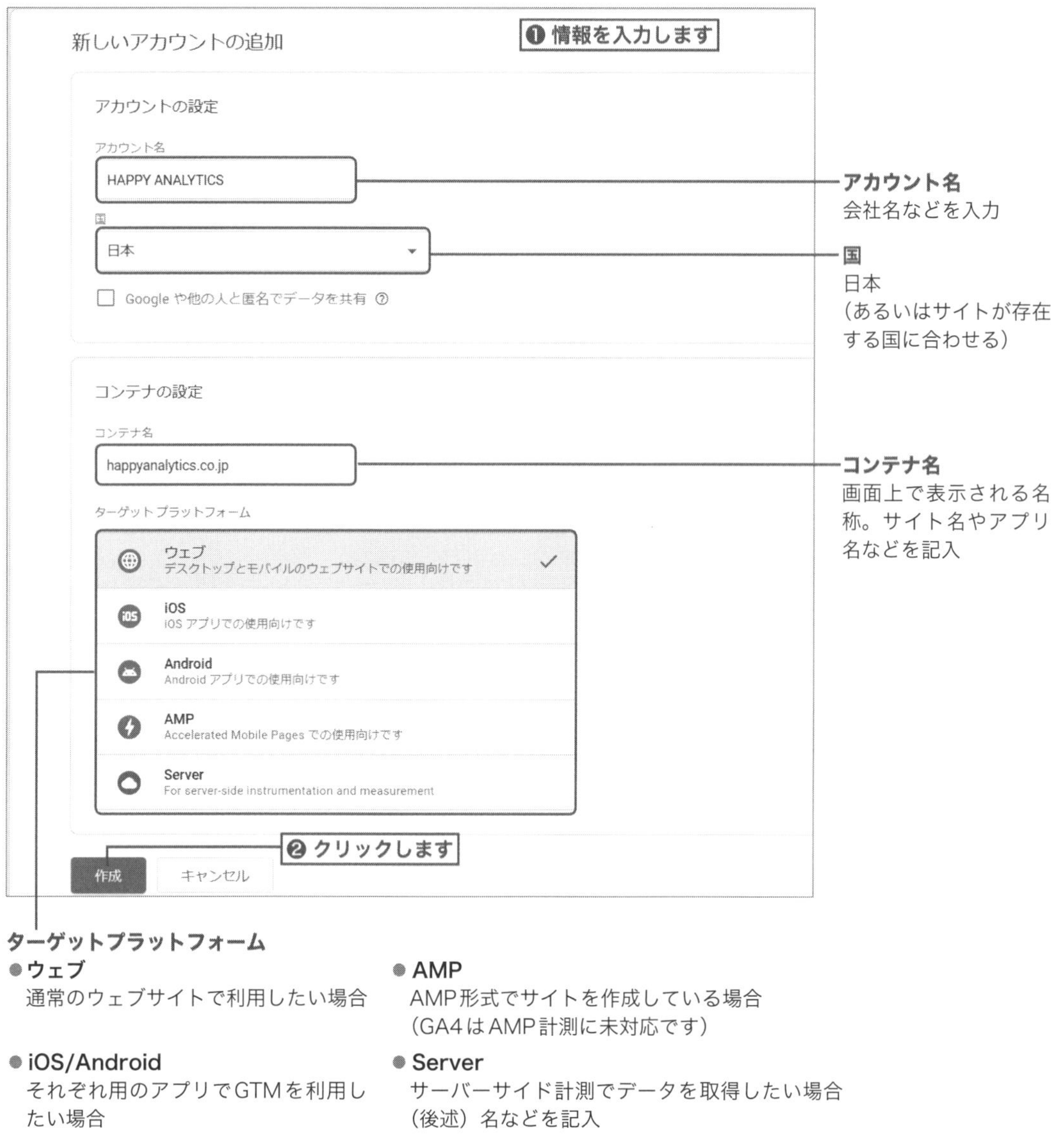

情報を入力し「作成」をクリックすると利用規約が表示されるので、内容を確認した後に同意しましょう。これでアカウントが作成され、併せてコンテナも1つ作成されます。

選んだターゲットプラットフォーム形式によって、GTMタグの導入の説明が表示されます。

以下はウェブを選んだ場合の記述となります。

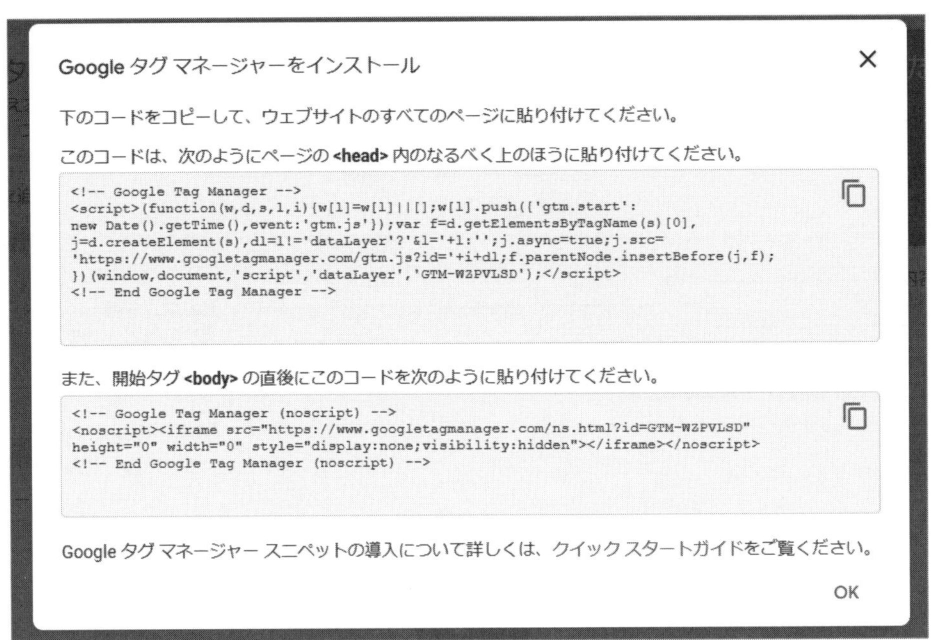

計測記述を計測したウェブサイトの各ページに指定通り入れてください。<head>内と<body>直後の2か所に追加する必要があります。後者の記述はユーザーがJavaScriptの利用を許可していない場合の記述になります。WordPressなどのCMSやカートシステムを利用している場合は、それらのサービスの導入方法に従ってください。

計測記述を追加したら、GTM上で変数・トリガー・タグの設定を行い計測を開始しましょう。GA4の詳しい設定方法は、Chapter 2を参照してください。

Appendix より精度が高い計測のため、サーバーサイトでデータを計測したい

2 GTMを利用したサーバーサイドタグでのGA4の実装

サーバーサイドタグとは、通常のウェブやアプリコンテナで発行したGA4のタグのデータを新規にGoogleクラウド上にあるサーバーに転送する機能です。このGoogleクラウド上でタグの管理が可能になります。

サーバーサイドタグを利用するメリット

この機能を利用することのメリットは、大きく分けて3つあります。

1つ目は、**ブラウザ側のパフォーマンスと計測精度を改善**することです。GTMを通じてタグを入れていると、様々なタグがブラウザ側（＝クライアント側）で処理されます。その結果、一部データが取得できなかったり、正しく動作しない場合の対策も行いやすくなります。サーバーサイドタグにすることで、処理を一部クラウド側で行うことが可能となります。

2つ目は、各タグで送るデータの管理や編集を行うことで、セキュリティの観点や**データのコントロールが行いやすくなる**ことです。

通常の導入方法では、サードパーティーのタグを入れたときに、そのタグで指示されているデータ項目がサードパーティーのサーバーに送られます。しかし、サーバーサイドタグを利用することで送る前にデータ項目を制限したり、書き換えたりすることが可能となります。これによって、サードパーティーに不必要なデータを送ることなく、自社内でのデータのコントロールが行えます。

3つ目は、**ITP（Intelligence Tracking Prevention）への対策も含めたプライバシー保護やデータ計測精度の改善**です。現在のSafariおよびiPhoneでは、ファーストパーティーCookieであっても、自社サーバー以外に送っているデータに関しては一定期間（通常は7日間）で削除されます。

GA4はファーストパーティーCookieを利用しており、この影響を受けます。従って**7日以上ぶりの訪問の場合は、前回訪問時と同じユーザーであることが認識できず、別ユーザー扱いとなってしまいます。**サーバーサイドタグを導入した上で、Googleクラウドに自社のサブドメインを割り当て

るという機能を利用すると、自社サーバーにデータを送っているという形になるので、ITPの仕様に引っかからずCookieが削除されなくなります（2022年10月現在）。そのため、計測精度が上がるというメリットがあります。

サーバーサイドタギングに対応しているタグの種類はまだ少なく、主にGoogle関連のプロダクト（GA4含む）、Facebook、Criteo、HubSpot、Matomo、MailChimp、TikTokなどになります（第三者提供テンプレート含む）。

本書では、GA4を軸にサーバーサイドタグの設定方法について説明します。実装を行うかに関しては、以下の内容を確認の上、社内エンジニアや上司に相談をして慎重に導入をすることを推奨します。

【注意】
本内容の実装や設定は、上級者向けの内容です。サーバーのDNS設定の変更を伴う内容も含まれており、正しく理解しているエンジニアや制作会社のサポートが前提となります。設定を間違えると、計測ができないだけではなく、サイトが表示されなくなる可能性があるので注意が必要です。

また、本機能の利用はスタティック環境の場合は無料で利用でき、テストや小規模サイトでは問題ありません。しかし大規模サイト（1秒あたり150件以上のリクエスト）がある場合は、フレキシブル環境での利用が前提となります。この場合は1サーバーあたり月間約40ドルかかり、3〜6台のサーバー設置が推奨となります。

公式のヘルプも事前に確認しておきましょう。
https://developers.google.com/tag-manager/serverside/intro

サーバーサイドタグを実装する

本実装の前にGA4がすでに導入されていることが前提となります。GA4を導入していない場合は、Chapter 2で解説したGTM経由でGA4を導入しておきましょう。

Step 1. サーバーサイド用のコンテナを作成する

新規にコンテナを作成します。作成時にServerを選んでください。

GTMのインストールを行います。

「タグ設定サーバーを自動的にプロビジョニングする」を選ぶと、Google Cloud Platform上にサーバーを自動で作成します。自動作成の注意点は、以下の通りです。

1 Google Cloud Platformで請求が可能なアカウントを事前に作成しておく必要がある
2 米国におかれている1台のサーバーが割り当てられます。リージョンを変更することはできません
3 無償枠が存在します。そちらを超えると有料となります。また初回は無料トライアル期間があります

「タグ設定サーバーを手動でプロビジョニングする」を選択すると、リージョンや利用サーバー台数などを自由に選ぶことができます。フレキシブル環境で設定する際の注意点は、以下の通りです。

1 Google Cloud Platformで請求が可能なアカウントを事前に作成しておく必要がある
2 Google Cloud PalatformのCloud Shellでコマンドを入力して設定を進めていく必要がある

実行するコマンドに関しては、以下のヘルプをご覧ください。
https://developers.google.com/tag-manager/serverside/script-user-guide

本書では、「自動プロビジョニング」を例に進めます。自動プロビジョニングを選択すると、請求先アカウントを選択する画面が表示されるので選択してください。

その後、数分間ほどして作成が完了すると、コンテナに関する情報が表示されます。それぞれ内容に関しては、控えておいてください。

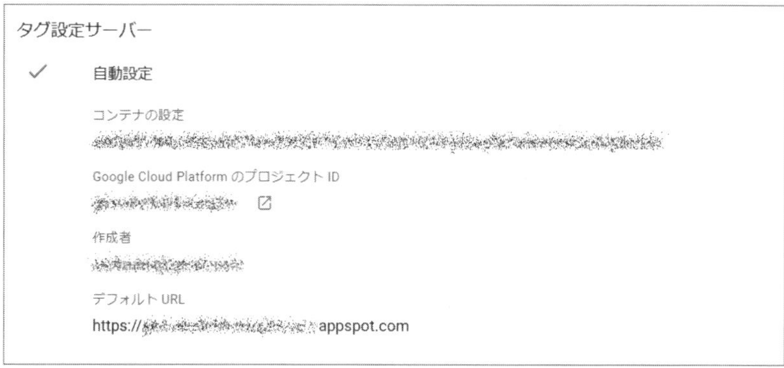

Step 2. サーバーサイドタグの設定を行う

サーバーサイドタグの管理画面から「コンテナの設定」を選択します。

「サーバコンテナのURL」に１つ前の画像の「デフォルトURL(appspot.comで終わるもの)」が入っているかを確認し、入っていなければ1つ前のSTEPで表示されたデフォルトURLを入力し、「URLを追加」をクリックして保存します。

入っていない場合はクリックします

次にデータを受信するために「クライアント」のメニューを開き、「新規」をクリックします。このとき、ページ上部にあるコンテナID（GTM-XXXXXX）をコピーしておいてください。

クライアントの種類から「Googleタグマネージャー：ウェブコンテナ」を選択し、「コンテナIDを追加」ボタンをクリックして、直前にコピーしたコンテナIDを追加して保存します。

さらに、GA4のクライアント設定を行います。すでにクライアントの一覧に「GA4」が用意されているので、「GA4」のテキストリンクをクリックして、「デフォルトのGA4パス」にチェックが入っているかを確認します。入っていない場合は変更しましょう。

次にタグの作成を行います。左側のメニューから「タグ」を選択して、新規作成から「Googleアナリティクス：GA4」を選択します。

設定は以下の通りに行ってください。

測定ID：GA4で利用しているストリームの測定IDを記述
トリガーに関しては「All Pages」を設定してください。特定の条件のときだけデータ送信を行いたい場合は新たにトリガーを作成し、その中で発動URLを絞り込んでください。

Step 3. GA4の計測を行っているタグの設定を行う

すでにGA4を導入しているServerではないウェブ版のGTMのコンテナを開き、設定を以下の通りに変更します。

Appendix 付録

Step 4. 計測確認を行う

サーバー側のコンテナとウェブ側コンテナそれぞれを公開して、計測確認を行いましょう。プレビューモードやGA4のデバッグモード計測が行われているかを確認します。

また、Chromeの検証デベロッパーツールで送り先がGoogle Cloud Platformになっているかを確認しましょう。Networkのメニューを選択して「collect」で絞り込み、collect?v=2の行を選択し、送り先が設定したappspot宛になっているかを確認しましょう。

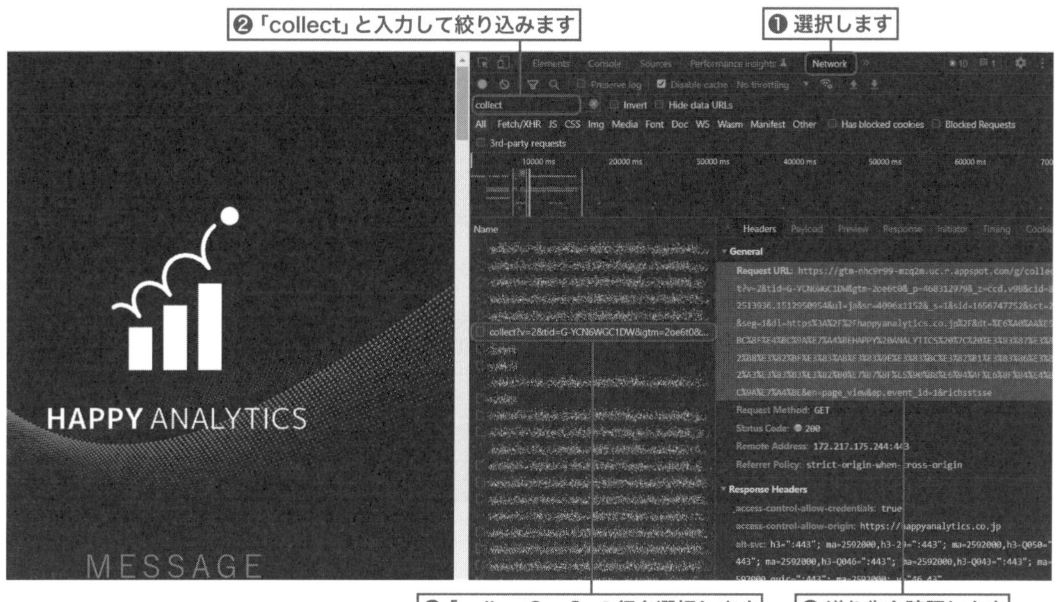

これで、サーバーサイドへのデータ送信が完了しました。

Step 5. サブドメインの設定を行う

データの送り先がGoogle Cloud Platform上にはなったものの、引き続きデータは自社ドメインから別ドメイン（appspot.com）に送られています。この状態では、ITPへの対策ができた状態にはなりません。

そこで、次にサブドメインを割り当てるという作業が必要となります。こちらは、Google App Engine側と自社で利用しているサーバー側で設定を行います。

まずはGoogle Cloud Platformにアクセスして、左側のメニューにある「App Engine」を選択します。

https://console.cloud.google.com/

上部のプルダウンメニューから今回作成したプロジェクトを選択します。

選択したらメニュー左下にある「設定」をクリックし、その後に「カスタムドメイン」を選択すると、以下のような画面になります。次に青い「カスタムドメインを追加」ボタンをクリックします。

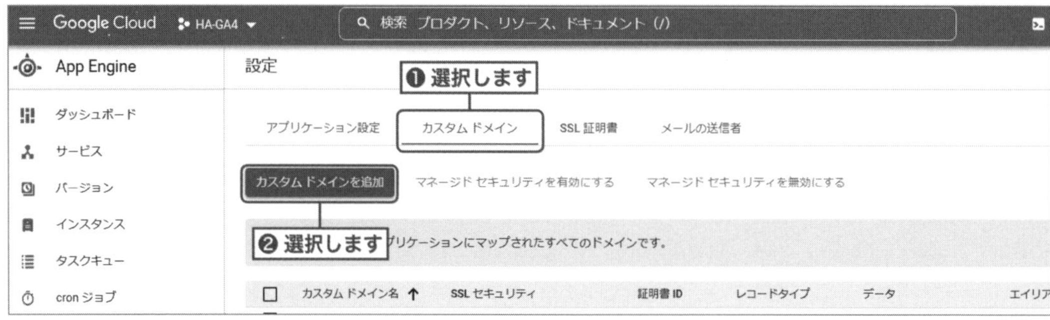

まずは使用するドメインを選択しますが、最初に登録する場合は自社ドメインであることを証明するため、「新しいドメインの所有権を証明」を選択します。

次に自社ドメインを入力して、「確認」をクリックします。

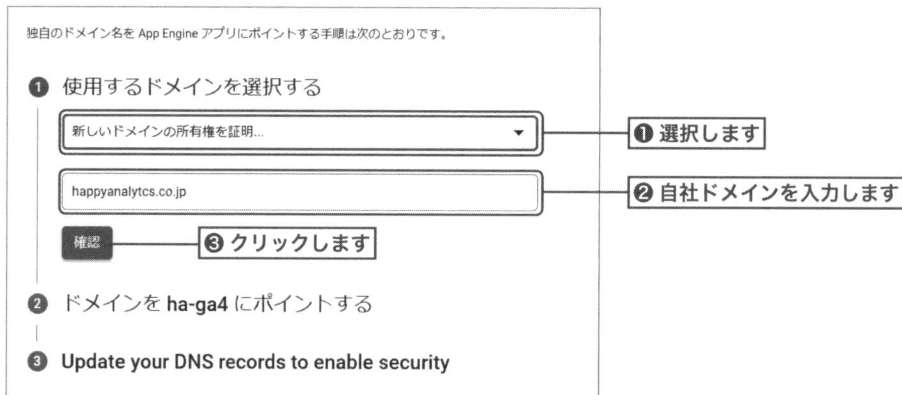

所有権を証明するための画面が表示されるので、プルダウンメニューから「その他」を選択すると、DNS設定へのTXTレコードの追加作成の指示が表示されます。

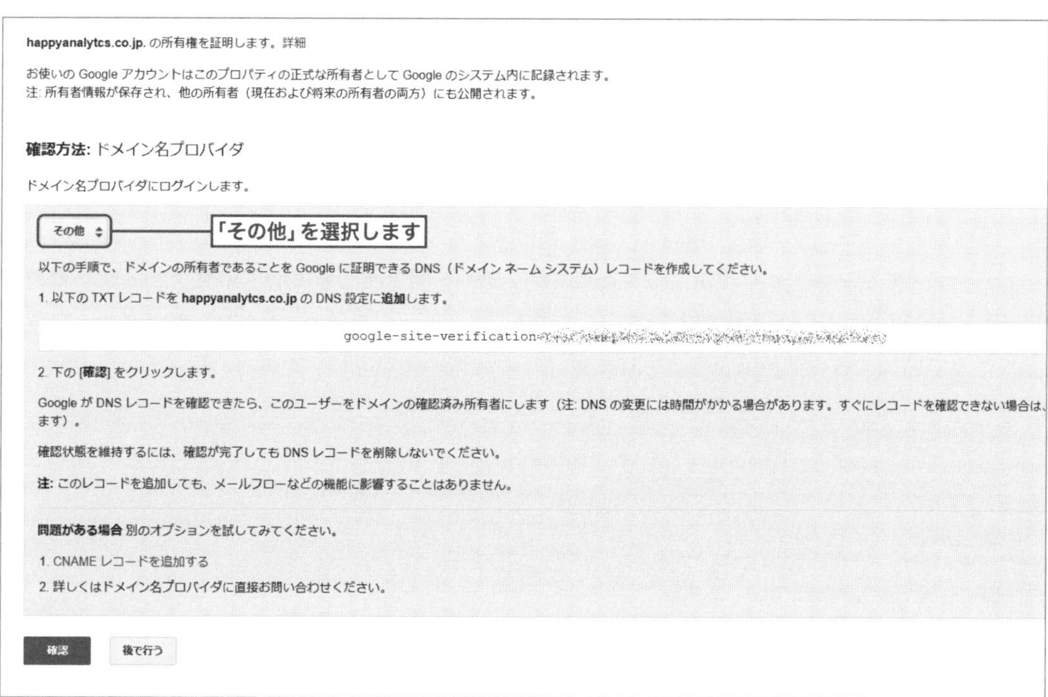

このTXTレコードの設定は、サーバー管理者に行ってもらう必要があります。内容を説明した上で社内のインフラ担当者に依頼してください。例えば、弊社で利用している「さくらインターネット」であれば、「ドメインコントロールパネル」管理画面で以下のように設定を行います（一番下の行を参照）。

設定から24～48時間ほど経過した後に、Google App Engine側の「確認」をクリックして所有権を証明しましょう。所有権が確認できたら、次のステップに進めます。

ステップ2でサブドメインを指定してください。**サイト側で利用していないサブドメインであれば、どんなサブドメインでも大丈夫**です。入力後に「マッピングを保存」をクリックすると、さらにDNS設定で追加するべき項目が表示されます。

❸ Update your DNS records to enable security

happyanalytics.co.jp のドメイン登録事業者に次の DNS レコードを追加してください:

種類 ↑	データ	エイリアス
A		
A		
A		
A		
AAAA		
AAAA		
AAAA		
AAAA		
CNAME		

DNS の変更が有効になるまで、最大で 24 時間かかることがあります。SSL 証明書が有効になるまで数分かかります。

DONE

こちらもサーバーのDNS設定に登録します。このとき、**最後の行に表示されるCNAMEについては登録する必要はありません**。「さくらインターネット」の場合は以下のような設定になります。追加の設定は、サブドメインに対して行います（wwwのドメインに対して行わないでください）。

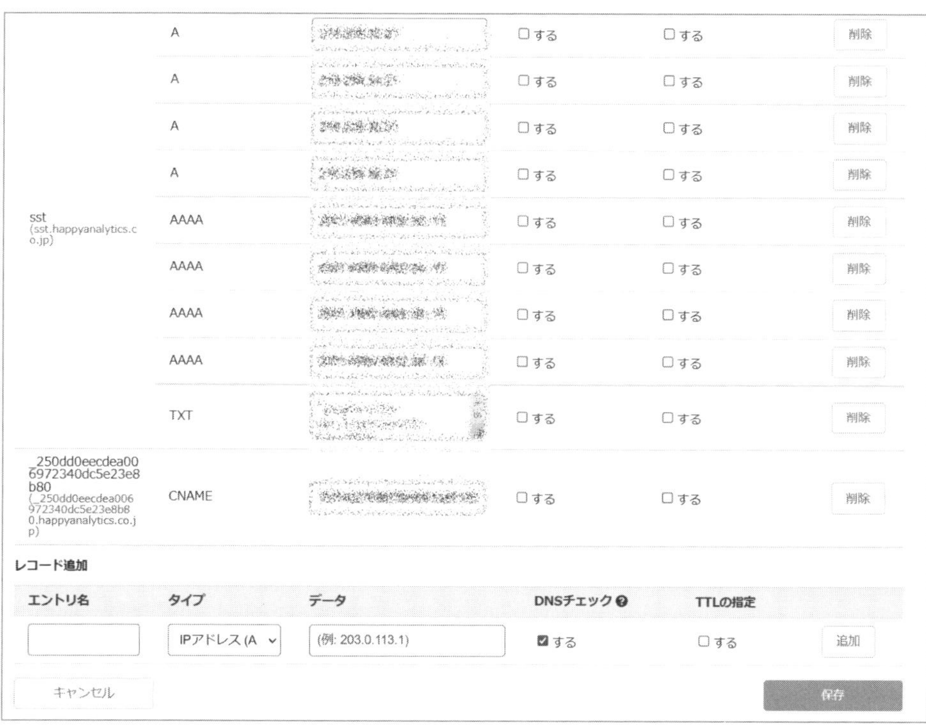

※2つ前の画像ではsst1.happyanalytics.co.jpになっていますが、上記は現在本番の環境で利用しているsst.happyanalytics.co.jpになります。自分が設定したサブドメインを利用してください。こちらも設定後に24～48時間ほどお待ちください。

下記の状態になれば、DNS設定は成功しています。

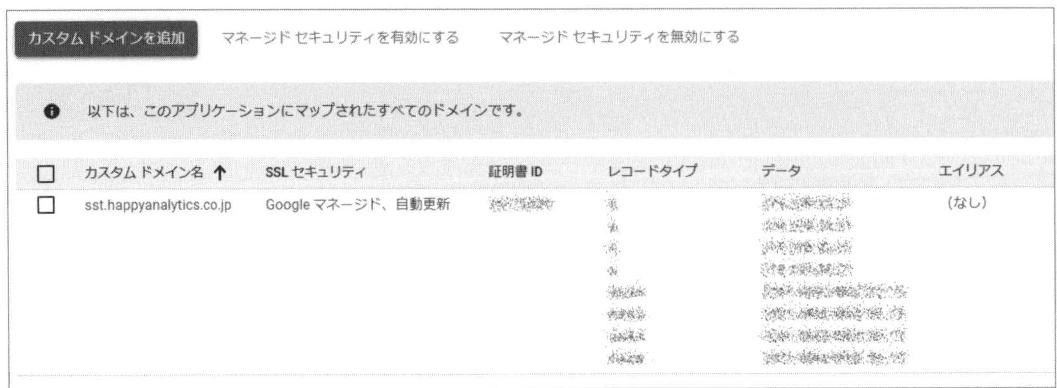

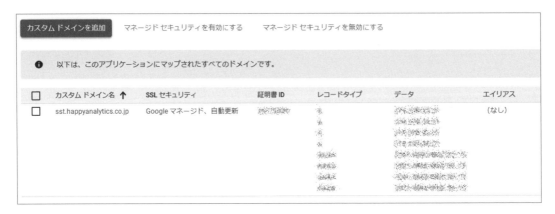

最後にGTM側の設定変更を行います。まずは、サーバー用に作成したコンテナの「コンテナの設定」画面から「サーバーコンテナのURL」をappspot.comで終わるものから新規に設定したサブドメインを入力して保存します。

Appendix 付録

同様に、GA4の計測設定を行っているウェブコンテナ側のGA4タグも設定を変更します。

どちらのコンテナも本番公開した後に、Chromeの検証デベロッパーツールでデータ送信を確認しましょう。データの送り先が設定したサブドメインになっていれば設定完了です。

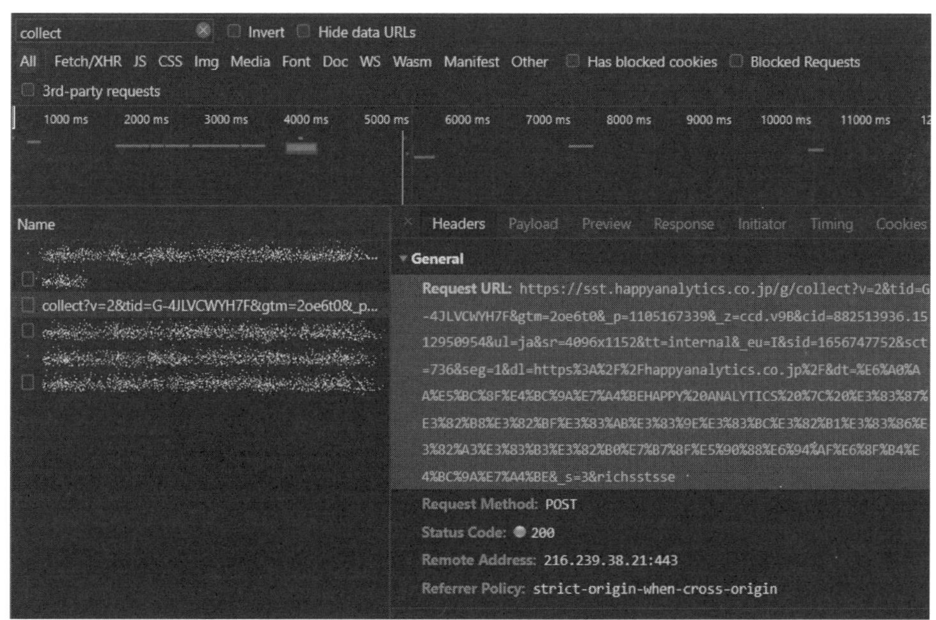

Appendix GA4内で利用されているディメンションと指標の意味が知りたい

3 GA4用語集

GA4の探索機能で利用できるディメンションと指標の一覧、およびその意味となります。定義は追加・変更・削除される可能性があり、2023年5月時点の状態となります。こちらに関しては今後も更新が予想されるので、最新の情報はAppendix 4で紹介している公式のヘルプもチェックしておきましょう。

ディメンションの一覧

カテゴリ	名称	意味	例
eコマース	item category(アイテムカテゴリ)	商品のアイテムカテゴリ名の第1階層。eコマースのitem_categoryにて設定	アパレル
	アイテムID	商品のアイテムID。eコマースのitem_idにて設定	AG0000023
	アイテムプロモーションID	プロモーションのID。eコマースのpromotion_idにて設定	summer_promotion_01
	アイテムプロモーション名	プロモーションの名称。eコマースのpromotion_nameにて設定	夏の限定セール
	アイテムのアフィリエーション	アフィリエーションの名称。eコマースのaffiliationにて設定	ONLINE STORE
	アイテムのカテゴリ2	商品のアイテムカテゴリ名の第2階層。eコマースのitem_category2にて設定	男性
	アイテムのカテゴリ3	商品のアイテムカテゴリ名の第3階層。eコマースのitem_category2にて設定	上着
	アイテムのカテゴリ4	商品のアイテムカテゴリ名の第4階層。eコマースのitem_category2にて設定	シャツ
	アイテムのカテゴリ5	商品のアイテムカテゴリ名の第5階層。eコマースのitem_category2にて設定	Tシャツ
	アイテムのクーポン	アイテムに紐づくクーポン。eコマースのitemsイベントのcouponにて設定	商品500円割引クーポン
	アイテムのバリエーション	アイテムに紐づくバリエーション。eコマースのitemsイベントのitem_variantにて設定	紺
	アイテムのブランド	商品のアイテムブランド名。eコマースのitem_brandにて設定	GA4ガイドブランド
	アイテムのプロモーション(クリエイティブのスロット)	プロモーションで商品が表示されたクリエイティブの番号。eコマースのcreative_slotにて設定	1

カテゴリ	名称	意味	例
eコマース	アイテムのプロモーション（クリエイティブ名）	プロモーションで商品が表示されたクリエイティブの名称。eコマースのcreative_nameにて設定	サマープロモーション
	アイテムの現地価格	アイテムの現地価格を設定。eコマースイベントのcurrencyを元に設定	5000
	アイテムの地域 ID	プロモーションで商品が表示されたクリエイティブの掲載一。eコマースのlocation_idにて設定	ヒーローバナー
	アイテムリストID	商品がリスト表示されたときのリストを特定するID。eコマースのitem_list_idにて設定	freeword
	アイテムリスト位置	商品がリスト表示されたときのリストを特定するID。eコマースのindexにて設定	3
	アイテムリスト名	商品がリスト表示されたときのリストを特定するID。eコマースのitem_list_nameにて設定	フリーワード検索
	アイテム名	商品を指定する名称。 eコマースのitem_nameにて設定	【お得セット】羽毛を利用したファースリッパ
	オーダークーポン	注文に紐づくクーポン。 eコマースのcouponにて設定	500円割引クーポン
	カテゴリ	不明（Category）	
	サービス名	不明（Product Name）	
	取引ID	購入時の決済ID。 eコマースのtransaction_idにて設定	AXH100001431
	商品ID	アプリ内購入時の商品ID。 eコマースのproduct_idにて設定	item000014
	送料区分	購入品の配送方法で選択した項目。add_shipping_infoイベント内のshipping_tierパラメータにて設定	航空便
	通貨	イベントの通貨コード。currencyのパラメータにて設定	JPY
アトリビューション	Google広告クエリ	Google広告経由でコンバージョンにつながった検索クエリ	アクセス解析ツール
	Google広告のアカウント名	Google広告経由でコンバージョンにつながったGoogle広告のアカウント名	HAPPY ANALYTICS
	Google広告のお客様 ID	Google広告経由でコンバージョンにつながったGoogle広告のお客様ID	123-456-7890
	Google広告の キーワードテキスト	Google広告経由でコンバージョンにつながったGoogle広告内で設定したキーワード	アクセス解析
	Google広告のキュンペーン	Google広告経由でコンバージョンにつながったキャンペーンタイプ	Display
	Google広告の 広告グループID	Google広告経由でコンバージョンにつながったGoogle広告ID	10001
	Google広告の 広告グループ名	Google広告経由でコンバージョンにつながったGoogle広告名	ブランドワード

カテゴリ	名称	意味	例
アトリビューション	Google広告の 広告ネットワークタイプ	Google広告経由でコンバージョンに つながったネットワーク種別	YouTube Search
	キャンペーン	コンバージョン時のマーケテイングキャンペーン名。utm_campaignのパラメータにて指定	summer_promo
	キャンペーンID	コンバージョン時のマーケテイングキャンペーンID。utm_idのパラメータにて指定	summer001
	デフォルト チャネルグループ	コンバージョン時の流入チャネル。 参照元とメディア等によって分類される	Referral
	メディア	コンバージョン時の流入メディア。 utm_mediumのパラメータにて指定	cpc
	参照元	コンバージョン時の流入参照元。 utm_sourceのパラメータにて指定	yahoo
	参照元/メディア	コンバージョン時の参照元とメディアを 組み合わせたもの	yahoo / cpc
	参照元プラットフォーム	参照元の種別を表示。 Web/Android/iOSの3種類	Web
イベント	イベント名	取得しているイベントの名称	page_view
	コンバージョン イベント	コンバージョンとして設定しているか否かの判定。設定している場合はtrueが付与される	TRUE
ゲーム	レベル	プレイヤーのレベルを取得。Level_up イベントのLevelパラメータにて設定	4
	仮想通貨の名前	仮想通貨関連のイベントのパラメータ virtual_currency_nameにて設定	Gems
	実績 ID	プレイヤーが達成した実績のIDを取得。Unlock_achievementイベントのachievement_idパラメータにて設定	Stage2
	文字	プレイヤーのキャラクター名。 Characterのパラメータにて設定	Player001
トラフィックソース	セッションのGoogle広告 アカウント名	流入セッション時のGoogle広告の アカウント名	HAPPY ANALYTICS
	セッションのGoogle広告 キーワードのテキスト	流入セッション時のGoogle広告内で 設定したキーワード	アクセス解析
	セッションのGoogle広告 クエリ	流入セッション時の検索クエリ	アクセス解析ツール
	セッションのGoogle広告の お客様 ID	流入セッション時のGoogle広告の お客様ID	123-456-7890
	セッションのGoogle広告の 広告グループ ID	流入セッション時のGoogle広告ID	10001
	セッションのGoogle広告の 広告グループ名	流入セッション時のGoogle広告名	ブランドワード
	セッションのGoogle広告の 広告ネットワークタイプ	流入セッション時のネットワーク種別	YouTube Search

カテゴリ	名称	意味	例
トラフィックソース	セッションのキャンペーン	セッション流入時のキャンペーン名。utm_campaignのパラメータにて指定	summer_promo
	セッションの参照元	セッション流入時の参照元。utm_sourceのパラメータにて指定	yahoo
	セッションのメディア	セッション流入時のメディア。utm_mediumのパラメータにて指定	cpc
	セッションの手動キーワード	セッション流入時のキーワード。utm_termのパラメータにて指定	アクセス解析
	セッションの手動広告コンテンツ	セッション流入時のコンテンツ種別。utm_contentのパラメータにて指定	バナータイプA
	セッションのキャンペーンID	セッション流入時のキャンペーンID。utm_idのパラメータにて指定	summer001
	セッションのデフォルトチャネルグループ	セッション流入時の流入チャネル。参照元とメディア等によって分類される	Referral
	セッションの参照元プラットフォーム	購入アクティビティを管理するプラットフォーム	DV360、Google Ads、SA360など
	セッションの参照元/メディア	セッションの参照元とメディアを組み合わせたディメンションgoogle/cpc	yahoo / cpc
	ユーザーの最初のGoogle広告アカウント名	初回流入時のGoogle広告のアカウント名	HAPPY ANALYTICS
	ユーザーの最初のGoogle広告クエリ	初回流入時の検索クエリ	アクセス解析ツール
	ユーザーの最初のGoogle広告のお客様ID	初回流入時のGoogle広告のお客様ID	123-456-7890
	ユーザーの最初のGoogle広告のキーワード テキスト	初回流入時のGoogle広告内で設定したキーワード	アクセス解析
	ユーザーの最初のGoogle広告の広告キャンペーン	初回流入時のGoogle広告のキャンペーンタイプ	Display
	ユーザーの最初のGoogle広告の広告グループID	初回流入時のGoogle広告ID	10001
	ユーザーの最初のGoogle広告の広告グループ名	初回流入時のGoogle広告名	ブランドワード
	ユーザーの最初のGoogle広告の広告ネットワークタイプ	初回流入時のネットワーク種別	YouTube Search
	ユーザーの最初のキャンペーン	初回流入時のキャンペーン名。utm_campaignのパラメータにて指定	summer_promo
	ユーザーの最初のキャンペーンID	初回流入時のキャンペーンID。utm_idのパラメータにて指定	summer001
	ユーザーの最初のデフォルトチャネルグループ	初回流入時の流入チャネル。参照元とメディア等によって分類される	Referral
	ユーザーの最初のメディア	初回流入時のメディア。utm_mediumのパラメータにて指定	cpc
	ユーザーの最初の参照元	初回流入時の参照元。utm_sourceのパラメータにて指定	yahoo

カテゴリ	名称	意味	例
トラフィックソース	ユーザーの最初の参照元/メディア	初回流入時の参照元とメディアを組み合わせもの	yahoo / cpc
	ユーザーの最初の参照元プラットフォーム	購入アクティビティを管理するプラットフォーム	DV360、Google Ads、SA360など
	ユーザーの最初の手動キーワード	初回流入時のキーワード。utm_termのパラメータにて指定	アクセス解析
	ユーザーの最初の手動広告コンテンツ	初回流入時のコンテンツ種別。utm_contentのパラメータにて指定	バナータイプA
パブリッシャー	広告のソース	Google Ad Managerのアドマネージャーネットワークの名前とID	
	広告フォーマット	Google Ad Managerの広告枠フォーマットのディメンション	
	広告ユニット	Google Ad Managerの広告ユニットの名称	
	広告ユニットのコード	Google Ad Managerの広告ユニットのID	
プラットフォーム/デバイス	OSのバージョン	オペレーティングシステムのバージョン	13.5.1
	アプリストア	アプリをダウンロードしたストア名	iTunes
	アプリのバージョン	利用しているアプリのバージョン	2.0.12
	オペレーティング システム	オペレーティングシステムの名称	Windows
	オペレーティング システム(バージョンあり)	オペレーティングシステムの名称とバージョン	Android 10
	ストリームID	計測しているアプリやウェブサイトを特定するストリームのID。設定のデータストリーム内にて確認可能	32774182214
	ストリーム名	計測しているアプリやウェブサイトを特定するストリームの名称。設定のデータストリーム内にて確認可能	HAPPY ANALYTICS
	デバイス	デバイスの名称	Xperia 10 II
	デバイス カテゴリ	デバイスのカテゴリ。Desktop/mobile/Tablet/smartTVのいずれか	Tablet
	デバイスのブランド	デバイスのブランド名	Samsung
	デバイスモデル	デバイスのモデル名	iPhone 12.8
	ブラウザ	ブラウザの名称	Chrome
	ブラウザのバージョン	ブラウザのバージョン	25.1
	プラットフォーム	プラットフォーム名 Web/iOS/Androidのいずれか	web
	モバイルモデル	モバイルデバイスのモデル名称	iPhone 11
	画面の解像度	画面の横×縦のピクセル数	1920 x 1080
	言語	ブラウザあるいはデバイスの言語	English
	言語コード	ブラウザあるいはデバイスの言語コード	en-us

カテゴリ	名称	意味	例
ページ／スクリーン	コンテンツID	表示されているコンテンツのID。content_idのイベントパラメータ名で指定	1005
	アプリ	スクリーン名	アプリで表示されているが、画面の名称
	コンテンツ グループ	表示されているコンテンツのID。content_groupのイベントパラメータ名で指定	特集
	コンテンツ タイプ	表示されているコンテンツのID。content_typeのイベントパラメータ名で指定	リスト
	ページ タイトル	ウェブページのタイトル	GA4ガイド
	ページ タイトルとスクリーン クラス	ウェブページのタイトルあるいはアプリのスクリーンクラス名	GA4ガイド
	ページ タイトルとスクリーン名	ウェブページのタイトルあるいはアプリのスクリーン名	GA4ガイド
	ページの参照元URL	1つ前のページのURL。Page_referrerのイベントパラメータで指定	https://developers.google.com/analytics/devguides/reporting/data/v1/api-schema
	ページロケーション	表示されているページのURL。Page_locationのイベントパラメータで指定。ドメイン、パラメータ等全て含む	https://www.example.com/store/contact-us?query_string=true
	ページパスとスクリーンクラス	ウェブページの表示されているURLのホスト名とクエリ文字列の間の部分のみ。あるいはアプリのスクリーンクラス名	/store/contact-us
	ページパス＋クエリ文字列	ウェブページの表示されているURLのホスト名以降の部分のみ	/store/contact-us?query_string=true
	ホスト名	ウェブページの表示されているURLのホスト名のみ	www.example.com
	ランディングページ＋クエリ文字列	セッションの一番最初に閲覧したページのURL（ドメイン部分は含まず）	/business/info.html
ユーザー	ユーザーIDでログイン済み	ログイン状態を判断user-idが設定されているか。ログインしている場合はyesを設定	yes
	オーディエンス名	オーディエンスの名称。「設定」の「オーディエンス」で作成が可能	3回以上購入
	新規／既存	過去7日以内に初めてサイトを訪れたあるいはアプリを開いた場合は新規、過去7日以上前に初めてサイトを訪れたあるいはアプリを開いた場合は既存。新規・リピートとは定義が違う既存	新規

カテゴリ	名称	意味	例
ユーザーのライフタイム	初回訪問日	ユーザーが初めてエンゲージメントを持った日付	20220305
	最終利用日	ユーザーが最後にエンゲージメントを持った日付	20220311
	初回購入日	ユーザーが初めて購入を行った日付	20220308
	最終オーディエンス名	ユーザーが現在（最後）に属しているオーディエンス名	3回以上購入
	最終プラットフォーム	ユーザーが現在（最後）に訪れたプラットフォーム名	Web
	最終購入日	ユーザーが直前に購入した日付	20220309
ユーザー属性	インタレスト カテゴリ	ユーザーが興味関心を持っているカテゴリ。Google Signalが有効になっている必要あり	Media&Entertainment/TV Lovers
	性別	ユーザーが性別分類。Google Signalが有効になっている必要あり	Male
	年齢	ユーザーが年齢レンジ分類。Google Signalが有効になっている必要あり	25-34
リンク	リンクID	外部リンククリック時に、リンクに指定されていたID（id="XXXXXX"）	register
	リンク テキスト	外部リンクをクリック時にリンクに指定されていたテキスト	コーポレートサイト
	リンクドメイン	外部リンクをクリック時にリンクに指定されていたドメイン	happyanalytics.co.jp
	リンクのクラス	外部リンクをクリック時にリンクに指定されていたクラス名（class="XXXXXX"）	externalLink
	リンク先URL	外部リンクをクリック時のリンク先のURL	https://happyanalytics.co.jp/business/
	送信	外部リンクの場合はtrueを返す。外部リンクでない場合は空白	TRUE
時刻	N時間目	設定したデータ期間から何時間目か。同時間帯の場合は0000	6
	Nか月目	設定したデータ期間から何ヶ月目か。同月の場合は0000	1
	N週目	設定したデータ期間から何週目か。同週の場合は0000	2
	N日目	設定したデータ期間から何日目か。同日の場合は0000	5
	N年目	設定したデータ期間から何年目か。同年の場合は0000	0
	時間	何時台のデータかを表示。0～23の値のいずれか	11
	日時	日時をYYYYMMDDHH形式で表示	2022031305

カテゴリ	名称	意味	例
時刻	月	月。01～12の値を返す	8
	週	週。01～53の値を返す。1月1日が入っている週が01となる。そのため01と53は7日未満になる可能性がある	18
	日	日。01～31の値を返す	3
	日付	日付。YYYYMMDD形式	20220313
	年	年。YYYY形式	2022
全般	グループID	ユーザーが何かしらのグループ（ゲーム内コミュニティ等）に属した時のID。group_idのイベントパラメータで設定	Group10001
	スクロール済みの割合	拡張計測機能を使ってスクロールを取得している際に、90%までスクロールしたらtrueの値を設定。Percent_scrolledのイベントパラメータ名で設定	90
	ファイル拡張子	ファイルダウンロード時の拡張子名。File_extensionのイベントパラメータで設定	pdf
	ファイル名	ファイルダウンロード時のファイル名。File_nameのイベントパラメータで設定	/menus/dinner-menu.pdf
	検索キーワード	サイト内検索時の検索キーワード。Search_termのイベントパラメータで設定	セッション
	表示	拡張計測機能を使ってスクロールを取得している際に、90%までスクロールしたらtrueの値を設定。Visibleのイベントパラメータで設定	TRUE
	方法	イベントがトリガー（実行）された方法を取得。methodのイベントパラメータで設定	POST
	テストデータのフィルタ名	データフィルタの設定でフィルタの状態が「テスト」状態のときに、データフィルタ名を取得	Internal Traffic
	A/Bテストのテストイベント	不明	
	テストデータのフィルタ名	テストとして分類したフィルタの名称。Traffic_typeの名称で設定	internal
地域	亜大陸	アクセスしたユーザーの亜大陸の分類名	Eastern Asia
	亜大陸ID	アクセスしたユーザーの亜大陸のID番号	30
	国	アクセスしたユーザーの国	Japan
	国ID	アクセスしたユーザーの国ID	JP
	市区町村	アクセスしたユーザーの市区町村	Osaka
	大陸	アクセスしたユーザーの大陸の分類名	Asia
	大陸ID	アクセスしたユーザーの亜大陸のID番号	142

カテゴリ	名称	意味	例
地域	地域	アクセスしたユーザーの都道府県	Tokyo
	地方ID	アクセスしたユーザーの都道府県番号	JP-13
	都市ID	アクセスしたユーザーの都市ID	1009540
	緯度	アクセスしたユーザーの緯度	34.6937
	経度	アクセスしたユーザーの経度	135.5023
動画	動画のURL	ユーザーが閲覧した動画のURL	https://www.youtube.com/watch?v=arhVXAkqlkU
	動画のタイトル	ユーザーが閲覧した動画のタイトル	HAPPY ANALYTICS 紹介動画
	動画のプロバイダ	ユーザーが閲覧した動画の提供元	youtube

指標の一覧

カテゴリ	名称	意味	例
eコマース	eコマースの収益	eコマースのみの収益。ecommerceのpurchaseのイベントで取得しているvalueを値として参照	¥1,000,000
	eコマースの数	eコマースイベントに含まれているアイテムの合計個数。日付や流入元などのディメンションと掛け合わせて利用する	2500
	eコマース購入数	eコマースで購入が行われた回数。Ecommerceのpurhcaseイベント回数	1200
	アイテムのビューイベント数	アイテムの詳細が表示された回数	500
	アイテムの割引額	購入時のアイテムの割引額discountの値×quantityの値にて計算	1000
	アイテムの購入数	アイテムごとの購入回数を表示（購入数量ではない）	50
	アイテム プロモーションのクリック数	eコマースのpromotionイベントで表示された商品がクリックされた回数	200
	アイテム プロモーションの表示回数	eコマースのpromotionイベントで表示された商品が表示された回数	2000
	アイテムの収益	アイテムの売上。商品ごとの購入回数と金額の掛け算で算出。Itemイベントに含まれる値で算出するため、送料・税金等は含まない	¥1,000,000
	アイテムの数量	eコマースイベントに含まれているアイテムごとの合計個数。アイテム名やアイテムカテゴリとのディメンションと掛け合わせて利用する	2500
	アイテムの表示回数	アイテムが表示された回数。View_itemのイベントの回数	150000
	アイテムの払い戻し	アイテムの払い戻し回数。Refundイベントの数で計測	200

カテゴリ	名称	意味	例
eコマース	アイテムリストのクリック数	リストで表示されたアイテムのクリック数。Select_itemのイベント数を計測	1000
	アイテムリストの閲覧回数	リストで表示されたアイテムの表示回数。view_item_listのイベント数を計測	5000
	カートに追加	商品がカートに追加された回数。Add_to_cartのイベント数で計測	2500
	チェックアウト	チェックアウトが開始した回数。Begin_checkoutのイベント数で計測	1500
	トランザクション数	決済が発生した回数。集計対象イベントは、in_app_purchase, ecommerce_purchase, purchase, app_store_subscription_renew, app_store_subscription_convert, refund	2000
	リストでクリックされたアイテム数	商品一覧で表示されたアイテムのクリック数	200
	リストで閲覧されたアイテム数	商品一覧で表示されたアイテムの表示回数	1000
	購入	in_app_purchaseおよびpurchaseの購入回数の合計	1950
	購入による収益	購入によって生まれた収益。集計対象イベントは、in_app_purchaseとpurchaseのValueのパラメータで取得した金額の合計	¥1,000,000
	購入者あたりのトランザクション数	購入÷購入者数	1.2
	商品の収益	In-App Revenue, Ecommerce Revenue, App Subscriptionsでの収益。商品別に見ると、該当商品以外の収益も含む。Ecommerceのvalueを参照して算出される。送料や税金等も含む	¥1,000,000
	数量	eコマースイベントのユニット数	5800
	税金額	購入時の税金額。taxパラメータの値を取得	150
	送料	購入時の送料額。shippingパラメータの値を取得	800
	払い戻し金額	払い戻された金額の合計。Refundイベントのvalueのイベントパラメータから算出	¥50,000
イベント	イベントの値	イベントで取得している値の合計。Valueのイベントパラメータから算出	¥1,000,000
	イベント数	イベントの発生回数	5000
	コンバージョン	設定したコンバージョンの発生回数	2500
	セッションあたりのイベント数	イベント数÷セッション数	12.5
	ユーザーあたりのイベント数	イベント数÷アクティブユーザー数	4.1
	初回起動	アプリを初回起動した人数。First_openのイベント回数で計測	1000
	初回訪問	ウェブサイトを初回訪問した人数。first_visitのイベント回数で計測	800

カテゴリ	名称	意味	例
セッション	エンゲージのあったセッション数	エンゲージメント（10秒以上の滞在、コンバージョンイベントの発生、2ページあるいは2画面以上の閲覧）が発生したセッション数	1500
	エンゲージのあったセッション数（1ユーザーあたり）	エンゲージメントのあったセッション数÷ユーザー数	2.3
	エンゲージメント率	エンゲージメントのあったセッション数÷セッション数	0.2846
	セッション	ウェブサイトへの訪問あるいはアプリの起動回数。Session_startのイベント数をカウント	2500
	ユーザーあたりのセッション数	セッション数÷アクティブユーザー数	1.2
	セッションのコンバージョン率	コンバージョンがあったセッション数÷セッション数で算出。コンバージョンは全てのコンバージョンが対象となり選択不可	2.1%
	直帰率	1－エンゲージメント率で算出。エンゲージメントしなかった割合を指している	34.5%
	平均セッション継続時間	サイト来訪時の平均滞在時間	00:12:24
パブリッシャー	広告の表示時間	広告ユニットがユーザーに表示されていたミリ秒	1500
	広告ユニットの表示時間	広告がユーザーに表示されていたミリ秒	1500
	広告収益	広告によって生まれた売上。Admobおよび第三者広告を含む	¥1,000,000
ページ／スクリーン	ユーザーあたりのビュー	表示回数（ブラウザでのページ表示およびアプリでの画面表示）÷アクティブユーザー数	12.5
	閲覧開始数	該当ページや画面でセッション最初のイベントが発生した回数（ページや画面単位で利用）	300
	表示回数	ブラウザでのページ表示およびアプリでの画面表示回数。リロード等もカウントされる	5000
	離脱数	該当ページや画面でセッション最後のイベントが発生した回数（ページや画面単位で利用）	1500
	セッションあたりのページビュー数	ページビュー数÷セッション数の数値	2.15
ユーザー	1日の最小購入者数	集計期間で最も購入者数が少なかった日の購入者数	100
	1日の最大購入者数	集計期間で最も購入者数が多かった日の購入者数	500
	1日の平均購入者数	集計期間の日平均の購入者数	300
	1日後のリピート購入者数	2日連続で購入を行った人数	24
	2～7日後のリピート購入者数	購入日を起点に2～7日以内に再度購入した人数	100
	31～90日後のリピート購入者数	購入日を起点に31～90日以内に再度購入した人数	85
	8～30日後のリピート購入者数	購入日を起点に8～30日以内に再度購入した人数	40
	DAU/MAU	過去30日アクティブだったユーザーの内、1日のみアクティブだったユーザーの割合	18.20%

カテゴリ	名称	意味	例
ユーザー	DAU/WAU	過去７日アクティブだったユーザーの内、１日のみアクティブだったユーザーの割合	21.42%
	PMAU/DAU	過去30日以内に購入したユーザーが、１日のユーザーの中で占める割合	4.60%
	PWAU/DAU	過去７日以内に購入したユーザーが、１日のユーザーの中で占める割合	2.30%
	WAU/MAU	過去30日アクティブだったユーザーの内、１習慣に１回以上アクティブだったユーザーの割合	22.40%
	セッションあたりの平均エンゲージメント時間	エンゲージメント時間（ブラウザやアプリが前面にあった時間）÷セッション数	１分３８秒
	ユーザーエンゲージメント	ブラウザやアプリが前面にあった時間の合計	１年234日
	ユーザーコンバージョン率	コンバージョンがあったユーザー数÷ユーザーの合計数で算出。コンバージョンは全てのコンバージョンが対象となり、選択不可	3.5%
	ユーザーの合計数	サイトを訪れたユニークな人数	1500
	リピーター	サイトの訪問が２回目以上の人数	800
	30日以内に購入のあったアクティブユーザー数	過去30日に購入経験がある利用ユーザー数	500
	７日以内に購入のあったアクティブユーザー数	過去７日に購入経験がある利用ユーザー数	120
	90日以内に購入のあったアクテイブユーザー数	過去90日に購入経験がある利用ユーザー数	1400
	総購入者数	期間に購入が発生した人数	6550
	初回購入者のコンバージョン数	利用ユーザーの内、初回購入を行った人数の割合（指標名は数とありますが、率が出てきます）	2.50%
	初回購入者数	期間中に初回購入が発生した人数	1000
	新しいユーザー	サイトを初めて訪れた人数。First_visitおよびfirst_openのイベント数	1500
	新しいユーザーあたりの初回購入者数	期間中に初回購入を行った人数÷期間中に初回訪問をした人数	2.50%
	利用ユーザー数	ユーザーに１秒以上画面が前面に表示されたユーザー数	1500
ユーザーのライフタイム	LTV	全期間の全売上。合計、平均、10パーセンタイル（売上貢献下位10%）、50パーセンタイル,80パーセンタイル、90パーセンタイルの数値を表示可能	¥1,000,000
	ライフタイムのセッション数	初回訪問からの累計訪問回数。合計、平均、10パーセンタイル（売上貢献下位10%）、50パーセンタイル、80パーセンタイル、90パーセンタイルの数値を表示可能	2.6
	全期間のエンゲージメントセッション数	初回訪問からの累計のエンゲージメントがあったセッション数。合計、平均、10パーセンタイル（売上貢献下位10%）、50パーセンタイル、80パーセンタイル、90パーセンタイルの数値を表示可能	2.4

カテゴリ	名称	意味	例
ユーザーのライフタイム	全期間のエンゲージメント時間	初回訪問からの累計エンゲージメント時間。合計、平均、10パーセンタイル（売上貢献下位10%）、50パーセンタイル、80パーセンタイル、90パーセンタイルの数値を表示可能	12分10秒
	全期間のセッション継続時間	初回訪問からの累計セッション時間（前面になくても時間を計測）数。合計、平均、10パーセンタイル（売上貢献下位10%）、50パーセンタイル、80パーセンタイル、90パーセンタイルの数値を表示可能	19分15秒
	全期間のトランザクション数	初回訪問からの累計トランザクション回数。合計、平均、10パーセンタイル（売上貢献下位10%）、50パーセンタイル、80パーセンタイル、90パーセンタイルの数値を表示可能	5000
	全期間の広告収入	初回訪問からの累計広告収入金額。 合計、平均、10パーセンタイル（売上貢献下位10%）、50パーセンタイル、80パーセンタイル、90パーセンタイルの数値を表示可能	¥1,000,000
広告	Google広告のクリック数	Google広告（AdMob）をクリックした回数。Ad_clickイベント数を計測	2000
	Google広告のクリック単価	Google広告の費用÷Google広告のクリック回数	¥120
	Google広告の動画再生数	Google広告の動画が再生された回数	5600
	Google広告の動画費用	Google広告の動画配信にかかったコスト	150
	Google広告の費用	Google広告全体にかかった費用	¥1,000,000
	Google広告の表示回数	Google広告全体の表示回数	15000
	Google広告以外のクリック数	Google広告以外の広告をクリックした回数	10000
	Google広告以外のクリック単価	Google広告以外の費用÷Google広告以外のクリック回数	¥110
	Google広告以外のコンバージョン単価	Google広告以外の費用÷コンバージョンの発生回数	¥2,500
	Google広告以外の費用	Google広告以外の広告で発生した費用	¥1,500,000
	Google広告以外の費用対効果	Google広告以外の広告経由の収益÷Googlek王国外の広告の費用	1.25
	Google広告以外の表示回数	Google広告以外の広告でが表示された回数	5000
収益	1日の最高収益	レポート期間で最も収益が多かった日の収益額	¥500,000
	1日の最低収益	レポート期間で最も収益が少なかった日の収益額	¥120,000
	ARPPU	合計収益÷購入を行ったアクティブユーザー数	¥1,900
	ARPU	合計収益÷アクティブユーザー数	¥50
	イベント収益	送られてきたイベントによる収益	¥1,500,000
	ユーザーあたりの平均購入収益額	合計収益÷ユーザー数	¥48
	購入による平均収益	合計収益÷購入回数（平均購入金額）	¥1,850

カテゴリ	名称	意味	例
収益	合計収益	全ての収益。集計対象イベントは、in_app_purchase, ecommerce_purchase, purchase, app_store_subscription_renew, app_store_subscription_convertおよび広告収入を含む	¥1,500,000
	平均日次収益	合計収益÷レポート期間の日数	¥15,000
予測可能	アプリ内購入の可能性	過去28日間でアクティブだったユーザーが7日以内にアプリ内で購入する割合予測。平均、10パーセンタイル（10%以上の可能性で購入する人数）、50パーセンタイル、80パーセンタイル、90パーセンタイルの数値を表示可能	15%
	購入の可能性	過去28日間でアクティブだったユーザーが7日以内に購入する割合予測。 平均、10パーセンタイル（10%以上の可能性で購入する人数）、50パーセンタイル、80パーセンタイル、90パーセンタイルの数値を表示可能	20%
	予測収益	過去28日間でアクティブだったユーザーが28日以内に生む収益額の予測。 平均、10パーセンタイル（下位10%の購入による売上）、50パーセンタイル、80パーセンタイル、90パーセンタイルの数値を表示可能	¥1,500,000
	離脱の可能性	過去7日間でアクティブだったユーザーが7日以内に再訪しない割合予測。 平均、10パーセンタイル（10%以上の可能性で離脱する人数）、50パーセンタイル、80パーセンタイル、90パーセンタイルの数値を表示可能	5%

Appendix GA4に関する最新情報を入手したい

4 公式リンク集

GA4関連の公式ヘルプなどのリンク集となります。2022年9月現在の情報でURL等の変更が発生する可能性があります。
リンク先がない場合は、検索で新しいURL等をお探しください。

■ユーザー向け公式ヘルプ ～まずはここから

https://support.google.com/analytics/?hl=ja

■更新履歴 ～機能のアップデート情報などはこちらから

https://support.google.com/analytics/answer/9164320?hl=ja

■Googleアナリティクス デベロッパー ～実装回りはこちらから

https://developers.google.com/analytics

■GA4 Measurement Protocol ～APIの仕様についてはこちら

https://developers.google.com/analytics/devguides/collection/protocol/ga4/reference/events

https://developers.google.com/analytics/devguides/reporting/data/v1/api-schema

■GA4への移行 ～Google公式の移行手順はこちらから

https://developers.google.com/analytics/devguides/migration

■[GA4] ディメンションと指標 ～利用できるディメンションと指標の最新版はこちら

https://support.google.com/analytics/answer/9143382?hl=ja

■Google Analyticsの障害情報 ～過去に発生した障害の一覧です

https://ads.google.com/status/publisher/products/D1n9GU84oshWBHadM3YR/history

■Googleアナリティクスヘルプコミュニティ

～質問を投稿できます。投稿する前に同じ質問がないか事前に検索して確認しましょう

https://support.google.com/analytics/community?hl=ja

■Google Analytics Twitter ～ツイッターのアカウントはこちら（英語）

https://twitter.com/googleanalytics

■Google Analytics Blog ～公式ブログはこちら（英語）

https://www.blog.google/products/marketingplatform/analytics/

■Google Analytics YouTube ～YouTubeチャンネルはこちら（英語）

https://www.youtube.com/user/googleanalytics

■Google Analytics stack overflow ～開発者向けの質問場所（英語）

https://stackoverflow.com/questions/tagged/google-analytics

■Google Analytics Issue Tracker ～バグ情報などはこちら（英語）

https://issuetracker.google.com/issues?q=componentid:187400%2B%20

筆者もGA4に関する情報サイトを運営しています。
定期的にアップデートしていますので、最新の情報収集に役立ててください。

https://www.ga4.guide/

Appendix **GA4に関するよくある質問と、その回答をまとめました**

5 FAQ

セミナーや勉強会などでよくいただく質問をまとめました。本書で触れなかった部分も含まれていますので、確認してみてください。

Chapter 1

Q GA4は、なぜ「4」という名称がついているのでしょうか？

A まず、いままでのGoogle Analyticsには1, 2, 3といったナンバリングがされていませんでした。しかし、Googleの内部的には機能の大きなバージョンアップに伴い、そういった名称になったのかもしれません。今回は計測方式が大きく変わったため、新たな名称を設定したものと思われます。
まったく違う名称のツールでもよかったのですが、Google Analyticsは多くの人に利用されていたツールのため、その認知は維持したかったのかなと思われます。

Q GA4は、いままでのGoogle Anayticsと互換性はありますか？

A 計測方式が変わったため、互換性はありません。GA4用に新しい計測記述を追加したり、設定を行う必要があります。いままでのGoogle AnalyticsのデータをGA4に取り込むといったことも不可能です。

Q 無償版では保持できるページビュー数や期間に上限はあるのでしょうか？

A 原稿執筆時点（2022年9月）では、特に計測できるページビュー数やイベント数、計測期間に制限はありません。そのため、大規模サイトでも問題なく利用できます。

Q 無償版と有償版では何が違うのでしょうか？

A 有償版ならではのサポートや、設定できる項目の上限数も高く、より早いレポートへのデータ反映など、有償版ならではの専用機能があります。本書では、多くの方が利用するであろう無償版について紹介しています。

Q 無償版と有償版どちらを利用すればよいでしょうか？　判断基準はありますか？

A これから新規に利用する、あるいはいままで無償版のGoogle Analyticsを利用していた場合は、無償版のGA4で問題ありません。有償版のGoogle Analyticsを利用している場合は、そのまま（料金体系は変わりますが）有償版のGA4を利用するほうがよいでしょう。
無償から有償に切り替えることを検討する場合は、有償ならではのメリットを享受できるかによります。詳しい違いは、以下の公式ヘルプをご覧ください。

- ［GA4］Googleアナリティクス 360（Googleアナリティクス 4 プロパティ）
  https://support.google.com/analytics/answer/11202874?hl=ja

Chapter 2

Q 複数サイトがある場合、それぞれのサイトごとに計測設定をする必要がありますか？

A はい。基本的には「1サイト＝1プロパティ」となります。プロパティごとに測定ID等も違うため、それぞれプロパティと計測記述を用意しましょう。複数のサイトのデータを併せて見たい場合は、1つのプロパティと計測記述でも問題ありません。

Q Google AnalyticsとGA4は並行で計測しても問題ありませんか？

A はい。2つとも導入して並行計測することは可能です。Google Analyticsの計測は2023年6月末に停止するため、それまでにGA4は導入しておきましょう。

Q GTMの操作や設定方法に自信がありません。どのように学べばよいでしょうか？

A GTMに関してはウェブサイトとしてまとまった情報がそれほどありません。筆者が監修した「現場で使える Googleタグマネージャー実践入門（Compass Booksシリーズ）」などの書籍を手に取っていただければ幸いです。

Q Chromeの拡張機能が紹介されていましたが、他のブラウザでも同様の拡張機能はあるでしょうか？

A 紹介したGhosteryはFirefox版もありますので利用可能です。ただしGTMの機能利用やGA4の動作は、同じGoogleが提供しているChromeが一番安定している印象です。Chromeの利用を推奨します。

Chapter 3

Q 画面で表示されるレポートの並びや名称が書籍の内容と違います…

A 2つの可能性が考えられます。1つは「ライブラリ」機能を利用すると、レポートの名称や並び順を変えることができるため、だれかがカスタマイズした可能性があります。もう1つはGoogle側の方で翻訳を変えたり、機能を追加した場合です。本書で紹介しているのは、2022年9月時点でカスタマイズを加えていないメニュー名称と順番になっています。

Q リアルタイムは過去30分のデータが表示されますが、期間を変えることはできますか？また、他のデータをリアルタイムで表示できますか？

A リアルタイムは過去30分に固定されており、他のデータを追加することはできません。

Q ユーザー属性で年齢や性別のデータが表示されません…

A 「管理画面」➡「データ設定」➡「データ収集」でGoogleシグナルをオンにする必要があります。設定方法はSection 6-4をご覧ください。データ件数が少ない場合は、しきい値によって表示されない可能性もあります。

Q iPhoneの端末の種類を確認する方法はありますか？

A OSのバージョンは確認できますが、端末の種類（例：iPhone 14 Pro）まではわからず、すべてiPhoneとしてまとまっています。

Q iPhoneやSafariのブラウザでは、Cookieを削除していると聞きました。GA4の計測への影響はあるのでしょうか？

A GA4はファーストパーティCookieを利用しているため、影響は軽微です。ただしCookieが7日以上更新されないと消されてしまうため、最終訪問から1週間を超えて再訪した場合はリピーターではなく新規扱いとなります。これを回避するためにサーバーサイドタギングという手法があり、485ページで設定方法を紹介しています。

Q 流入元を特定するために、utm_campaignやutm_meidumなどの広告パラメータを利用していました。これらは、GA4でも引き続き利用できるのでしょうか？

A 流入元を特定するutm広告パラメータに関しては、GA4でも引き続き利用できます。GA4導入に併せて変更する必要はありません。

Q 計測できるイベント数やイベントの種類数に上限はありますか？

A 2022年9月現在、計測できるイベント数とイベントの種類数（ウェブの場合）は制限がありません。イベントパラメータ等は文字数の制限がありますので、ヘルプをご確認ください。

- [GA4] イベントの収集に適用される制限
  https://support.google.com/analytics/answer/9267744?hl=ja

Q サイト訪問時に同一コンバージョンが複数回発生した場合(例：お問い合わせが2回発生した) は、何回とカウントされますか？

A 発生した回数分だけ（今回の場合は2回）となります。以前のGoogle Analyticsではセッションで同一コンバージョンに関しては1回までしかカウントされませんでした。

Q セッションでコンバージョンを１回だけカウントする設定はありますか？

A 設定はできませんが、該当コンバージョンが発生したセッションという条件でセグメントを作成してセッション数を確認すれば、数値を確認することはできます。

Q トランザクション（購入）完了ページでリロードなどされた場合は、購入が2回計測されますか？

A 購入に関してはトランザクションIDが同一の場合は2回計測されません。最初の1回のみが計測されるため、GA4上では二重購入といった計測は起きません。

**Q 直帰率は1ページだけ見て離脱した割合という定義で今まで数値を見ていましたが、GA4では定義が１－エンゲージメント率に変わってしまいました。
昔の定義の直帰率を取得する方法はありますか？**

A 「セグメント」機能を利用して、page_viewが1回だったセッションという条件を作成することで、１ページだけ見たセッション数を算出することができます。これをサイト全体のセッション数と割り算して計算しましょう。

Chapter 4

Q ディメンションや指標で追加できないものがありますか？

A 作成しているレポートの種類によって利用できるディメンションや指標は変わります。そのため、一部ディメンションや指標は選択できない（グレーアウト）されているケースがあります。

Q 作成した探索レポートは保存されるのでしょうか？

A 自動で保存されるため、「保存」ボタンをクリックする必要などはありません。名称を付けたい場合は、左上にある「データ探索名」という項目に入力しておきましょう。

Q 作成した探索レポートを他の人に共有したいのですが…

A 同じプロパティ内であれば共有は可能ですが、他のプロパティや他のユーザーへの共有はできません（レポートのURL発行機能のようなものがない）。そのため、各自で同じディメンションや指標を入れて、同じ内容を再現する必要があります。これはセグメントに関しても同様です。

Q 目標到達プロセスの各ステップは人数となっていますが、セッション数やページビュー数などを選ぶことができますか？

A 選ぶことはできません。セッション単位での遷移数や率を見たい場合は、セグメント機能を使って作成することになります。

Q 経路データ探索で表示される数値の単位は何でしょうか？

A イベントの経路の場合はイベント数、ページタイトルの場合は表示回数（PV）となります。

Chapter 5

Q YouTube以外の動画を自社サイトに埋め込んでいます。計測は可能でしょうか？

A 拡張機能を利用しての計測はできません。GTMでのクリック設定で開始などは計測できますが、動画の進捗や再生完了などは利用しているサービスによってできる／できないなどがあるため、本書では触れておりません。

Q 拡張機能のファイルダウンロードで拡張子に入っていないファイルのダウンロードを計測したい場合は、どうすればよいでしょうか？

A 拡張機能の拡張子は変えられないため、別途GTMでの実装が必要となります。トリガーを設定する際にクリックしたURLの条件を該当拡張子にしてください。

Q aaa.example.comとbbb.example.comというように、1つのサイトで複数のサブドメインを利用していますが、クロスドメインの設定は必要ですか？

A サブドメインに関してはクロスドメインの設定は不要です。ドメイン自体が変わるときだけ、クロスドメインの設定を行ってください。

Q アクセスを除外するためにIPアドレスを指定する際に正規表現が使えないとのことですが、個別に登録する必要があるのでしょうか？

A CIDR表記での設定ができない場合は、個別に登録していく必要があります。IPアドレスは、最大100個まで設定可能です。

Q 除外する参照ドメインに自社ドメインの登録は必要ですか？

A 登録は不要となります。

Q 作成したイベントがイベント一覧に表示されません…

A 作成した後に該当イベントが発生しないとレポートに表れません。また現れるのに24～48時間くらいかかるケースがあります。件数が少ない場合は「しきい値」の影響で表示されないケースもありますので、複数回イベントを発生させておくことを推奨します。また、しきい値の影響を減らすために、ユーザー識別子の設定（Section 6-6参照）をデバイスベースに変えてみると表示されるケースもあります。

Q GTMのプレビューモードが動作しません…

A 広告ブロック等のプラグインの影響なども考えられます。ブラウザのシークレットモードを使って試してみるのもよいでしょう。またGTMのプレビューモード画面の右上にある「?」をクリックして「Share」を選ぶと、他のブラウザでもプレビューモードを動作させることができます。違うブラウザでも動作しないかを確認してみましょう。

Q DebugViewでデータが表示されません…

A プレビューモードでアクセスしているかをまずは確認しましょう。また、ページを表示してからすぐにデータ表示が始まらないので、数十秒待つ必要があります。過去には、何度かバグで表示されないケースもありました。その場合は、別のタイミングで試すとデータが表示される可能性があります。

Q カスタムイベントをGTMで設定しましたが計測されません…

A 理由は多岐に渡りますが多いのは「設定ミス（綴りを間違えた、タグが参照しているトリガーが違う）」になります。まずは慌てずに、1つずつ確認していきましょう。
また、計測されない理由として、「タグがそもそも動作していない」「GA4にデータが送られていない」「GA4の画面で表示されない」の3種類が考えられます。「GTMのプレビューモード」「DebugView」「GA4のレポート」の順番でどこまでデータが取れているかを確認することで、対策が行いやすくなります。

Q すべてのイベントパラメータをカスタムディメンションとして登録する必要があるのでしょうか？

A GA4のレポートや探索内で利用したい場合は、新規に作成したイベントパラメータをカスタムディメンションに登録することが必須です。自動で計測されているイベントパラメータは設定しなくてもよいですが、一部レポートや機能を利用するために自動計測されているイベントパラメータを登録することもあります。そのようなケースについては、本書内にて説明しています。

Q 自社ではカートASPを利用しています。GA4のeコマースはどのように実装すればよいでしょうか？

A まずはカートASP側でGA4のeコマース計測に対応しているかをヘルプ等で確認しましょう。対応している場合は、ASPの管理画面の設定で対応できるはずです。未対応の場合は対応を待つか、本書で紹介した方法で実装していく形になります。
本書で紹介した方法はdataLayerの記述を追加する形になるため、追加が行えるかの確認が必要です。カートASPで利用しているプランによっても変わってきます。また、一部カートASPではプラグイン等を利用して計測に対応している場合もあります（例：Shopify）。

Chapter 6

Q データフィルタでフィルタの状態を3つ設定できますが、どう使い分ければよいでしょうか？

A IPアドレス除外などのためにフィルタを利用している場合は、GA4実装時には計測テストのため、「テスト」の状態にしておきましょう。「有効」にしていると、自分がIPアドレス除外対象のIPからアクセスしている場合、レポートや探索で数値が見られなくなるためです。GA4の実装や設定が終わり、本番リリース時は各サイトでの判断となります。
設定したIPアドレスのアクセスも計測しておきたい場合は「テスト」に設定し、完全に除外してもよい場合は「有効」に変更しましょう。

Q 両方とも見るために、「IPアドレスを除外したプロパティ」と「IPアドレスを除外していないプロパティ」の2つを作成するべきでしょうか？

A 基本は非推奨です。仕組み上は可能ですが、それぞれのプロパティでコンバージョンやGTMの設定などを行わなければいけないため、運用ミス等が発生しやすくなり、設定の時間も増えてしまいます。
GA4は基本「1サイト＝1プロパティ」という考え方で実装しましょう。

Q 1つのプロパティに複数のサーチコンソールは連携できますか？

A 1つのプロパティで連携できるサーチコンソールは1つのみとなります。複数ドメインをまたいだ計測をしており、サーチコンソール側でドメイン別にサーチコンソールを設定している場合は、GA4と連携できるのは1つのため、使い勝手がよくありません。連携しないでサーチコンソール側で数値を見るか、データポータル等を利用しましょう。

Chapter 7

特に補足質問はありません。

Chapter 8

Q Looker Studioで利用できるディメンションと指標は、GA4の探索と同じでしょうか？

A 現在は、Looker Studioのほうが利用できるディメンションや指標が少ないです。そのため、探索で選択した一部ディメンションはデータポータルでは利用できませんが、随時増えてはいます。

Q Looker Studioではセグメント機能は利用できないのでしょうか？

A 現時点ではセグメントには未対応です。

Q 自サイトでBigQueryを利用した場合は、無償の範囲内に収まるでしょうか？

A 料金は主に保存するデータ量、データをリクエストして取得する量によって左右されます。そのため、一概に収まるとは断言できません。まずは月のイベント数とデータをBigQueryから取得する頻度や内容を決めた上で、Section 8-3にある料金表のページを確認したり、該当ページからアクセスできるシミュレーション機能を利用してみましょう。

Q BigQueryでエクスポートできるイベントは100万/日ですが、超えるとどうなりますか？

A 設定時に注意画面が表示され、100万件以上は処理されなくなります。ストリーム形式を利用すれば制限はありませんが、コストがかかります。

Q GA4でMeasurement Protocolは利用できますか？

A 本書では触れていませんが、GA4で利用可能です。詳細は、以下のヘルプをご覧ください。

- Measurement Protocol (Google Analytics 4)
  https://developers.google.com/analytics/devguides/collection/protocol/ga4

拡張子

A

B

C

D

E

F

G

I

L

M

P

S

U

な

に

は

ひ

ふ

へ

ほ

も

ゆ

ら

り

る

れ

著者

小川 卓（おがわ たく）

ウェブアナリストとしてリクルート、サイバーエージェント、アマゾンジャパン等で勤務後、独立。KPI設計、分析、改善を得意とする。ブログ「Real Analytics」を2008年より運営。全国各地での講演は600回を突破。

HAPPY ANALYTICS代表取締役、デジタルハリウッド大学院客員教授（2016-2021年）、AVANCELLMONT CAO、UNCOVER TRUTH CAO、Faber Company取締役、日本ビジネスプレスCAO、ニフティライフスタイル 社外取締役、ウェブ解析士協会顧問。ウェブ解析士マスター。

著書に『入門 ウェブ分析論〜アクセス解析を成果につなげるための新・基礎知識〜』（SBクリエイティブ）、『ウェブ分析レポーティング講座』（翔泳社）、『クチコミページと社長ブログ、売上に貢献しているのはどちら？~マンガでわかるウェブ分析』（技術評論社）、『現場のプロがやさしく書いたWebサイトの分析・改善の教科書』（マイナビ出版）、『「やりたいこと」からパッと引ける Googleアナリティクス 分析・改善のすべてがわかる本』『いちばんやさしい Googleアナリティクス入門教室』（ソーテック社）などがある。

「やりたいこと」からパッと引ける

Google アナリティクス 4 設定・分析のすべてがわかる本

2022年10月31日 初版 第1刷発行
2024年11月30日 初版 第4刷発行

著者	小川 卓
装丁	植竹 裕（UeDESIGN）
発行人	柳澤淳一
編集人	久保田賢二
発行所	株式会社ソーテック社 〒102-0072 東京都千代田区飯田橋4-9-5 スギタビル4F 電話（注文専用）03-3262-5320 FAX 03-3262-5326
印刷所	株式会社シナノ

ISBN978-4-8007-1308-7